全国普通高等学校机械类“十二五”规划系列教材

理论力学

主　编　刘俊卿　张连文　袁志华
副主编　弓满锋　林　茂　彭小平
参　编　许　静　鄢奉林

华中科技大学出版社
中国·武汉

内 容 简 介

本书由三个部分组成，主要内容包括静力学、运动学和动力学，共分为十五章：绪论，静力学公理和物体的受力分析，平面汇交力系，力偶理论，平面任意力系，空间任意力系，点的运动，刚体的基本运动，点的合成运动，刚体的平面运动，质点运动微分方程，动量定理，动量矩定理，动能定理，达朗贝尔原理。各部分内容翔实。

本书可作为普通高等学校机械类和近机类专业的教材，也可作为相关技术人员的参考书。

图书在版编目(CIP)数据

理论力学/刘俊卿，张连文，袁志华主编. —武汉：华中科技大学出版社，2014.11(2022.7 重印)
ISBN 978-7-5680-0539-5

Ⅰ.①理… Ⅱ.①刘… ②张… ③袁… Ⅲ.①理论力学-高等学校-教材 Ⅳ.①O31

中国版本图书馆 CIP 数据核字(2014)第 275372 号

理论力学 刘俊卿 张连文 袁志华 主编

策划编辑：严育才
责任编辑：王 晶
封面设计：范翠璇
责任校对：何 欢
责任监印：张正林
出版发行：华中科技大学出版社(中国·武汉) 电话：(027)81321913
武汉市东湖新技术开发区华工科技园 邮编：430223
录 排：武汉正风天下文化发展有限公司
印 刷：武汉邮科印务有限公司
开 本：787mm×1092mm 1/16
印 张：16.25
字 数：409 千字
版 次：2022 年 7 月第 1 版第 4 次印刷
定 价：32.80 元

华中出版

本书若有印装质量问题，请向出版社营销中心调换
全国免费服务热线：400-6679-118 竭诚为您服务

全国普通高等学校机械类“十二五”规划系列教材

编审委员会

顾　问： 李培根　华中科技大学

林萍华　华中科技大学

主　任： 吴昌林　华中科技大学

副主任：（按姓氏笔画顺序排列）

王生武　邓效忠　轧　钢　庄哲峰　杨家军　杨　萍

吴　波　何岭松　陈　炜　竺志超　高中庸　谢　军

委　员：（排名不分先后）

许良元　程荣龙　曹建国　郭克希　朱贤民　贾卫平

丁晓非　张生芳　董　欣　庄哲峰　蔡业彬　许泽银

许德璋　叶大鹏　李耀刚　耿　铁　邓效忠　宫爱红

成经平　刘　政　王连弟　张庐陵　张建国　郭润兰

张永贵　胡世军　汪建新　李　岚　杨术明　杨树川

李长河　马晓丽　刘小健　汤学华　孙恒五　聂秋根

赵　坚　马　光　梅顺齐　蔡安江　刘俊卿　龚曙光

吴凤和　李　忠　罗国富　张　鹏　张鬲君　柴保明

孙　未　何　庆　李　理　孙文磊　李文星　杨咸启

秘　书： 俞道凯　万亚军

全国普通高等学校机械类“十二五”规划系列教材

序

“十二五”时期是全面建设小康社会的关键时期，是深化改革开放、加快转变经济发展方式的攻坚时期，也是贯彻落实《国家中长期教育改革和发展规划纲要(2010—2020年)》的关键五年。教育改革与发展面临着前所未有的机遇和挑战。以加快转变经济发展方式为主线，推进经济结构战略性调整、建立现代产业体系，推进资源节约型、环境友好型社会建设，迫切需要进一步提高劳动者素质，调整人才培养结构，增加应用型、技能型、复合型人才的供给。同时，当今世界处在大发展、大调整、大变革时期，为了迎接日益加剧的全球人才、科技和教育竞争，迫切需要全面提高教育质量，加快拔尖创新人才的培养，提高高等学校的自主创新能力，推动“中国制造”向“中国创造”转变。

为此，近年来教育部先后印发了《教育部关于实施卓越工程师教育培养计划的若干意见》(教高〔2011〕1号)、《关于“十二五”普通高等教育本科教材建设的若干意见》(教高〔2011〕5号)、《关于“十二五”期间实施“高等学校本科教学质量与教学改革工程”的意见》(教高〔2011〕6号)、《教育部关于全面提高高等教育质量的若干意见》(教高〔2012〕4号)等指导性意见，对全国高校本科教学改革和发展方向提出了明确的要求。在上述大背景下，教育部高等学校机械学科教学指导委员会根据教育部高教司的统一部署，先后起草了《普通高等学校本科专业目录机械类专业教学规范》、《高等学校本科机械基础课程教学基本要求》，加强教学内容和课程体系改革的研究，对高校机械类专业和课程教学进行指导。

为了贯彻落实教育规划纲要和教育部文件精神，满足各高校高素质应用型高级专门人才培养要求，根据《关于“十二五”普通高等教育本科教材建设的若干意见》文件精神，华中科技大学出版社在教育部高等学校机械学科教学指导委员会的指导下，联合一批机械学科办学实力强的高等学校、部分机械特色专业突出的学校和教学指导委员会委员、国家级教学团队负责人、国家级教学名师组成编委会，邀请来自全国高校机械学科教学一线的教师组织编写全国普通高等学校机械类“十二五”规划系列教材，将为提高高等教育本科教学质量和人才培养质量提供有力保障。

当前经济社会的发展，对高校的人才培养质量提出了更高的要求。该套教材在编写中，应着力构建满足机械工程师后备人才培养要求的教材体系，以机械工程知识和能力的培养为根本，与企业对机械工程师的能力目标紧密结合，力求满足学科、教学和社会三方面的需求；在结构上和内容上体现思想性、科学性、先进性，把握行业人才要求，突出工程教育特色。同时注意吸收教学指导委员会教学内容和课程体系改革的研究成果，根据教学指导委员会颁布的各课程教学专业规范要求编写，开发教材配套资源（习题、课程设计和实践教材及数字化学习资源），适应新时期教学需要。

教材建设是高校教学中的基础性工作，是一项长期的工作，需要不断吸取人才培养模式和教学改革成果，吸取学科和行业的新知识、新技术、新成果。本套教材的编写出版只是近年来各参与学校教学改革的初步总结，还需要各位专家、同行提出宝贵意见，以进一步修订、完善，不断提高教材质量。

谨为之序。

国家级教学名师

华中科技大学教授、博导 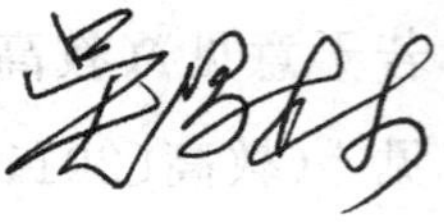

2012 年 8 月

前言

本书是根据新的《机械工程指导性专业规范》编写的机械工程专业系列教材之一。

根据新《机械工程指导性专业规范》对“理论力学”部分的知识点的要求，结合目前各学校机械工程专业中“理论力学”课程开设学时的情况，对内容做了适当的调整，既考虑前后内容的衔接，又考虑培养应用型人才的现实要求，在内容编写中力求理论与工程应用相结合。

本书在编写过程中吸收了国内外同类教材的优点，结合编者多年的教学研究成果和教学体会，编写中力求使概念准确、清楚，理论推导简明扼要，突出重点，讲透难点，精选例题，体现少而精的原则，着重阐明解题思路与解题方法，以提高学生综合应用理论和分析问题的能力。

本书由刘俊卿、张连文、袁志华担任主编，由弓满锋、林茂、彭小平担任副主编，参加编写的有：西安建筑科技大学刘俊卿（绪论、第 3 章、第 5 章、第 8 章、第 14 章），天津商业大学张连文（第 13 章），河南农业大学袁志华（第 11 章、第 12 章），湛江师范学院弓满锋（第 6 章、第 7 章），海南大学林茂（第 1 章、第 2 章），长江师范学院彭小平（第 10 章），江西农业大学许静（第 4 章），广东海洋大学鄢奉林（第 9 章）。全书由刘俊卿统稿。

由于编者水平有限，书中难免有疏漏和不足之处，恳请广大读者批评指正。

编　者

2014 年 10 月

目录

绪论 …… 1
第 1 章 静力学的基本概念、公理 …… 4
1.1 基本概念 …… 5
1.2 静力学公理 …… 6
1.3 约束和约束力 …… 9
1.4 物体的受力分析与受力图 …… 14
本章小结 …… 16
思考题 …… 17
习题 …… 17
第 2 章 平面汇交力系 …… 19
2.1 平面汇交力系合成的几何法 …… 20
2.2 平面汇交力系平衡的几何法 …… 22
2.3 平面汇交力系合成与平衡的解析法 …… 24
本章小结 …… 27
思考题 …… 28
习题 …… 28
第 3 章 力偶理论 …… 30
3.1 力偶和力偶矩矢 …… 31
3.2 平面力偶系的合成与平衡 …… 32
3.3 空间力偶理论 …… 34
本章小结 …… 36
思考题 …… 37
习题 …… 38
第 4 章 平面任意力系 …… 41
4.1 力对点的矩 …… 42
4.2 力线平移定理 …… 42
4.3 平面任意力系向一点的简化 …… 43
4.4 平面任意力系的简化结果与合力矩定理 …… 45

4.5 平面任意力系的平衡方程 …… 46
4.6 静定与静不定问题·刚体系统的平衡 …… 49
4.7 摩擦 …… 53
本章小结 …… 59
思考题 …… 61
习题 …… 61
第 5 章 空间任意力系 …… 64
5.1 力对点的矩矢和力对轴的矩 …… 65
5.2 空间任意力系向一点的简化 …… 68
5.3 空间任意力系的平衡方程 …… 71
5.4 平行力系中心与重心 …… 74
本章小结 …… 79
思考题 …… 80
习题 …… 80
第 6 章 点的运动 …… 83
6.1 矢量法 …… 84
6.2 直角坐标法 …… 85
6.3 自然法(弧坐标法) …… 90
本章小结 …… 95
思考题 …… 96
习题 …… 97
第 7 章 刚体的基本运动 …… 100
7.1 刚体的平行移动 …… 101
7.2 刚体的定轴转动 …… 103
7.3 定轴轮系的传动比 …… 111
本章小结 …… 113
思考题 …… 113
习题 …… 114
第 8 章 点的合成运动 …… 117
8.1 合成运动的基本概念 …… 118
8.2 速度合成定理 …… 119
8.3 牵连运动是平移时点的加速度合成定理 …… 124
8.4 牵连运动是定轴转动时点的加速度合成定理 …… 127
本章小结 …… 131
思考题 …… 131
习题 …… 132

第 9 章 刚体的平面运动…………………………………………………………… 135
9.1 刚体平面运动的运动方程 …………………………………………………… 136
9.2 平面运动分解为平移和转动 ………………………………………………… 137
9.3 用基点法求平面图形内各点的速度 ………………………………………… 138
9.4 用瞬心法求平面运动图形内各点的速度 …………………………………… 142
9.5 用基点法求平面图形内各点的加速度 ……………………………………… 145
9.6 运动学综合应用举例 ………………………………………………………… 148
思考题……………………………………………………………………………… 154
习题………………………………………………………………………………… 156
第 10 章 质点运动微分方程 ……………………………………………………… 161
10.1 动力学基本定律…………………………………………………………… 162
10.2 质点运动微分方程………………………………………………………… 164
10.3 质点动力学的两类基本问题……………………………………………… 165
思考题……………………………………………………………………………… 168
习题………………………………………………………………………………… 169
第 11 章 动量定理 ………………………………………………………………… 171
11.1 动量与冲量………………………………………………………………… 172
11.2 动量定理…………………………………………………………………… 174
11.3 质心运动定理……………………………………………………………… 177
本章小结…………………………………………………………………………… 180
思考题……………………………………………………………………………… 181
习题………………………………………………………………………………… 181
第 12 章 动量矩定理 ……………………………………………………………… 184
12.1 动量矩及转动惯量 ………………………………………………………… 185
12.2 动量矩定理 ………………………………………………………………… 189
12.3 刚体绕定轴转动微分方程………………………………………………… 193
12.4 刚体平面运动微分方程…………………………………………………… 195
本章小结…………………………………………………………………………… 197
思考题……………………………………………………………………………… 198
习题………………………………………………………………………………… 199
第 13 章 动能定理及其应用 ……………………………………………………… 202
13.1 功和功率…………………………………………………………………… 203
13.2 质点、质点系和刚体的动能 ……………………………………………… 207
13.3 质点、质点系和刚体的动能定理 ………………………………………… 209
13.4 机械能守恒定律…………………………………………………………… 214
13.5 动力学普遍定理的综合应用……………………………………………… 217

本章小结 …… 220
思考题 …… 221
习题 …… 222
第 14 章　达朗贝尔原理 …… 230
14.1　质点的达朗贝尔原理 …… 231
14.2　质点系的达朗贝尔原理 …… 233
14.3　刚体惯性力系的简化 …… 235
本章小结 …… 242
思考题 …… 243
习题 …… 243
参考文献 …… 246

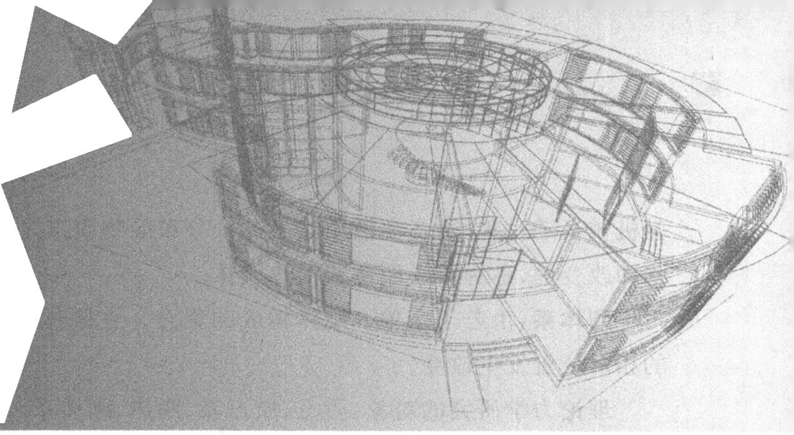

绪　论

1. 理论力学研究的对象、内容

理论力学是研究物体机械运动一般规律的学科。

物体在空间的位置随时间的改变而改变的现象，称为机械运动。机械运动是人们生活和生产实践中最常见的一种运动。**平衡**是机械运动的特殊情况。

所谓**物体**，是指物质点在三维空间中占有确定的大小、形状和空间位置的连续分布。

物质点是真实客观存在的物质，相对宏观上足够小、微观上足够大的物质实体。例如，氢原子的体积约为 10^{-24} cm^3，那么 10^{-12} cm^3 的空间内将包含足够多的氢原子。10^{-24} cm^3 是微观尺度，因此微观尺度相对 10^{-12} cm^3 足够小。在对氢原子集合的物理性质的宏观表象进行分析时，10^{-12} cm^3 就被看作是一个物质点。在应用物质点这一抽象概念时应当注意如下两点。

(1) 只有分析研究物体的宏观物理现象时才能应用物质点。

(2) 物质点与几何点的区别。物质点是一个确实存在的物质实体，具有一定的大小、形状；而几何点是没有大小和形状的几何抽象。当分析研究物体的宏观物理现象时，物质点可以作为几何点。

质点：当物体的大小、形状在物体的整个机械运动的分析研究中对其自身的机械运动规律的影响可以略去不计时，物体可以直接抽象成为一个物质点，且在其机械运动的分析研究中将其视为一个几何点。由于质点是被抽象成单一物质点的物体，因此不存在所谓物质点之间相对位置的改变。质点机械运动的特点是：质点只有空间位置的改变，被抽象为质点的物体没有形状和大小的属性。质点可以看作是一类特殊的刚体，不存在相对位置的改变，但不同质点间可以存在相对位置的变化。

质点系：由有限个或无限个质点构成的集合。在其机械运动过程中，质点系集合中的各质点间将发生相对位置的改变。

刚体：由两个或两个以上离散质点、无限多个物质点连续分布而构成的物质点的集合。在其机械运动过程中，各离散质点或连续分布的物质点之间无相对的位置改变且无相对大小和形状的改变的，称为单一刚体或简称刚体。

刚体系：由若干个单一刚体构成的集合。在刚体的机械运动过程中，刚体集合中的各刚体的相对位置发生改变。

理论力学研究的对象：质点、质点系、刚体、刚体系。

理论力学研究的内容：研究物体（质点、质点系、刚体、刚体系）在三维空间中位置随时间改变而改变的一般规律。

理论力学的内容包含以下三部分。

静力学：主要研究物体的受力分析方法，以及力系的简化方法。同时，研究受力物体平衡时作用力应满足的条件，即平衡条件。

运动学：不考虑引起运动的物理原因，只研究机械运动的几何特征。

动力学：研究受力刚体运动的几何特征与作用力之间的关系，即研究受力物体的运动与作用力之间的关系。

理论力学的研究范围：以伽利略和牛顿总结的基本定律的经典力学为基础，分析研究速度远小于光速（不考虑相对论效应）的宏观刚体（物体）（不考虑量子效应）的机械运动。

伽利略的力学相对物质原理如下。

(1) 力学定律在所有惯性参考系中都是等价的，具有相同的形式。

(2) 在任何一个惯性参考系中，都不能通过任何力学试验来确定这个参考系是处于静止或匀速直线运动状态。

惯性参考系：牛顿运动定律成立的参考系。参考系（体）：被作为目标的物体的机械运动是通过选定的物体或无相对运动的物体群作为参考而被显示的。这些物体或无相对运动的物体群称为参考系（体）。

牛顿运动定律内容包括以下三部分。

(1) 第一定律：当无外力作用时，物体保持静止或保持恒定速度不变。

(2) 第二定律：作用在物体上的力与物体在作用力的作用下产生运动的改变量（加速度）成正比。其比例系数是物体的固定属性——惯性质量。

(3) 第三定律：只要两个物体相互作用，物体A作用在物体B上的作用力与物体B作用在物体A上的作用力总是大小相等、方向相反。

2. 理论力学的研究方法

以观察、实践和实验为基础；经过抽象化建立基本概念、公理、定律；通过逻辑推理、数学演绎得出定理和结论；解决问题，并发展、验证理论。

抽象化方法：透过表象，抽取本质的过程和方法。建立能够基本反映问题最本质的性质的模型。

公理化方法：对抽象化方法得到的模型的基本性质（毋庸置疑的）进行理论描述，形成基本概念或公理，并以此为基础，通过逻辑推理和数学演绎得到定理和与之相关的数学描述表达式

(公式),从而形成完整的理论系统。

3. 学习理论力学的目的

理论力学作为工科院校各相关专业的、理论性较强的一门技术基础课(理论力学研究的是力学中最普遍的基本规律),是许多与各工科专业密切相关的课程(材料力学、结构力学、机械原理、弹塑性理论等)的基础和前提。理论力学为解决工程实际问题提供了必要的基础,掌握这一科学研究方法,有利于提高全面分析问题、综合应用理论、灵活求解问题的能力。

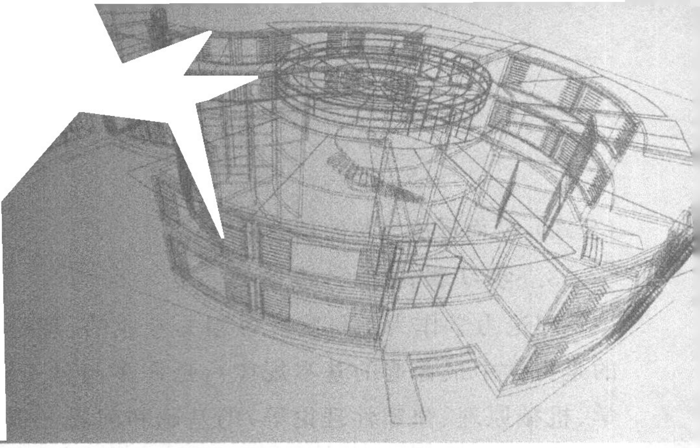

静力学的基本概念、公理

本章导读

● **教学的基本要求** 理解力的概念、平衡的概念；掌握静力学公理；理解约束的概念，熟练掌握常见约束力的确定方法；初步掌握建立力学模型的方法，熟练掌握受力分析的基本方法。

● **教学内容的重点** 静力学公理，物体的受力分析。

● **教学内容的难点** 力学模型的建立，物体的受力分析。

1.1 基本概念

静力学是研究物体在力系作用下的受力情况及平衡条件的学科。

所谓**物体的平衡**，是指物体相对某一惯性参考系保持静止或匀速直线运动的运动状态。本书如不做特殊说明，均以固连在地球表面的参考系作为惯性参考系，理论力学的研究对象都是从天体和工程实际中抽象出来的理想化模型。在静力学中所指的物体都是刚体。

所谓**刚体**，是指物体在力的作用下，其内部任意两点之间的距离始终保持不变，这是一个理想化的模型。事实上，在受力状态下不变形的物体是不存在的，不过，当物体的形变很小，在所研究的问题中把它忽略不计，并不会对问题的性质产生本质的影响时，就可以近似把它看作刚体。刚体是在一定条件下研究物体受力和运动规律时的一种科学抽象，这种抽象不仅使问题大大简化，也能得到足够精度的结果。多个刚体通过一定联系组成的系统成为**刚体系**，又称**物体系统**或**物系**。静力学中所说的物体或物系均指刚体或刚体系。

力在生产和生活中随处可见，例如物体的重力、摩擦力、水的压力等，人们对力的认识从感性认识到理性认识，形成力的抽象概念。

力，是物体之间相互的机械作用，这种作用使物体的机械运动状态发生变化或是使物体的形状和大小发生改变。前者称为力的外效应或运动效应，后者称为力的内效应或变形效应。一般来讲，这两种效应是同时存在的。静力学的研究对象是刚体或刚体系，所以，不考虑力的内效应，只研究力的外效应，以及由此引起的力作用于刚体时的一些特殊性质。

从力的定义中可以看出，力是在物体间相互作用中产生的，在这种作用中至少有两个物体，如果没有了这种作用，力也就不存在，所以力具有物质性。物体间相互作用的形式很多，大体分两类，一类是直接接触，如物体间的拉力和压力；另一类是“场”的作用，如地球引力场中的重力、太阳引力场中的万有引力等。同时，力也有两种效应：一是力的外效应（运动效应），即力使物体的机械运动状态变化，如一个静止在地面上的物体，当用力推它时，它便开始运动；二是力的内效应（变形效应），即力使物体的大小和形状发生变化，如钢筋受到横向力过大时将产生弯曲，粉笔受力过大时将变碎等。按照相互作用的范围来区分，力可以分为集中力和分布力（分布载荷）两类。集中力是作用于物体某一点上的力。分布力则是作用于物体某一体积（面积或线段）上的力。事实上，集中力是一个抽象出来的概念，任何两物体之间的相互作用不可能局限于无面积大小的一个点上，只不过当这种作用面积与物体尺寸相比很小时，可以近似认为作用于一个点上。另外，对刚体而言，一些分布力的作用效果可以用一个与之等效的集中力来替代，以使问题得到简化，如重力可以用一个等效集中力作用于刚体的重心上。尽管集中力是抽象的结果，但它却是最重要、最普遍的一种力，大多数力的作用可以用集中力来描述。如不做特别说明，以下所说的力均指集中力。

力是矢量，记作 $\boldsymbol{F}$，本书中的大写黑体均表示矢量，用普通字母 F 表示力的大小。描述力对物体的作用效应由力的三要素来决定，即力的大小、力的方向和力的作用线。力的大小表示物体间机械作用的强弱程度，采用国际单位制，力的单位是牛(N)或者千牛(kN)。力的方向是表示物体间的机械作用具有方向性，它包括方位和指向。力的作用线表示物体间机械作用的位置。一般说

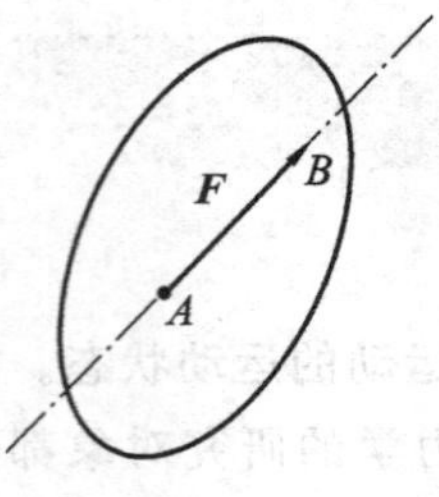

图 1-1

来，力的作用位置不是一个几何点，而是有一定大小的一个范围。例如：重力是分布在物体的整个体积上的，称为体积分布力；水对池壁的压力是分布在池壁表面上的，称为面分布力；同理，若分布在一条直线上的力，称为线分布力。当力的作用范围很小时，可以将它抽象为一个点，此点便是力的作用点，此力称为集中力。如图 1-1 所示，力 $\boldsymbol{F}$ 可以用一个定位的有向线段来表示，线段的起点或终点表示力的作用点，线段所在的直线称为**力的作用线**。作用于刚体上的力可以沿着作用线移动，即力的作用点在 A 或在 B 处，都不改变其对物体的作用效果，这种矢量称为**滑移矢量**。有向线段 AB 的大小表示力的大小；有向线段 AB 的指向表示力的方向；有向线段的起点或终点表示力的作用点，直线 AB 为力的作用线。

静力学的理论体系是在静力学公理的基础上建立起来的，它研究以下三个方面的问题。

1. 力系的简化(或等效替换)

作用于物体上的一群力称为**力系**。如果两个力系对物体的作用效果相同，称此二力系为**等效力系**。用一个力系等效代换另一个力系，称为**力系的等效替换**。一个力是一种最简单的力系。如果一个力与一个力系等效，称此力为该力系的**合力**，求合力的过程称为**力系的合成**；该力系中各力称为其合力的**分力**，求合力的分力的过程称为**力的分解**，它是力系合成的逆过程。**力系的简化**是以最简单的力系与原来较为复杂的力系进行等效替换，由此分析原力系的作用效果。

2. 物体的受力分析

分析某个物体一共受到几个力的作用，以及每个力的作用位置和方向，并用简图表示。

3. 力系的平衡条件及其应用

研究作用在物体上的各种力系所需要满足的平衡条件。

当物体受力处于平衡时，力系中的力应满足一定的关系，此时，这种关系称为力系的**平衡条件**。满足平衡条件的力系称为**平衡力系**。根据力系的简化结果可以导出力系的平衡条件，表示这种平衡条件的数学方程式称为**力系的平衡方程**。平衡方程揭示了作用于平衡物体上力的关系，通过求解这些方程，可以得到待求的各种未知量，如力、几何性质或其他力学量，这是静力学的核心任务。

研究力系有着广泛的意义。在工程实际中，许多问题都是物体的平衡问题。例如，机械设计中零部件的静强度计算，土木工程中房屋、桥梁、水坝、闸门的强度设计，以及交通工程中船体、车体的强度设计等，都需要依据静力学的平衡条件求出各物体所受的力。对于一些速度变化不大的物体，也可以近似按静力学方法分析研究，得到满足一定精度要求的结果。

1.2 静力学公理

公理是人们在生活和生产实践中长期积累的经验总结，又经过实践反复检验，被确认是符合客观实际的最普遍、最一般的规律。**静力学公理**是关于力的基本性质的概括和总结，经过人们实践的反复检验，证明的符合客观实际的最普遍、最一般的规律。

公理 1　力的平行四边形法则

作用在物体上同一点的两个力，可以合成为一个合力，此合力的大小和方向由此二力矢量所构成的平行四边形的对角线来确定，合力的作用点仍在该点。如图 1-2(a) 所示，$\boldsymbol{F}_R$ 为 $\boldsymbol{F}_1$ 和 $\boldsymbol{F}_2$ 的合力，即合力等于两个分力的矢量和，表达式如下

$$\boldsymbol{F}_R=\boldsymbol{F}_1+\boldsymbol{F}_2 \tag{1-1}$$

也可采用三角形法则，如图 1-2(b)、(c) 所示，力的平行四边形法则是力系的简化法则，同时此法则也是力的分解法则。

力沿空间三个方向分解的规则称为**力的平行六面体法则**，它是力的平行四边形法则在空间问题的推广，如图 1-3 所示。

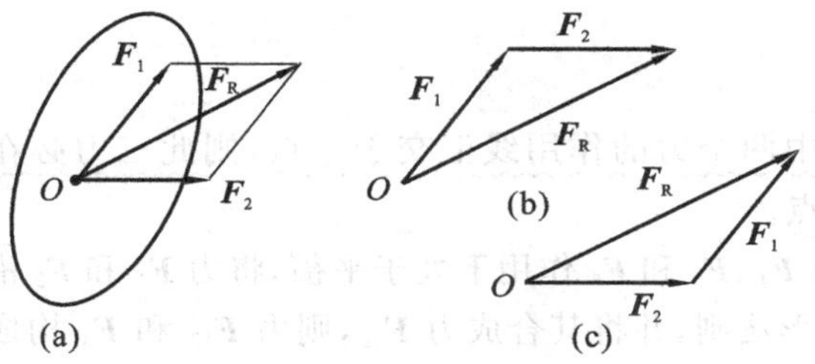

图 1-2

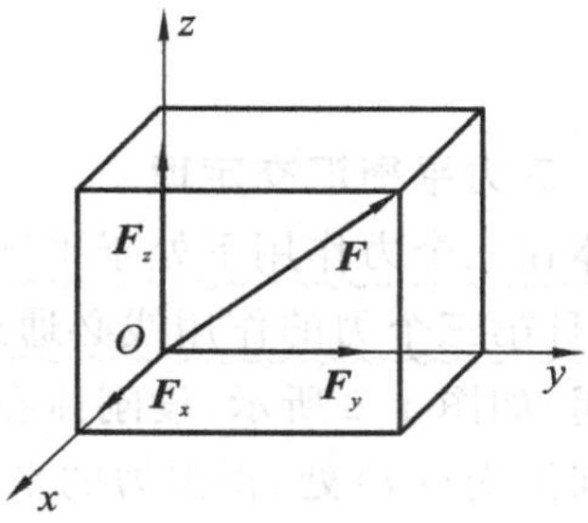

图 1-3

公理 2　二力平衡公理

作用在刚体上的两个力，使刚体保持平衡的必要和充分条件是：此二力大小相等、方向相反，且作用在同一条直线上，如图 1-4 所示，即

$$\boldsymbol{F}_1=-\boldsymbol{F}_2 \tag{1-2}$$

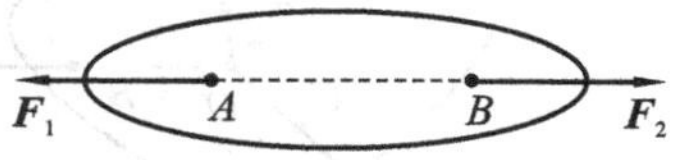

图 1-4

应当指出：二力平衡公理对刚体是必要且充分的，对变形体则是必要的，而不是充分的。

利用此公理可以确定力的作用线位置，例如刚体在两个力作用下平衡，若已知两个力的作用点，则此作用点连线可以确定力的作用线；同时二力平衡力也是最简单的平衡力系。

只受两个力作用，且处于平衡状态的刚体称为**二力杆或二力构件**。这里所说的刚体实际包括各种形状，若为杆件时，为二力杆，否则为二力构件。

公理 3　加减平衡力系公理

在作用于刚体的力系中加上或减去任意的平衡力系，并不改变原力系对刚体的作用。

此公理表明平衡力系对刚体不产生运动效应，其适用条件只是刚体，根据以上三个公理可有下面推论。

推论 1　力的可传性

将作用在刚体上的力沿其作用线任意移动到刚体内的另一点，并不会改变它对刚体的作用效应。

证明：如图 1-5 所示，设 $\boldsymbol{F}$ 作用在点 A，在其作用线另一点 B 上加上一对沿作用线的二力平衡力 $\boldsymbol{F}_1$ 和 $\boldsymbol{F}_2$，且有 $\boldsymbol{F}_1=-\boldsymbol{F}_2=\boldsymbol{F}$，则 $\boldsymbol{F}$、$\boldsymbol{F}_1$ 和 $\boldsymbol{F}_2$ 构成新的力系，由加减平衡力系公理，减去 $\boldsymbol{F}$ 和 $\boldsymbol{F}_1$ 构成的二力平衡力系，从而将 $\boldsymbol{F}$ 移动到作用线的另一点 B 上。

由此可见，对于刚体来说，力的作用点已不是决定力的作用效应的要素，它已为作用线所替代。于是，作用于刚体上的力的三要素是：力的大小、方向和作用线。作用于刚体上的力是滑移

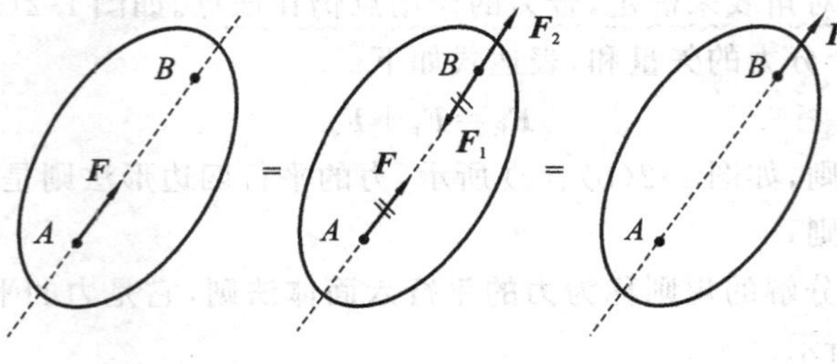

图 1-5

矢量。

推论 2　三力平衡汇交定理

刚体在三个力作用下处于平衡，若其中两个力的作用线汇交于一点，则此三力必在同一个平面内，且第三个力的作用线必通过汇交点。

证明：如图 1-6 所示，设刚体在三个力 $\boldsymbol{F}_1$、$\boldsymbol{F}_2$ 和 $\boldsymbol{F}_3$ 作用下处于平衡，将力 $\boldsymbol{F}_1$ 和 $\boldsymbol{F}_2$ 沿其作用线移动到汇交点 O 处，根据力的平行四边形法则，并将其合成力 $\boldsymbol{F}_{12}$，则力 $\boldsymbol{F}_{12}$ 和 $\boldsymbol{F}_3$ 构成二力平衡力系，所以力 $\boldsymbol{F}_3$ 必通过汇交点 O，且三力必共面。于是定理得证。

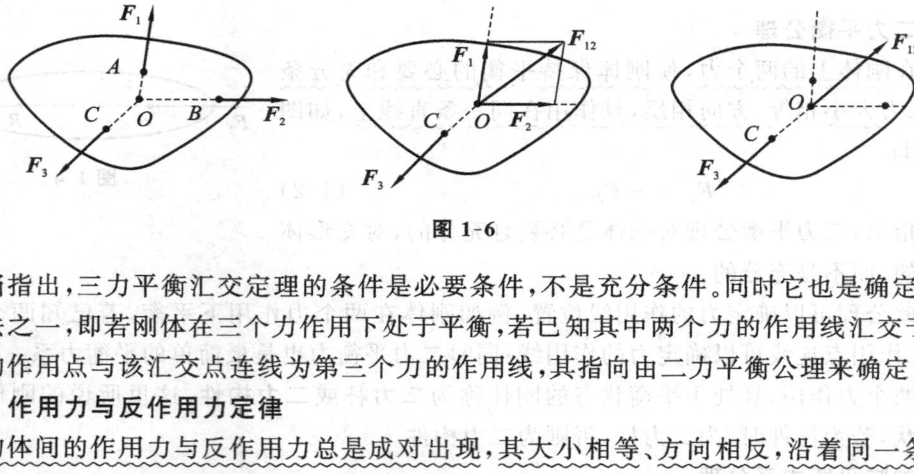

图 1-6

应当指出，三力平衡汇交定理的条件是必要条件，不是充分条件。同时它也是确定力的作用线的方法之一，即若刚体在三个力作用下处于平衡，若已知其中两个力的作用线汇交于一点，则第三力的作用点与该汇交点连线为第三个力的作用线，其指向由二力平衡公理来确定。

公理 4　作用力与反作用力定律

两物体间的作用力与反作用力总是成对出现，其大小相等、方向相反，沿着同一条直线，且分别作用在两个相互作用的物体上。若用 $\boldsymbol{F}$ 和 $\boldsymbol{F}'$ 分别表示作用力和反作用力，则

$$\boldsymbol{F} = -\boldsymbol{F}' \tag{1-3}$$

如图 1-7 所示，铰链 C 处 $\boldsymbol{F}_C$ 与 $\boldsymbol{F}'_C$ 为一对作用力与反作用力。

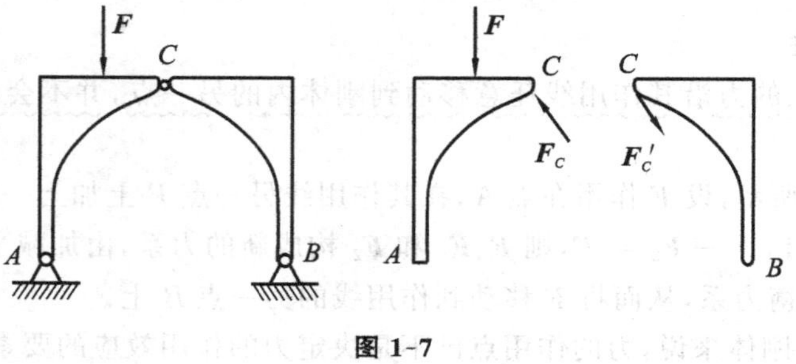

图 1-7

该公理反映了自然界中物体之间相互作用力的关系:力总是成对出现的,有作用力必有与之对应的反作用力。应该注意,公理4与公理2的内容是截然不同的,公理2反映了作用于同一刚体上的一对平衡力的关系,公理4则建立了两物体之间相互作用力的联系。因此,作用力与反作用力不是二力平衡力;公理4不但适用于静力学,还适用于动力学。

公理5　刚化公理

变形体在某一力系作用下处于平衡,如将此变形体刚化为刚体,其平衡状态保持不变。

此公理提供了把变形体看作刚体模型的条件,对处于平衡状态的变形体,完全可以视为刚体来研究其平衡的规律性。必须指出,刚体的平衡条件只是变形体平衡的必要条件,并非它的充分条件。例如,一受拉、无质量的绳索处于平衡时,倘若将其视为刚体,由公理2可知,此绳索两端的拉力满足刚体的平衡条件(等值、反向、共线);反之,当两个等值、反向、共线的压力(平衡力系)作用于刚性杆的两端时,此刚性杆是平衡的,但如果作用在绳索的两端,此绳索就不平衡了。这表明,为了确定变形体是平衡的,除了力或刚体的平衡条件以外,还要考虑某些变形体的特征,例如,绳索是否能承受压力等。

1.3　约束和约束力

工程实际中的物体,一般可以分为两类。一类是物体在空间的位置完全自由,不受任何限制,这种物体称为**自由体**,如飞行的飞机、火箭、卫星等;另一类是物体在空间的位置(或运动)受到周围物体对它的不同程度的限制,这种物体称为**非自由体**。这类物体在工程实际中占绝大多数,如建筑结构中的水平梁受到支承它的柱子的限制,火车只能在轨道上行驶,电动机中的转子只能在轴承上转动,汽缸中运动的活塞受到汽缸的限制等。因此,我们将限制非自由体某种运动的周围物体称为**约束**,以上例子中,柱子是水平梁的约束,轨道是火车的约束,轴承是转子的约束,汽缸是活塞的约束。约束是通过直接接触实现的,当物体沿着约束所能阻止的运动方向有运动或运动趋势时,对它形成约束的物体必能产生一个阻止其运动的力作用于它,这种力称为该物体**约束反力**(简称**约束力**),即约束力是约束对物体的作用,约束力的方向恒与约束所能阻止的运动方向相反。应用这个准则,可以确定约束力的方向或作用线的位置,至于约束力的大小则是未知的。事实上约束力是一种被动力,与之相对应的力是**主动力**,即主动地使物体有运动或有运动趋势的力称为**主动力**,例如重力、拉力、牵引力、电磁力等,工程中将主动力称为**载荷**,它是设计和计算的原始数据。在静力学问题中,约束力和物体受到的其他已知力(如主动力)组成平衡力系,因此可用平衡条件求出未知的约束力。

工程中大部分研究对象都是非自由体,它们所受到的约束是多种多样的,其约束力的形式也多种多样的,因此在理论力学中,将物体所受约束的主要性质保留,忽略次要因素,得到下面几种工程中常见的约束类型及确定约束力的方向的方法。

1.3.1　光滑面接触约束

当物体接触面之间的摩擦可以忽略时,认为接触面是光滑的,这种约束不能限制物体沿接触点公切面的运动,只能阻止物体沿接触点的公法线的运动。因此,光滑表面接触约束的约束特点是接触点为约束力的作用点，方向沿接触点的公法线，指向被约束的物体，用 $\boldsymbol{F}_{N}$、$\boldsymbol{F}_{NA}$ 表示，如图 1-8 所示。

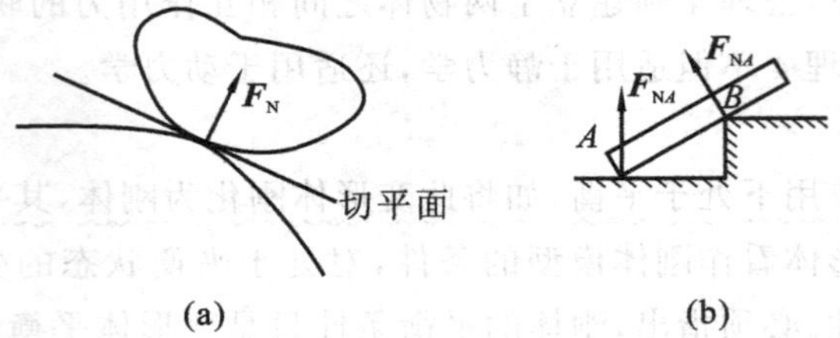

图 1-8

1.3.2　柔性体约束

工程中绳、链、带均属此类约束，如不特别说明，这类约束的截面尺寸和质量一律不计。约束特点是作用点是接触点，方向沿着柔性体背离物体。如图 1-9(a) 所示，$\boldsymbol{F}_{T}$ 沿绳索中心线，作用点在接触点 A，指向背离物体；如图 1-9(b) 所示，皮带的拉力 $\boldsymbol{F}_{T1}$、$\boldsymbol{F}_{T2}$ 沿轮的切线，指向背离物体。

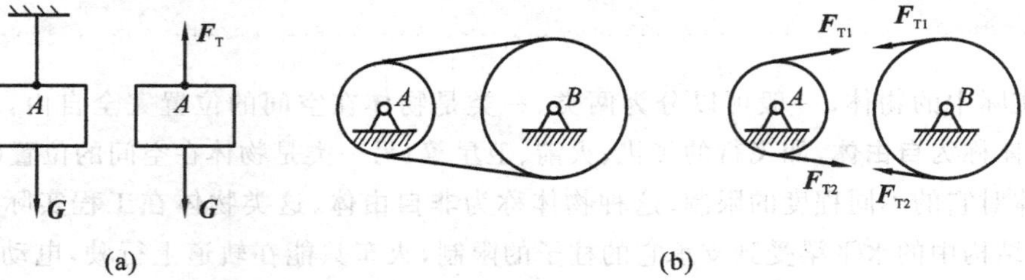

图 1-9

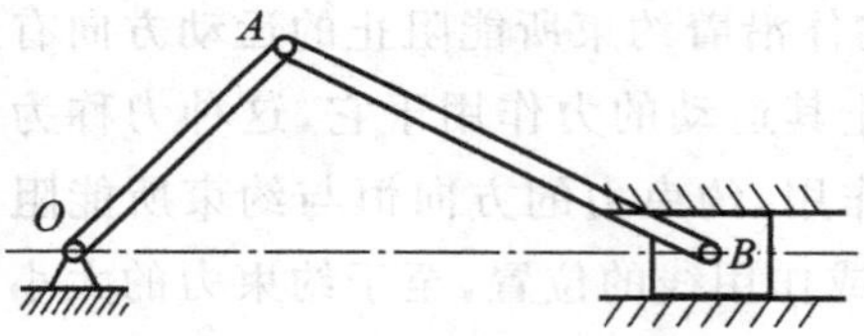

图 1-10

以上所讲的光滑面接触约束和柔性体约束只能限制物体沿一个方向运动，而不能限制相反方向的运动，这种约束称为**单面约束**。单面约束的反力方向一般均能事先确定。另外一种约束称为**双面约束**，如图 1-10 中限制滑块 B 运动的滑道，可以限制滑块向上或向下运动。因此，对于双面约束的反力而言，其作用线的方位已知，但其指向事先难以确定，这时，画其约束力时可以假设它的指向。最后由其大小的计算值的正负号，确定其真实的指向，即：计算值为正时，表明假设方向是真实的方向；计算值为负时，表明真实方向与假设方向相反。

1.3.3　光滑铰链约束

光滑铰链约束包括向心轴承（径向轴承）、止推轴承、圆柱铰链、固定铰支座、可动铰支座（滚动铰支座）、球铰链等约束。

1. 向心轴承（径向轴承）

图 1-11(a)、(b) 所示为轴承装置，可画成如图 1-11(c) 所示的简图。轴可在孔内任意转动，

也可沿孔的中心线移动;但是,轴承阻碍着轴沿径向向外的位移。当轴和轴承在某点 A 光滑接触时,轴承对轴的约束力 $\boldsymbol{F}_A$ 作用在接触点 A,且沿公法线指向轴心(见图 1-11(a))。

但是,轴所受的主动力不同,轴和孔的接触点的位置也随之不同。所以,当主动力尚未确定时,约束力的方向预先不能确定。然而,无论约束力朝向何方,它的作用线必须垂直于轴线并通过轴心。这样一个方向不能预先确定的约束力,通常可用通过轴心的两个大小未知的正交分力 $\boldsymbol{F}_{Ax}$、$\boldsymbol{F}_{Ay}$ 来表示,如图 1-11(b) 或(c) 所示,$\boldsymbol{F}_{Ax}$、$\boldsymbol{F}_{Ay}$ 的指向暂可任意假设。

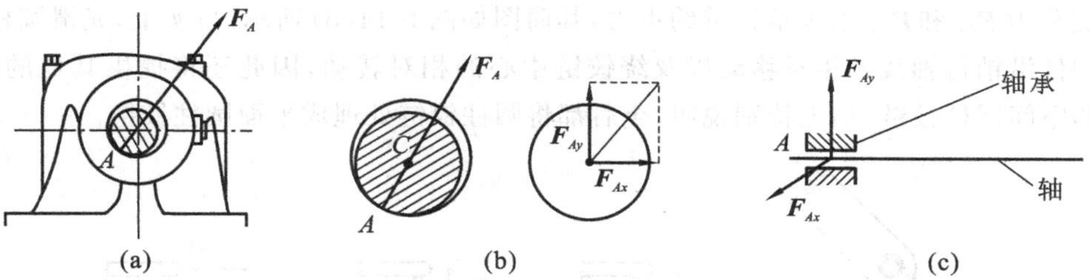

图 1-11

2. 止推轴承

用一光滑的面将向心轴承的一段封闭而形成的装置,称为止推轴承,如图 1-12(a) 所示。止推轴承与径向轴承不同,它除了能限制轴的径向位移以外,还能限制轴沿轴向的位移。因此它比径向轴承多了一个沿轴向的约束力,即其约束力有三个正交分量 $\boldsymbol{F}_{Ax}$、$\boldsymbol{F}_{Ay}$、$\boldsymbol{F}_{Az}$,其约束力简图如图 1-12(b) 所示。

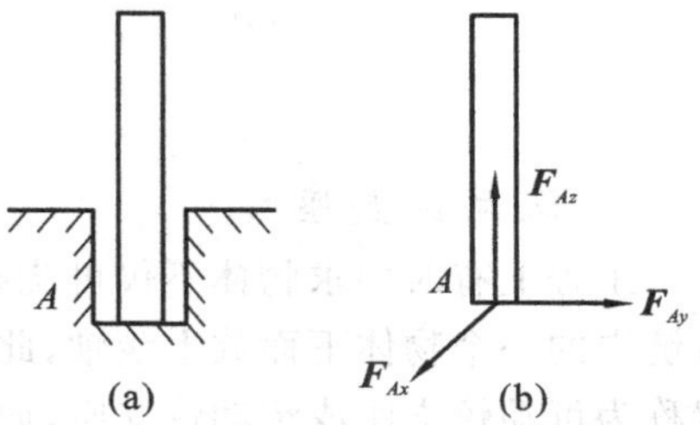

图 1-12

3. 圆柱铰链

如图 1-13(a) 所示,将两个构件 A、B 穿出直径相同的圆孔,用一直径略小的销钉 C 将两个物体连接上,形成的装置称为圆柱铰链,若圆孔间的摩擦忽略不计,则为光滑圆柱铰链,简称铰链。其约束特点是不能阻止物体绕圆孔的转动,能阻止物体沿圆孔的径向离去的运动,约束力作用点(作用线穿过接触点和圆孔中心,但由于圆孔较小,忽略其半径) 在圆孔中心,方向不定,如图 1-13(b)、(c) 所示的 $\boldsymbol{F}_R$,用两个正交分量表示为 $\boldsymbol{F}_x$、$\boldsymbol{F}_y$。

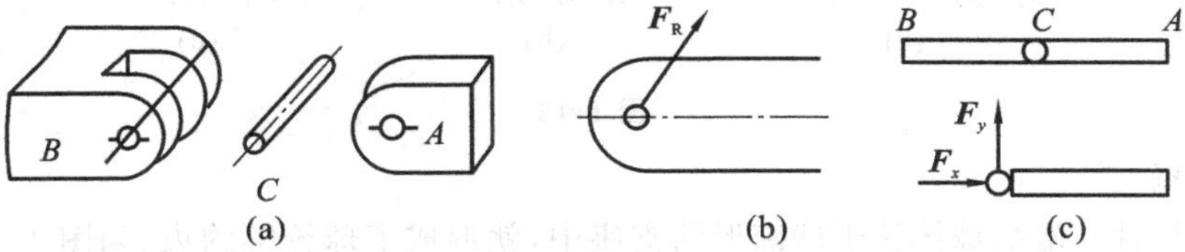

图 1-13

在分析铰链 C 处的约束力时,通常把销钉 C 固连在其中任一构件上,如构件 A 上;则构件 A、B 互为约束。显然,当忽略摩擦时,构件 A 上的销钉与构件 B 的结合,实际上是轴与光滑孔的配合问题。因此,它与轴承具有同样的约束性质,即约束力的作用线不能预先定出,但约束力作用线垂直轴线并通过铰链中心,故也可以用两个大小未知的正交分力来表示。

4．固定铰支座

将圆柱铰链连接的其中一个构件与地面或机架固连，则构成**固定铰链支座**，如图 1-14(a) 所示，其约束特点与圆柱铰链一样。若只考虑构件在销钉轴垂直平面内的运动形式，即所谓的平面圆柱铰链，则铰链上的各构件沿销钉径向的相对移动被限制，但可绕销钉轴转动。由于铰链中的销钉与圆柱孔的接触是光滑曲面接触，因此，约束力应在接触点与圆柱中心的连线方向上。但因为接触点的位置不可预知，约束力的方向也就无法预先确定，常用的表示方法是用两个大小未知的正交分力 $\boldsymbol{F}_{Ax}$ 和 $\boldsymbol{F}_{Ay}$ 来表示铰链约束力，其简图如图 1-14(b) 所示。事实上，光滑圆柱铰链还限制了构件沿销钉轴线的相对移动以及绕铰链中心的相对转动，因此还将提供其他的约束力，即所谓的空间圆柱铰链。如无特别说明，今后都将圆柱铰链处理成平面圆柱铰链。

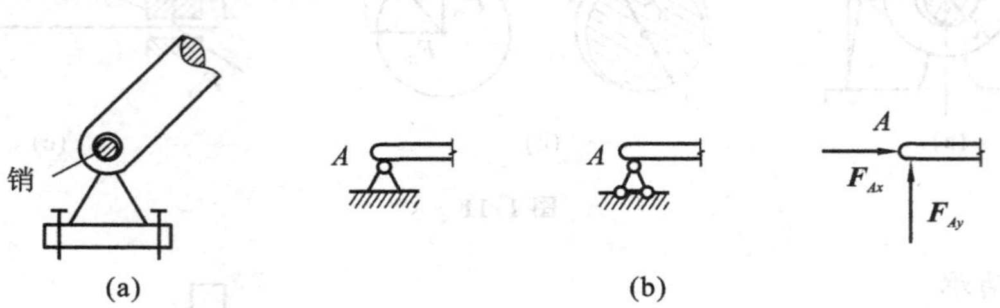

图 1-14

5．滚动铰支座

工程上有时要求物体不仅可绕某轴转动，还可沿垂直于轴的方向平移，于是将上面的圆柱铰链中的一个物体下面放上滚轴，此装置可在起支承作用的表面上移动，且摩擦不计，这样的装置称为可动铰支座或滚动铰支座，如图 1-15(a) 所示，其简图如图 1-15(b)、(c) 所示，其约束特点是约束力沿支承表面的法线，作用线通过铰链中心，指向不定。

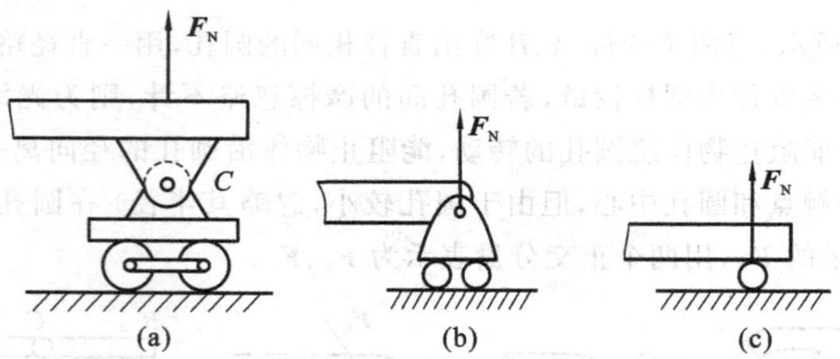

图 1-15

6．球铰链

将固连于构件一端的球体置于球窝形的支座中，就形成了球铰链约束，如图 1-16(a) 所示，其简图如图 1-16(b) 所示，忽略球体与球窝间的摩擦，其约束特点为约束力的作用线沿接触点和球心的连线，指向不定。如图 1-16(b) 所示，一般用三个相互垂直的正交分力 $\boldsymbol{F}_{Ax}$、$\boldsymbol{F}_{Ay}$ 和 $\boldsymbol{F}_{Az}$ 表示。

1.3.4 链杆约束

两端用铰链与其他物体相连，中间不受力的直杆为链杆，其约束特点是约束力的作用线沿链杆轴线，且方向不定，如图 1-17 所示。链杆约束只能限制物体上与链杆连接的那一点(如图 1-17 中

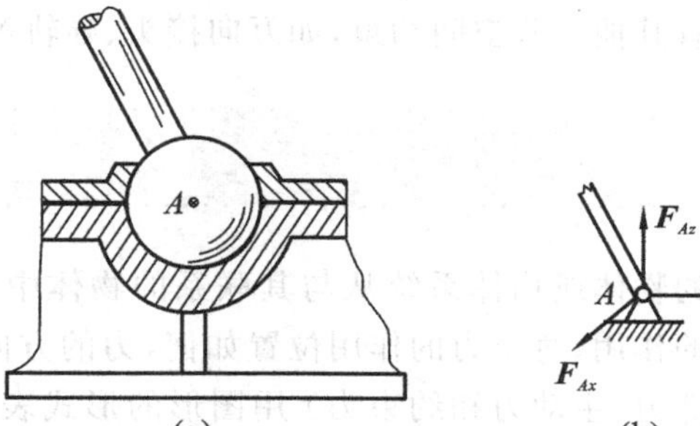

(a) (b)

图 1-16

的点 A）沿链杆的中心线趋向或背离链杆的运动。链杆是二力杆，既能受拉，又能受压，因此，链杆的约束力沿其中心线，指向难以预先确定，通常假设它受拉，再由其计算值的正负号来确定其受拉或受压的性质。链杆约束的简图与约束力的画法如图 1-17 所示，一般用符号表示。

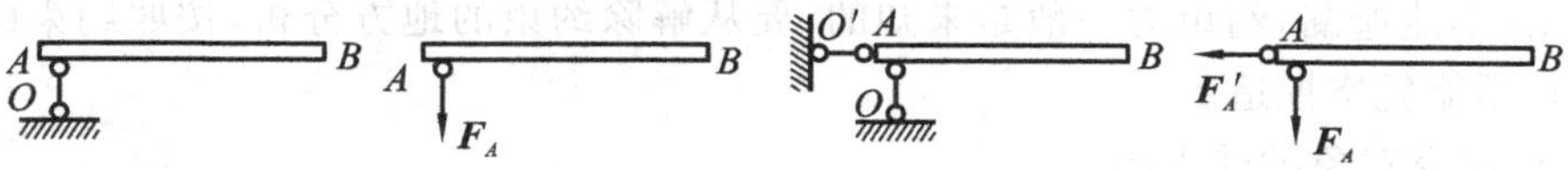

(a) (b) (c) (d)

图 1-17

1.3.5 固定端约束

物体的一部分固嵌于另一物体的约束称为**固定端约束**。如图 1-18(a) 所示，地面对深埋的电线杆、墙对悬臂梁、刀架对车刀都构成固定端约束。

固定端约束的特点是既限制物体的移动又限制物体的转动。在外载荷作用下，非自由体的嵌入部分所受的约束力是一个空间任意力系。在约束范围内任选一点 A 为简化中心，则固定端的约束力可简化一个力 $\boldsymbol{F}_A$ 和力偶 $\boldsymbol{M}_A$。由于该力和力偶的大小和方向不能预先确定，可分别用它们沿坐标轴的三个分量 $\boldsymbol{F}_{Ax}$、$\boldsymbol{F}_{Ay}$ 和 $\boldsymbol{F}_{Az}$ 以及 $\boldsymbol{M}_{Ax}$、$\boldsymbol{M}_{Ay}$ 和 $\boldsymbol{M}_{Az}$ 来表示，如图 1-18(b) 所示。

当非自由体所受主动力分布在同一平面（如 Oxy 平面）内时，由于主动力沿轴 z 的投影及其对轴 x 和轴 y 的力矩均等于零，因此固定端约束力中的三个分量 $\boldsymbol{F}_{Az}$、$\boldsymbol{M}_{Ax}$ 和 $\boldsymbol{M}_{Ay}$ 均可不必考虑。所以，对平面情形，固定端的约束力有 $\boldsymbol{F}_{Ax}$、$\boldsymbol{F}_{Ay}$ 和 $\boldsymbol{M}_{Az}$ 三个分量，如图 1-18(c) 所示。

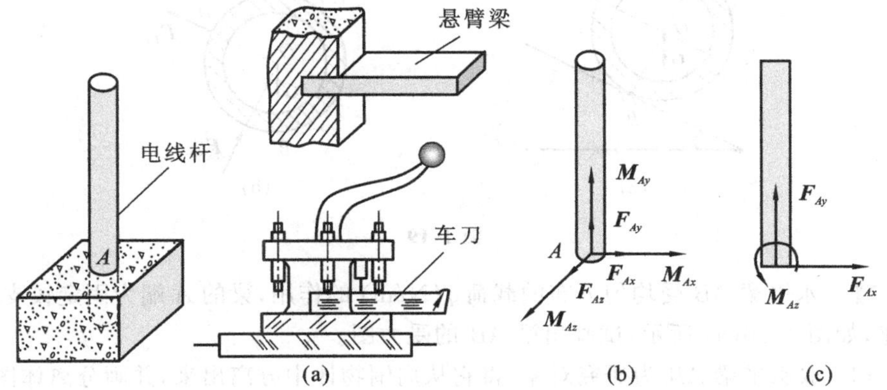

(a) (b) (c)

图 1-18

除了以上典型约束外，还有其他一些空间约束，如万向接头、导轨等，这里就不一一介绍了。

1.4　物体的受力分析与受力图

在力学计算中，将所研究的物体或物体系统从与其联系的物体中分离出来，分析它的受力状态（即研究对象受到哪些力的作用，每个力的作用位置如何，力的方向如何），这一过程称为**物体的受力分析**。将所分析的全部力（主动力和约束力）用图形的形式表示出来，这种表示物体受力的简明图形，称为**受力图**。

正确地对物体进行受力分析和画受力图是力学计算的前提和关键，其步骤如下。

(1) 确定研究对象，将其从周围物体中分离出来，取出的物体称为**分离体**，并画出其简图，称为分离体图。研究对象可以是一个，也可以是几个物体组成的，但必须将它们的约束全部解除。

(2) 画出分离体受到的全部主动力和约束力。先画主动力，后画约束力。主动力一般是已知的，必须画出，不能遗漏，约束力一般是未知的，要从解除约束的地方分析，按照约束的类型逐一画出约束力，不能凭空捏造。

(3) 完成研究对象的受力图。

此外，在进行受力分析时，还需要注意以下几点。

(1) 不能把分离体给予周围物体的反作用力也画到分离体本身的受力图上。

(2) 不要画出分离体内任何两部分之间相互作用的内力。

(3) 尽管作用于刚体上的力是滑动矢量，但在画受力图时，一般不应随便移动力的作用点位置，也不要对主动力进行静力等效替换，以便为后续的变形体力学课程的学习养成良好的习惯。

【例 1-1】　重力为 $\boldsymbol{G}$ 的混凝土圆管，放在光滑的斜面上，并在点 A 处用绳索拉住，如图 1-19(a) 所示，试画出混凝土圆管的受力图。

【解】　(1) 取混凝土圆管为研究对象，将它从周围物体中分离出来，并画分离体图。

(2) 混凝土圆管所受的主动力为重力 $\boldsymbol{G}$，约束力为绳索拉力 $\boldsymbol{F}_{TA}$ 和斜面点 B 的法向约束力 $\boldsymbol{F}_{NB}$。

(3) 画混凝土圆管的受力图，如图 1-19(b) 所示。

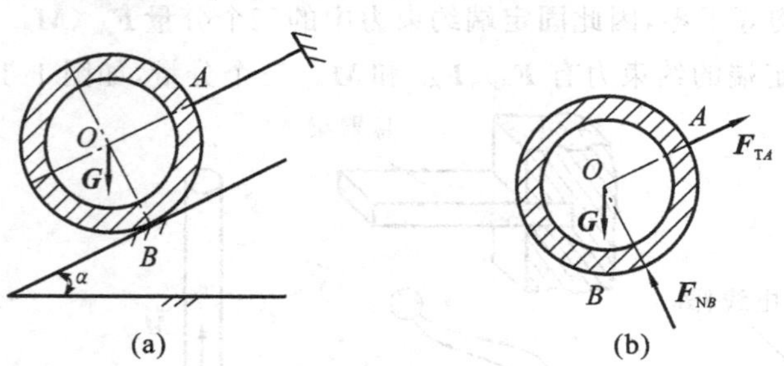

图 1-19

【例 1-2】　水平梁 AB 受均匀分布的载荷 q(N/m) 的作用，梁的 A 端为固定铰支座，B 端为滚动铰支座，如图 1-20(a) 所示，试画出梁 AB 的受力图。

【解】　(1) 取水平梁 AB 为研究对象，将它从周围物体中分离出来，并画分离体图。

(2) 水平梁 AB 所受的主动力为均匀分布的载荷 q（沿直线分布的载荷为线分布载荷），约束

力为固定铰支座 A 端的正交分力 F_{Ax} 和 F_{Ay}，以及滚动铰支座 B 端的法向约束力 F_{NB}。

(3) 画梁 AB 的受力图，如图 1-20(b) 所示。

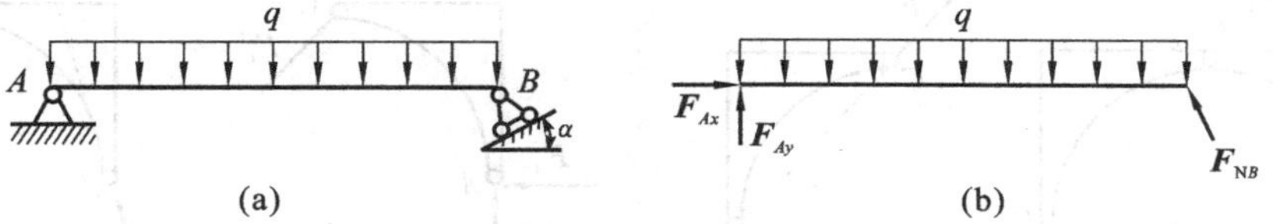

图 1-20

【例 1-3】 管道支架由水平梁 AB 和斜杆 CD 组成，如图 1-21(a) 所示，其上放置一重力为 G 的混凝土圆管。A、D 为固定铰支座，C 处为铰链连接，不计各杆的自重和各处的摩擦，试画出水平杆 AB、斜杆 CD 以及整体的受力图。

【解】 (1) 取斜杆 CD 为研究对象，由于杆 CD 只在 C 端和 D 端受有约束而处于平衡，其中间不受任何力的作用，由二力平衡原理知，C、D 两点连线为杆 CD 受的约束力的作用线，受力如图 1-21(b) 所示，这样的杆称为二力杆。

(2) 取混凝土圆管和水平梁 AB 为研究对象，所受的主动力为圆管的重力 G，固定铰支座 A 端的约束力为正交分力 F_{Ax} 和 F_{Ay}，铰链 C 处的约束力有作用力与反作用力，可知 $F'_C=-F_C$，受力如图 1-21(c) 所示。

(3) 取整体为研究对象，受力图只画外力，不画内力，因为内力在整体受力图中是成对出现的，构成平衡力系，对整体平衡不产生影响。因此整体所受的力为重力 G，A 端的约束力 F_{Ax} 和 F_{Ay}，C 端的约束力 F_C（或者正交分力 F_{Cx} 和 F_{Cy}），受力如图 1-21(d) 所示。

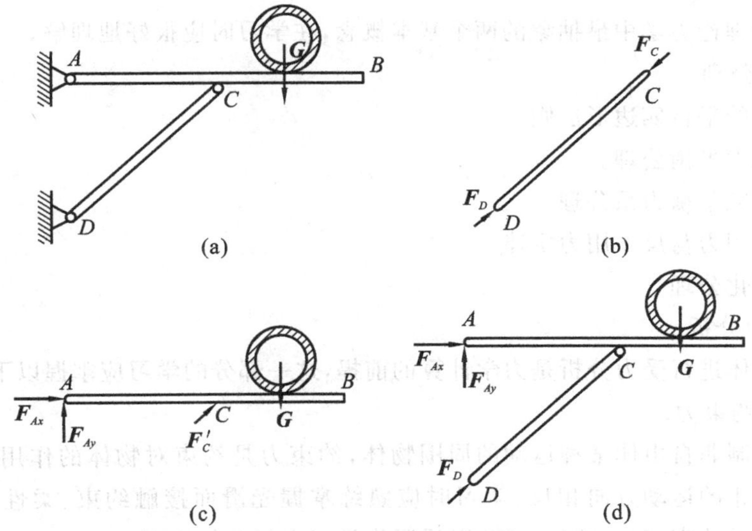

图 1-21

【例 1-4】 如图 1-22(a) 所示的三铰拱桥，由左、右两拱桥铰接而成。设各拱自重不计，在拱 AC 上作用有载荷 F_P。试分别画出拱 AC 和 CB 的受力图。

【解】 (1) 先分析拱 BC 的受力。由于拱 BC 自重不计，且只在 B、C 两处受到铰链约束力 F_B 和 F_C 的作用，因此，拱 BC 为二力构件，$F_B=-F_C$，如图 1-22(b) 所示。

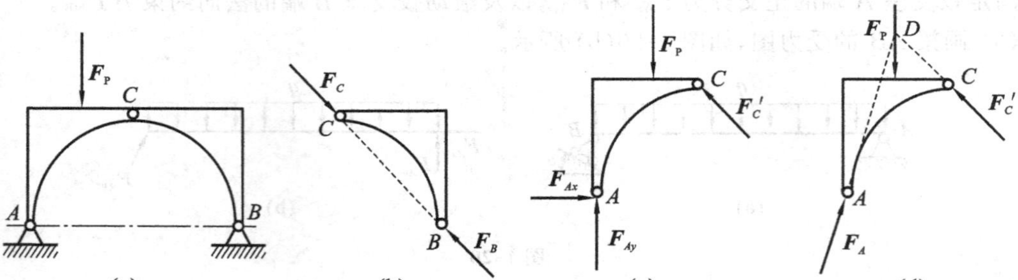

图 1-22

(2) 再取拱 AC 为研究对象。拱 AC 上作用有主动力 $\boldsymbol{F}_P$，在铰链 C 处受到拱 BC 给它的反作用力 $\boldsymbol{F}'_C$，$\boldsymbol{F}'_C=-\boldsymbol{F}_C$，以及在 A 处受到固定铰支座的约束力 $\boldsymbol{F}_A$ 的作用。$\boldsymbol{F}_A$ 可以用两个大小未知的正交分力 $\boldsymbol{F}_{Ax}$、$\boldsymbol{F}_{Ay}$ 来替代，如图 1-22(c) 所示；也可利用三力汇交定理判断出其作用线的方位，如图 1-22(d) 所示。

本章小结

1. 静力学基本概念

(1) 刚体是指在力的作用下不变形的物体，或在力的作用下其内任意两点的距离不变的物体。

(2) 力是物体间的机械作用，这种作用可以使物体的机械运动状态或者使物体的形状和大小发生改变。

刚体和力是理论力学中最抽象的两个基本概念，在学习时应很好地理解。

(3) 静力学公理。

公理 1　力的平行四边形法则。

公理 2　二力平衡公理。

公理 3　加减平衡力系公理。

公理 4　作用力与反作用力定律。

公理 5　刚化公理。

2. 物体受力分析

正确地对物体进行受力分析是力学计算的前提，这一部分的学习应掌握以下几个问题。

(1) 约束和约束力。

约束是指限制非自由体某种运动的周围物体，约束力是约束对物体的作用，约束力的方向恒与约束所能阻止的运动方向相反。学习时应熟练掌握光滑面接触约束、柔性体约束、铰链约束、链杆约束、轴承约束、球铰链约束等，以后还将学习更复杂的约束。

(2) 受力图。

物体的受力图是描述物体全部受力情况的计算简图，它是力学计算和结构设计的重要前提。画受力图时应明确研究对象(即画分离体图)，画出全部的主动力和约束力，对于物体系而言，当研究对象发生变化时，应注意外力和内力的区别，内力是不能画在受力图上的，学习时应注意。

思考题

1-1 光滑圆柱形铰链约束的约束力,一般可用两个相互垂直的分力表示,该两分力一定要沿水平和铅直方向吗?

1-2 为什么说二力平衡公理、加减平衡力系公理、合力的可传性等都只能适用于刚体?

1-3 观察日常生活和工程实际中的各种约束,并分析其约束力的特征。

1-4 两端用铰链连接的杆都是二力杆吗?不计自重的刚性杆都是二力杆吗?

1-5 置于光滑平面上的重物(重力为 $\boldsymbol{G}$)。若重物对支承面的压力为 $\boldsymbol{F}_R$,支承面对重物的支承反力为 $\boldsymbol{F}_N$,试问 $\boldsymbol{G}$、$\boldsymbol{F}_R$,$\boldsymbol{F}_R$、$\boldsymbol{F}_N$,$\boldsymbol{G}$、$\boldsymbol{F}_N$ 三对力之间构成作用力与反作用力的是哪一对力?

1-6 对于光滑约束面的约束力,其指向在受力图中是否可任意假设?

习　题

1-1 画出题 1-1 图中所示标注字母物体的受力图,未画重力的各物体其自重不计,所有接触面均为光滑接触。

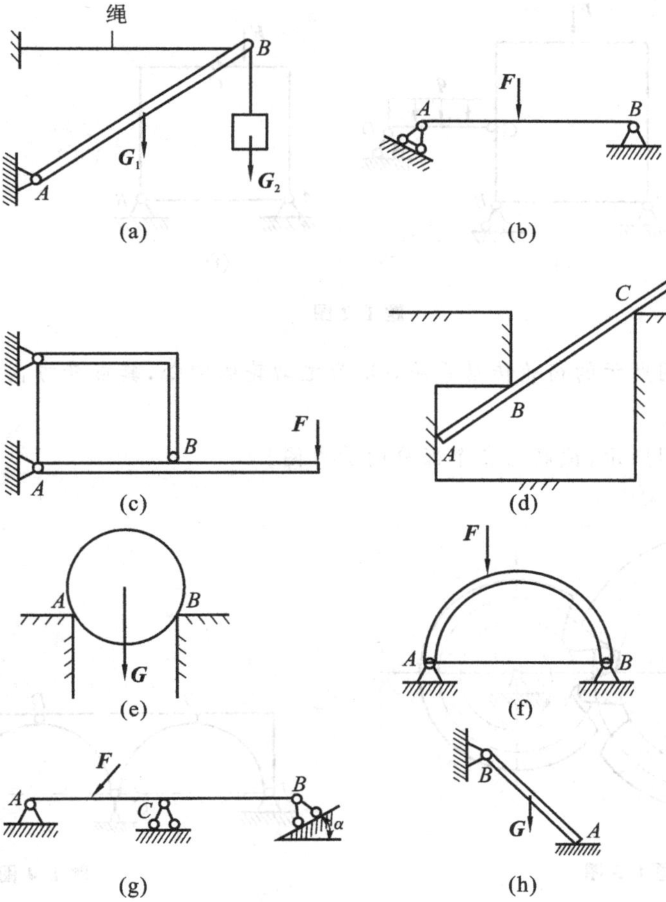

题 1-1 图

1-2　画出题 1-2 图中所示标注字母物体的受力图及系统整体的受力图，未画重力的各物体其自重不计，所有接触面均为光滑接触。

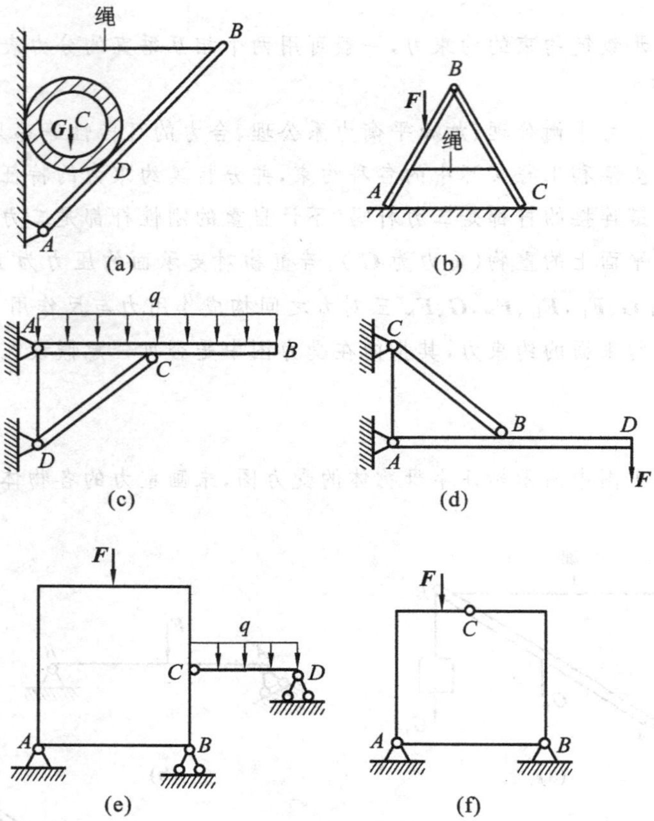

题 1-2 图

1-3　如题 1-3 图所示的齿轮传动系统，O_1 为主动轮的中心，其旋转方向如图所示。试分别画出两齿轮的受力图。

1-4　如题 1-4 图所示，试画出各个部分的受力图。

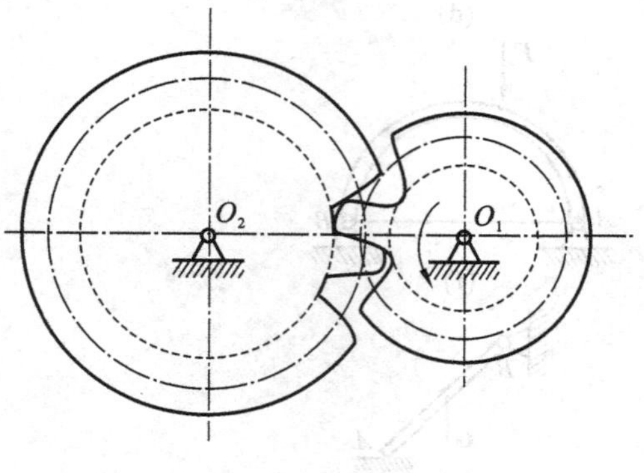

题 1-3 图

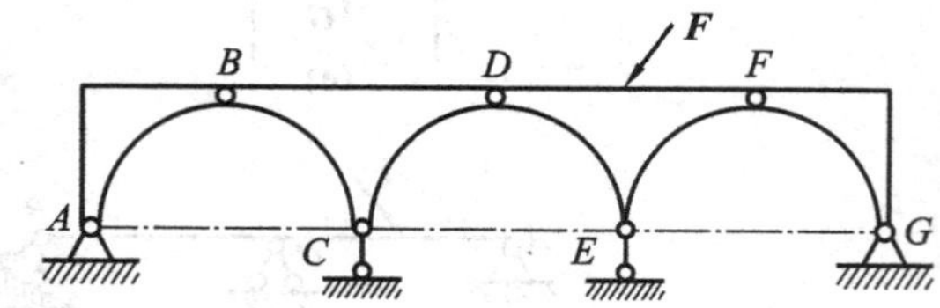

题 1-4 图

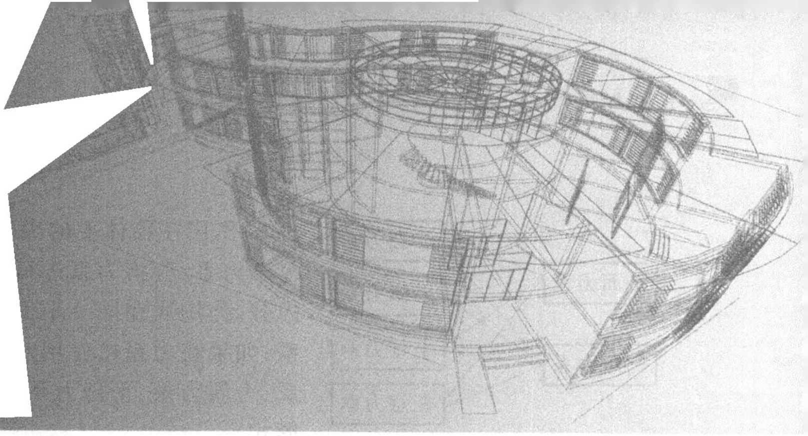

平面汇交力系

本章导读

● **教学的基本要求**　掌握汇交力系合成与平衡的几何法；能熟练地计算力在空间直角坐标轴上的投影；掌握汇交力系合成的解析法；能熟练地运用平衡方程求解汇交力系的平衡问题。

● **教学内容的重点**　力在坐标轴上的投影，汇交力系平衡的解析法。

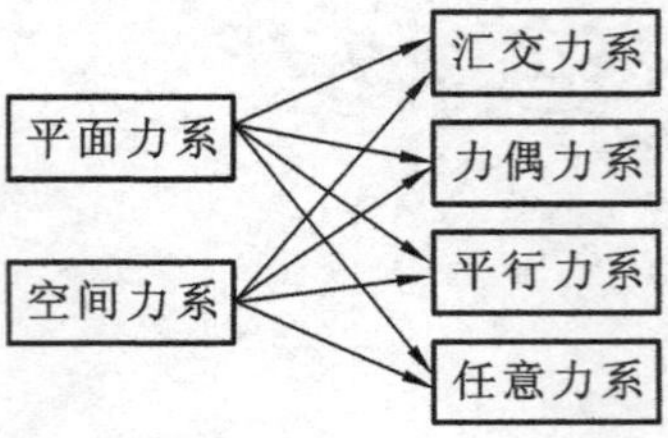

图 2-1

作用在物体上的力系是多种多样的，为了更好地研究这些复杂力系，应将力系进行分类。如果按作用线是否位于同一平面内分，作用线在同一平面内的，称为平面力系，否则，称为空间力系；如果将力系按作用线是否汇交或者平行分，则可分为汇交力系、力偶力系、平行力系和任意力系。图 2-1 所示为力系的几种形式。

本章讲述力系中最简单的一种力系，即平面汇交力系。

2.1 平面汇交力系合成的几何法

2.1.1 力的多边形法则

汇交力系合成的理论依据是力的平行四边形法则或三角形法则。

设作用在刚体上汇交于点 O 的力系 $\boldsymbol{F}_1$、$\boldsymbol{F}_2$、$\boldsymbol{F}_3$ 和 $\boldsymbol{F}_4$，如图 2-2(a) 所示，求其合力。首先将 $\boldsymbol{F}_1$、$\boldsymbol{F}_2$ 两个力进行合成，将这两个力矢量的大小利用长度比例尺转换成长度单位，依原力矢量方向将两力矢量依次进行首尾相连，得以折线 abc，再由折线起点向折线终点作有向线段 $\boldsymbol{ac}$，即将折线 abc 封闭，得合力 $\boldsymbol{F}_{12}$，有向线段 $\boldsymbol{ac}$ 的大小为合力的大小，指向为合力的方向，同理力 $\boldsymbol{F}_{12}$ 与 $\boldsymbol{F}_3$ 的合力为 $\boldsymbol{F}_{123}$，依次按相同做法，得力系的合力 $\boldsymbol{F}_R$，如图 2-2(b) 所示，可以省略中间求合力的过程，将力矢量 $\boldsymbol{F}_1$、$\boldsymbol{F}_2$、$\boldsymbol{F}_3$ 和 $\boldsymbol{F}_4$ 依次首尾相连，得折线 $abcde$，由折线起点向折线终点作有向线段 $\boldsymbol{ae}$，封闭边 ae 表示其力系合力的大小和方向，且合力的作用线通过汇交点 O，多边形 $abcde$ 称为力的多边形，此法称为**力的多边形法则**。作图时力的顺序可以是任意的，这样力的多边形的形状会发生变化，但不影响合力的大小和方向，如图 2-2(c) 所示。

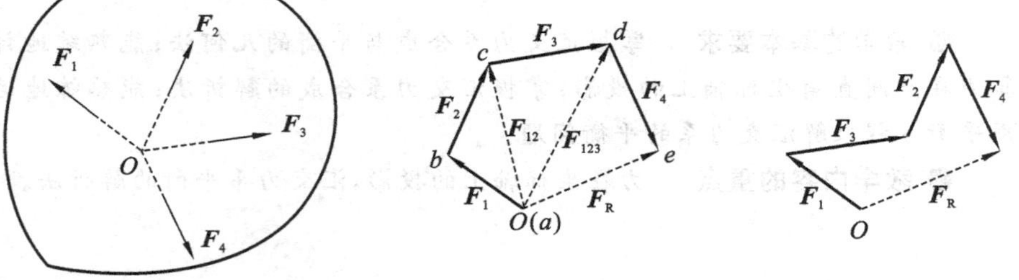

(a) (b) (c)

图 2-2

2.1.2 合力矢

1. 结论

平面汇交力系可简化为一个合力，其合力的大小与方向等于各分力的矢量和(几何和)，合力的作用线应通过汇交点。推广到由 n 个力 $\boldsymbol{F}_1, \boldsymbol{F}_2, \cdots, \boldsymbol{F}_n$ 组成的平面汇交力系，可得如下结论：平面汇交力系的合力是将力系中各力矢量依次首尾相连得折线，并将折线由起点向终点作有向线段，封闭边表示该力系合力的大小和方向，且合力的作用线通过汇交点。即平面汇交力系的合力等于力系中各力矢量和(也称几何和)。设平面汇交力系包含 n 个力，以 $\boldsymbol{F}_R$ 表示它们的合力矢，则有

$$\boldsymbol{F}_R = \boldsymbol{F}_1 + \boldsymbol{F}_2 + \cdots + \boldsymbol{F}_n = \sum_{i=1}^{n} \boldsymbol{F}_i \tag{2-1}$$

此结论也可以推广到空间汇交力系，但由于力的多边形不是平面图形，空间图形较复杂，作图不方便，故一般不采用几何法，而采用解析法。

对于由多个力组成的平面汇交力系，用几何法进行简化的优点是直观、方便、快捷，画出力多边形后，按与画分力同样的比例，用尺子和量角器即可量得合力的大小和方向。但是，这种方法要求图要画得十分精确，否则误差会较大。

2. 合力的定义

合力 $\boldsymbol{F}_R$ 对刚体的作用与原力系对该刚体的作用等效。如果一力与某一力系等效，则此力称为该力系的合力。

2.1.3 共线力系

1. 共线力系的定义

如力系中各力的作用线都沿同一直线，则此力系称为共线力系，它是平面汇交力系的特殊情况，它的力多边形在同一直线上。

2. 共线力系的合力表达式

若沿直线的某一指向为正，相反为负，则力系合力的大小与方向取决于各分力的代数和，即

$$F_R = \sum_{i=1}^{n} F_i \tag{2-2}$$

【例 2-1】 吊车钢索连接处有三个共面的绳索，它们分别受拉力 $F_{T1} = 3$ kN，$F_{T2} = 6$ kN，$F_{T3} = 15$ kN，各力的方向如图 2-3 所示，试用几何法求力系的合力。

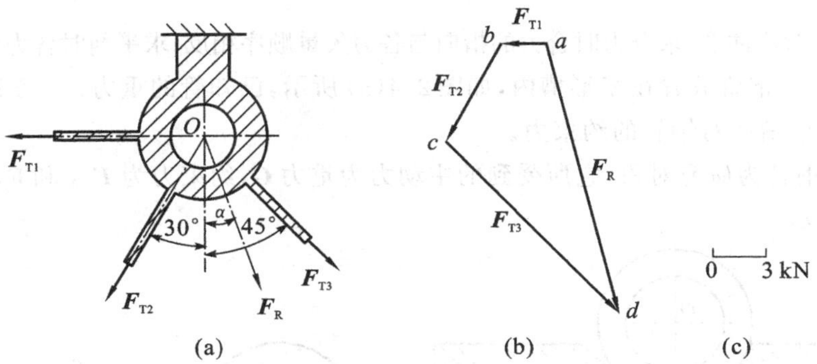

图 2-3

【解】 由于三个力汇交于点 O，构成平面汇交力系。选比例尺，将各力的大小转换成长度单位，令 $ab = F_{T1}$，$bc = F_{T2}$，$cd = F_{T3}$，在平面上选一点 a 作为力多边形的起点，将各力矢量按其方向进行依次首尾相连得折线 $abcd$，并将该折线封闭，便可求得力系合力的大小和方向。合力的大小可量取折线 ad 的长度，并再通过比例尺转换成力的单位，则有

$$F_R = 16.50 \text{ kN}$$

合力的方向为过点 d 作一铅直线，用量角器量取合力与铅直线的夹角 α，即 $\alpha = 16°10'$，合力的作用线通过汇交点 O。

2.2 平面汇交力系平衡的几何法

2.2.1 平衡的充分必要条件

1. 合力等于零

平面汇交力系平衡的充分必要条件是力系的合力为零，即

$$\sum_{i=1}^{n} \boldsymbol{F}_i = 0 \tag{2-3}$$

2. 封闭的力多边形

在平衡情形下，力多边形中最后一力的终点与第一力的起点重合，此时的力多边形称为封闭的力多边形。

由此可以得到力多边形的封闭边应不存在，力的多边形是自行封闭的，即力的多边形中第一个力矢量的起点与最后一个力矢量的终点重合。力的多边形自行封闭是**平面汇交力系平衡的几何条件**。

3. 结论

平面汇交力系平衡的充分必要条件是：该力系的力多边自行封闭，这是平衡的几何条件。

2.2.2 几何法

求解平面汇交力系平衡问题时可用图解法，即按比例先画出封闭的力多边形，然后，量得所要求的未知量。但也可根据图形的几何关系，用三角公式计算出所要求的未知量，这种解题方法称为几何法。

几何法计算时应注意：求合力时合力的指向与各力矢量顺序相反；求平衡时各力矢量顺序相同。

【例 2-2】 一钢管放置在V形槽内，如图 2-4(a) 所示，已知管的重力 $G = 5$ kN，钢管与槽面间的摩擦不计，求槽面对钢管的约束力。

【解】 取钢管为研究对象，它所受到的主动力为重力 $\boldsymbol{G}$，约束力为 $\boldsymbol{F}_{NA}$ 和 $\boldsymbol{F}_{NB}$，汇交于点 O，如图 2-4(b) 所示。

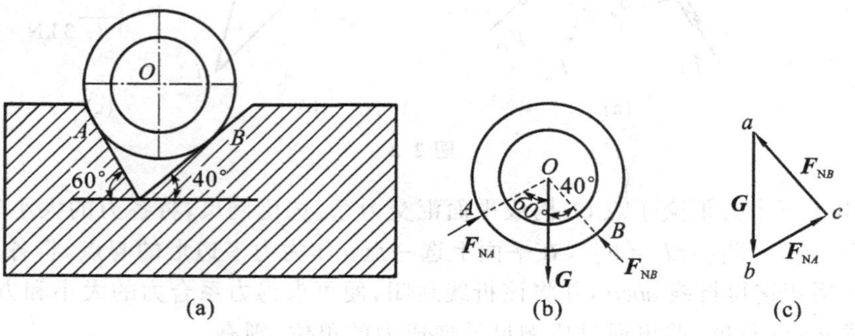

图 2-4

选比例尺，令 $ab=G$，$bc=F_{NA}$，$ca=F_{NB}$，将各力矢量按其方向进行依次首尾相连得封闭的三角形 abc，如图 2-4(c) 所示。量取 bc 边和 ca 边的边长，按照比例尺转换成力的单位，则槽面对钢管的约束力为

$$F_{NA}=bc=3.26\ \text{kN},\quad F_{NB}=ca=4.40\ \text{kN}$$

另一解法，利用三角关系的正弦定理得

$$\frac{F_{NA}}{\sin 40^\circ}=\frac{F_{NB}}{\sin 60^\circ}=\frac{G}{\sin 100^\circ}$$

则约束力为

$$F_{NA}=3.26\ \text{kN},\quad F_{NB}=4.40\ \text{kN}$$

【例 2-3】 支架的横梁 AB 与斜杆 DC 彼此以铰链 C 相连接，如图 2-5(a) 所示，已知 $AC=CB$；杆 DC 与水平线成45°角；载荷 $F=10$ kN，作用于 B 处。设梁和杆的质量忽略不计，求铰链 A 的约束力和杆 DC 所受的力。

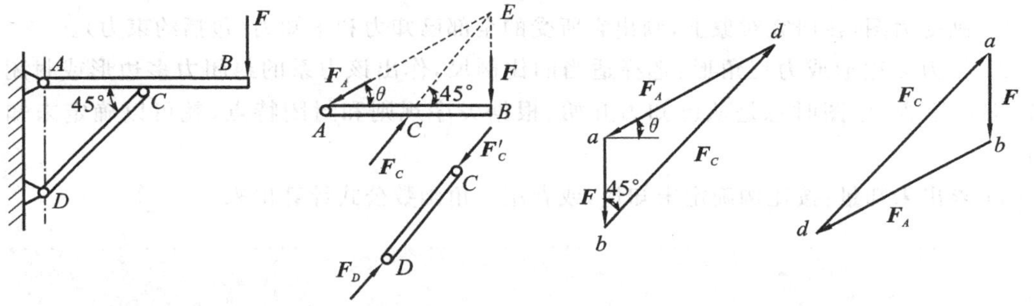

图 2-5

【解】 (1) 选取横梁 AB 为研究对象。横梁在 B 处受载荷 $\boldsymbol{F}$ 的作用。DC 为二力杆，它对横梁 C 处的约束力 $\boldsymbol{F}_C$ 的作用线必沿两铰链 D、C 中心的连线。铰链 A 的约束力 $\boldsymbol{F}_A$ 的作用线可根据三力平衡汇交定理确定，即通过另两力的交点 E，如图 2-5(b) 所示。

(2) 根据平面汇交力系平衡的几何条件，这三个力应组成一封闭的力三角形。按照图中力的比例尺，先画出已知力矢 $\boldsymbol{ab}=\boldsymbol{F}$，再由点 a 作直线平行于 AE，由点 b 作直线平行于 CE，这两条直线相交于点 d，如图 2-5(c) 所示。由力三角形 abd 封闭，可确定 $\boldsymbol{F}_C$ 和 $\boldsymbol{F}_A$ 的指向。

(3) 在力三角形中，线段 bd 和 da 分别表示力 $\boldsymbol{F}_C$ 和 $\boldsymbol{F}_A$ 的大小，量出它们的长度，按比例换算即可求得 $\boldsymbol{F}_C$ 和 $\boldsymbol{F}_A$ 的大小。但一般都是利用三角函数公式计算，在图 2-5(b)、(c) 中，通过简单的三角计算可得

$$F_C=28.29\ \text{kN},\quad F_A=22.37\ \text{kN}$$

说明：在上题中，有关三角函数计算过程如下：

$$EB=CB=AC,\quad \tan\theta=0.5,\quad \theta=26.57^\circ$$

在力三角形 abc 中，$\boldsymbol{F}_A$ 对应的角度是45°，$\boldsymbol{F}_C$ 对应的角度是 $90^\circ+26.57^\circ=116.57^\circ$，$\boldsymbol{F}$ 对应的

角度是

$$180^\circ-(116.57^\circ+45^\circ)=18.43^\circ$$

应用正弦定理，有

$$\frac{F_A}{\sin 45^\circ}=\frac{F_C}{\sin 116.57^\circ}=\frac{F}{\sin 18.43^\circ}$$

其中，$F=10\ \text{kN}$，$\sin 18.43^\circ=0.3161$，$\sin 116.57^\circ=0.8944$，$\sin 45^\circ=0.7071$，计算即得

$$F_C=28.29\ \text{kN},\quad F_A=22.37\ \text{kN}$$

根据作用力和反作用力的关系，作用于杆 DC 的 C 端的力 $\boldsymbol{F}_C'$ 与 $\boldsymbol{F}_C$ 大小相等、方向相反，可知杆 DC 所受压力，如图 2-5(b) 所示。

应该指出，封闭力三角形也可以如图 2-5(d) 所示，同样可以求得力 $\boldsymbol{F}_C$ 和 $\boldsymbol{F}_A$，且结果相同。

2.2.3 几何法解题的主要步骤

通过以上例题，可总结几何法解题的主要步骤如下。

(1) 选取研究对象：根据题意，选取适当的平衡物体作为研究对象，并画出简图。

(2) 画受力图：在研究对象上，画出它所受的全部已知力和未知力(包括约束力)。

(3) 作力多边形或力三角形：选择适当的比例尺，作出该力系的封闭力多边形或封闭力三角形。必须注意，作图时总是从已知力开始。根据矢序规则和封闭特点，就可以确定未知力的指向。

(4) 求出未知量：按比例确定未知量，或者用三角函数公式计算出来。

2.3 平面汇交力系合成与平衡的解析法

2.3.1 力的投影

力在坐标轴上的投影定义为力矢量与该坐标轴单位矢量的标量积。设任意坐标轴的单位矢量为 $\boldsymbol{e}$，力 $\boldsymbol{F}$ 在该坐标轴上的投影为

$$F_e=\boldsymbol{F}\cdot\boldsymbol{e} \tag{2-4}$$

在力 $\boldsymbol{F}$ 所在的平面内建立直角坐标系 Oxy，如图 2-6 所示，轴 x 和 y 的单位矢量为 $\boldsymbol{i}$、$\boldsymbol{j}$，由力的投影定义，力 $\boldsymbol{F}$ 在轴 x 和 y 上的投影为

$$\begin{cases}F_x=F\cos(\boldsymbol{F},\boldsymbol{i})\\F_y=F\cos(\boldsymbol{F},\boldsymbol{j})\end{cases} \tag{2-5}$$

其中，$\cos(\boldsymbol{F},\boldsymbol{i})$、$\cos(\boldsymbol{F},\boldsymbol{j})$ 分别是力 $\boldsymbol{F}$ 与坐标轴的单位矢量 $\boldsymbol{i}$、$\boldsymbol{j}$ 的夹角的余弦，称为方向余弦，$(\boldsymbol{F},\boldsymbol{i})=\alpha$、$(\boldsymbol{F}\cdot\boldsymbol{j})=\beta$ 称为 方向角。力的投影法则可推广到空间坐标系。

如图 2-6 所示，若将力 $\boldsymbol{F}$ 沿直角坐标轴 x 和 y 分解得分力 $\boldsymbol{F}_x$ 和 $\boldsymbol{F}_y$，则力 $\boldsymbol{F}$ 在直角坐标系上投影的绝对值与分力的大小相等，但应注意投影和分力是两种不同的量，不能混淆。投影是代数量，对物体不产生运动效应；分力是矢量，能对物体产生运动效应；同时在斜坐标系中投影与分力的大小是不相等的，如图 2-7 所示。

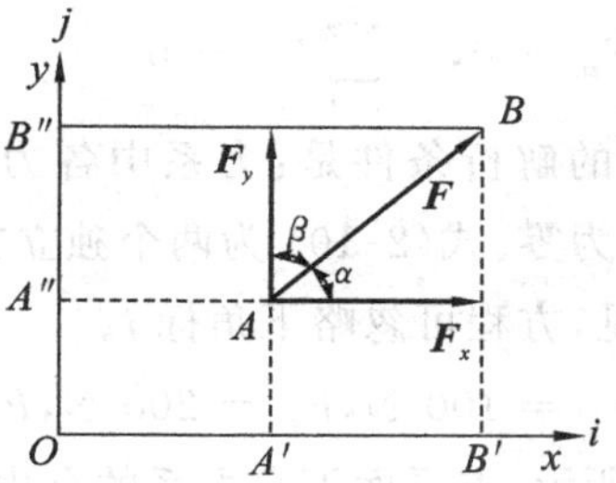

图 2-6

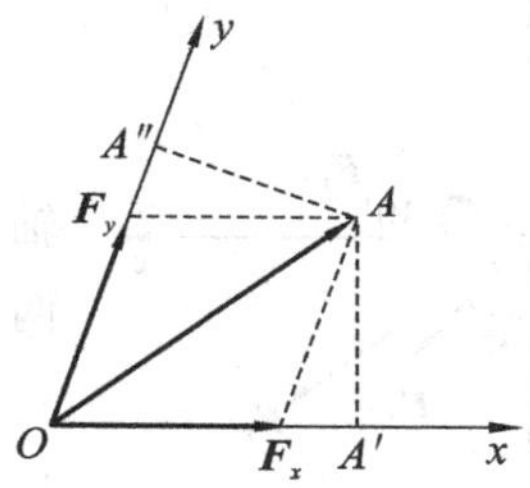

图 2-7

力 $\boldsymbol{F}$ 在平面直角坐标系中的解析式为

$$\boldsymbol{F}=F_x\boldsymbol{i}+F_y\boldsymbol{j} \tag{2-6}$$

若已知力 $\boldsymbol{F}$ 在平面直角坐标轴上的投影 F_x 和 F_y，则力 $\boldsymbol{F}$ 的大小和方向分别为

$$\begin{cases} F=\sqrt{F_x^2+F_y^2} \\ \cos(\boldsymbol{F},\boldsymbol{i})=\dfrac{F_x}{F}, \quad \cos(\boldsymbol{F},\boldsymbol{j})=\dfrac{F_y}{F} \end{cases} \tag{2-7}$$

2.3.2 合矢量的投影定理

根据合矢量投影定理：合矢量在某一轴投影等于各分矢量在同一轴投影的代数和，得平面汇交力系合力的投影，即

$$\begin{cases} F_{Rx}=F_{x1}+F_{x2}+\cdots+F_{xn}=\sum\limits_{i=1}^{n}F_{xi} \\ F_{Ry}=F_{y1}+F_{y2}+\cdots+F_{yn}=\sum\limits_{i=1}^{n}F_{yi} \end{cases} \tag{2-8}$$

其中，F_{Rx}、F_{Ry} 分别为合力 $\boldsymbol{F}_R$ 在轴 x 和 y 上的投影；F_{xi}、F_{yi} 分别为第 i 个分力在轴 x 和 y 上的投影。

2.3.3 力系合成和平衡的解析法

若已知分力在平面直角坐标轴上的投影 F_{xi}、F_{yi}，则合力 $\boldsymbol{F}_R$ 的大小和方向分别为

$$\begin{cases} F_R=\sqrt{F_{Rx}^2+F_{Ry}^2}=\sqrt{\left(\sum\limits_{i=1}^{n}F_{xi}\right)^2+\left(\sum\limits_{i=1}^{n}F_{yi}\right)^2} \\ \cos(\boldsymbol{F}_R,\boldsymbol{i})=\dfrac{F_{Rx}}{F_R}=\dfrac{\sum\limits_{i=1}^{n}F_{xi}}{F_R}, \quad \cos(\boldsymbol{F}_R,\boldsymbol{j})=\dfrac{F_{Ry}}{F_R}=\dfrac{\sum\limits_{i=1}^{n}F_{yi}}{F_R} \end{cases} \tag{2-9}$$

平面汇交力系平衡的充分必要条件是平面汇交力系的合力为零。由式(2-9)得

$$F_R=\sqrt{F_{Rx}^2+F_{Ry}^2}=\sqrt{\left(\sum\limits_{i=1}^{n}F_{xi}\right)^2+\left(\sum\limits_{i=1}^{n}F_{yi}\right)^2}=0$$

从而得平面汇交力系平衡方程

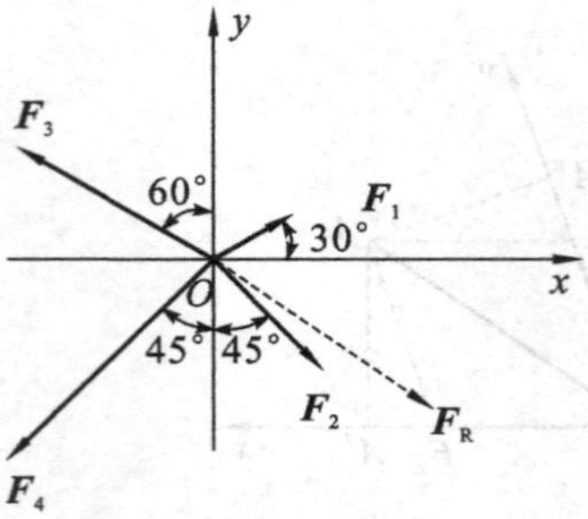

图 2-8

$$\sum_{i=1}^{n} F_{xi} = 0, \quad \sum_{i=1}^{n} F_{yi} = 0 \tag{2-10}$$

平面汇交力系平衡的解析条件是：力系中各力在直角坐标轴上的投影的代数和均为零。式(2-10)为两个独立方程，可求解两个未知力。为简便起见，方程可忽略下角标 i。

【例 2-4】 已知：$F_1 = 100$ N，$F_2 = 200$ N，$F_3 = 300$ N，$F_4 = 400$ N，如图 2-8 所示，求平面汇交力系的合力。

【解】 根据式(2-8)得

$$F_{Rx} = \sum_{i=1}^{n} F_{xi} = F_1\cos30° + F_2\cos45° - F_3\cos30° - F_4\cos45° = 235.14 \text{ N}$$

$$F_{Ry} = \sum_{i=1}^{n} F_{yi} = F_1\cos60° - F_2\cos45° + F_3\cos60° - F_4\cos45° = -224.2 \text{ N}$$

$$F_R = \sqrt{F_{Rx}^2 + F_{Ry}^2} = \sqrt{\left(\sum_{i=1}^{n} F_{xi}\right)^2 + \left(\sum_{i=1}^{n} F_{yi}\right)^2} = 324.89 \text{ N}$$

$$\cos(\boldsymbol{F}_R, \boldsymbol{i}) = \frac{F_{Rx}}{F_R} = \frac{\sum_{i=1}^{n} F_{xi}}{F_R} = \frac{235.14}{324.89} = 0.7238$$

$$\cos(\boldsymbol{F}_R, \boldsymbol{j}) = \frac{F_{Ry}}{F_R} = \frac{\sum_{i=1}^{n} F_{yi}}{F_R} = \frac{-224.2}{324.89} = -0.6901$$

方向角 $\alpha = (\boldsymbol{F}_R, \boldsymbol{i}) = \pm 43.64°$，$\beta = (\boldsymbol{F}_R, \boldsymbol{j}) = 180° \pm 46.36°$，合力的指向为第四象限。

【例 2-5】 支架 ABC 的 B 端用绳子悬挂滑轮，如图 2-9(a) 所示，滑轮的一段起吊重力为 $G = 20$ kN 的物体，绳子的另一端接在绞车 D 上。设滑轮的大小、杆 AB 与 BC 的自重及摩擦均不计，当物体处于平衡状态时，求拉杆 AB 和支杆 BC 所受的力。

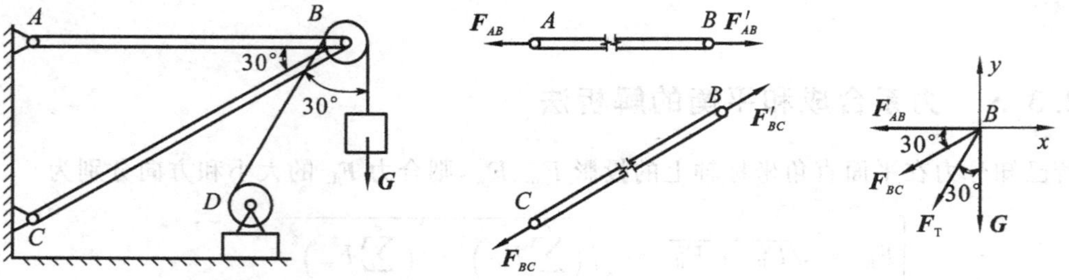

图 2-9

【解】 (1) 确定研究对象，进行受力分析。由于滑轮的大小、杆 AB 与 BC 的自重均不计，因此杆 AB 与 BC 为二力杆，可以看出在点 B 构成平面汇交力系，如图 2-8(c) 所示。

(2) 建立坐标系，列平衡方程。由于绳子的拉力 $F_T = G$，未知力为作用在点 B 的 F_{AB} 和 F_{BC}，由平面汇交力系的平衡方程

$$\sum_{i=1}^{n} F_{xi} = 0, \quad -F_{AB} - F_{BC}\cos 30° - F_{T}\cos 60° = 0 \tag{a}$$

$$\sum_{i=1}^{n} F_{yi} = 0, \quad -F_{BC}\cos 60° - F_{T}\cos 30° - G = 0 \tag{b}$$

(3) 解方程。由式(a) 和式(b) 解得

$$F_{AB} = 54.64\ \text{kN}, \quad F_{BC} = -74.64\ \text{kN}$$

所得的结果，$\boldsymbol{F}_{AB}$ 为正值说明原假设与实际方向相同，即为拉力，$\boldsymbol{F}_{BC}$ 为负值说明原假设与实际方向相反，即为压力。由作用力与反作用力知，拉杆 AB 和支杆 BC 所受到的力与点 B 所受到的力 $\boldsymbol{F}_{BA}$ 和 $\boldsymbol{F}_{BC}$ 大小相等、方向相反。

本章小结

1. 平面汇交力系几何法

(1) 平面汇交力系合成的几何法 —— 力的多边形法则。

将原力系中各力矢量依次首尾相连，得折线并封闭，封闭边的大小和方向表示力系的合力的大小和方向，即

$$\boldsymbol{F}_{R} = \sum_{i=1}^{n} \boldsymbol{F}_{i}$$

合力的作用线通过汇交点。

(2) 平面汇交力系平衡的几何条件 —— 力的多边形自行封闭。

2. 平面汇交力系解析法

(1) 平面汇交力系合成的解析法。

力在直角坐标上的投影：
$$\begin{cases} F_{x} = F\cos(\boldsymbol{F},\boldsymbol{i}) \\ F_{y} = F\cos(\boldsymbol{F},\boldsymbol{j}) \end{cases}$$

式中：$\cos(\boldsymbol{F},\boldsymbol{i}) = \cos\alpha$，$\cos(\boldsymbol{F},\boldsymbol{j}) = \cos\beta$ 称为方向余弦，$(\boldsymbol{F}\cdot\boldsymbol{i}) = \alpha$，$(\boldsymbol{F}\cdot\boldsymbol{j}) = \beta$ 称为方向角。

合矢量的投影定理：合矢量在某一轴投影等于各分矢量在同一轴投影的代数和。平面汇交力系的合力与分力的投影关系为

$$\begin{cases} F_{Rx} = \sum_{i=1}^{n} F_{xi} \\ F_{Ry} = \sum_{i=1}^{n} F_{yi} \end{cases}$$

力系合力：
$$\begin{cases} F_{R} = \sqrt{F_{Rx}^{2} + F_{Ry}^{2}} = \sqrt{\left(\sum_{i=1}^{n} F_{xi}\right)^{2} + \left(\sum_{i=1}^{n} F_{yi}\right)^{2}} \\ \cos(\boldsymbol{F}_{R},\boldsymbol{i}) = \dfrac{F_{Rx}}{F_{R}} = \dfrac{\sum_{i=1}^{n} F_{xi}}{F_{R}}, \quad \cos(\boldsymbol{F}_{R},\boldsymbol{j}) = \dfrac{F_{Ry}}{F_{R}} = \dfrac{\sum_{i=1}^{n} F_{yi}}{F_{R}} \end{cases}$$

(2) 平面汇交力系平衡的解析条件。

力系中各力在直角坐标轴上的投影的代数和均为零。

平面汇交力系的平衡方程为

$$\sum_{i=1}^{n} F_{xi} = 0, \quad \sum_{i=1}^{n} F_{yi} = 0$$

思考题

2-1　某汇交力系满足条件 $\sum F_{xi} = 0$，试问此力系合成后可能是什么结果？

2-2　力沿坐标轴的分解和投影是否完全一样？如果坐标系不是直角坐标系，分解和投影的结果是否还相同？

2-3　在给定直角坐标系中，已知汇交力系的各力的大小和方向及主矢量的大小，则应该如何用解析法确定主矢量和三个坐标轴的夹角？

2-4　设 Oxy 为某汇交力系汇交点的直角坐标系。若将坐标系 Oxy 绕点 O 转动角 α，试问在转动后的坐标系中，该汇交力系的主矢量是否会改变？主矢量在两个坐标系对应坐标轴上的投影是否相同？

2-5　作用在刚体上构成平面汇交力系的 n 个力，其平衡的几何充分必要条件（力的封闭多边形）是否与 n 个力的移动次序有关？其平衡的解析充分必要条件是否与坐标系的原点选取有关？

习　题

2-1　在刚体的点 A 作用有四个平面汇交力。其中 $F_1 = 2$ kN，$F_2 = 3$ kN，$F_3 = 1$ kN，$F_4 = 2.5$ kN，方向如题 2-1 图所示。用解析法求该力系的合成结果。

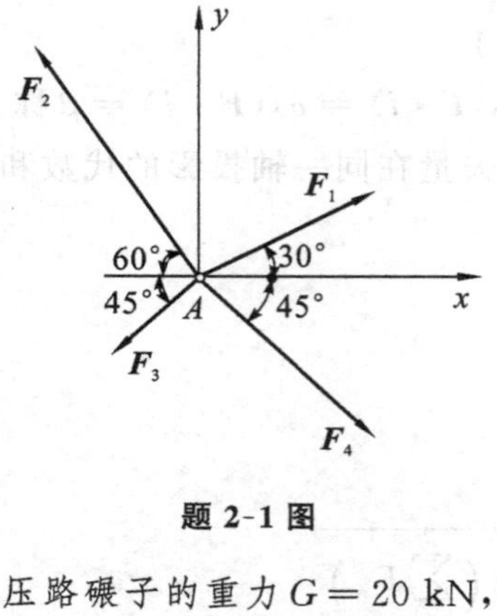

题 2-1 图

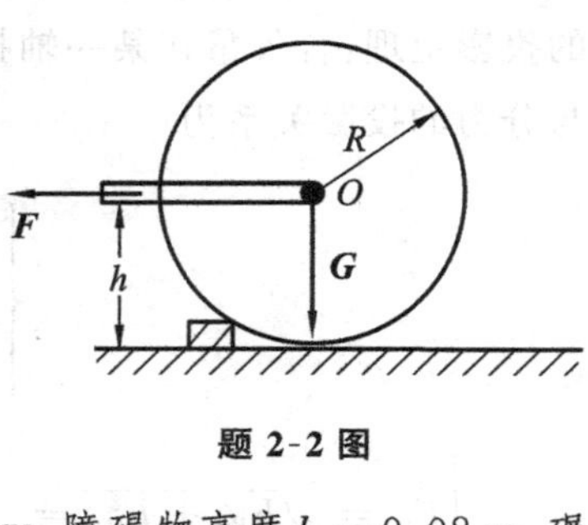

题 2-2 图

2-2　压路碾子的重力 $G = 20$ kN，半径 $R = 0.6$ m，障碍物高度 $h = 0.08$ m。碾子中心 O 处作用一水平拉力 $\boldsymbol{F}$，如题 2-2 图所示，试求：

(1) 当水平拉力 $F = 5$ kN 时，碾子对地面及障碍物的压力；

(2) 欲将碾子拉过障碍物，水平拉力 $\boldsymbol{F}$ 至少应为多大？

(3) 力 $\boldsymbol{F}$ 沿什么方向拉动碾子最省力，此时力 $\boldsymbol{F}$ 为多大？

2-3　支架的横梁 AB 与斜杆 DC 彼此以铰链 C 相连接，并各以铰链 A、D 连接于铅直墙上。已知：$AC = CB$；杆 DC 与水平线成 45° 角；载荷 $F = 10$ kN，作用于 B 处。梁与杆的质量忽略不计，如题 2-3 图所示，求铰链 A 的约束力和杆 DC 所受的力。

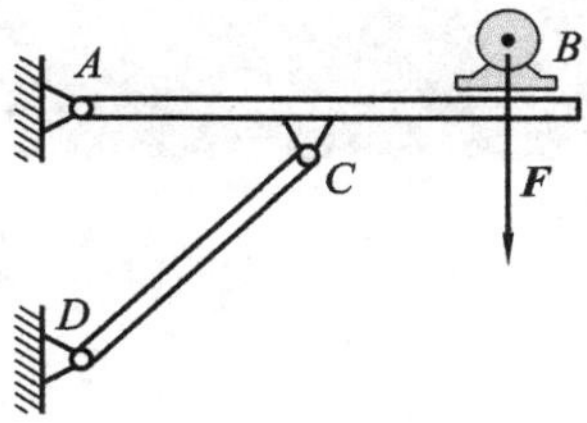

题 2-3 图

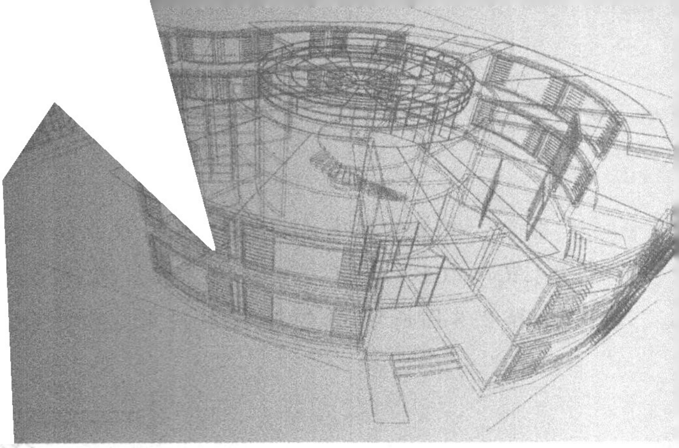

力偶理论

本章导读

● **教学的基本要求**　理解力偶的概念，掌握力偶的性质和力偶的等效条件；掌握力偶系的合成方法，能应用平衡条件求解力偶系的平衡问题。

● **教学内容的重点**　力偶性质和力偶等效条件，力偶系的平衡问题。

● **教学内容的难点**　力偶性质和力偶等效条件。

与力一样，力偶是力学中的一个基本量。作用于刚体上的力偶只能使刚体产生转动效应。力偶是一种特殊的力系，没有合力，不能与单个力平衡。但它具有可移转性、可改变性等重要性质，它对刚体的转动效应完全取决于力偶矩矢。本章主要研究力偶的性质和力偶系的合成与平衡问题。

3.1 力偶和力偶矩矢

3.1.1 力偶的概念

如图 3-1 所示，作用于刚体上大小相等、方向相反的一对平行力称为**力偶**，记作($\boldsymbol{F},\boldsymbol{F}'$)。由二力平衡公理可知，力偶不是平衡力系，它是一种特殊的力系。在力偶的作用下，刚体会产生转动效应。例如，汽车司机用双手转动方向盘(见图 3-2(a))，钳工用丝锥攻螺纹(见图 3-2(b))，电动机转子受到电磁力作用旋转等，都是力偶作用下刚体的转动效应。

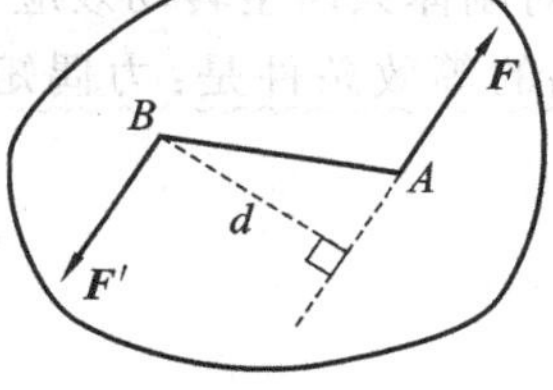

图 3-1

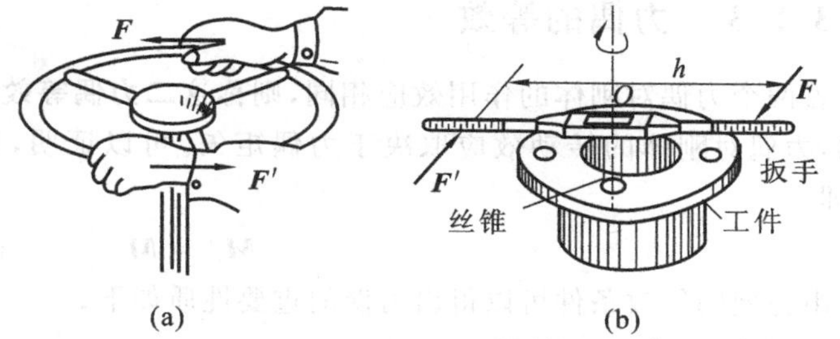

图 3-2

与力一样，力偶是力学中的一个基本量，但力偶没有合力，因此，力偶不能与单个力等效，也不能与单个力平衡；力偶只能与力偶等效，只能与力偶平衡。

作用于刚体上的一组力偶构成**力偶系**。力偶系可分为**平面力偶系**和**空间力偶系**。所谓平面力偶系是指力偶作用平面都是同一平面的力偶系；空间力偶系是指力偶作用平面不在同一平面的力偶系。

3.1.2 力偶矩矢

力偶($\boldsymbol{F},\boldsymbol{F}'$)中的两个力的作用线所确定的平面称为**力偶作用平面**。两个力作用线之间的距离 d 称为**力偶臂**，如图 3-1 所示。实践表明，力偶中的力 $\boldsymbol{F}$ 越大(力偶臂 d 不变)，或力偶臂 d 越大(力 $\boldsymbol{F}$ 保持不变)，力偶使刚体转动的效应就越强；力偶的转向不同，力偶使刚体转动的效应也就不同；力偶作用面的方位改变，力偶对刚体的效应也随之改变。例如，如图 3-3 所示，作用于正方体不同面上的力偶($\boldsymbol{F},\boldsymbol{F}'$)，使正方体产生的转动是不同的。因此，力偶对刚体的作用效应取决于三个因素：力与力臂的乘积 Fd，力偶的转向以及力偶作用面的方位。力与力臂乘积、力偶的转向、力偶作用面的方位所确定的矢量称为**力偶矩矢**，记为 $\boldsymbol{M}$。力偶矩矢的表示方法如下：矢的长度按一定的比例表示力偶矩的大小 Fd；矢的方位垂直于力偶作用面；矢的指向按右手螺旋规则确定，即右手四指的指向符合力偶转向而握拳时，大拇指伸出的方向就是力偶矩矢的方向。图 3-4(a) 中的矢量 $\boldsymbol{M}$ 代表力偶($\boldsymbol{F},\boldsymbol{F}'$) 的力偶矩矢。力偶矩矢 $\boldsymbol{M}$ 与力矢 $\boldsymbol{F}$ 类似，可按平行四边形定律合成。

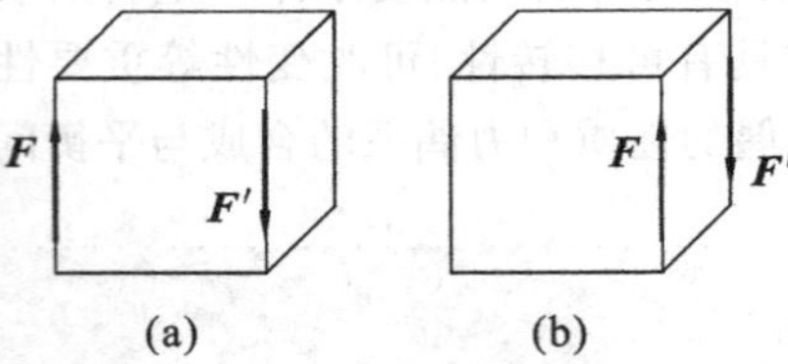

图 3-3

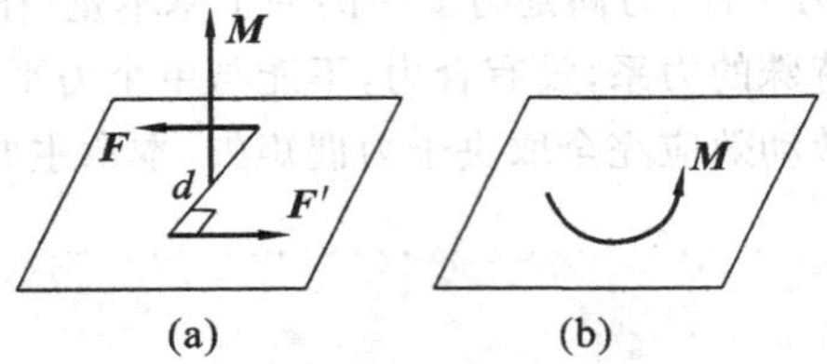

图 3-4

对于平面力偶系，各力偶作用面相互重合，因此各力偶矩矢的方位相同。这时，力偶矩矢可用一代数量表示，即

$$M = \pm Fd \tag{3-1}$$

一般规定，当力偶使刚体产生逆时针的转动时，力偶矩取正号，反之则取负号。

力偶矩的单位为牛·米(N·m)，或千牛·米(kN·m)。

3.1.3　力偶的等效

若两个力偶对刚体的作用效应相同，则称这**二力偶等效**。力偶对刚体只产生转动效应，实践表明，力偶对刚体的转动效应取决于力偶矩矢。可以证明，两力偶的等效条件是：力偶矩矢相等，即

$$\boldsymbol{M}_1 = \boldsymbol{M}_2 \tag{3-2}$$

由力偶的等效条件可以得出力偶的重要性质如下。

1）力偶的可移、可转性

在保持力偶矩矢不变的前提下，力偶可在其作用面内任意移动、转动，不改变力偶对刚体的转动效应。因此，力偶对刚体的作用与其在作用面内的位置无关。

在保持力偶矩矢不变的前提下，力偶可以平行地移至另一个与力偶作用面平行的平面内，而不改变力偶对刚体的转动效应。因此，**力偶矩矢为自由矢量**。

2）力偶的可改变性

在保持力偶矩矢不变的前提下，可以任意改变力偶中力的大小和力偶臂的长短，而不改变力偶对刚体的转动效应。可见，力偶中力的大小和力偶臂的长短都不是决定力偶效应的独立因素。

在保持力偶矩矢不变的前提下，力偶的这些变化都不会改变力偶对刚体的作用效应。因此，今后我们只关心力偶的力偶矩矢，而不过问该力偶中力的大小、方向和作用线。故在表示力偶时，只要在力偶作用面内用一带箭头的弧线表示力偶的转向，旁边标注力偶矩 M 的值即可。

3.2　平面力偶系的合成与平衡

3.2.1　平面力偶系的合成

设作用于刚体上同一平面内的 n 个力偶($\boldsymbol{F}_1,\boldsymbol{F}_1'$)，($\boldsymbol{F}_2,\boldsymbol{F}_2'$)，…，($\boldsymbol{F}_n,\boldsymbol{F}_n'$) 对刚体的作用效

应与力偶($\boldsymbol{F}_R,\boldsymbol{F}'_R$)对刚体的作用效应相同,则称力偶($\boldsymbol{F}_R,\boldsymbol{F}'_R$)是力偶($\boldsymbol{F}_1,\boldsymbol{F}'_1$),($\boldsymbol{F}_2,\boldsymbol{F}'_2$),…,($\boldsymbol{F}_n,\boldsymbol{F}'_n$)的合力偶。一般情况下,**平面力偶系合成**指平面力偶系对刚体的转动效应可以与一个力偶对刚体的转动效应等效,该力偶称为**合力偶**,合力偶矩等于原力偶系中各力偶矩的代数和,即

$$M_R = M_1 + M_2 + \cdots + M_n = \sum M_i \tag{3-3}$$

证明:设作用于刚体上的平面力偶系($\boldsymbol{F}_1,\boldsymbol{F}'_1$),($\boldsymbol{F}_2,\boldsymbol{F}'_2$),…,($\boldsymbol{F}_n,\boldsymbol{F}'_n$),其力偶臂分别为 d_1,d_2,…,d_n,如图 3-5(a) 所示,则各力偶的力偶矩分别为

$$M_1 = F_1 d_1, M_2 = F_2 d_2, \cdots, M_n = -F_n d_n$$

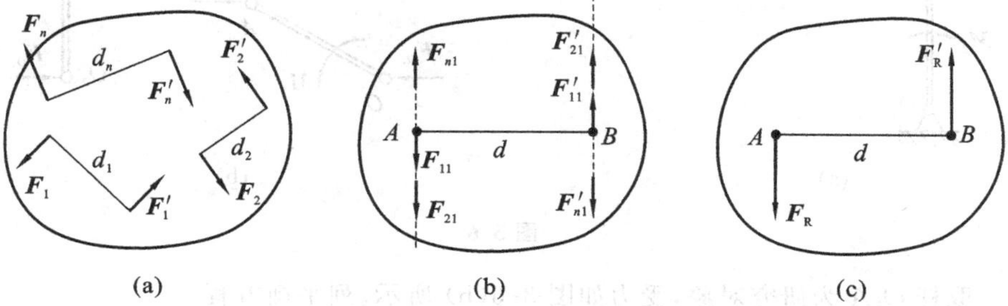

图 3-5

利用力偶在其作用面内的可移动、转动性和力偶的可改变性,将原力偶系变换为具有公共力偶臂 d 的新力偶系($\boldsymbol{F}_{11},\boldsymbol{F}'_{11}$),($\boldsymbol{F}_{21},\boldsymbol{F}'_{21}$),…,($\boldsymbol{F}_{n1},\boldsymbol{F}'_{n1}$),如图 3-5(b) 所示。新平面力偶系与原力偶系等效,则

$M_1 = F_1 d_1 = F_{11} d, M_2 = F_2 d_2 = F_{21} d, \cdots, M_n = -F_n d_n = -F_{n1} d$(顺时针转向为负)

于是,原力偶系变换为作用于 A、B 两点的两个共线力系。分别将这两个共线力系进行合成,可得两个分别作用于 A、B 两点的力 $\boldsymbol{F}_R$ 和 $\boldsymbol{F}'_R$。不妨设 $F_{11} + F_{21} + \cdots + (-F_{n1}) > 0$,则 $\boldsymbol{F}_R$ 的方向与 $\boldsymbol{F}_{11}$ 方向相同,$\boldsymbol{F}'_R$的方向与 $\boldsymbol{F}'_{11}$方向相同,如图 3-5(c) 所示,而它们的大小分别为

$$F_R = F_{11} + F_{21} + \cdots + (-F_{n1}), F'_R = F'_{11} + F'_{21} + \cdots + (-F'_{n1})$$

可见,力 $\boldsymbol{F}_R$ 和 $\boldsymbol{F}'_R$的大小相等、方向相反,且不在同一直线上。因此,力 $\boldsymbol{F}_R$ 和 $\boldsymbol{F}'_R$构成一力偶($\boldsymbol{F}_R,\boldsymbol{F}'_R$),即原力偶系合成为一合力偶,合力偶矩为

$$M_R = F_R d = (F_{11} + F_{21} + \cdots + (-F_{n1}))d = M_1 + M_2 + \cdots + M_n = \sum M_i$$

证毕。

3.2.2 平面力偶系的平衡方程

平面力偶系平衡的充分必要条件是:各力偶矩的代数和等于零,即

$$\sum M_i = M_1 + M_2 + \cdots + M_n = 0 \tag{3-4}$$

式(3-4)称为**平面力偶系平衡方程**。由于只有一个平衡方程,因此只能求解一个未知量。

【例 3-1】 如图 3-6(a) 所示的四连杆机构,各杆自重不计,该机构在两力偶作用下处于平衡状态。已知:$M_1 = 100\ \text{N}\cdot\text{m}$,$O_1A = 40\ \text{cm}$,$O_2B = 60\ \text{cm}$。试求力偶矩 M_2 的大小。

分析:对于机构整体,受力偶 $\boldsymbol{M}_1$、$\boldsymbol{M}_2$ 作用处于平衡。根据力偶只能与力偶平衡的特点,O_1、O_2 处的约束力必构成力偶。平面力偶系的平衡方程只有一个,只能求解一个未知量。而

O_1、O_2 处的约束力大小、方向均未知，因此，仅从机构整体不能够求解，需要考虑机构中的其他构件。不难发现，机构中的杆 AB 为二力构件，A、B 处的约束力 $\boldsymbol{F}'_A$、$\boldsymbol{F}'_B$ 必沿连线 AB，且大小相等。对于杆 O_1A，O_1 处的约束力与 A 处的约束力构成力偶，与力偶 $\boldsymbol{M}_1$ 平衡，可求出 $\boldsymbol{F}_A$，从而得到 $\boldsymbol{F}_B$。对于杆 O_2B，O_2 处的约束力与 B 处的约束力构成力偶，与力偶 $\boldsymbol{M}_2$ 平衡，由此可解出 $\boldsymbol{M}_2$ 的大小。

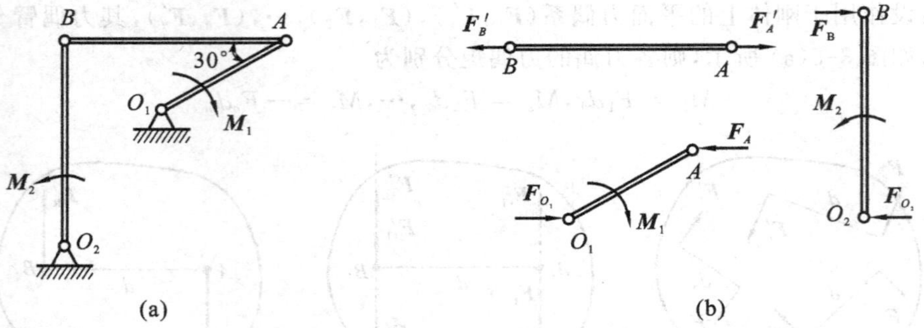

图 3-6

【解】 取杆 O_1A 为研究对象，受力如图 3-6(b) 所示。列平衡方程

$$\sum M_i = 0, \quad -M_1 + F_A \cdot O_1A\sin 30^\circ = 0$$

$$F_A = \frac{100}{40 \times 10^{-2} \times \frac{1}{2}} \text{ N} = 500 \text{ N}$$

杆 AB 为二力杆，则有

$$F'_B = F'_A = F_A = 500 \text{ N}$$

取杆 O_2B 为研究对象，受力如图 3-6(b) 所示。列平衡方程

$$\sum M_i = 0, \quad -F_B \cdot O_2B + M_2 = 0$$

$$M_2 = F_B \cdot O_2B = F'_B \cdot O_2B = 500 \times 60 \times 10^{-2} \text{ N} = 300 \text{ N}$$

3.3 空间力偶理论

3.3.1 空间力偶系的合成

一般情况下，空间力偶系可合成为一个合力偶，合力偶矩矢等于原力偶系中各力偶矩矢的矢量和，即

$$\boldsymbol{M}_R = \boldsymbol{M}_1 + \boldsymbol{M}_2 + \cdots + \boldsymbol{M}_n = \sum \boldsymbol{M}_i \tag{3-5}$$

在实际计算中，通常采用投影形式来求解。设合力偶矩矢在三个直角坐标轴上的投影分别为 M_x，M_y 和 M_z，则

$$\begin{cases} M_x = M_{x1} + \cdots + M_{xn} = \sum M_{xi} \\ M_y = M_{y1} + \cdots + M_{yn} = \sum M_{yi} \\ M_z = M_{z1} + \cdots + M_{zn} = \sum M_{zi} \end{cases} \tag{3-6}$$

于是,合力偶矩矢的大小和方向余弦为

$$\begin{cases} M = \sqrt{(\sum M_{xi})^2 + (\sum M_{yi})^2 + (\sum M_{zi})^2} \\ \cos(\boldsymbol{M},\boldsymbol{i}) = \dfrac{\sum M_{xi}}{M} \\ \cos(\boldsymbol{M},\boldsymbol{j}) = \dfrac{\sum M_{yi}}{M} \\ \cos(\boldsymbol{M},\boldsymbol{k}) = \dfrac{\sum M_{zi}}{M} \end{cases} \tag{3-7}$$

3.3.2 空间力偶系的平衡方程

空间力偶系平衡的充分必要条件为:合力偶对应的力偶矩矢量为零矢量。即

$$\boldsymbol{M} = 0 \quad 或 \quad \sum \boldsymbol{M}_i = 0 \tag{3-8}$$

欲使式(3-8)成立,由式(3-7)可知,必需且只需满足

$$\begin{cases} \sum M_{xi} = 0 \\ \sum M_{yi} = 0 \\ \sum M_{zi} = 0 \end{cases} \tag{3-9}$$

因此,空间力偶系平衡的充分必要条件可表述为:力偶系中各力偶矩矢在三个直角坐标轴上的投影的代数和分别等于零。式(3-9)称为**空间力偶系的平衡方程**,共计三个独立方程,可求解三个未知量。

【例 3-2】 如图 3-7 所示,在长方体的两个对角面上分别作用二力偶($\boldsymbol{F}_1,\boldsymbol{F}'_1$)、($\boldsymbol{F}_2,\boldsymbol{F}'_2$)。已知:$F_1 = 200$ kN,$F_2 = 100$ kN。试求这两个力偶的合力偶矩矢。

【解】 设力偶($\boldsymbol{F}_1,\boldsymbol{F}'_1$)和($\boldsymbol{F}_2,\boldsymbol{F}'_2$)的力偶矩矢分别为 $\boldsymbol{M}_1$ 和 $\boldsymbol{M}_2$,则 $\boldsymbol{M}_1$ 垂直于($\boldsymbol{F}_1,\boldsymbol{F}'_1$)所确定的平面,$\boldsymbol{M}_2$ 垂直于($\boldsymbol{F}_2,\boldsymbol{F}'_2$)所确定的平面,它们的大小分别为

$$M_1 = F_1 d_1 = 200 \times \sqrt{4^2 + 2^2}\ \text{kN} \cdot \text{m} = 400\sqrt{5}\ \text{kN} \cdot \text{m}$$

$$M_2 = F_2 d_2 = 100 \times 2\ \text{kN} \cdot \text{m} = 200\ \text{kN} \cdot \text{m}$$

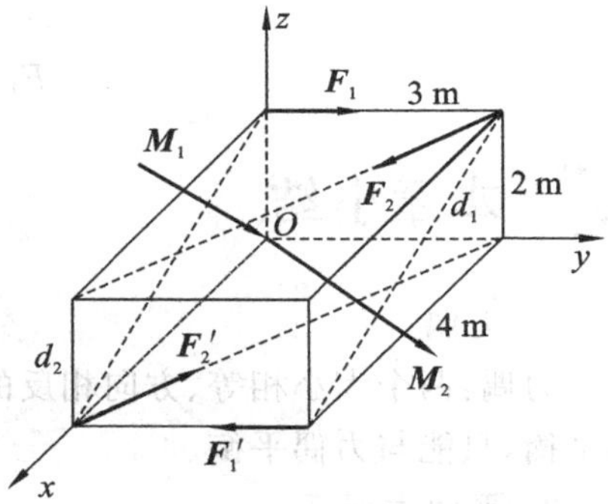

图 3-7

取 $Oxyz$ 直角坐标系,将各力偶矩矢平移到点 O,如图 3-7 所示,则合力偶矩矢 $\boldsymbol{M}$ 在三个直角坐标轴上的投影分别为

$$M_x = \sum M_{xi} = M_{x1} + M_{x2} = \left(-400\sqrt{5} \times \frac{1}{\sqrt{5}} + 200 \times \frac{3}{5}\right)\text{kN} \cdot \text{m} = -280\ \text{kN} \cdot \text{m}$$

$$M_y = \sum M_{yi} = M_{y1} + M_{y2} = \left(0 + 200 \times \frac{4}{5}\right)\text{kN} \cdot \text{m} = 160\ \text{kN} \cdot \text{m}$$

$$M_z = \sum M_{zi} = M_{z1} + M_{z2} = \left(-400\sqrt{5} \times \frac{2}{\sqrt{5}} + 0\right) \text{kN} \cdot \text{m} = -800 \text{ kN} \cdot \text{m}$$

则合力偶矩矢的大小和方向余弦分别为

$$M = \sqrt{(\sum M_{xi})^2 + (\sum M_{yi})^2 + (\sum M_{zi})^2} = \sqrt{(-280)^2 + 160^2 + (-800)^2} \text{ kN} \cdot \text{m}$$
$$= 862.55 \text{ kN} \cdot \text{m}$$

$$\cos(\boldsymbol{M}, \boldsymbol{i}) = \frac{\sum M_{xi}}{M} = \frac{-280}{862.55} = -0.3246$$

$$\cos(\boldsymbol{M}, \boldsymbol{j}) = \frac{\sum M_{yi}}{M} = \frac{160}{862.55} = 0.1855$$

$$\cos(\boldsymbol{M}, \boldsymbol{k}) = \frac{\sum M_{zi}}{M} = \frac{-800}{862.55} = -0.9275$$

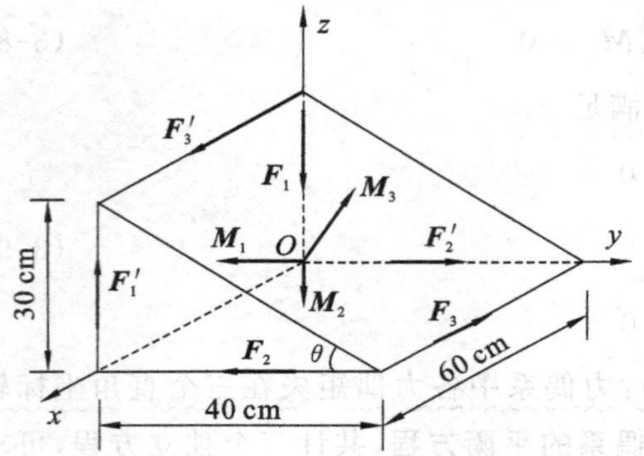

图 3-8

【例 3-3】 作用于图 3-8 所示楔块上的三个力偶($\boldsymbol{F}_1, \boldsymbol{F}_1'$)、($\boldsymbol{F}_2, \boldsymbol{F}_2'$)和($\boldsymbol{F}_3, \boldsymbol{F}_3'$)处于平衡。已知：$F_3 = F_3' = 150$ kN。试求力 $\boldsymbol{F}_1$ 和 $\boldsymbol{F}_2$ 的大小。

【解】 取楔块为研究对象，将各力偶矩矢平移到点 O，如图 3-8 所示。列空间力偶系平衡方程

$$\sum M_{yi} = 0, \quad -60F_1 + 50F_3 \sin\theta = 0$$

$$\sum M_{zi} = 0, \quad -60F_2 + 50F_3 \cos\theta = 0$$

而

$$\sin\theta = 0.6, \quad \cos\theta = 0.8$$

解得

$$F_1 = 75 \text{ kN}, \quad F_2 = 100 \text{ kN}$$

本章小结

1. 力偶

力偶：两个大小相等、方向相反的一对平行力组成的特殊力系。力偶没有合力，不能与一个力平衡，只能与力偶平衡。

2. 平面力偶系

1）力偶矩

力偶矩是指平面力偶中力的大小与力偶臂的乘积加上适当的正负号，即

$$M = \pm Fd$$

力偶矩是代数量，正负号表示力偶的转向，一般规定，使物体逆时针转动的力偶矩为正，反之为负。

2）平面力偶的等效

在同平面内两个力偶等效的充分必要条件是两个力偶矩相等。

3）平面力偶系的合成

一般情况下，平面力偶系可合成为一个合力偶，合力偶矩等于各力偶矩的代数和，即

$$M=\sum M_i$$

4）平面力偶系的平衡

平面力偶系的平衡条件：各力偶矩的代数和等于零，即

$$\sum M_i=0$$

3. 空间力偶系

1）力偶矩矢

空间力偶对刚体的作用效果取决于力偶矩的大小、力偶作用面的方位和力偶的转向三个因素，用力偶矩矢来表示。力偶矩矢是自由矢量，其大小等于力与力偶臂的乘积，方向与力偶作用面垂直，指向由右手螺旋规则确定。

2）空间力偶的等效

两个力偶等效的充分必要条件是两个力偶矩矢相等。

3）空间力偶系的合成

空间力偶系可合成为一合力偶，合力偶矩矢等于各力偶矩矢的矢量和，即

$$\boldsymbol{M}=\sum \boldsymbol{M}_i$$

合力偶矩矢的大小和方向余弦为

$$\begin{cases}M=\sqrt{M_x^2+M_y^2+M_z^2}=\sqrt{\left(\sum M_{xi}\right)^2+\left(\sum M_{yi}\right)^2+\left(\sum M_{zi}\right)^2}\\ \cos(\boldsymbol{M},\boldsymbol{i})=\dfrac{M_x}{M}=\dfrac{\sum M_{xi}}{M},\quad \cos(\boldsymbol{M},\boldsymbol{j})=\dfrac{M_y}{M}=\dfrac{\sum M_{yi}}{M},\quad \cos(\boldsymbol{M},\boldsymbol{k})=\dfrac{M_z}{M}=\dfrac{\sum M_{zi}}{M}\end{cases}$$

4）空间力偶系的平衡

空间力偶系的平衡的充分必要条件：各力偶矩矢的矢量和等于零，即

$$\sum \boldsymbol{M}_i=0$$

空间力偶系的平衡方程

$$\begin{cases}\sum M_{xi}=0\\ \sum M_{yi}=0\\ \sum M_{zi}=0\end{cases}$$

思考题

3-1　能否说"力偶的合力为零"？

3-2　位于两相交平面内的两力偶能否等效？能否组成平衡力系？

3-3　如图3-9所示结构，若将作用在构件AC上的力偶$\boldsymbol{M}$移动到构件BC上（如图中虚线所示），试问支座A、B处的约束力是否会发生变化？

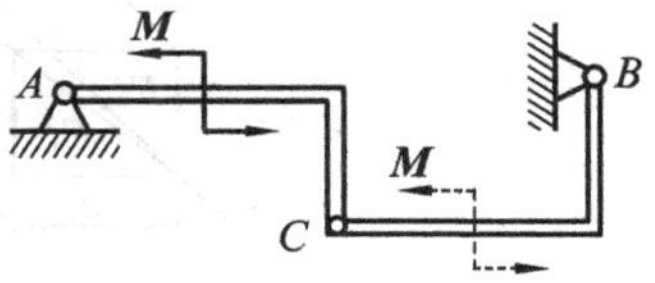

图3-9

3-4　如图3-10所示的置于光滑水平面上的均质等边三角形

薄板，当沿均质三角形薄板的三个边 AB、BC、CA 上分别作用三个力 $\boldsymbol{F}_1$、$\boldsymbol{F}_2$、$\boldsymbol{F}_3$（方向如图所示）时，若要等边三角形薄板只发生转动，则力 $\boldsymbol{F}_1$、$\boldsymbol{F}_2$、$\boldsymbol{F}_3$ 应满足什么关系？

3-5　如图 3-11 所示刚架，若刚架质量略去不计，则支座 A 处的约束力 $\boldsymbol{F}_{RA}$ 的方向与水平轴的夹角（锐角）是多少？支座 A 处的约束力 $\boldsymbol{F}_{RA}$ 的大小是多少？

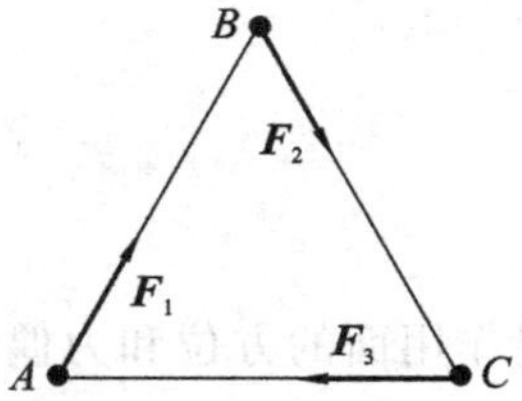

图 3-10

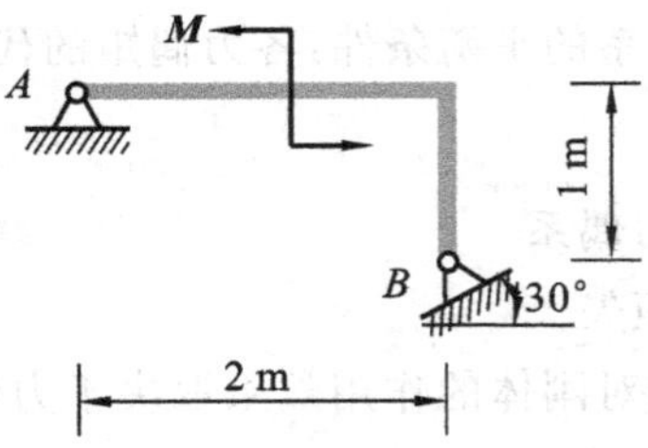

图 3-11

3-6　如图 3-12 所示的 A 端固定铰支，中点 C 处受光滑接触面约束的杆 AB。若杆质量略去不计，B 截面处作用的力偶矩 $M = 100\ \text{N}\cdot\text{m}$，则支座 A 处的约束力 $\boldsymbol{F}_{RA}$ 的方向与水平轴的夹角（锐角）是多少？支座 A 处的约束力 $\boldsymbol{F}_{RA}$ 的大小是多少？

3-7　已知 $\boldsymbol{F}_1$、$\boldsymbol{F}_2$、$\boldsymbol{F}_3$、$\boldsymbol{F}_4$、$\boldsymbol{F}_5$、$\boldsymbol{F}_6$ 为作用于刚体上的平面力系。对于如图 3-13 所示由几何法给出的力多边形，若要刚体处于平衡状态，$\boldsymbol{F}_1$、$\boldsymbol{F}_2$、$\boldsymbol{F}_3$、$\boldsymbol{F}_4$、$\boldsymbol{F}_5$、$\boldsymbol{F}_6$ 应当满足什么关系？

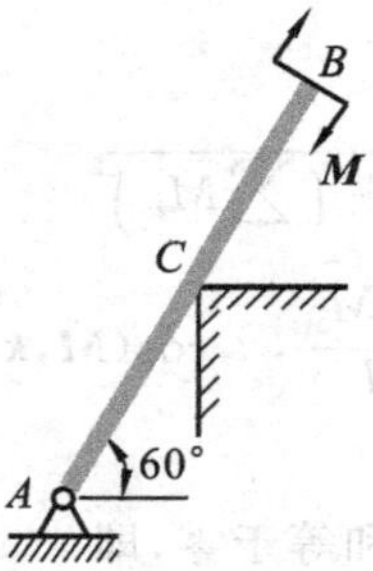

图 3-12

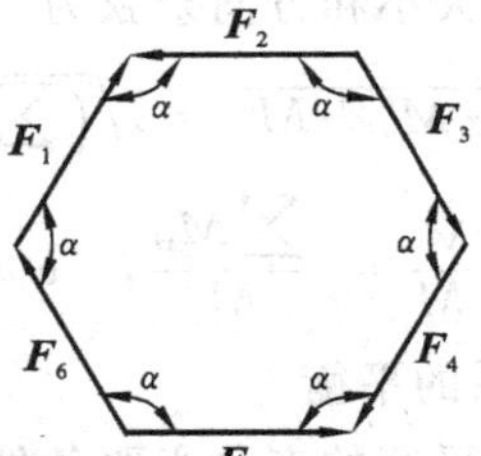

图 3-13

习　题

3-1　如题 3-1 图所示，长方体上作用着一个力偶 $(\boldsymbol{F}_1, \boldsymbol{F}_1')$，$(\boldsymbol{F}_2, \boldsymbol{F}_2')$，$(\boldsymbol{F}_3, \boldsymbol{F}_3')$。已知 $F_1 = F_1' = 10\ \text{N}$，$F_2 = F_2' = 16\ \text{N}$，$F_3 = F_3' = 20\ \text{N}$，$a = 0.1\ \text{m}$，求三个力偶的合成结果。

3-2　水平梁的支承和载荷如题 3-2 图所示，求支座 A、B 的约束力。

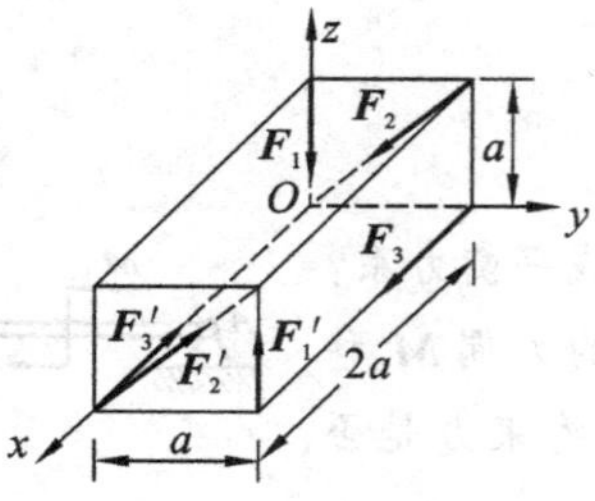

题 3-1 图

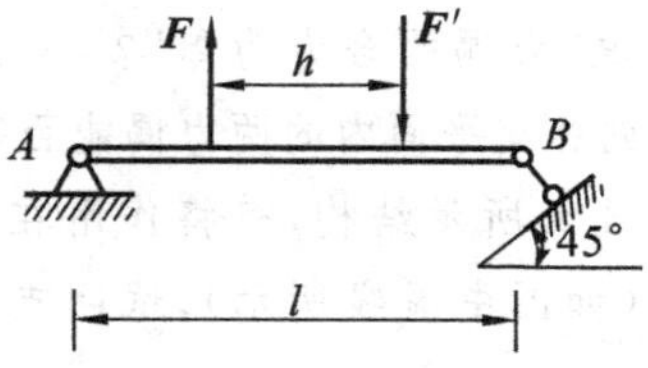

题 3-2 图

3-3　曲柄活塞机构的活塞上作用有力 $F=400\ \text{N}$，试问在曲柄上应加多大的力偶 $\boldsymbol{M}$ 才能使机构在题 3-3 图所示的位置平衡？

3-4　三铰刚架如题 3-4 图所示，在它上面作用一力偶，其力偶矩 $M=50\ \text{kN}\cdot\text{m}$，不计刚架自重。求 A、B 处的约束力。如将该力移到刚架左半部分，两支座的约束力是否改变？为什么？

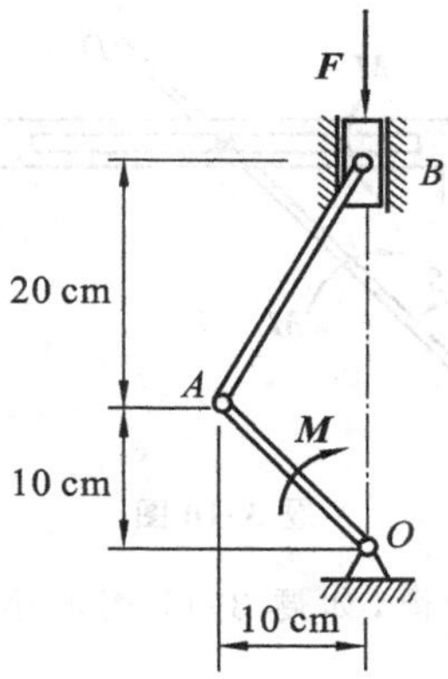

题 3-3 图

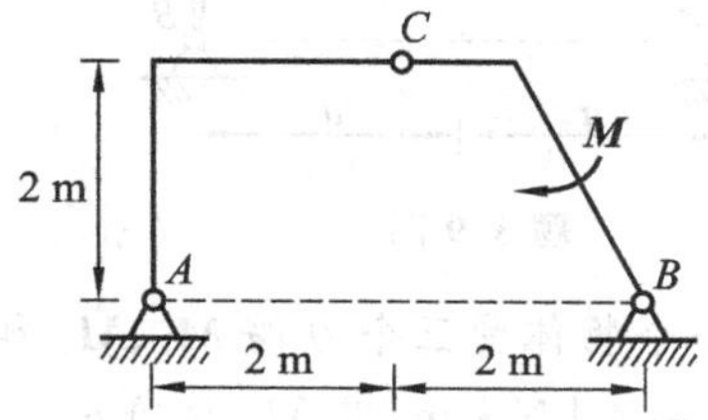

题 3-4 图

3-5　如题 3-5 图所示杆 AB 上开有导槽，通过杆 CD 上 E 处的销钉与杆 CD 连接。若各杆件自重略去不计，且略去 E 处的摩擦，当力偶矩 $M_1=1000\ \text{N}\cdot\text{m}$ 时，机构在图示位置处于平衡状态。试求力偶矩 M_2 的大小。

3-6　如题 3-6 图所示，水平梁 ABC 与构件 CDE 铰接于 C，且在构件 CDE 的 E 处作用有力偶，其力偶矩 $M=8\ \text{kN}\cdot\text{m}$。若不计各构件自重，试求支座 A 处的约束力。

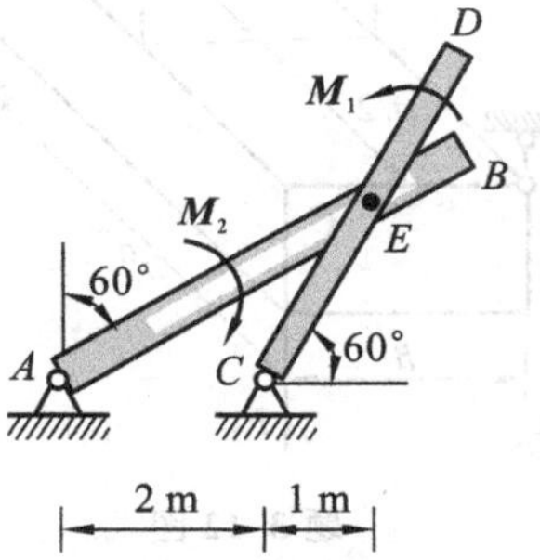

题 3-5 图

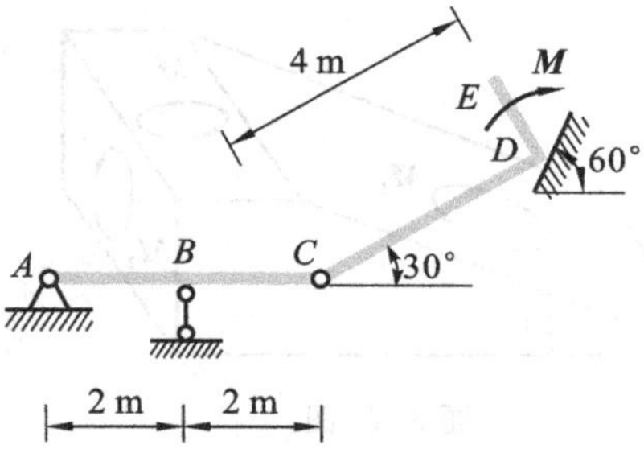

题 3-6 图

3-7　如题 3-7 图所示结构，构件 AB 和构件 BC 的质量略去不计。试求支座 A 处的约束力与水平线所夹角度（锐角）α。

3-8　如题 3-8 图所示，结构受给定力偶的作用，各构件的自重略去不计。求支座 A 和铰 C 的约束力。

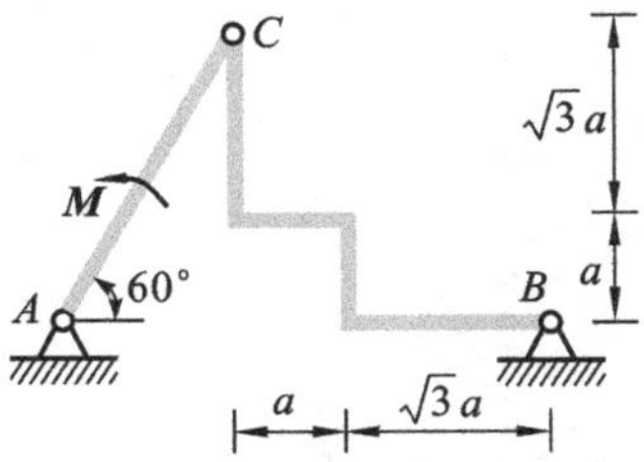

题 3-7 图

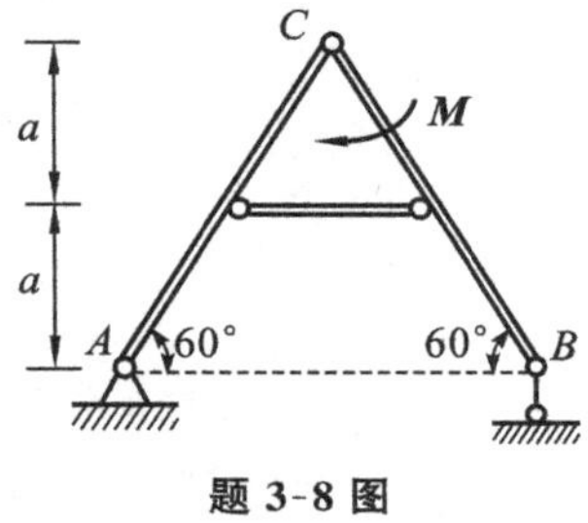

题 3-8 图

3-9　如题3-9图所示结构中，各构件的自重略去不计。在构件AB上作用一力偶矩为M的力偶，求支座A和B的约束力。

3-10　如题3-10图所示机构的杆AB和CD上各作用有力偶。已知$M_1=1000\ \text{N}\cdot\text{m}$，求平衡时作用在$CD$上的力偶矩$M_2$(不计杆重和摩擦)。

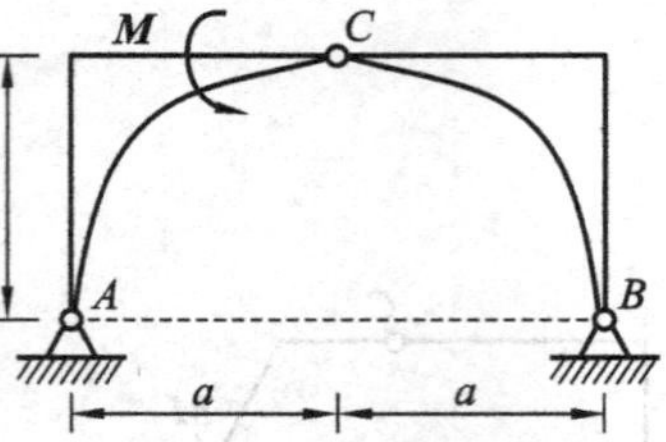

题3-9图

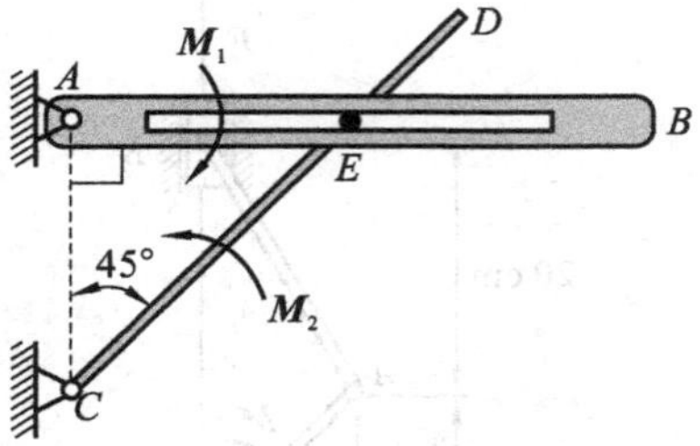

题3-10图

3-11　一个物体受三个力偶$\boldsymbol{M}_1$、$\boldsymbol{M}_2$和$\boldsymbol{M}_3$作用处于平衡，如题3-11图所示，已知$M_1=3\ \text{kN}\cdot\text{m}$，$M_2=4\ \text{kN}\cdot\text{m}$，求$M_3$及角$\alpha$。

3-12　一均质六面体$ABCD$，如题3-12图所示，在两对角点B及D用链杆系住，若六面体受力偶$(\boldsymbol{F}_1,\boldsymbol{F}_1')$和$(\boldsymbol{F}_2,\boldsymbol{F}'_2)$作用，其力偶矩为$F_1b$和$F_2a$，试问$F_1$和$F_2$的比值为多少时，才能维持该六面体平衡？

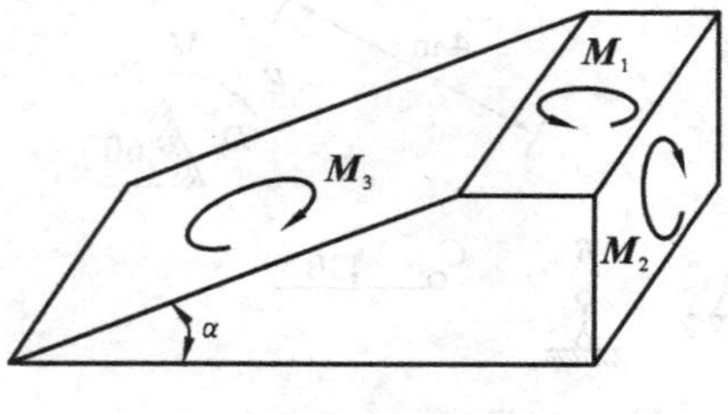

题3-11图

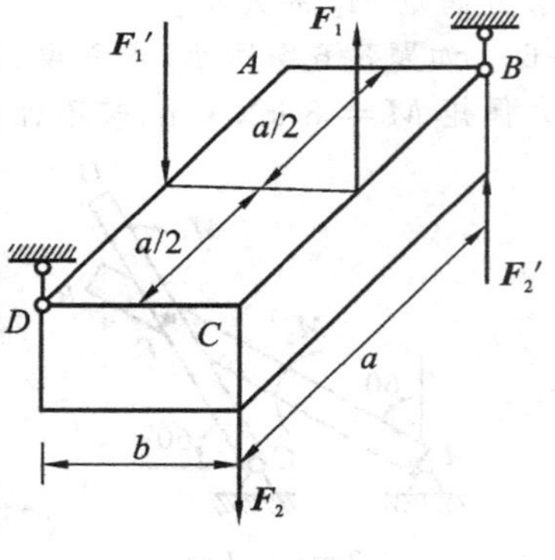

题3-12图

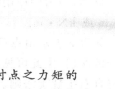

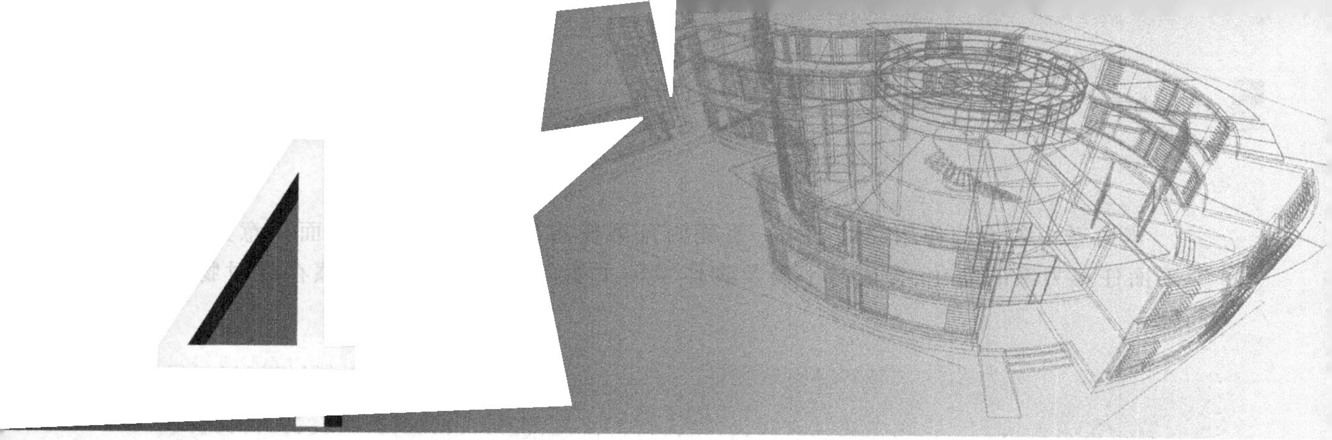

4 平面任意力系

本章导读

● **教学的基本要求**　理解力对点之力矩的概念，掌握力对点之力矩的计算；掌握力线平移定理；掌握平面任意力系向一点简化的方法，会应用解析法求主矢和主矩，熟知平面任意力系简化的结果；深入理解平面任意力系的平衡条件，熟练掌握平衡方程的三种形式。

● **教学内容的重点**　力线平移定理，平面任意力系的平衡方程，物系的平衡。

● **教学内容的难点**　平面任意力系的简化结果，平衡方程的三种形式，物系的平衡。

当力系中各力的作用线处于同一平面内且可任意分布时，称其为平面任意力系。本章研究平面任意力系的简化、合成与平衡及物体系的平衡问题，并分析有摩擦存在时物体的平衡问题。

4.1 力对点的矩

力对刚体的作用效应使刚体的运动状态发生改变（包括移动与转动），其中力对刚体的移动效应可用力矢来度量；而力对刚体的转动效应可用力对点的矩（简称力矩）来度量，即**力矩**是度量力对刚体转动效应的物理量。

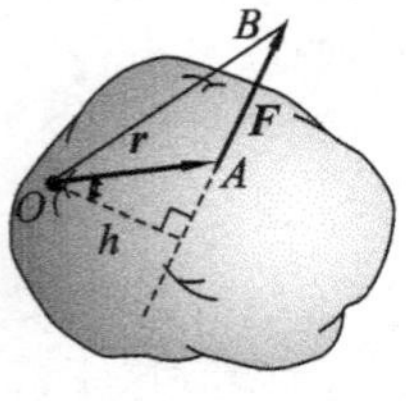

图 4-1

如图 4-1 所示，平面上作用一力 $\boldsymbol{F}$，在同平面内任取一点 O，点 O 称为矩心，点 O 到力的作用线的垂直距离 h 称为力臂，则在平面问题中力对点的矩的定义如下。

力对点的矩是一个代数量，它的绝对值等于力的大小与力臂的乘积，它的正负可按以下方法确定：力使物体绕矩心逆时针转动时为正，反之为负。

力 $\boldsymbol{F}$ 对于点 O 的矩以 $M_O(\boldsymbol{F})$ 表示，于是，计算公式为

$$M_O(\boldsymbol{F}) = \pm Fh \tag{4-1}$$

由图 4-1 容易看出，力 $\boldsymbol{F}$ 对点 O 的矩的大小也可用三角形 OAB 面积的两倍表示，即

$$M_O(\boldsymbol{F}) = \pm 2S_{\triangle OAB} \tag{4-2}$$

其中，$S_{\triangle OAB}$ 为三角形 OAB 的面积。

显然，当力的作用线通过矩心，即力臂等于零时，它对矩心的力矩等于零。力矩的单位常用 N·m 或 kN·m。

如以 $\boldsymbol{r}$ 表示由点 O 到点 A 的矢径（见图 4-1），由矢量积定义，$\boldsymbol{r}\times\boldsymbol{F}$ 的大小就是三角形 OAB 面积的两倍。由此可见，此矢积的模 $|\boldsymbol{r}\times\boldsymbol{F}|$ 就等于力 $\boldsymbol{F}$ 对点 O 的矩的大小，其指向与力矩的转向符合右手螺旋法则。

4.2 力线平移定理

定理：可以把作用在刚体上点 A 的力 $\boldsymbol{F}$ 平行移到任一点 B，但必须同时附加一个力偶，这个附加力偶的矩等于原来的力 $\boldsymbol{F}$ 对新作用点 B 的矩。

证明：如图 4-2(a) 中所示的力 $\boldsymbol{F}$ 作用于刚体的点 A。在刚体上任取一点 B，并在点 B 加上两个等值、反向的力 $\boldsymbol{F}'$ 和 $\boldsymbol{F}''$，使它们与力 $\boldsymbol{F}$ 平行，且 $\boldsymbol{F}'=-\boldsymbol{F}''$，如图 4-2(b) 所示。显然，三个力 $\boldsymbol{F}$、$\boldsymbol{F}'$、$\boldsymbol{F}''$ 组成的新力系与原来的一个力 $\boldsymbol{F}$ 等效。但是，这三个力可看作是一个作用在点 B 的力 $\boldsymbol{F}'$ 和一个力偶 $(\boldsymbol{F},\boldsymbol{F}'')$。这样，就把作用于点 A 的力 $\boldsymbol{F}$ 平移到另一点 B，但同时附加上一个相应的力偶，这个力偶称为附加力偶（见图 4-2(c)）。显然，附加力偶的矩为

$$M = Fd = M_B(\boldsymbol{F})$$

其中，d 为附加力偶的臂，也就是点 B 到力 $\boldsymbol{F}$ 的作用线的垂距，因此 Fd 也等于力 $\boldsymbol{F}$ 对点 B 的矩 $M_B(\boldsymbol{F})$。由此证得。

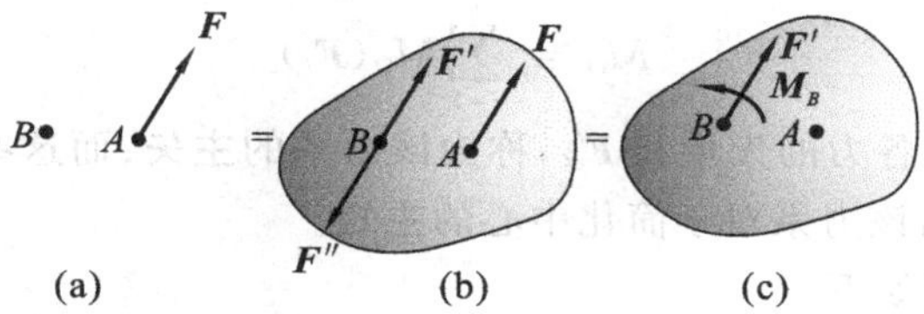

图 4-2

反过来，根据力线平移定理，也可以将平面内的一个力和一个力偶用作用在平面内另一点的力来等效替换。

4.3 平面任意力系向一点的简化

为了具体说明力系向一点简化的方法和结果，设想物体上只作用有由三个力 $\boldsymbol{F}_1$、$\boldsymbol{F}_2$、$\boldsymbol{F}_3$ 组成的平面任意力系，如图 4-3(a) 所示。在平面内任取一点 O，称为**简化中心**；应用力线平移定理，把各力都平移到点 O。这样，得到作用于点 O 的力 $\boldsymbol{F}'_1$、$\boldsymbol{F}'_2$、$\boldsymbol{F}'_3$，以及相应的附加力偶，其矩分别为 M_1、M_2 和 M_3，如图 4-3(b) 所示。这些力偶作用在同一平面内，它们的矩分别等于力 $\boldsymbol{F}_1$、$\boldsymbol{F}_2$、$\boldsymbol{F}_3$ 对点 O 的矩，即

$$M_1 = M_O(\boldsymbol{F}_1)$$
$$M_2 = M_O(\boldsymbol{F}_2)$$
$$M_3 = M_O(\boldsymbol{F}_3)$$

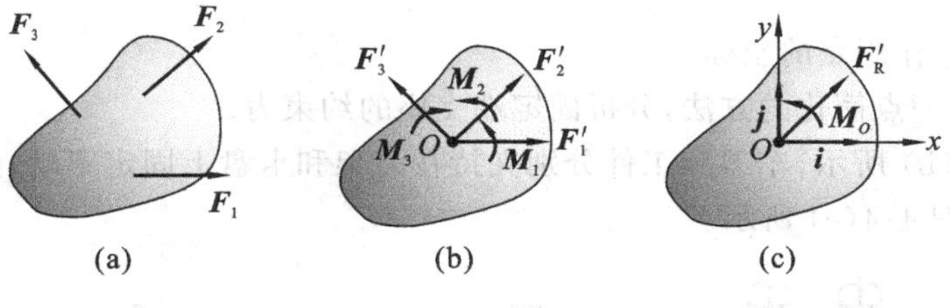

图 4-3

这样，平面任意力系分解成了两个简单力系：平面汇交力系和平面力偶系。然后，再分别合成这两个力系。平面汇交力系 $\boldsymbol{F}'_1$、$\boldsymbol{F}'_2$、$\boldsymbol{F}'_3$ 均可合成为作用线通过点 O 的一个力 $\boldsymbol{F}'_R$，如图 4-3(c) 所示。因为各力 $\boldsymbol{F}'_1$、$\boldsymbol{F}'_2$、$\boldsymbol{F}'_3$ 分别与原力 $\boldsymbol{F}_1$、$\boldsymbol{F}_2$、$\boldsymbol{F}_3$ 相等，所以

$$\boldsymbol{F}'_R = \boldsymbol{F}'_1 + \boldsymbol{F}'_2 + \boldsymbol{F}'_3$$

即力 $\boldsymbol{F}'_R$ 等于原来各力的矢量和。

矩为 M_1、M_2 和 M_3 的平面力偶系可合成为一个力偶，这个力偶的矩 M_O 等于各附加力偶矩的代数和。由于附加力偶矩等于力对简化中心的矩，所以

$$M_O = M_1 + M_2 + M_3 = M_O(\boldsymbol{F}_1) + M_O(\boldsymbol{F}_2) + M_O(\boldsymbol{F}_3)$$

即这力偶的矩等于原来各力对点 O 的矩的代数和。

对于力的数目为 n 的平面任意力系，不难推广为

$$\boldsymbol{F}'_R = \sum_{i=1}^{n} \boldsymbol{F}_i \tag{4-3}$$

$$M_O = \sum_{i=1}^{n} M_O(\boldsymbol{F}_i) \tag{4-4}$$

平面任意力系中所有各力的矢量和 $\boldsymbol{F}'_{\mathrm{R}}$，称为该力系的**主矢**；而这些力对于任选简化中心 O 的矩的代数和为 M_O，称为该力系对于简化中心的**主矩**。

上面所得结果可陈述如下。

在一般情形下，平面任意力系向作用面内任选一点 O 简化，可得一个力和一个力偶，这个力等于该力系的主矢，作用线通过简化中心 O。这个力偶的矩等于该力系对于点 O 的主矩。

由于主矢等于各力的矢量和，所以，它与简化中心的选择无关。而主矩等于各力对简化中心的矩的代数和，当取不同的点为简化中心时，各力的力臂将有改变，各力对简化中心的矩也有改变，所以在一般情况下主矩与简化中心的选择有关。以后说到主矩时，必须指出是力系对于哪一点的主矩。

取坐标系 Oxy，如图 4-3(c) 所示，$\boldsymbol{i}$，$\boldsymbol{j}$ 为沿轴 x、y 的单位矢量，则力系主矢的解析表达式为

$$\boldsymbol{F}'_{\mathrm{R}} = \boldsymbol{F}'_{\mathrm{R}x} + \boldsymbol{F}'_{\mathrm{R}y} = \sum F_{xi}\boldsymbol{i} + \sum F_{yi}\boldsymbol{j} \tag{4-5}$$

于是主矢 $\boldsymbol{F}'_{\mathrm{R}}$ 的大小和方向余弦分别为

$$F'_{\mathrm{R}} = \sqrt{\left(\sum F_{xi}\right)^2 + \left(\sum F_{yi}\right)^2}$$

$$\cos(\boldsymbol{F}'_{\mathrm{R}}, \boldsymbol{i}) = \frac{\sum F_{xi}}{F'_{\mathrm{R}}},\quad \cos(\boldsymbol{F}'_{\mathrm{R}}, \boldsymbol{j}) = \frac{\sum F_{yi}}{F'_{\mathrm{R}}}$$

力系对点 O 的主矩的解析表达式为

$$M_O = \sum_{i=1}^{n} M_O(\boldsymbol{F}_i) = \sum_{i=1}^{n}(x_i F_{yi} - y_i F_{xi}) \tag{4-6}$$

其中，x_i、y_i 为力 $\boldsymbol{F}_i$ 作用点的坐标。

现利用力系向一点简化的方法，分析固定端支座的约束力。

如图 4-4(a)、(b) 所示，车刀和工件分别夹持在刀架和卡盘上固定不动，这种约束称为固定端支座，其简图如图 4-4(c) 所示。

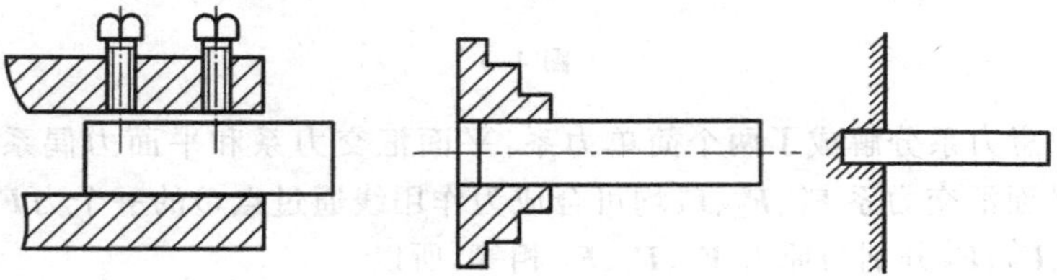

(a)　　(b)　　(c)

图 4-4

固定端支座对物体的作用，是在接触面上作用了一群约束力。在平面问题中，这些力为一平面任意力系，如图 4-5(a) 所示。将这群力向作用平面内点 A 简化得到一个力和一个力偶，如图 4-5(b) 所示。一般情况下这个力的大小和方向均为未知量。可用两个未知分力来替代。因此，在平面力系情况下，固定端 A 处的约束力可简化为两个约束力 $\boldsymbol{F}_{Ax}$、$\boldsymbol{F}_{Ay}$ 和一个矩为 M_A 的约束力偶，如图 4-5(c) 所示。

比较固定端支座与固定铰链支座的约束性质可见，固定端支座除了限制物体在水平方向和

铅直方向移动外，还能限制物体在平面内转动。因此，除了约束力 F_{Ax}、F_{Ay} 外，还有矩为 M_A 的约束力偶。而固定铰链支座没有约束力偶，因为它不能限制物体在平面内转动。

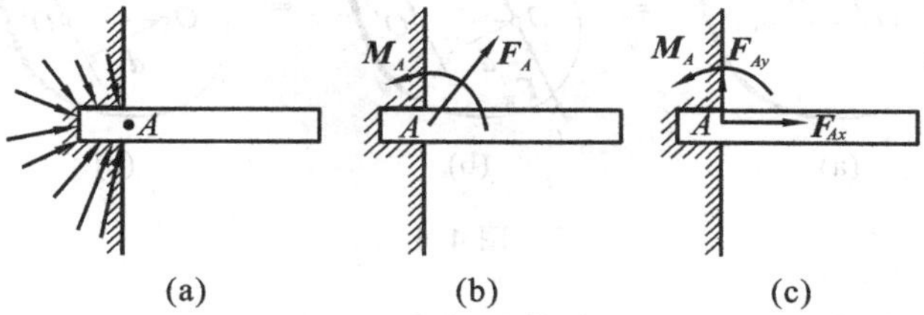

图 4-5

工程中，固定端支座是一种常见的约束，除前面讲到的刀架、卡盘外，还有插入地基中的电线杆以及悬臂梁等。

4.4 平面任意力系的简化结果与合力矩定理

平面任意力系向作用面内一点简化的结果，可能有四种情况，即：(1)$F'_R=0, M_O\neq0$；(2)$F'_R\neq0, M_O=0$；(3)$F'_R\neq0, M_O\neq0$；(4)$F'_R=0, M_O=0$。下面对这几种情况做进一步的分析讨论。

4.4.1 平面任意力系简化为一个力偶的情形

如果力系的主矢等于零，而力系对于简化中心的主矩 M_O 不等于零，即

$$F'_R=0,\quad M_O\neq0$$

在这种情形下，作用于简化中心 O 的力 $F'_1, F'_2, \cdots, F'_n$ 相互平衡。但是，附加的力偶系并不平衡，可合成为一个力偶，即与原力系等效的合力偶。合力偶矩为

$$M_O=\sum_{i=1}^{n}M_O(F_i)$$

因为力偶对于平面内任意一点的矩都相同，因此当力系合成为一个力偶时，主矩与简化中心的选择无关。

4.4.2 平面任意力系简化为一个合力的情形·合力矩定理

如果平面力系向点 O 简化的结果为主矩等于零，主矢不等于零，即

$$F'_R\neq0,\quad M_O=0$$

此时附加力偶系互相平衡，只有一个与原力系等效的力 F'_R。显然，F'_R就是原力系的合力，而合力的作用线恰好通过选定的简化中心 O。

如果平面力系向点 O 简化的结果是主矢和主矩都不等于零，如图 4-6(a) 所示，即

$$F'_R\neq0,\quad M_O\neq0$$

现将矩为 M_O 的力偶用两个力 F_R 和 F''_R表示，并令 $F'_R=F_R=-F''_R$（见图 4-6(b)）。再去掉一对平衡力 F'_R和 F''_R，于是就将作用于点 O 的力 F'_R和力偶(F_R, F''_R)合成为一个作用在点 O' 的力 F_R，如图 4-6(c) 所示。

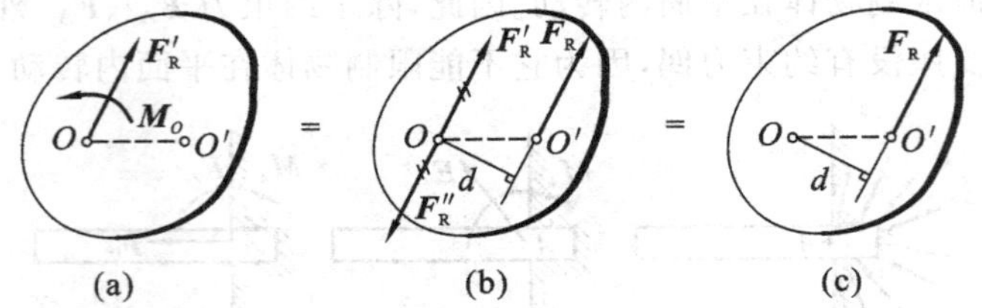

图 4-6

这个力 $\boldsymbol{F}_R$ 就是原力系的合力。合力矢等于主矢；合力的作用线在点 O 的哪一侧，需根据主矢和主矩的方向确定；合力作用线到点 O 的距离 d 为

$$d = \frac{M_O}{F_R}$$

下面证明平面任意力系的合力矩定理。由图 4-6(b) 易见，合力 $\boldsymbol{F}_R$ 对点 O 的矩为

$$M_O(\boldsymbol{F}_R) = F_R d = M_O$$

由式(4-4) 有

$$M_O = \sum_{i=1}^{n} M_O(\boldsymbol{F}_i)$$

所以得证

$$M_O(\boldsymbol{F}_R) = \sum_{i=1}^{n} M_O(\boldsymbol{F}_i) \tag{4-7}$$

由于简化中心 O 是任意选取的，故上式有普遍意义，可叙述如下：平面任意力系的合力对作用面内任一点的矩等于力系中各力对同一点的矩的代数和。这就是**合力矩定理**。

4.4.3 平面任意力系平衡的情形

如果力系的主矢、主矩均等于零，即

$$\boldsymbol{F}'_R = 0, \quad M_O = 0$$

则原力系平衡，这种情形将在下节详细讨论。

4.5 平面任意力系的平衡方程

现在讨论静力学中最重要的情形，即平面任意力系的主矢和主矩都等于零的情形。

显然，主矢等于零，表明作用于简化中心 O 的汇交力系为平衡力系；主矩等于零，表明附加力偶系也是平衡力系，所以原力系必为平衡力系。因此，$\boldsymbol{F}'_R = 0$，$M_O = 0$ 为平面任意力系平衡的充分条件。

由上一节分析结果可见：若主矢和主矩有一个不等于零，则力系应简化为合力或合力偶；若主矢与主矩都不等于零，可进一步简化为一个合力。上述情况下力系都不能平衡，只有当主矢和主矩都等于零时，力系才能平衡，因此，$\boldsymbol{F}'_R = 0$，$M_O = 0$ 又是平面任意力系平衡的必要条件。

于是，平面任意力系平衡的充分必要条件是：力系的主矢和对于任一点的主矩都等于零。

这些平衡条件可用解析式表示

$$\begin{cases} \sum_{i=1}^{n} F_{xi} = 0 \\ \sum_{i=1}^{n} F_{yi} = 0 \\ \sum_{i=1}^{n} M_O(\boldsymbol{F}_i) = 0 \end{cases} \tag{4-8}$$

由此可得结论，平面任意力系平衡的解析条件是：所有各力在两个任选的坐标轴上的投影的代数和分别等于零，以及各力对于任意一点的矩的代数和也等于零。式(4-8)称为平面任意力系的平衡方程。式(4-8)有三个方程，只能求解三个未知数。

【例 4-1】 图 4-7 所示的水平横梁 AB，A 端为固定铰链支座，B 端为一滚动支座。梁的长为 $4a$，梁重力为 $\boldsymbol{G}$，作用在梁的中点 C。在梁的 AC 段上受均布载荷 q 作用，在梁的 CB 段上受力偶作用，力偶矩 $M = Ga$。试求 A 和 B 处的支座约束力。

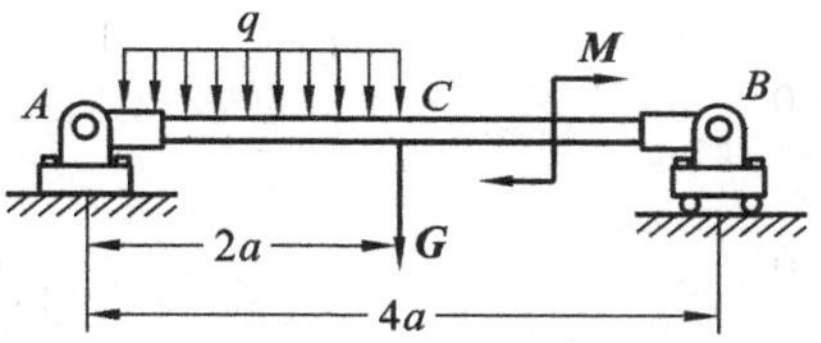

图 4-7

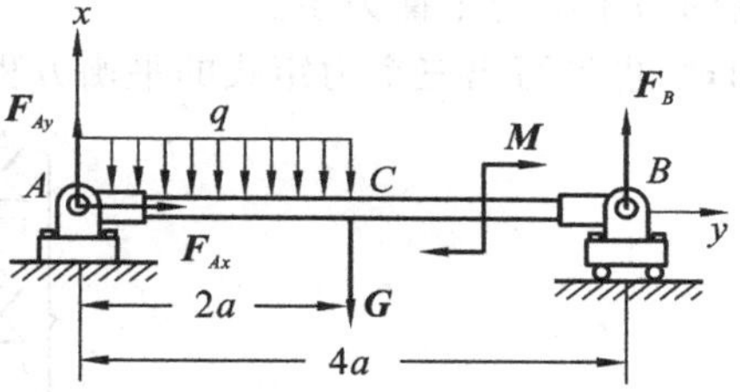

图 4-8

【解】 选梁 AB 为研究对象。它所受的主动力有：均布载荷 q，重力 $\boldsymbol{G}$ 和矩为 M 的力偶。它所受的约束力有：铰链 A 的两个分力 $\boldsymbol{F}_{Ax}$ 和 $\boldsymbol{F}_{Ay}$，滚动支座 B 处铅直向上的约束力 $\boldsymbol{F}_B$，如图 4-8 所示。

取坐标系如图 4-8 所示，列出平衡方程

$$\begin{cases} \sum M_A(\boldsymbol{F}_i) = 0, \quad F_B \cdot 4a - M - G \cdot 2a - q \cdot 2a \cdot a = 0 \\ \sum F_{xi} = 0, \quad F_{Ax} = 0 \\ \sum F_{yi} = 0, \quad F_{Ay} - q \cdot 2a - G + F_B = 0 \end{cases}$$

解上述方程，得

$$\begin{cases} F_B = \dfrac{3}{4}G + \dfrac{1}{2}qa \\ F_{Ax} = 0 \\ F_{Ay} = \dfrac{G}{4} + \dfrac{2}{3}qa \end{cases}$$

在例 4-1 中，若以方程 $\sum M_B(\boldsymbol{F}_i) = 0$ 取代方程 $\sum F_{yi} = 0$，可以不解联立方程直接求得 F_{Ay} 值。因此在计算某些问题时，采用力矩方程往往比投影方程更简便。下面介绍平面任意力系平衡方程的其他两种形式。

三个平衡方程中有两个力矩方程和一个投影方程，即

$$\begin{cases}\sum_{i=1}^{n} M_A(\boldsymbol{F}_i)=0\\ \sum_{i=1}^{n} M_B(\boldsymbol{F}_i)=0\\ \sum_{i=1}^{n} F_{xi}=0\end{cases} \tag{4-9}$$

其中，轴 x 不得垂直于 A、B 两点的连线。

为什么上述形式的平衡方程也能满足力系平衡的充分必要条件呢？这是因为如果力系对点 A 的主矩等于零，这个力系不可能简化为一个力偶，但可能有两种情形：这个力系或者简化为经过点 A 的一个力，或者平衡。如果力系对另一点 B 的主矩也同时为零，则这个力系或有一合力沿 A、B 两点的连线，或者平衡。如果再加上 $\sum F_{xi}=0$，那么力系如有合力，则此合力必与轴 x 垂直。式(4-9) 的附加条件（轴 x 不得垂直于连线 AB）完全排除了力系简化为一个合力的可能性，故所研究的力系必为平衡力系。

同理，也可写出三个力矩式的平衡方程，即

$$\begin{cases}\sum_{i=1}^{n} M_A(\boldsymbol{F}_i)=0\\ \sum_{i=1}^{n} M_B(\boldsymbol{F}_i)=0\\ \sum_{i=1}^{n} M_C(\boldsymbol{F}_i)=0\end{cases} \tag{4-10}$$

其中，A、B、C 三点不得共线。为什么必须有这个附加条件，读者可自行证明。

上述三组方程式(4-8)、式(4-9)、式(4-10) 都可用来解决平面任意力系的平衡问题。究竟选用哪一组方程，需根据具体条件确定。对于受平面任意力系作用的单个刚体的平衡问题，只可以写出三个独立的平衡方程，求解三个未知量。任何第四个方程只是前三个方程的线性组合，因而不是独立的。我们可以利用这个方程来校核计算的结果。

【例 4-2】 重力为 $G=100$ kN 的 T 形刚架 ABD，置于铅直面内，载荷如图 4-9(a) 所示。其中 $M=20$ kN·m，$F=400$ kN，$q=20$ kN/m，$l=1$ m。试求固定端 A 的约束力。

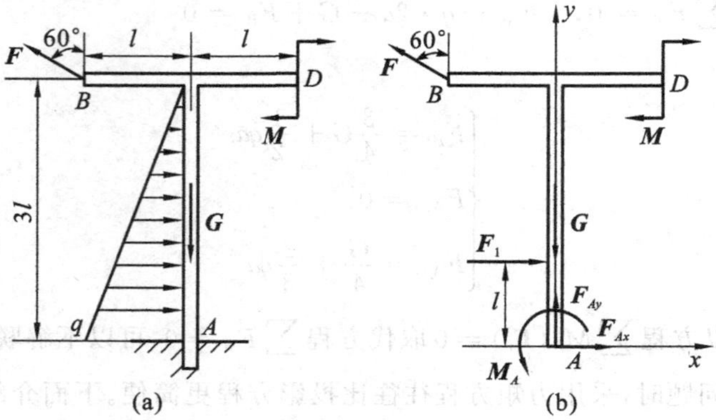

图 4-9

【解】 取T形刚架为研究对象，其上除受主动力外，还受有固定端A处的约束力$\boldsymbol{F}_{Ax}$、$\boldsymbol{F}_{Ay}$和约束力偶$\boldsymbol{M}_A$。线性分布载荷可用一集中力$\boldsymbol{F}_1$等效替代，其大小为$F_1=\frac{1}{2}q\times 3l=30\ \text{kN}$，作用于三角形分布载荷的几何中心，即距点$A$的距离为$l$。刚架受力图如图4-9(b)所示。

按图示坐标，列平衡方程

$$\begin{cases}\sum F_{xi}=0, & F_{Ax}+F_1-F\sin 60^\circ=0\\ \sum F_{yi}=0, & F_{Ay}-G+F\cos 60^\circ=0\\ \sum M_A(\boldsymbol{F}_i)=0, & M_A-M-F_1 l-Fl\cos 60^\circ+F\sin 60^\circ\times 3l=0\end{cases}$$

解方程，求得

$$\begin{cases}F_{Ax}=F\sin 60^\circ-F_1=316.4\ \text{kN}\\ F_{Ay}=G-F\cos 60^\circ=-100\ \text{kN}\\ M_A=M+F_1 l+Fl\cos 60^\circ-3Fl\sin 60^\circ=-789.2\ \text{kN}\cdot\text{m}\end{cases}$$

负号说明图中所设方向与实际情况相反，即$\boldsymbol{F}_{Ay}$应为向下，$\boldsymbol{M}_A$应为顺时针转向。

从上述例题可见，选取适当的坐标轴和力矩中心，可以减少每个平衡方程中的未知量的数目。在平面任意力系情形下，矩心应取在两未知力的交点上，而坐标轴应当与尽可能多的未知力相垂直。

4.6 静定与静不定问题·刚体系统的平衡

工程中，如组合构架、三铰拱等结构，都是由几个物体组成的系统。当物体系平衡时，组成该系统的每一个物体都处于平衡状态，因此对于每一个受平面任意力系作用的物体，均可写出三个平衡方程。如物体系由n个物体组成，则共有$3n$个独立方程。如系统中有的物体受平面汇交力系或平面平行力系作用时，则系统的平衡方程数目相应减少。当系统中的未知量数目等于独立平衡方程的数目时，则所有未知数都能由平衡方程求出，这样的问题称为**静定**问题。显然前面列举的各例都是静定问题。在工程实际中，有时为了提高结构的刚度和坚固性，常常增加多余的约束，因而使这些结构的未知量的数目多于平衡方程的数目，未知量就不能全部由平衡方程求出，这样的问题称为**静不定**问题或**超静定**问题。对于静不定问题，必须考虑物体因受力作用而产生的变形，加列某些补充方程后，才能使方程的数目等于未知量的数目。静不定问题已超出刚体静力学的范围，需在材料力学和结构力学中研究。

下面举出一些静定和静不定问题的例子。

设用两根绳子悬挂一重物，如图4-10(a)所示，未知的约束力有两个，而重物受平面汇交力系作用，共有两个平衡方程，因此是静定的。如用三根绳子悬挂重物，且力线在平面内交于一点，如图4-10(b)所示，则未知的约束力有三个，而平衡方程只有两个，因此是静不定的。

设用两个轴承支承一根轴，如图4-10(c)所示，未知的约束力有两个，因轴受平面平行力系作用，共有两个平衡方程，因此是静定的。若用三个轴承支承，如图4-10(d)所示，则未知的约束力有三个，而平衡方程只有两个，因此是静不定的。

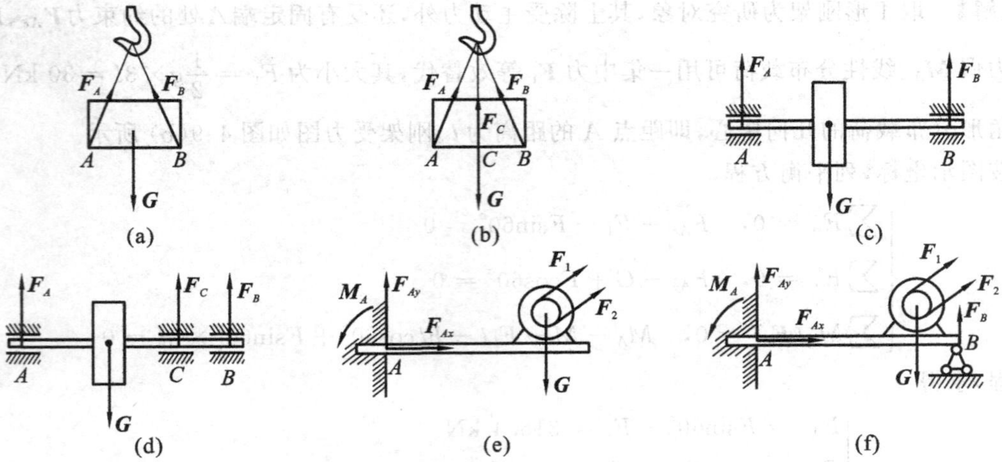

图 4-10

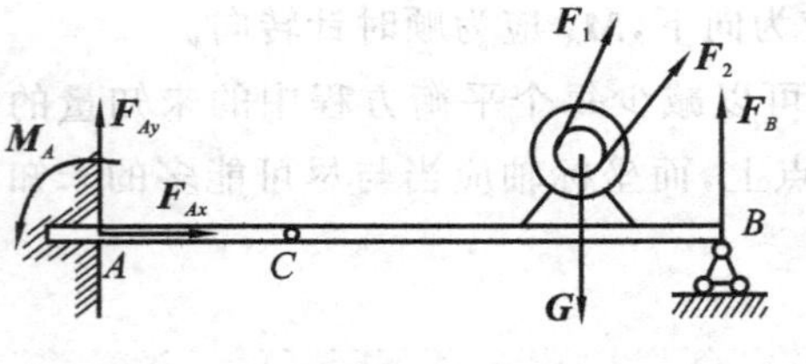

图 4-11

图 4-10(e) 和(f) 所示的平面任意力系，均有三个平衡方程，图 4-10(e) 中有三个未知数，因此是静定的；而图 4-10(f) 中有四个未知数，因此是静不定的。图 4-11 所示的梁由两部分铰接组成，每部分有三个平衡方程，共有六个平衡方程。未知量除了图中所画的三个约束力和一个约束力偶外，尚有铰链 C 处的两个未知力，共计六个。因此，也是静定的。若将 B 处的滚动支座改为固定铰支，则系统共有七个未知数，因此系统将是静不定的。

在求解静定物体系的平衡问题时，可以选每个物体为研究对象，列出全部平衡方程，然后求解；也可先取整个系统为研究对象，列出平衡方程，这样的方程因不包含内力，式中未知量较少，解出部分未知量后，再从系统中选取某些物体作为研究对象，列出另外的平衡方程，直至求出所有的未知量为止。在选择研究对象和列平衡方程时，应使每一个平衡方程中的未知量个数尽可能少，最好是只含有一个未知量，以避免求解联立方程。

【例 4-3】 图 4-12(a) 所示的组合梁（不计自重）由 AC 和 CD 在 C 处铰接而成。梁的 A 端插入墙内，B 处为滚动支座。已知：$F=20\ \text{kN}$，均布载荷 $q=10\ \text{kN/m}$，$M=20\ \text{kN}\cdot\text{m}$，$l=1\ \text{m}$。试求插入端 A 及滚动支座 B 的约束力。

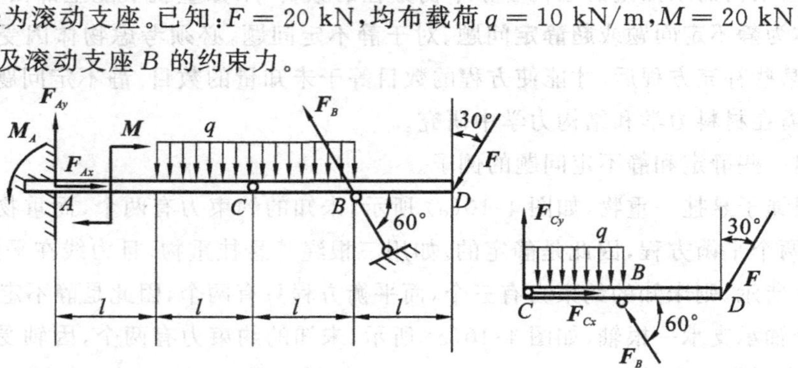

图 4-12

【解】 先以整体为研究对象，组合梁在主动力 $\boldsymbol{M}$、$\boldsymbol{F}$、q 和约束力 $\boldsymbol{F}_{Ax}$、$\boldsymbol{F}_{Ay}$、$\boldsymbol{M}_A$ 及 $\boldsymbol{F}_B$ 作用下平衡，受力如图 4-12(a) 所示。其中均布载荷的合力通过点 C，大小为 $2ql$。列平衡方程

$$\sum F_{xi}=0,\quad F_{Ax}-F_B\cos60°-F\sin30°=0 \tag{a}$$

$$\sum F_{yi}=0,\quad F_{Ay}+F_B\sin60°-2ql-F\cos30°=0 \tag{b}$$

$$\sum M_A(\boldsymbol{F}_i)=0,\quad M_A-M-2ql\times2l+F_B\sin60°\times3l-F\cos30°\times4l=0 \tag{c}$$

以上三个方程中包含有四个未知量，必须再补充方程才能求解。为此可取梁 CD 为研究对象，受力如图 4-12(b) 所示，列出对点 C 的力矩方程

$$\sum M_C(\boldsymbol{F}_i)=0,\quad F_B\sin60°\times l-ql\frac{l}{2}-F\cos30°\times2l=0 \tag{d}$$

由式(d) 可得

$$F_B=45.77\ \text{kN}$$

代入式(a)、(b)、(c) 得

$$F_{Ax}=32.89\ \text{kN},\quad F_{Ay}=-2.32\ \text{kN},\quad M_A=10.37\ \text{kN}\cdot\text{m}$$

此题也可先取梁 CD 为研究对象，求得 $\boldsymbol{F}_B$ 后，再以整体为研究对象，求出 $\boldsymbol{F}_{Ax}$、$\boldsymbol{F}_{Ay}$ 及 $\boldsymbol{M}_A$。

【例 4-4】 图 4-13(a) 所示为钢结构拱架，拱架由两个相同的钢架 AC 和 BC 用铰链 C 连接，拱脚 A、B 用铰链固连于地基，吊车梁支承在钢架的突出部分 D、E 上。设两钢架的重力均为 $G=60$ kN；吊车梁的重力为 $G_1=20$ kN，其作用线通过点 C；载荷为 $G_2=10$ kN；风力 $F=10$ kN。尺寸如图所示。D、E 两点在力 $\boldsymbol{G}$ 的作用线上。求固定铰支座 A 和 B 的约束力。

【解】 (1) 选整个拱架为研究对象。拱架在主动力 $\boldsymbol{G}$、$\boldsymbol{G}_1$、$\boldsymbol{G}_2$、$\boldsymbol{F}$ 和铰链 A、B 的约束力 $\boldsymbol{F}_{Ax}$、$\boldsymbol{F}_{Ay}$、$\boldsymbol{F}_{Bx}$、$\boldsymbol{F}_{By}$ 作用下平衡，受力如图 4-13(a) 所示。列出平衡方程

$$\sum M_A(\boldsymbol{F}_i)=0,\quad 12F_{By}-5F-2G-10G-4G_2-6G_1=0 \tag{a}$$

$$\sum F_{xi}=0,\quad F+F_{Ax}-F_{Bx}=0 \tag{b}$$

$$\sum F_{yi}=0,\quad F_{Ay}+F_{By}-G_2-G_1-2G=0 \tag{c}$$

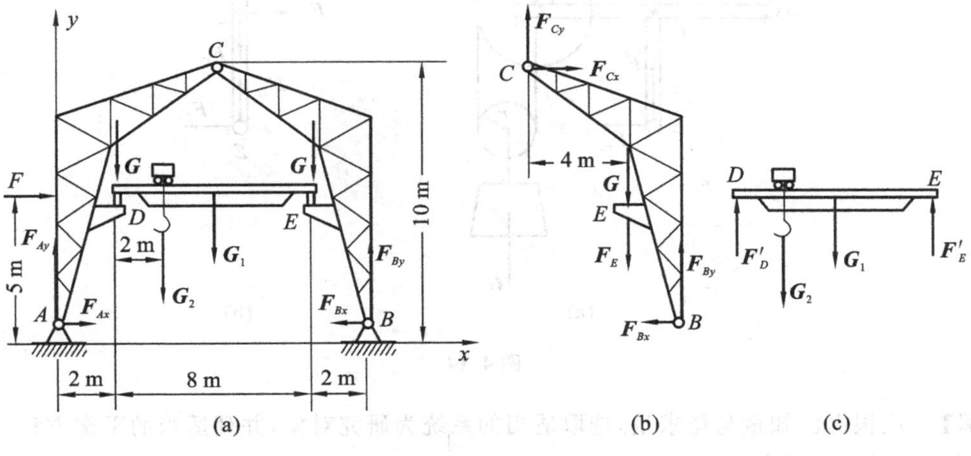

图 4-13

以上三个方程包含四个未知数，欲求得全部解答，必须再补充一个独立的方程。

(2) 选右边钢架为研究对象，其上受有左边钢架和吊车梁对它的作用力 $\boldsymbol{F}_{Cx}$、$\boldsymbol{F}_{Cy}$ 和 $\boldsymbol{F}_E$ 的作用。另外还有重力 $\boldsymbol{G}$ 和铰链 B 处的约束力 $\boldsymbol{F}_{Bx}$、$\boldsymbol{F}_{By}$ 的作用，如图 4-13(b) 所示。于是可列出三个独立的平衡方程。为了减少方程中的未知量数目，采用力矩方程，即

$$\sum M_C(\boldsymbol{F}_i)=0,\quad 6F_{By}-10F_{Bx}-4(G+F_E)=0 \tag{d}$$

这时又出现了一个未知数 F_E。为求得该力的大小，可再考虑吊车梁的平衡。

(3) 选吊车梁为研究对象，吊车梁在 $\boldsymbol{G}_1$、$\boldsymbol{G}_2$ 和支座约束力 $\boldsymbol{F}'_D$、$\boldsymbol{F}'_E$ 的作用下平衡，如图 4-13(c) 所示。为求得 $\boldsymbol{F}'_E$ 可列如下方程

$$\sum M_D(\boldsymbol{F}_i)=0,\quad 8F'_E-4G_1-2G_2=0 \tag{e}$$

由式(e) 解得

$$F'_E=12.5\ \text{kN}$$

由式(a) 求得

$$F'_{By}=77.5\ \text{kN}$$

将 F_{By} 和 F_E 的值代入式(d) 得

$$F_{Bx}=17.5\ \text{kN}$$

代入式(b) 得

$$F_{Ax}=7.5\ \text{kN}$$

代入式(c) 得

$$F_{Ay}=72.5\ \text{kN}$$

【例 4-5】 如图 4-14 所示，已知重力为 $\boldsymbol{G}$，$DC=CE=AC=CB=2l$；定滑轮半径为 R，动滑轮半径为 r，且 $R=2r=l$，$\theta=45°$。试求：支座 A、E 的约束力及杆 BD 所受的力。

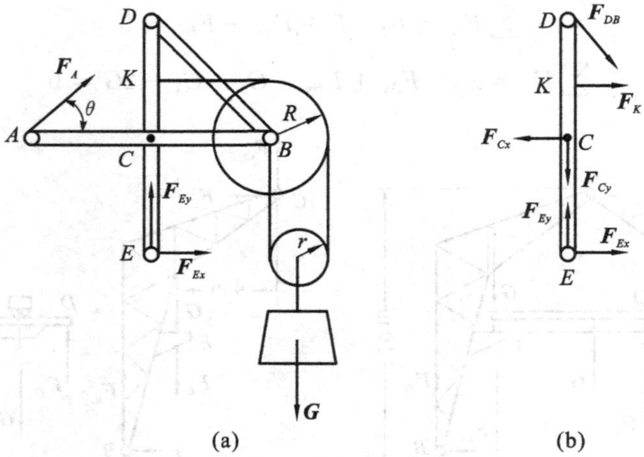

图 4-14

【解】 应根据已知量与待求量，选取适当的系统为研究对象，并列适当的平衡方程，尽量能使一个方程解出一个未知量。

先取整体为研究对象，其受力图如图 4-14(a) 所示。列平衡方程

$$\sum M_E(\boldsymbol{F}_i)=0,\quad F_A\times\sqrt{2}\times 2l+G\frac{5}{2}l=0 \tag{a}$$

$$\sum F_{xi}=0,\quad F_A\cos45°+F_{Ex}=0 \tag{b}$$

$$\sum F_{yi}=0,\quad F_A\sin45°+F_{Ey}-G=0 \tag{c}$$

由式(a)解得

$$F_A=\frac{-5\sqrt{2}}{8}G$$

将上式代入式(b)、(c),有

$$F_{Ey}=G-F_A\sin45°=\frac{13G}{8}$$

取杆 DCE 为研究对象,受力图如图 4-14(b) 所示。列平衡方程

$$\sum M_C(\boldsymbol{F}_i)=0,\quad F_{DB}\cos45°\times 2l+F_K\times l-F_{Ex}\times 2l=0 \tag{d}$$

其中,$F_K=\frac{G}{2}$,$F_{Ex}=\frac{5G}{8}$;代入式(d),得

$$F_{DB}=\frac{3\sqrt{2}G}{8}$$

4.7 摩擦

在前几节中,我们忽略了摩擦的影响,把物体之间的接触表面都看作是光滑的。但在实际生活和生产中,摩擦有时会起到重要的作用。按照接触物体之间可能会相对滑动或相对滚动,摩擦可分为**滑动摩擦**和**滚动摩阻**;又根据物体之间是否有良好的润滑剂,滑动摩擦又可分为干摩擦和湿摩擦。本节只考虑干摩擦时物体的平衡问题。

4.7.1 滑动摩擦

两个表面粗糙的物体,当其接触表面之间有相对滑动趋势或相对滑动时,彼此作用有阻碍相对滑动的阻力,即**滑动摩擦力**。摩擦力作用于相互接触处,其方向与相对滑动的趋势或相对滑动的方向相反,它的大小根据主动力作用的不同,可以分为三种情况,即静滑动摩擦力、最大静滑动摩擦力和动滑动摩擦力。

在粗糙的水平面上放置一重力为 $\boldsymbol{G}$ 的物体,该物体在重力 $\boldsymbol{G}$ 和法向约束力 $\boldsymbol{F}_N$ 的作用下处于静止状态(见图 4-15(a))。现在该物体上作用一大小可变化的水平拉力 $\boldsymbol{F}$,当拉力 $\boldsymbol{F}$ 的大小由零值逐渐增加但不很大时,物体仍保持静止。可见支承面对物体除法向约束力 $\boldsymbol{F}_N$ 外,还有一个阻碍物体沿水平面向右滑动的切向约束力,此力即**静滑动摩擦力**,简称静摩擦力,常以 $\boldsymbol{F}_s$ 表示,方向向左,如图 4-15(b) 所示。

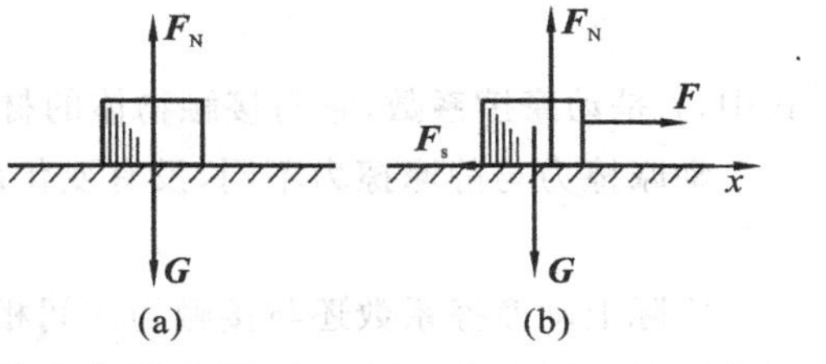

图 4-15

可见，静摩擦力就是接触面对物体作用的切向约束力，它的方向与物体相对滑动趋势相反，它的大小需用平衡条件确定。此时有

$$\sum F_{xi} = 0, \quad F_s = F$$

由上式可知，静摩擦力的大小随水平力 $\boldsymbol{F}$ 的增大而增大，这是静摩擦力和一般约束力共同的性质。

静摩擦力又与一般约束力不同，它并不随力 $\boldsymbol{F}$ 的增大而无限度地增大。当力 $\boldsymbol{F}$ 的大小达到一定数值时，物块处于将要滑动、但尚未开始滑动的临界状态。这时，只要力 $\boldsymbol{F}$ 再增大一点，物块即开始滑动。当物块处于平衡的临界状态时，静摩擦力达到最大值，即为**最大静滑动摩擦力**，简称最大静摩擦力，以 $\boldsymbol{F}_{max}$ 表示。

此后，即使力 $\boldsymbol{F}$ 再继续增大，静摩擦力也不再随之增大，物体将失去平衡而滑动。这就是静摩擦力的特点。

综上所述可知，静摩擦力的大小随主动力的情况而改变，但介于零与最大值之间，即

$$0 \leqslant F_s \leqslant F_{max} \tag{4-11}$$

大量实验证明：最大静摩擦力的大小与两物体间的正压力（即法向约束力）成正比，即

$$F_{max} = f_s F_N \tag{4-12}$$

式中，f_s 是比例常数，称为**静摩擦系数**，它是无量纲数。

式(4-12) 称为**静摩擦定律**，又称库仑摩擦定律。

静摩擦系数的大小需由实验测定。它与接触物体的材料和表面情况（如粗糙度、温度和湿度等）有关，而与接触面积的大小无关。静摩擦系数的数值可在工程手册中查到，但影响静摩擦系数的因素很复杂，如果需用比较准确的数值时，必须在具体条件下进行实验测定。应该指出，式(4-12) 仅是近似的，它远不能完全反映出静滑动摩擦的复杂现象。但是，由于公式简单，计算方便，并且又有足够的准确性，所以在工程实际中被广泛地应用。

静摩擦定律给我们指出了利用摩擦和减小摩擦的途径。要增大最大静摩擦力，可以通过加大正压力或增大静摩擦系数来实现。例如，汽车一般都用后轮驱动，因为后轮正压力大于前轮，这样可以允许产生较大的向前推动的摩擦力。又例如，火车在下雪后行驶时，要在铁轨上撒细沙，以增大摩擦系数，避免打滑等。

当滑动摩擦力已达到最大值时，若力 $\boldsymbol{F}$ 再继续加大，接触面之间将出现相对滑动。此时，接触物体之间仍作用有阻碍相对滑动的阻力，这种阻力称为**动滑动摩擦力**，简称动摩擦力，以 $\boldsymbol{F}_d$ 表示。实验表明：动摩擦力的大小与接触体间的正压力成正比，即

$$F_d = f F_N \tag{4-13}$$

式中，f 是**动摩擦系数**，它与接触物体的材料和表面情况有关。

动摩擦力与静摩擦力不同，没有变化范围。一般情况下，动摩擦系数小于静摩擦系数，即

$$f < f_s$$

实际上动摩擦系数还与接触物体间相对滑动的速度大小有关。对于不同材料的物体，动摩擦系数随相对滑动的速度的变化而变化的规律也不同。多数情况下，动摩擦系数随相对滑动的速度的增大而稍减小。

在机器中，往往用降低接触表面的粗糙度或加入润滑剂等方法，使动摩擦系数 f 降低，以减

小摩擦和磨损。

4.7.2 考虑摩擦时物体的平衡问题

考虑摩擦时,求解物体平衡问题的步骤与前几章所述大致相同,但有如下的几个特点:① 分析物体受力时,必须考虑接触面间切向的摩擦力 $\boldsymbol{F}_s$,通常增加了未知量的数目;② 为确定这些新增加的未知量,还需列出补充方程,即 $F_s \leqslant f_s F_N$,补充方程的数目与摩擦力的数目相同;③ 由于物体平衡时摩擦力有一定的范围(即 $0 \leqslant F_s \leqslant f_s F_N$),所以有摩擦时平衡问题的解也有一定的范围,而不是一个确定的值。

工程中有不少问题只需要分析平衡的临界状态,这时静摩擦力等于其最大值,补充方程只取等号。有时为了计算方便,也先在临界状态下计算,求得结果后再分析、讨论其解的平衡范围。

【例 4-6】 物体重力为 $\boldsymbol{G}$,放在倾角为 α 的斜面上,它与斜面间的摩擦系数为 f,如图 4-16(a) 所示。当物体处于平衡时,试求水平力 $\boldsymbol{F}_1$ 的大小。

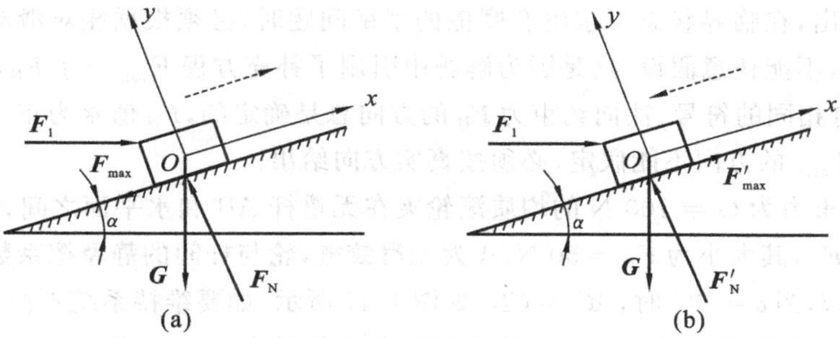

图 4-16

【解】 由经验易知,力 $\boldsymbol{F}_1$ 太大,物块将上滑;力 $\boldsymbol{F}_1$ 太小,物块将下滑,因此力 $\boldsymbol{F}_1$ 的数值必在一范围内,即应在最大与最小值之间。

先求力 $\boldsymbol{F}_1$ 的最大值。当力 $\boldsymbol{F}_1$ 达到此值时,物体处于将要向上滑动的临界状态。在此情形下,摩擦力 $\boldsymbol{F}_s$ 沿斜面向下,并达到最大值 F_{max}。物体共受四个力作用,已知重力 $\boldsymbol{G}$,未知力 $\boldsymbol{F}_1$、$\boldsymbol{F}_N$、$\boldsymbol{F}_{max}$,如图 4-16(a) 所示。列平衡方程

$$\sum F_{xi} = 0,\quad F_1\cos\alpha - G\sin\alpha - F_{max} = 0$$

$$\sum F_{yi} = 0,\quad F_N - F_1\sin\alpha - G\cos\alpha = 0$$

此外,还有一个补充方程,即

$$F_{max} = f_s F_N$$

要注意,这里摩擦力的最大值 F_{max} 等于 $f_s G\cos\alpha$,因 $F_N \neq G\cos\alpha$,力 $\boldsymbol{F}_N$ 的值必须由平衡方程决定。

三式联立,可解得水平推力 $\boldsymbol{F}_1$ 的最大值为

$$F_{1\,max} = G\frac{\sin\alpha + f_s\cos\alpha}{\cos\alpha - f_s\sin\alpha}$$

再求力 $\boldsymbol{F}_1$ 的最小值。当力 $\boldsymbol{F}_1$ 达到此值时,物体处于将要向下滑动的临界状态。在此情形下,摩擦力沿斜面向上,并达到另一最大值,用 $\boldsymbol{F}'_{max}$ 表示此力,物体的受力情况如图 4-16(b) 所示。

列平衡方程

$$\sum F_{xi}=0,\quad F_1\cos\alpha-G\sin\alpha-F'_{\max}=0$$

$$\sum F_{yi}=0,\quad F'_{\mathrm{N}}-F_1\sin\alpha-G\cos\alpha=0$$

此外，再列出补充方程

$$F'_{\max}=f_sF'_{\mathrm{N}}$$

三式联立，可解得水平推力 $\boldsymbol{F}_1$ 的最小值为

$$F_{1\min}=G\frac{\sin\alpha-f_s\cos\alpha}{\cos\alpha+f_s\sin\alpha}$$

综合上述两个结果可知：为使物块静止，力 $\boldsymbol{F}_1$ 必须满足如下条件

$$G\frac{\sin\alpha-f_s\cos\alpha}{\cos\alpha+f_s\sin\alpha}\leqslant F_1\leqslant G\frac{\sin\alpha+f_s\cos\alpha}{\cos\alpha-f_s\sin\alpha}$$

此题如不计摩擦（或 $f_s=0$），平衡时应有 $F_1=G\tan\alpha$，其解答是唯一的。

应该强调指出，在临界状态下求解有摩擦的平衡问题时，必须根据相对滑动的趋势，正确判定摩擦力的方向，不能任意假设。这是因为解题中引用了补充方程 $F_{\max}=f_sF_{\mathrm{N}}$，由于 f_s 为正值，$F_{\max}$ 与 F_{N} 必须有相同的符号。法向约束力 $\boldsymbol{F}_{\mathrm{N}}$ 的方向总是确定的，F_{N} 值永为正，因而 $F_{\max}$ 也应为正值，即摩擦力 $\boldsymbol{F}_{\max}$ 的方向不能假定，必须按真实方向给出。

【例 4-7】 重力为 $G=100$ N 的均质滚轮夹在无重杆 AB 和水平面之间，在杆端 B 作用一垂直于 AB 的力 $\boldsymbol{F}_B$，其大小为 $F_B=50$ N。A 为光滑铰链，轮与杆间的静摩擦系数为 $f_C=0.4$。轮半径为 r，杆长为 l，当 $\alpha=60°$ 时，$AC=CB$，如图 4-17 所示。如要维持系统平衡：(1) 若 D 处静摩擦系数 $f_D=0.3$，求此时作用于轮心 O 处水平推力 $\boldsymbol{F}$ 的最小值；(2) 若 $f_D=0.15$，此时 $\boldsymbol{F}$ 的最小值又为多少？

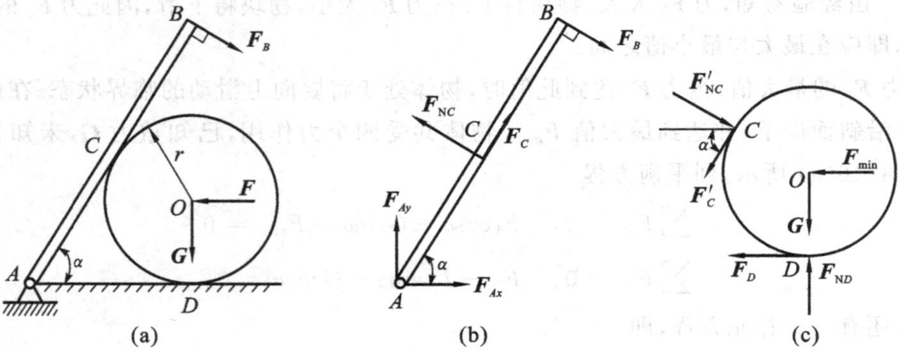

图 4-17

【解】 由经验可知，若推力 $\boldsymbol{F}$ 太大，轮将向左滚动，使角 α 加大；相反，若推力 $\boldsymbol{F}$ 太小，杆在力作用下将使轮向右滚动，使角 α 变小。在后者的临界状态下，水平推力 $\boldsymbol{F}$ 的值即为维持系统平衡的最小值。另外，由于在 C、D 两处都有摩擦，两个摩擦力之中只要有一个达到最大值，系统即处于即将运动的临界状态，其推力 $\boldsymbol{F}$ 的值即为最小值。

(1) 先假设 C 处的静摩擦力达到最大值。当推力 $\boldsymbol{F}$ 的值为最小时，轮有沿水平面向右滚动的趋势，因此轮上点 C 相对于杆有向右上方滑动的趋势；故轮受摩擦力 $\boldsymbol{F}'_C$ 沿切线向左下方，杆受摩

擦力 $\boldsymbol{F}_C$ 沿杆向右上方，如图 4-17(c) 与图 4-17(b) 所示。设 D 处摩擦力 $\boldsymbol{F}_D$ 未达最大值，可假设其方向向左，如图 4-17(c) 所示。

先以杆 AB 为研究对象，列平衡方程

$$\sum M_A(\boldsymbol{F}_i)=0,\quad F_{NC}\frac{l}{2}-F_Bl=0 \tag{a}$$

C 处到达临界状态，补充方程为

$$F_C=F_{C\max}=f_CF_{NC} \tag{b}$$

由式(a)、(b) 解出

$$F_{NC}=100\ \text{N},\quad F_C=40\ \text{N}$$

再以轮为研究对象，列平衡方程

$$\sum M_O(\boldsymbol{F}_i)=0,\quad F'_Cr-F_Dr=0 \tag{c}$$

$$\sum F_{xi}=0,\quad F'_{NC}\sin60^\circ-F'_C\cos60^\circ-F-F_D=0 \tag{d}$$

$$\sum F_{yi}=0,\quad -F'_{NC}\cos60^\circ-F'_C\sin60^\circ-G+F_{ND}=0 \tag{e}$$

由式(c) 得

$$F_D=F'_C$$

将 $F'_{NC}=F_{NC}=100\ \text{N}$，$F_D=F'_C=40\ \text{N}$ 代入式(d)，得最小水平推力为

$$F=26.6\ \text{N}$$

代入式(e)，得

$$F_{ND}=(100+40\sin60^\circ+100\cos60^\circ)\ \text{N}=184.6\ \text{N}$$

当 $f_D=0.3$ 时，D 处最大静摩擦力为

$$F_{D\max}=f_DF_{ND}=55.38\ \text{N}$$

由于 $F_D=40\ \text{N}<F_{D\max}$，$D$ 处无滑动，故上述所得 $F=26.6\ \text{N}$，确为维持系统平衡的最小水平推力。

(2) 当 $f_D=0.15$ 时，$F_{D\max}=f_DF_{ND}=27.69\ \text{N}$。前面求得的 $F_D>F_{D\max}$，不合理，说明此时在 D 处应先到达临界状态，应假设 D 处静摩擦力达到最大值，轮将沿地面滑动。当推力为最小时，杆 AB 与轮的受力图不变，仍如图示。与前面不同之处只是将补充方程式(b) 改为

$$F_D=F_{D\max}=f_DF_{ND} \tag{b$'$}$$

其他方程不变。

由式(c) 及(b)$'$，得 $F'_C=F_D=f_DF_{ND}$，代入式(e)，解得

$$F_D=F'_C=\frac{f_D(F'_{NC}\cos60^\circ+G)}{1-f_D\sin60^\circ}=25.86\ \text{N}$$

代入式(d)，得最小水平推力

$$F=F'_{NC}\sin60^\circ-F_D(1+\cos60^\circ)=47.81\ \text{N}$$

此时 C 处最大静摩擦力仍为 $F_{C\max}=f_CF_{NC}=40\ \text{N}$，由于 $F'_C<F_{C\max}$，所以 C 处无滑动。因此，当 $f_D=0.15$ 时，维持系统平衡的最小推力改为 $F=47.81\ \text{N}$。

4.7.3 滚动摩阻

由实践知道，使滚子滚动比使它滑动省力。所以在工程中，为了提高效率，减轻劳动强度，常

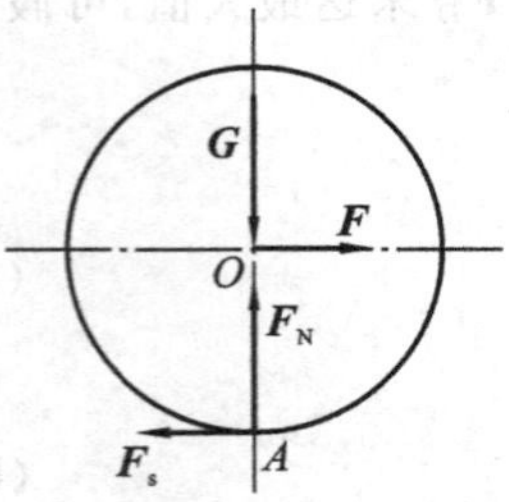

图 4-18

利用物体的滚动替代物体的滑动。早在殷商时代，我国人民就利用车子作为运输工具。常见的当搬运笨重的物体时，在物体下面垫上管子，就是以滚代滑的应用实例。

当物体滚动时，存在什么阻力？它有什么特性？下面通过简单的实例来分析这些问题。设在水平面上有一滚子，重力为 G，半径为 r，在其中心 O 上作用一水平力 $\boldsymbol{F}$，如图 4-18 所示。

当力 $\boldsymbol{F}$ 不大时，滚子仍保持静止。分析滚子的受力情况可知，在滚子与平面接触的点 A 有法向约束力 $\boldsymbol{F}_N$，它与 $\boldsymbol{G}$ 等值反向；另外，还有静滑动摩擦力 $\boldsymbol{F}_s$，阻止滚子滑动，它与 $\boldsymbol{F}$ 等值反向。但如果平面的约束力仅有 $\boldsymbol{F}_N$ 和 $\boldsymbol{F}_s$，则滚子不可能保持平衡，因为静滑动摩擦力 $\boldsymbol{F}_s$ 与力 $\boldsymbol{F}$ 组成一力偶，将使滚子发生滚动。但是，实际上当力 $\boldsymbol{F}$ 不大时，滚子是可以平衡的。这是因为滚子和平面实际上并不是刚体，它们在力的作用下都会发生变形，有一个接触面，如图 4-19(a) 所示。在接触面上，物体受分布力的作用，这些力向点 A 简化，得到一个力 $\boldsymbol{F}_R$ 和一个力偶，力偶的矩为 M，如图 4-19(b) 所示。这个力 $\boldsymbol{F}_R$ 可分解为摩擦力 $\boldsymbol{F}_s$ 和正压力 $\boldsymbol{F}_N$，这个矩为 M 的力偶称为滚动摩阻力偶（简称滚阻力偶），它与力偶($\boldsymbol{F}$,$\boldsymbol{F}_s$) 平衡，它的转向与滚动的趋向相反，如图 4-19(c) 所示。

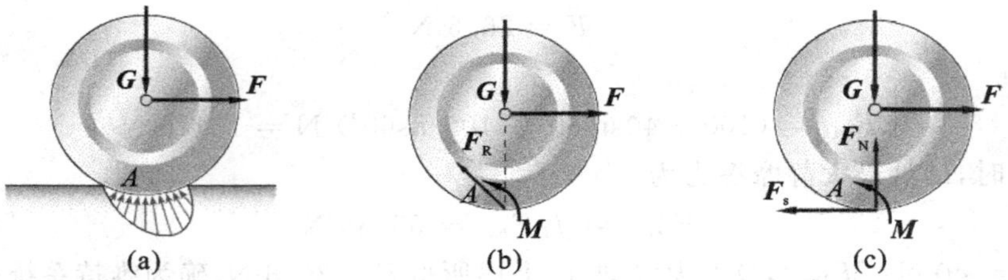

图 4-19

与静滑动摩擦力相似，滚动摩阻力偶矩 M 随着主动力偶矩的增加而增大，当力 $\boldsymbol{F}$ 增加到某个值时，滚子处于将滚未滚的临界平衡状态；这时，滚动摩阻力偶矩达到最大值，称为最大滚动摩阻力偶矩，用 M_{max} 表示。若力 $\boldsymbol{F}$ 再增大一点，轮子就会滚动。在滚动过程中，滚动摩阻力偶矩近似等于 M_{max}。

由此可知，滚动摩阻力偶矩 M 的大小介于零与最大值之间，即

$$0 \leqslant M \leqslant M_{max}$$

由实验证明：最大滚动摩阻力偶矩 M_{max} 与滚子半径无关，而与支承面的正压力（法向约束力）$\boldsymbol{F}_N$ 的大小成正比，即

$$M_{max} = \delta F_N$$

这就是**滚动摩阻定律**，其中 δ 是比例常数，称为**滚动摩阻系数**。由上式知，滚动摩阻系数具有长度的量纲，单位一般用 mm。

滚动摩阻系数由实验测定，它与滚子和支承面的材料的硬度和湿度等有关，与滚子的半径无关。

滚阻系数的物理意义如下。滚子在即将滚动的临界平衡状态时，其受力图如图 4-20(a) 所示。根据力线平移定理，可将其中的法向约束力 $\boldsymbol{F}_N$ 与最大滚动摩阻力偶 $\boldsymbol{M}_{max}$ 合成为一个力 $\boldsymbol{F}'_N$，且 $F'_N = F_N$。力 $\boldsymbol{F}'_N$ 的作用线距中心线的距离为 d，如图 4-20(b) 所示。

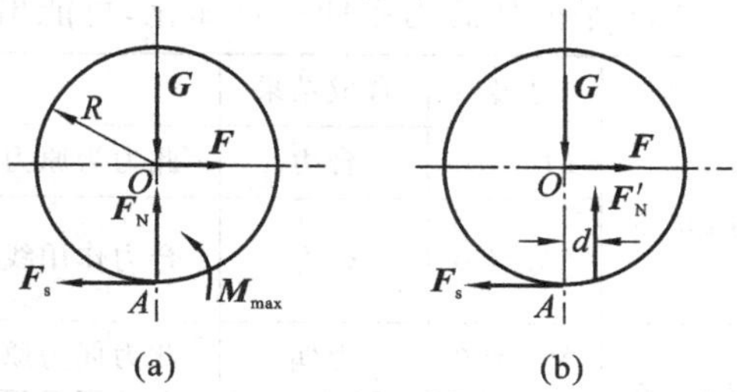

图 4-20

$$d = \frac{M_{max}}{F_N}$$

与式 $M_{max} = \delta F_N$ 比较，得

$$\delta = d$$

因而滚动摩阻系数 δ 可看成在即将滚动时，法向约束力 $\boldsymbol{F}'_N$ 离中心线的最远距离，也就是最大滚阻力偶($\boldsymbol{F}'_N$,$\boldsymbol{G}$) 的臂，故它具有长度的量纲。

由于滚动摩阻系数较小，因此，在大多数情况下滚动摩阻是可以忽略不计的。

由图 4-20(a) 可以分别计算出使滚子滚动或滑动所需要的水平拉力 $\boldsymbol{F}$，以分析究竟是使滚子滚动省力还是使滚子滑动省力。

由平衡方程 $\sum M_A(\boldsymbol{F}_i) = 0$，可以求得

$$F_{滚} = \frac{M_{max}}{R} = \frac{\delta F_N}{R} = \frac{\delta}{R}G$$

由平衡方程 $\sum F_{xi} = 0$ 可以求得

$$F_{滑} = F_{max} = f_s F_N = f_s G$$

一般情况下，有

$$\frac{\delta}{R} \ll f_s$$

因而使滚子滚动比滑动省力得多。

本章小结

(1) 力线平移定理：平移一力的同时必须附加一力偶，附加力偶的矩等于原来的力对新作用点的矩。

(2) 平面任意力系向平面内任选一点 O 简化，一般情况下，可得一个力和一个力偶，这个力等于该力系的主矢，即

$$F'_R = \sum_{i=1}^{n} F_i = \sum_{i=1}^{n} F_{xi} \cdot \boldsymbol{i} + \sum_{i=1}^{n} F_{yi} \cdot \boldsymbol{j}$$

作用线通过简化中心 O。这个力偶的矩等于该力系对于点 O 的主矩，即

$$M_O = \sum_{i=1}^{n} M_O(\boldsymbol{F}_i) = \sum_{i=1}^{n} (x_i F_{yi} - y_i F_{xi})$$

(3) 平面任意力系向一点简化,可能出现如下四种情况。

主矢	主矩	合成结果	说　明
$\boldsymbol{F}'_{\mathrm{R}} \neq 0$	$M_O = 0$	合力	此力为原力系的合力,合力作用线通过简化中心
	$M_O \neq 0$	合力	合力作用线离简化中心的距离 $d = \frac{M_O}{F'_{\mathrm{R}}}$
$\boldsymbol{F}'_{\mathrm{R}} = 0$	$M_O \neq 0$	力偶	此力偶为原力系的和力偶,在这种情况下,主矩与简化中心的位置无关
	$M_O = 0$	平衡	力系平衡

(4) 平面任意力系平衡的充分必要条件是:力系的主矢和对于任一点的主矩都等于零,即

$$\boldsymbol{F}'_{\mathrm{R}} = \sum \boldsymbol{F}_i = 0$$

$$M_O = \sum_{i=1}^{n} M_O(\boldsymbol{F}_i) = 0$$

平面任意力系平衡方程的一般形式为

$$\sum F_{xi} = 0,\quad \sum F_{yi} = 0,\quad \sum_{i=1}^{n} M_O(\boldsymbol{F}_i) = 0$$

平面任意力系平衡方程的其他两种形式为二矩式

$$\sum_{i=1}^{n} M_A(\boldsymbol{F}_i) = 0,\quad \sum_{i=1}^{n} M_B(\boldsymbol{F}_i) = 0,\quad \sum F_{xi} = 0$$(其中轴 x 不得垂直于 A、B 两点的连线)

三矩式为

$$\sum_{i=1}^{n} M_A(\boldsymbol{F}_i) = 0,\quad \sum_{i=1}^{n} M_B(\boldsymbol{F}_i) = 0,\quad \sum_{i=1}^{n} M_C(\boldsymbol{F}_i) = 0$$(其中 A、B、C 三点不得共线)

(5) 滑动摩擦力是在两个物体相互接触的表面之间有相对滑动趋势或有相对滑动时出现的切向阻力。前者称为静滑动摩擦力,后者称为动滑动摩擦力。

① 静摩擦力的方向与接触面间相对滑动趋势的方向相反,它的大小随主动力的改变而改变,应根据平衡方程确定。当物体处于平衡的临界状态时,静摩擦力达到最大值,因此静摩擦力随主动力变化的范围在零与最大值之间,即

$$0 \leqslant F_s \leqslant F_{\max}$$

最大静摩擦力的大小,可由静摩擦定律决定,即

$$F_{\max} = f_s F_N$$

式中:f_s 为静摩擦系数,F_N 为法向约束力。

② 动摩擦力的方向与接触面间的相对滑动的速度方向相反,其大小为

$$F = f F_N$$

式中:f 为动摩擦系数,一般情况下略小于静摩擦系数 f_s。

(6) 摩擦角 φ 为全约束力与法线间夹角的最大值,且有

$$\tan\varphi = f_s$$

式中:f_s 为静滑动摩擦系数。

思考题

4-1　试比较力矩与力偶矩二者的异同。

4-2　力系的主矢和主矩与合力和合力偶的概念有什么不同?有什么联系?

4-3　某平面任意力系向作用面内点 A 简化的结果得到一合力,问该力系向同平面内的另一点 B 的简化结果是什么?

4-4　在平面任意力系的平衡方程中,在直角坐标轴上的两个投影方程是否可改为在任意二相交轴上的投影方程?为什么?

4-5　平面任意力系的平衡方程能不能全部采用投影方程?

4-6　如何判断物体系统平衡的静定与超静定问题?

4-7　对物体系统平衡问题,如何确定解题方法?

4-8　在考虑摩擦的平衡问题中,什么情况下静摩擦力的指向可以任意假设?

习　题

4-1　物体的重力为 $G=20$ kN,用绳子挂在支架的滑轮 B 上,绳子的另一端接在铰车 D 上,如题 4-1 图所示。转动铰车,物体便能升起。设滑轮的大小、杆 AB 与 CB 的自重及摩擦略去不计,A、B、C 三处均为铰链连接。当物体处于平衡状态时,试求拉杆 AB 和支杆 CB 处所受的力。

4-2　如题 4-2 图所示的结构中,各构件的自重略去不计。在构件 BC 上作用一力偶矩为 M 的力偶,求支座 A 的约束力。

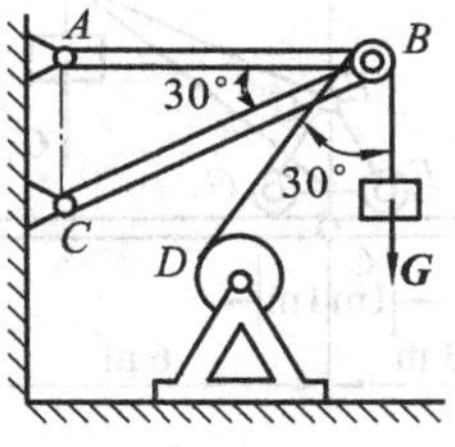

题 4-1 图

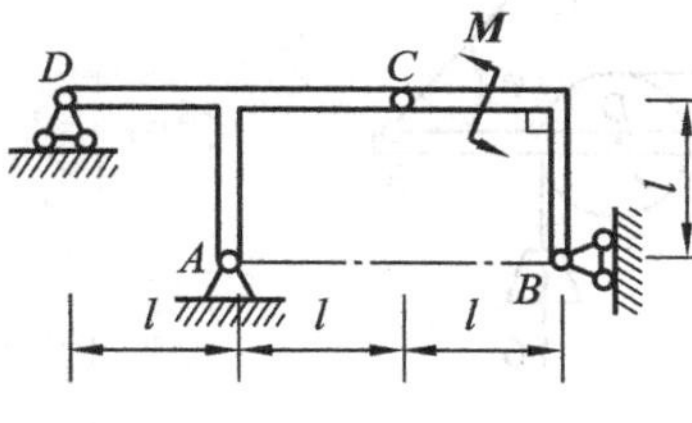

题 4-2 图

4-3　如题 4-3 图所示的结构中,各构件的自重略去不计。在构件 AB 上作用一力偶矩为 M 的力偶,求支座 A 和 C 的约束力。

4-4　直角弯杆 $ABCD$ 与直杆 DE 及 EC 铰接如题 4-4 图所示,作用在杆 DE 上力偶的力偶矩 $M=40$ kN·m,不计各杆自重,不考虑摩擦,尺寸如图,求支座 A、B 处的约束力及杆 EC 的受力。

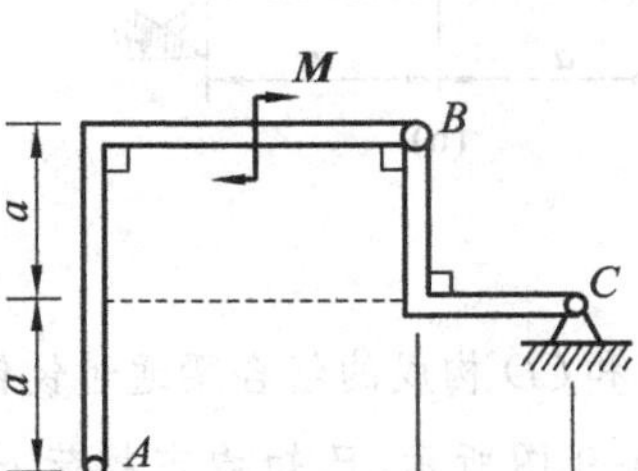

题 4-3 图

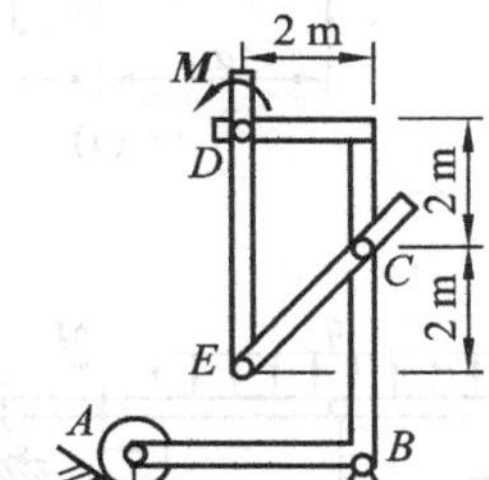

题 4-4 图

4-5 无重水平梁的支承和载荷如题 4-5 图(a)、(b) 所示。已知力 $\boldsymbol{F}$、力偶矩为 M 的力偶和均布载荷 q。求支座 A 和 B 处的约束力。

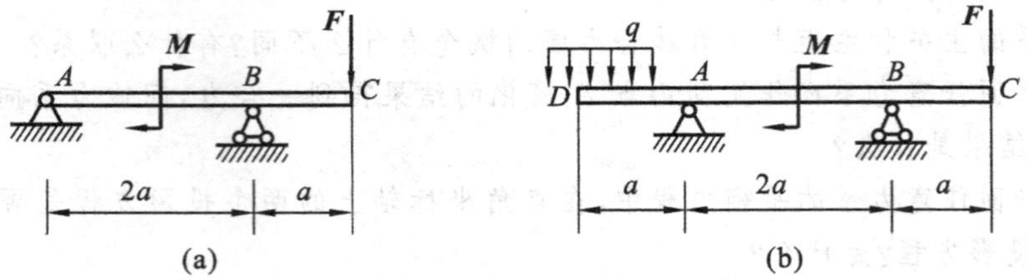

题 4-5 图

4-6 题 4-6 图所示，水平梁 AB 由铰链 A 和杆 BC 所支持。在梁上 D 处用销子安装半径为 $r=0.1\ \text{m}$ 的滑轮。有一跨过滑轮的绳子，其一端水平地系于墙上，另一端悬挂有重力为 $G=1800\ \text{N}$ 的重物，如 $AD=0.2\ \text{m}$，$BD=0.4\ \text{m}$，$\varphi=45°$，且不计梁、杆、滑轮和绳的质量。求铰链 A 和杆 BC 对梁的约束力。

4-7 如题 4-7 图所示，组合梁由 AC 和 DC 两段铰接构成，起重机放在梁上。已知起重机的重力为 $G_1=50\ \text{kN}$，重心在铅直线 EC 上，起重载荷为 $G_2=10\ \text{kN}$。如不计梁重，求支座 A、B 和 D 三处的约束力。

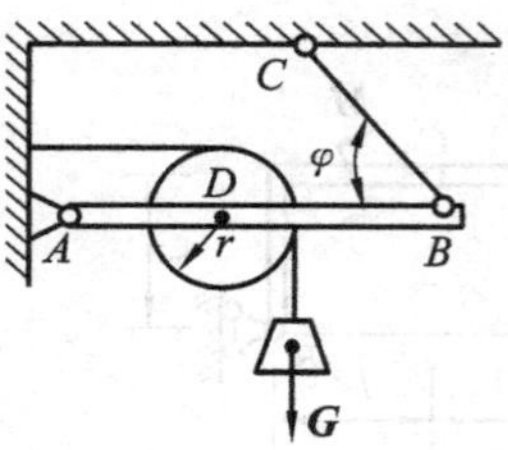

题 4-6 图

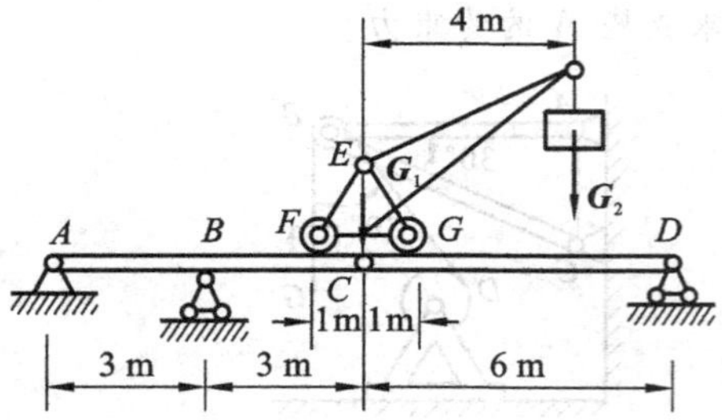

题 4-7 图

4-8 如题 4-8 图所示的两连续梁中，已知 q、M、a 及 θ，不计梁重，求各连续梁在 A、B 和 C 三处的约束力。

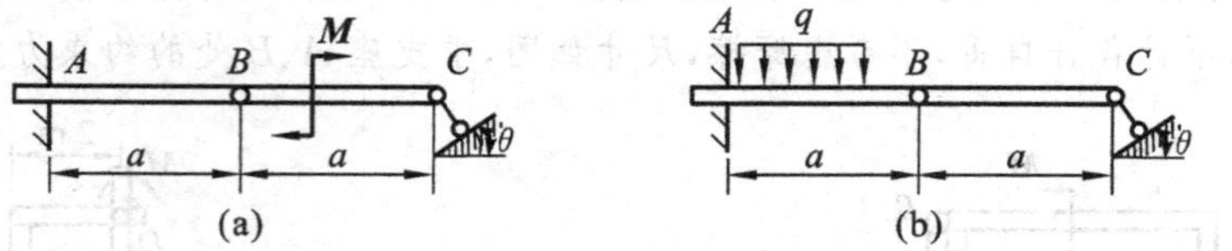

题 4-8 图

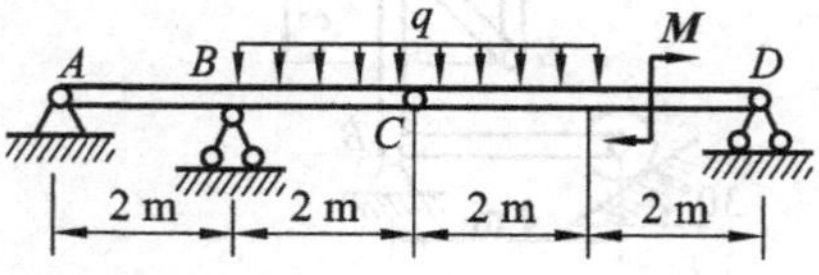

题 4-9 图

4-9 由 AC 和 CD 构成的组合梁通过铰链 C 连接。它的支承和受力如题 4-9 图所示。已知均布载荷 $q=10\ \text{kN/m}$，力偶矩 $M=40\ \text{kN}\cdot\text{m}$，不计梁重。求支座 A、B、D 的约束力和铰链 C 处所受的力。

4-10　题 4-10 图示构架中，物体的重力为 $G=1200$ N，由细绳跨过滑轮 E 而水平系于墙上，尺寸如图，不计杆和滑轮的质量。求支承 A 和 B 处的约束力，以及杆 BC 的内力 $\boldsymbol{F}_{BC}$。

4-11　题 4-11 图所示的结构由直角弯杆 DAB 与直杆 BC 及 CD 铰接而成，并在 A 处与 B 处用固定铰支座和可动铰支座固定。杆 DC 受均布载荷 q 的作用，杆 BC 受矩为 $M=qa^2$ 的力偶作用。不计各杆自重。求铰链 D 所受的力。

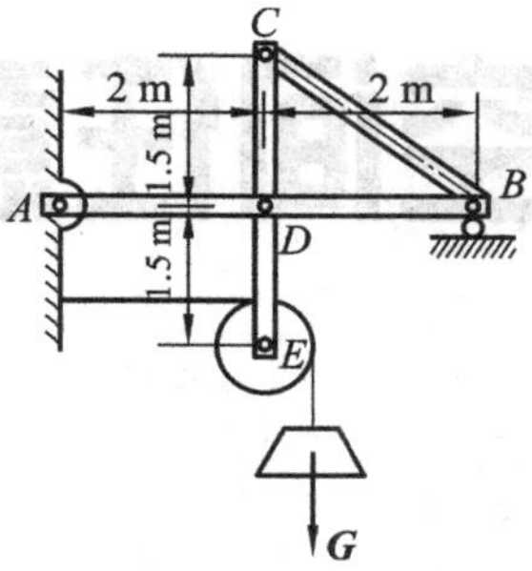

题 4-10 图

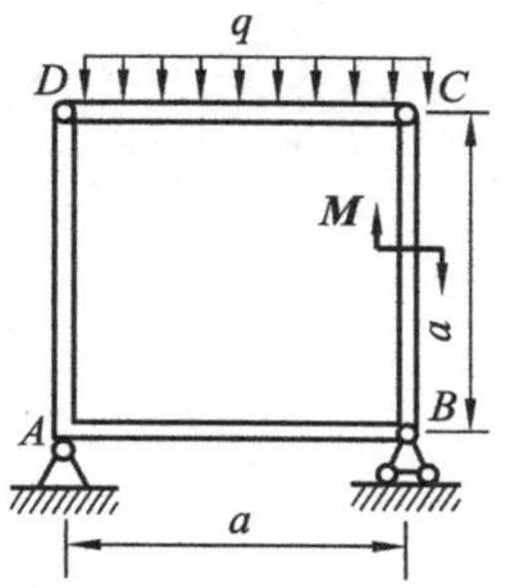

题 4-11 图

4-12　尖劈顶重装置如题 4-12 图所示。在块 B 上受力 $\boldsymbol{G}$（大小已知）的作用。块 A 与 B 间的摩擦系数为 f_s（其他有滚珠处表示光滑）。如不计块 A 和 B 的质量，求使系统保持平衡的力 $\boldsymbol{F}$ 的值。

4-13　重力为 $G=100$ N 的均质滚轮夹在无重杆 AB 和水平面之间，在杆端 B 作用一垂直于 AB 的力 $\boldsymbol{F}_B$，其大小为 $F_B=50$ N。A 为光滑铰链，轮与杆间的静摩擦系数为 $f_{s1}=0.4$，轮与水平面间的静摩擦系数为 $f_{s2}=0.3$。轮半径为 r，杆长为 l，当 $\alpha=60°$ 时，$AC=CB=0.5l$，如题 4-13 图所示。如要维持系统平衡，求此时作用于轮心 O 处水平推力 $\boldsymbol{F}$ 的最小值。

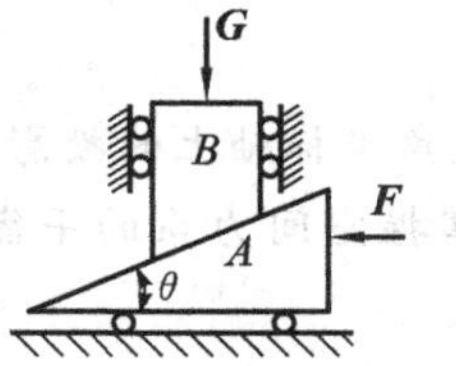

题 4-12 图

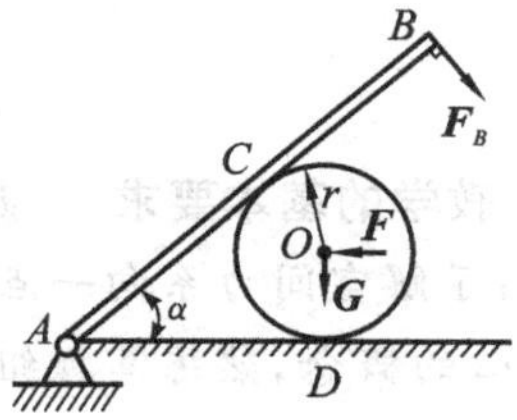

题 4-13 图

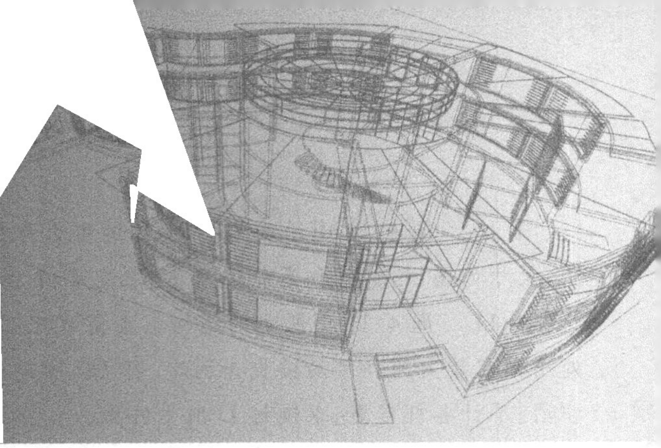

空间任意力系

本章导读

● **教学的基本要求**　熟练地计算力在空间直角坐标轴上的投影和力对轴之矩；了解空间力系向一点简化的方法和结果；掌握空间力系的平衡问题；理解重心的概念，熟练掌握组合法求物体的重心。

● **教学内容的重点**　力对轴之矩，重心。

● **教学内容的难点**　力对轴之矩，空间力系的简化。

各力的作用线在空间任意分布，即既不汇交于同一点，又不全部相互平行的力系，称为**空间任意力系**。本章主要研究空间任意力系的简化和平衡问题。

5.1 力对点的矩矢和力对轴的矩

5.1.1 力对点的矩矢

力使所作用的刚体绕一点转动的效应，用力对该点的矩来度量。对于平面力系，力的作用线和矩心都位于同一平面内，各力对矩心的矩除大小外，只有正反转向之分，因而用代数量就可以表示力对点的矩的全部要素。而对于空间力系，力对点的矩取决于力矩的大小、转向、力与矩心所确定的平面的方位三个要素。因此，对于空间力系，力对点的矩要用矢量来表示。这个矢量称为**力对点的矩矢**，简称**力矩矢**。力矩矢的方位垂直于力与矩心所确定的平面，矢的指向用右手螺旋法则确定，即当右手四指的指向符合力矩转向握拳时，大拇指伸出的指向就是力矩矢的指向。

若从矩心 O 到力 $\boldsymbol{F}$ 作用点 A 引矢量 $\boldsymbol{r}=\boldsymbol{OA}$，则称矢量 $\boldsymbol{r}$ 为点 A 相对于点 O 的**矢径**，如图 5-1 所示。由矢量代数可知，矢积 $\boldsymbol{r}\times\boldsymbol{F}$ 为一矢量，其方位垂直于矢径 $\boldsymbol{r}$ 与力 $\boldsymbol{F}$ 所确定的平面，指向由右手螺旋法则确定，它的模等于三角形 OAB 面积的两倍。由此可见，矢积 $\boldsymbol{r}\times\boldsymbol{F}$ 就是力 $\boldsymbol{F}$ 对点 O 的矩矢

$$\boldsymbol{M}_O(\boldsymbol{F})=\boldsymbol{r}\times\boldsymbol{F} \tag{5-1}$$

即，力对点的矩矢等于力作用点相对于矩心的矢径与该力矢的矢积。由于力矩矢与矩心的位置有关，故力矩矢必须以矩心为始点，不能任意移动，为固定矢量。

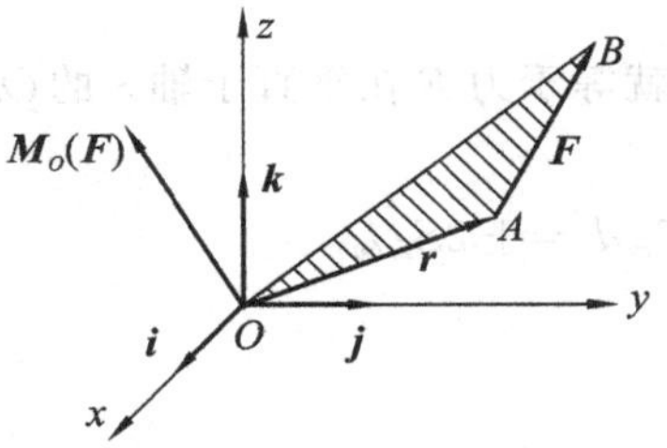

图 5-1

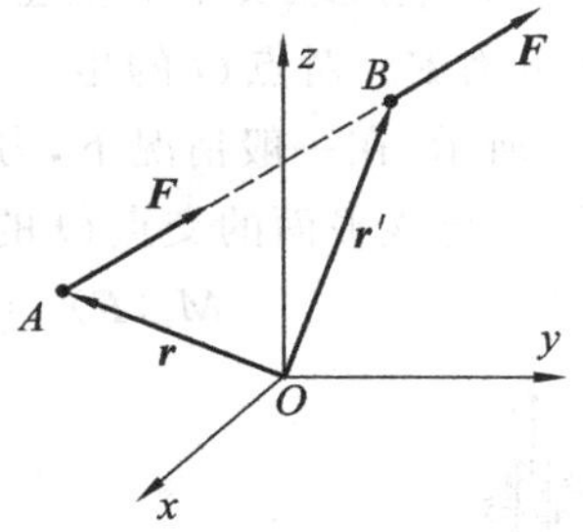

图 5-2

当作用在刚体上的力沿其作用线移动时，力对同一点的力矩矢不变。如图 5-2 所示，作用在刚体上点 A 的力 $\boldsymbol{F}$ 对点 O 的力矩矢为

$$\boldsymbol{M}_O=\boldsymbol{r}\times\boldsymbol{F}$$

当将 $\boldsymbol{F}$ 在刚体上沿作用线移动至点 B 时，$\boldsymbol{F}$ 对点 O 的力矩矢为

$$\boldsymbol{M}'_O=\boldsymbol{r}'\times\boldsymbol{F}$$

而

$$\boldsymbol{r}'=\boldsymbol{r}+\boldsymbol{AB}$$

所以

$$\boldsymbol{M}'_O=(\boldsymbol{r}+\boldsymbol{AB})\times\boldsymbol{F}=\boldsymbol{r}\times\boldsymbol{F}+\boldsymbol{AB}\times\boldsymbol{F}=\boldsymbol{r}\times\boldsymbol{F}=\boldsymbol{M}_O$$

若以点O为原点，建立直角坐标系$Oxyz$，如图5-1所示。设x、y、z方向的单位矢量分别为$\boldsymbol{i}$、$\boldsymbol{j}$和$\boldsymbol{k}$，力$\boldsymbol{F}$在坐标轴上的投影分别为F_x、F_y和F_z，则

$$\boldsymbol{r} = x\boldsymbol{i} + y\boldsymbol{j} + z\boldsymbol{k}, \quad \boldsymbol{F} = F_x\boldsymbol{i} + F_y\boldsymbol{j} + F_z\boldsymbol{k}$$

于是，力$\boldsymbol{F}$对点O的矩矢$\boldsymbol{M}_O(\boldsymbol{F})$可表示为

$$\boldsymbol{M}_O(\boldsymbol{F}) = \boldsymbol{r} \times \boldsymbol{F} = \begin{vmatrix} \boldsymbol{i} & \boldsymbol{j} & \boldsymbol{k} \\ x & y & z \\ F_x & F_y & F_z \end{vmatrix} = (yF_z - zF_y)\boldsymbol{i} + (zF_x - xF_z)\boldsymbol{j} + (xF_y - yF_x)\boldsymbol{k} \tag{5-2}$$

若以$[\boldsymbol{M}_O(\boldsymbol{F})]_x$、$[\boldsymbol{M}_O(\boldsymbol{F})]_y$和$[\boldsymbol{M}_O(\boldsymbol{F})]_z$分别表示力矩矢$\boldsymbol{M}_O(\boldsymbol{F})$在$x$、$y$和$z$坐标轴上的投影，则式(5-2)可写成

$$\boldsymbol{M}_O(\boldsymbol{F}) = [\boldsymbol{M}_O(\boldsymbol{F})]_x\boldsymbol{i} + [\boldsymbol{M}_O(\boldsymbol{F})]_y\boldsymbol{j} + [\boldsymbol{M}_O(\boldsymbol{F})]_z\boldsymbol{k} \tag{5-3}$$

于是，有

$$\begin{cases} [\boldsymbol{M}_O(\boldsymbol{F})]_x = yF_z - zF_y \\ [\boldsymbol{M}_O(\boldsymbol{F})]_y = zF_x - xF_z \\ [\boldsymbol{M}_O(\boldsymbol{F})]_z = xF_y - yF_x \end{cases} \tag{5-4}$$

5.1.2 力对轴的矩

力使所作用的刚体绕某一轴转动的效应，用力对该轴的矩来度量。例如，在力$\boldsymbol{F}$作用下可绕轴z转动的门，如图5-3所示。作用于门上点A的力$\boldsymbol{F}$可分解为：平行于门轴z的分力$\boldsymbol{F}_z$和垂直于门轴z的分力$\boldsymbol{F}_{xy}$。$\boldsymbol{F}_{xy}$即为力$\boldsymbol{F}$在垂直于轴z的平面内的投影。实践表明，分力$\boldsymbol{F}_z$不能使门产生转动效应，即它对轴z的转动效应为零。力$\boldsymbol{F}$对轴z的转动效应只能由分力$\boldsymbol{F}_{xy}$引起。而分力$\boldsymbol{F}_{xy}$对轴z的转动效应取决于乘积$\pm F_{xy}d$，d为力$\boldsymbol{F}$的作用线与轴z之间的距离。实际上，乘积$\pm F_{xy}d$即为分力$\boldsymbol{F}_{xy}$对点O的矩。

如图5-4所示，在一般情况下，力$\boldsymbol{F}$对轴z的矩，就等于力$\boldsymbol{F}$在垂直于轴z的Oxy平面上的投影F_{xy}对轴z与该平面的交点O的矩，即

$$M_z(\boldsymbol{F}) = M_O(\boldsymbol{F}_{xy}) = \pm F_{xy}d = \pm 2S_{\triangle Oab} \tag{5-5}$$

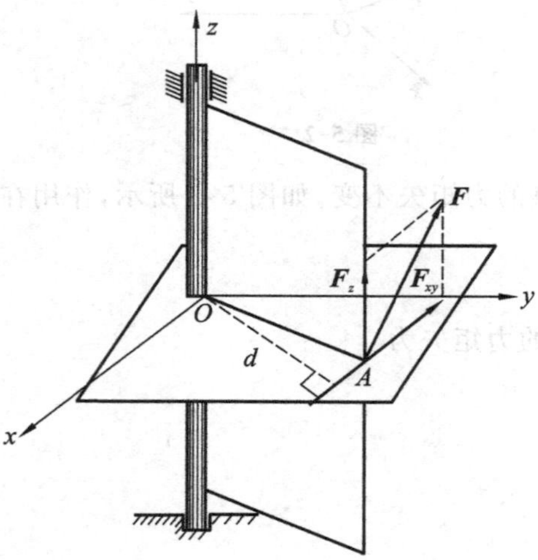

图 5-3

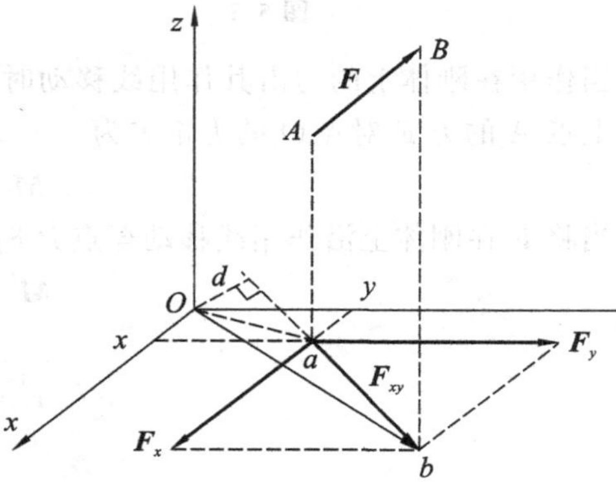

图 5-4

可见，力对轴的矩是指力在垂直此轴的平面上的投影对此轴与该平面交点的矩。力对轴的矩是一个代数量，对于图5-4所示情况，其正负号规定如下：从轴z的正向看，若力使物体绕该轴逆时针转动，则取正号；反之，取负号。或用右手螺旋法则来确定，即右手四指表示力矩的转向，若大拇指的指向与轴z的正向相同，则取正号；反之，取负号。轴z称为矩轴。在法定计量单位中，力对轴的矩的常用单位为牛·米(N·m)或千牛·米(kN·m)。

由式(5-5)可知：

(1) 当力$\boldsymbol{F}$的作用线与矩轴平行时($F_{xy}=0$)，力$\boldsymbol{F}$对轴的矩为零；

(2) 当力$\boldsymbol{F}$的作用线与矩轴相交时($d=0$)，力$\boldsymbol{F}$对轴的矩为零；

(3) 当力$\boldsymbol{F}$沿作用线移动时(F_{xy}、d不变)，力$\boldsymbol{F}$对轴的矩保持不变。

5.1.3 力矩关系定理

在图5-4中，将力$\boldsymbol{F}_{xy}$在Oxy平面内分解为$\boldsymbol{F}_x$和$\boldsymbol{F}_y$，它们的大小分别等于力$\boldsymbol{F}_{xy}$在轴x和y的投影F_x和F_y。于是，力$\boldsymbol{F}$对轴z的矩可写成

$$M_z(\boldsymbol{F})=M_O(\boldsymbol{F}_{xy})=M_O(\boldsymbol{F}_x)+M_O(\boldsymbol{F}_y)=xF_y-yF_x$$

进行坐标轴轮换，可以得出力$\boldsymbol{F}$对轴x、y的矩的表达式，综合起来，即为

$$\begin{cases}M_x(\boldsymbol{F})=yF_z-zF_y\\M_y(\boldsymbol{F})=zF_x-xF_z\\M_z(\boldsymbol{F})=xF_y-yF_x\end{cases}\tag{5-6}$$

式(5-6)为力$\boldsymbol{F}$对x、y、z三个轴的矩的解析式。

将式(5-6)和式(5-4)比较得

$$\begin{cases}M_x(\boldsymbol{F})=[\boldsymbol{M}_O(\boldsymbol{F})]_x\\M_y(\boldsymbol{F})=[\boldsymbol{M}_O(\boldsymbol{F})]_y\\M_z(\boldsymbol{F})=[\boldsymbol{M}_O(\boldsymbol{F})]_z\end{cases}\tag{5-7}$$

式(5-7)称为**力矩关系定理**，即力对点的矩矢在通过该点的任一轴上的投影等于此力对该轴的矩。

若已知力$\boldsymbol{F}$对直角坐标轴x、y、z的矩，则利用力矩关系定理，可求得力$\boldsymbol{F}$对坐标原点O的矩矢$\boldsymbol{M}_O(\boldsymbol{F})$的大小和方向余弦，即

$$\begin{cases}M_O(\boldsymbol{F})=|\boldsymbol{M}_O(\boldsymbol{F})|=\sqrt{[M_x(\boldsymbol{F})]^2+[M_y(\boldsymbol{F})]^2+[M_z(\boldsymbol{F})]^2}\\\cos(\boldsymbol{M}_O(\boldsymbol{F}),\boldsymbol{i})=\dfrac{M_x(\boldsymbol{F})}{M_O(\boldsymbol{F})}\\\cos(\boldsymbol{M}_O(\boldsymbol{F}),\boldsymbol{j})=\dfrac{M_y(\boldsymbol{F})}{M_O(\boldsymbol{F})}\\\cos(\boldsymbol{M}_O(\boldsymbol{F}),\boldsymbol{k})=\dfrac{M_z(\boldsymbol{F})}{M_O(\boldsymbol{F})}\end{cases}\tag{5-8}$$

【例5-1】 如图5-5所示，已知：$F_1=F_2=F$。试分别求力$\boldsymbol{F}_1$、$\boldsymbol{F}_2$对点O的矩及$\boldsymbol{F}_1$、$\boldsymbol{F}_2$对三个坐标轴的矩。

【解】 设x、y、z方向的单位矢量分别为$\boldsymbol{i}$、$\boldsymbol{j}$和$\boldsymbol{k}$，则

$$\boldsymbol{F}_1=F\boldsymbol{j},\quad \boldsymbol{F}_2=-\frac{\sqrt{2}}{2}F\boldsymbol{i}+\frac{\sqrt{2}}{2}F\boldsymbol{k}$$

$$\boldsymbol{r}_1=a\boldsymbol{i}+a\boldsymbol{k},\quad \boldsymbol{r}_2=a\boldsymbol{i}+a\boldsymbol{j}$$

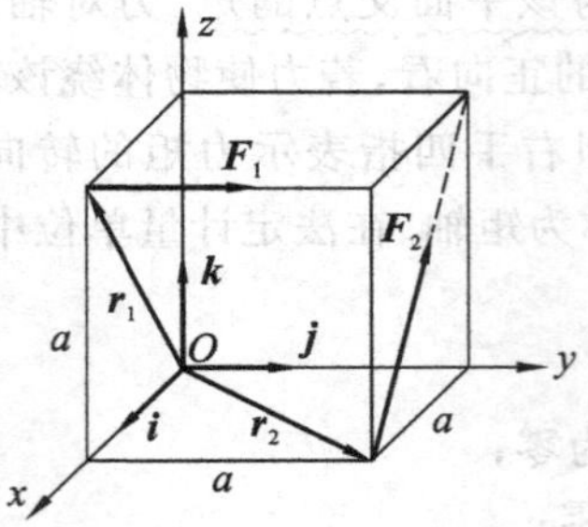

图 5-5

由式(5-1)得力 $\boldsymbol{F}_1$、$\boldsymbol{F}_2$ 对点 O 的矩分别为

$$\boldsymbol{M}_O(\boldsymbol{F}_1)=\boldsymbol{r}_1\times\boldsymbol{F}_1=a(\boldsymbol{i}+\boldsymbol{k})\times F\boldsymbol{j}$$
$$=-Fa\boldsymbol{i}+Fa\boldsymbol{k}$$
$$\boldsymbol{M}_O(\boldsymbol{F}_2)=\boldsymbol{r}_2\times\boldsymbol{F}_2=a(\boldsymbol{i}+\boldsymbol{j})\times\frac{\sqrt{2}}{2}F(\boldsymbol{i}+\boldsymbol{k})$$
$$=\frac{\sqrt{2}}{2}Fa\boldsymbol{i}-\frac{\sqrt{2}}{2}Fa\boldsymbol{j}-\frac{\sqrt{2}}{2}Fa\boldsymbol{k}$$

由力矩关系定理可得

$$M_x(\boldsymbol{F}_1)=-Fa,\quad M_y(\boldsymbol{F}_1)=0,\quad M_z(\boldsymbol{F}_1)=Fa$$
$$M_x(\boldsymbol{F}_2)=\frac{\sqrt{2}}{2}Fa,\quad M_y(\boldsymbol{F}_2)=-\frac{\sqrt{2}}{2}Fa,\quad M_z(\boldsymbol{F}_2)=-\frac{\sqrt{2}}{2}Fa$$

力 $\boldsymbol{F}_1$、$\boldsymbol{F}_2$ 对轴 x、y、z 的矩也可以用力对轴的矩的定义或解析式计算，请读者自行练习。

5.2　空间任意力系向一点的简化

5.2.1　空间任意力系向一点的简化的主矢和主矩

与平面任意力系向作用面内一点的简化方法一样，可以将空间任意力系向一点简化。首先，利用力线平移定理，依次将空间任意力系($\boldsymbol{F}_1,\boldsymbol{F}_2,\cdots,\boldsymbol{F}_n$)中的各力向简化中心 O 平移，同时附加相应的力偶。这样，原空间任意力系($\boldsymbol{F}_1,\boldsymbol{F}_2,\cdots,\boldsymbol{F}_n$)就等效为作用于简化中心 O 的空间共点力系($\boldsymbol{F}'_1,\boldsymbol{F}'_2,\cdots,\boldsymbol{F}'_n$)和空间力偶系($\boldsymbol{M}_1,\boldsymbol{M}_2,\cdots,\boldsymbol{M}_n$)。其中

$$\boldsymbol{F}'_1=\boldsymbol{F}_1,\boldsymbol{F}'_2=\boldsymbol{F}_2,\cdots,\boldsymbol{F}'_n=\boldsymbol{F}_n$$
$$\boldsymbol{M}_1=\boldsymbol{M}_O(\boldsymbol{F}_1),\boldsymbol{M}_2=\boldsymbol{M}_O(\boldsymbol{F}_2),\cdots,\boldsymbol{M}_n=\boldsymbol{M}_O(\boldsymbol{F}_n)$$

空间共点力系($\boldsymbol{F}'_1,\boldsymbol{F}'_2,\cdots,\boldsymbol{F}'_n$)可合成为一个作用于点 O 的力 $\boldsymbol{F}'_{\mathrm{R}}$，且

$$\boldsymbol{F}'_{\mathrm{R}}=\sum\boldsymbol{F}'_i=\sum\boldsymbol{F}_i \tag{5-9}$$

即 $\boldsymbol{F}'_{\mathrm{R}}$ 等于原力系各力的矢量和，是空间任意力系($\boldsymbol{F}_1,\boldsymbol{F}_2,\cdots,\boldsymbol{F}_n$)的**主矢**。

设主矢 $\boldsymbol{F}'_{\mathrm{R}}$ 在直角坐标系三个轴上的投影分别为 $F'_{\mathrm{R}x}$、$F'_{\mathrm{R}y}$、$F'_{\mathrm{R}z}$，则

$$F'_{\mathrm{R}x}=\sum F_{xi},\quad F'_{\mathrm{R}y}=\sum F_{yi},\quad F'_{\mathrm{R}z}=\sum F_{zi}$$

主矢 $\boldsymbol{F}'_{\mathrm{R}}$ 的大小和方向余弦分别为

$$\begin{cases}F'_{\mathrm{R}}=\sqrt{(\sum F_{xi})^2+(\sum F_{yi})^2+(\sum F_{zi})^2}\\ \cos(\boldsymbol{F}'_{\mathrm{R}},\boldsymbol{i})=\dfrac{\sum F_{xi}}{F'_{\mathrm{R}}},\quad \cos(\boldsymbol{F}'_{\mathrm{R}},\boldsymbol{j})=\dfrac{\sum F_{yi}}{F'_{\mathrm{R}}},\quad \cos(\boldsymbol{F}'_{\mathrm{R}},\boldsymbol{k})=\dfrac{\sum F_{zi}}{F'_{\mathrm{R}}}\end{cases} \tag{5-10}$$

空间力偶系($\boldsymbol{M}_1,\boldsymbol{M}_2,\cdots,\boldsymbol{M}_n$)可合成为一个力偶，其力偶矩矢

$$\boldsymbol{M}_O=\sum\boldsymbol{M}_i=\sum\boldsymbol{M}_O(\boldsymbol{F}_i) \tag{5-11}$$

即 $\boldsymbol{M}_O$ 等于原力系各力对简化中心矩的矢量和，为空间任意力系($\boldsymbol{F}_1,\boldsymbol{F}_2,\cdots,\boldsymbol{F}_n$)对简化中心的**主矩矢**。

设主矩矢 $\boldsymbol{M}_O$ 在直角坐标系三个轴上的投影分别为 M_{Ox}、M_{Oy}、M_{Oz}，并应用力矩关系定理，则

$$M_{Ox}=[\sum \boldsymbol{M}_O(\boldsymbol{F}_i)]_x=\sum M_x(\boldsymbol{F}_i)$$
$$M_{Oy}=[\sum \boldsymbol{M}_O(\boldsymbol{F}_i)]_y=\sum M_y(\boldsymbol{F}_i)$$
$$M_{Oz}=[\sum \boldsymbol{M}_O(\boldsymbol{F}_i)]_z=\sum M_z(\boldsymbol{F}_i)$$

于是，主矩矢 $\boldsymbol{M}_O$ 的大小和方向余弦分别为

$$\begin{cases} M_O=\sqrt{[\sum M_x(\boldsymbol{F}_i)]^2+[\sum M_y(\boldsymbol{F}_i)]^2+[\sum M_z(\boldsymbol{F}_i)]^2} \\ \cos(\boldsymbol{M}_O,\boldsymbol{i})=\dfrac{\sum M_x(\boldsymbol{F}_i)}{M_O}, \quad \cos(\boldsymbol{M}_O,\boldsymbol{j})=\dfrac{\sum M_y(\boldsymbol{F}_i)}{M_O}, \quad \cos(\boldsymbol{M}_O,\boldsymbol{k})=\dfrac{\sum M_z(\boldsymbol{F}_i)}{M_O} \end{cases} \tag{5-12}$$

综上所述，空间任意力系向任一点简化后，一般得到一个力和一个力偶：这个力作用于简化中心，其力矢等于原力系的主矢；这个力偶的力偶矩矢等于原力系对简化中心的主矩矢。与平面任意力系一样，空间任意力系的主矢与简化中心的位置无关，而主矩矢一般随简化中心位置的改变而改变，与简化中心的位置有关。

5.2.2 空间任意力系的简化结果分析

1. $\boldsymbol{F}'_R=0,\boldsymbol{M}_O=0$

$\boldsymbol{F}'_R=0,\boldsymbol{M}_O=0$ 表明：空间任意力系中各力经力线平移后，所得空间共点力系和附加空间力偶系均为平衡力系，故原空间任意力系为平衡力系。此种情况将在下一节讨论。

2. $\boldsymbol{F}'_R=0,\boldsymbol{M}_O\neq 0$

$\boldsymbol{F}'_R=0$ 表明：空间任意力系中各力经力线平移后，所得空间共点力系为平衡力系，可以取消。而 $\boldsymbol{M}_O\neq 0$ 表明：附加空间力偶系不平衡，可合成为一个力偶。故原力系合成为合力偶，合力偶矩矢等于原力系对简化中心的主矩矢。

3. $\boldsymbol{F}'_R\neq 0,\boldsymbol{M}_O=0$

$\boldsymbol{M}_O=0$ 表明：力线平移后，所得附加空间力偶系处于平衡，可以取消。$\boldsymbol{F}'_R\neq 0$ 表明：力线平移后所得空间共点力系不平衡，可合成为一个力。故原力系合成为合力 $\boldsymbol{F}_R$，合力矢等于原力系的主矢，其作用线通过简化中心。

4. $\boldsymbol{F}'_R\neq 0,\boldsymbol{M}_O\neq 0$，且 $\boldsymbol{F}'_R\perp\boldsymbol{M}_O$

如图 5-6(a) 所示。$\boldsymbol{F}'_R$ 和力偶矩矢为 $\boldsymbol{M}_O$ 的力偶位于同一平面内，该力偶可表示为($\boldsymbol{F}_R,\boldsymbol{F}''_R$)，且 $\boldsymbol{F}_R=-\boldsymbol{F}''_R=\boldsymbol{F}'_R$，如图 5-6(b) 所示。由于 $\boldsymbol{F}'_R$ 和 $\boldsymbol{F}''_R$ 构成平衡力系，依据加减平衡力系原理，去掉该平衡力系，不影响原力系的作用效应。所以，原力系与 $\boldsymbol{F}_R$ 等效(见图 5-6(c))。故原力系合成为合力 $\boldsymbol{F}_R$，合力矢等于原力系的主矢，其作用线距简化中心的距离为

$$d=\frac{M_O}{F'_R}$$

由图 5-6(b) 易知，力偶($\boldsymbol{F}_R,\boldsymbol{F}''_R$) 的矩矢 $\boldsymbol{M}_O$ 等于合力 $\boldsymbol{F}_R$ 对点 O 的矩，即

$$\boldsymbol{M}_O=\boldsymbol{M}_O(\boldsymbol{F}_R)$$

而由式(5-11) 知

$$\boldsymbol{M}_O=\sum \boldsymbol{M}_O(\boldsymbol{F}_i)$$

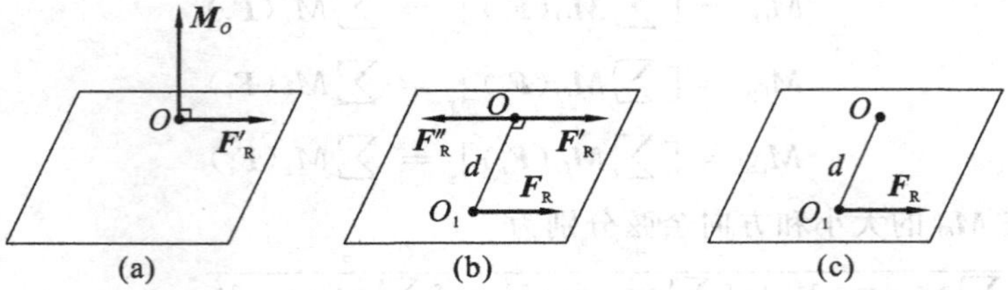

(a) (b) (c)

图 5-6

所以有

$$M_O(F_R) = \sum M_O(F_i) \tag{5-13}$$

将式(5-13) 向通过点 O 任一轴上投影，并联系力矩关系定理，得

$$M_z(F_R) = \sum M_z(F_i) \tag{5-14}$$

式(5-13)、式(5-14) 表明：空间任意力系的合力对任一点(或轴) 的矩等于力系中各力对该点(或轴) 的矩的矢量和(或代数和)。这就是**空间任意力系的合力矩定理**。

5. $F'_R \neq 0, M_O \neq 0$，且 $F'_R \parallel M_O$

此时，力系已是最简结果，无法再进一步合成。这种由一个力及与之垂直的平面内的一个力偶所组成的力系称为**力螺旋**。与力螺旋中力的作用线相重合的直线，称为力螺旋的中心轴。力 F'_R 与力矩矢 M_O 指向相同的力螺旋，称为**右力螺旋**；反之称为**左力螺旋**。

6. $F'_R \neq 0, M_O \neq 0$，且$(F'_R, M_O) = \theta$

此时，将主矩 M_O 沿与主矢 F'_R 平行和垂直的两个方向分解为 M'_O 和 M''_O，如图 5-7(b) 所示。显然，F'_R 和 M''_O 可合成一个作用线通过点 O_1 的力 F_R，利用力偶的可移转性，再将 M'_O 平移到点 O_1。这样，就得到中心轴在点 O_1 的力螺旋，如图 5-7(c) 所示。O、O_1 两点间的距离为

$$d = \frac{M''_O}{F'_R} = \frac{M_O \sin\theta}{F'_R}$$

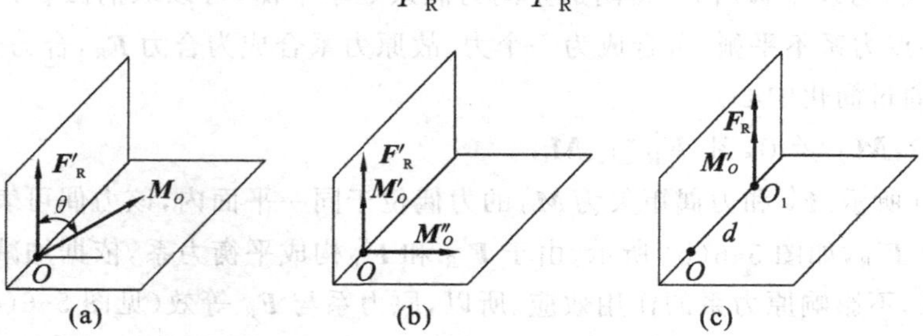

(a) (b) (c)

图 5-7

5.2.3 空间固定端约束

对于一物体插入另一物体中形成的空间固定端约束，被约束物体在接触面上受到一群复杂的约束力作用。在空间力系作用下，这群复杂的约束力构成一空间任意力系。因此，按照空间任意力系简化理论，将固定端处的约束力向固定端点 A 处简化，得到一个力和一个力偶。这个力的

大小和方向不能确定，所以用三个正交的分力 $\boldsymbol{F}_{Ax}$、$\boldsymbol{F}_{Ay}$ 和 $\boldsymbol{F}_{Az}$ 来表示；这个力偶的大小和方向也不能确定，也用三个正交的分量 $\boldsymbol{M}_{Ax}$、$\boldsymbol{M}_{Ay}$ 和 $\boldsymbol{M}_{Az}$ 表示，如图 5-8 所示。

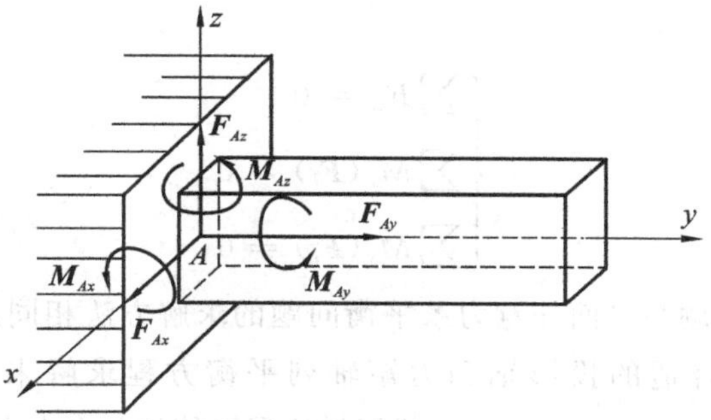

图 5-8

5.3 空间任意力系的平衡方程

5.3.1 空间任意力系的平衡方程

空间任意力系 $\boldsymbol{F}_1,\boldsymbol{F}_2,\cdots,\boldsymbol{F}_n$ 平衡的充分必要条件为：力系的主矢和对任意一点的主矩均等于零，即

$$\begin{cases}\boldsymbol{F}'_{\mathrm{R}}=\sum\boldsymbol{F}_i=0\\ \boldsymbol{M}_O=\sum\boldsymbol{M}_O(\boldsymbol{F}_i)=0\end{cases}\tag{5-15}$$

由式(5-10) 和式(5-12) 可知，要使上式成立，则必需且只需

$$\begin{cases}\sum F_{xi}=0\\ \sum F_{yi}=0\\ \sum F_{zi}=0\\ \sum M_x(\boldsymbol{F}_i)=0\\ \sum M_y(\boldsymbol{F}_i)=0\\ \sum M_z(\boldsymbol{F}_i)=0\end{cases}\tag{5-16}$$

即，空间任意力系平衡的充分必要条件为：空间任意力系中各力在三个坐标轴上投影的代数和均为零，各力对三个轴的矩的代数和也均为零。式(5-16) 称为**空间任意力系的平衡方程**。其中包含三个投影方程和三个力矩方程，共计六个独立方程，可解六个未知量。

5.3.2 空间平行力系的平衡方程

各力的作用线相互平行的空间力系，称为空间平行力系。空间平行力系是空间任意力系的特殊情况，其平衡方程可由空间任意力系平衡方程得到。设各力的作用线与轴 z 平行，则各力对

轴 z 的矩为零。又由于各力都与轴 x 和 y 垂直，所以这些力在这两个轴上的投影也都等于零。因此，空间任意力系平衡方程式(5-16)中，$\sum F_{xi}\equiv 0$，$\sum F_{yi}\equiv 0$，$\sum M_z(\boldsymbol{F}_i)\equiv 0$。于是，空间平行力系的平衡方程为

$$\begin{cases}\sum F_{zi}=0\\ \sum M_x(\boldsymbol{F}_i)=0\\ \sum M_y(\boldsymbol{F}_i)=0\end{cases}\tag{5-17}$$

空间任意力系平衡问题与平面任意力系平衡问题的求解方法相同。仍是选取研究对象，进行受力分析，画受力图，取合适的投影轴和力矩轴列平衡方程求解未知量。在求解时应注意：(1) 投影轴应尽可能地与多个未知力垂直；(2) 力矩轴应尽可能地与多个未知力相交或平行；(3) 投影轴和力矩轴不一定是同一轴，所选择的轴也不一定都是正交的。

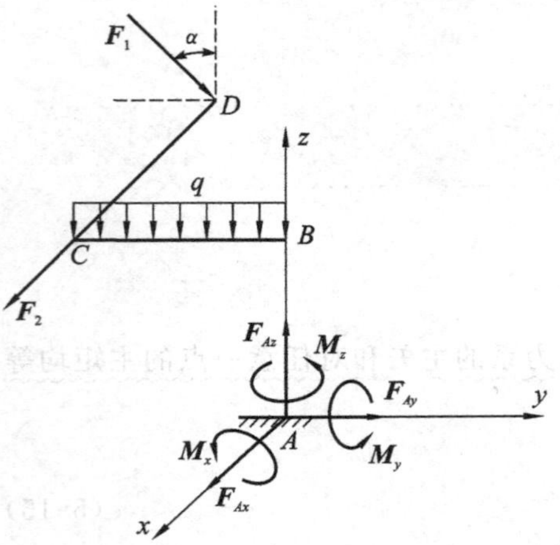

图 5-9

【例 5-2】 如图 5-9 所示悬臂刚架结构。平面 BCD 与平面 CBA 垂直。$\angle DCB=\angle CBA=90°$，$CD=BC=4$ m，$AB=3$ m。力 $\boldsymbol{F}_1$ 作用于点 D 且与平面 CBA 平行，力 $\boldsymbol{F}_2$ 沿 CD 作用于点 C，BC 上的均布载荷位于平面 CBA 内。已知：$F_1=200\sqrt{2}$ kN；$F_2=100$ kN；$q=50$ kN/m。$\alpha=45°$。各杆质量略去不计，试求固定端 A 处的约束力。

【解】 取悬臂刚架 $ABCD$ 为研究对象，受力如图 5-9 所示。

建立 $Axyz$ 坐标系，列平衡方程有

$$\sum F_{xi}=0,\quad F_2+F_{Ax}=0$$

$$\sum F_{yi}=0,\quad F_1\sin\alpha+F_{Ay}=0$$

$$\sum F_{zi}=0,\quad -F_1\cos\alpha-4q+F_{Az}=0$$

$$\sum M_x(\boldsymbol{F}_i)=0,\quad -F_1\sin\alpha\times 3+F_1\cos\alpha\times 4+4q\times 2+M_x=0$$

$$\sum M_y(\boldsymbol{F}_i)=0,\quad -F_1\cos\alpha\times 4+F_2\times 3+M_y=0$$

$$\sum M_z(\boldsymbol{F}_i)=0,\quad -F_1\sin\alpha\times 4+F_2\times 4+M_z=0$$

解得

$F_{Ax}=-100$ kN(方向与假设相反)，　$F_{Ay}=-200$ kN(方向与假设相反)，　$F_{Az}=400$ kN

$M_x=-600$ kN·m(方向与假设相反)，　$M_y=500$ kN·m，　$M_z=400$ kN·m

【例 5-3】 如图 5-10(a) 所示板 $ABCDEF$ 由六根链杆支承，正方形 $ABCD$ 位于水平面内，EF 平行于 CD。试求沿 AD 方向作用有力 $\boldsymbol{F}$ 时，六根杆的内力。

【解】 取板 $ABCDEF$ 为研究对象，由于六根杆均为二力构件，因此假设各杆均受拉，板 $ABCDEF$ 受力如图 5-10(b) 所示。取图示坐标系，列平衡方程

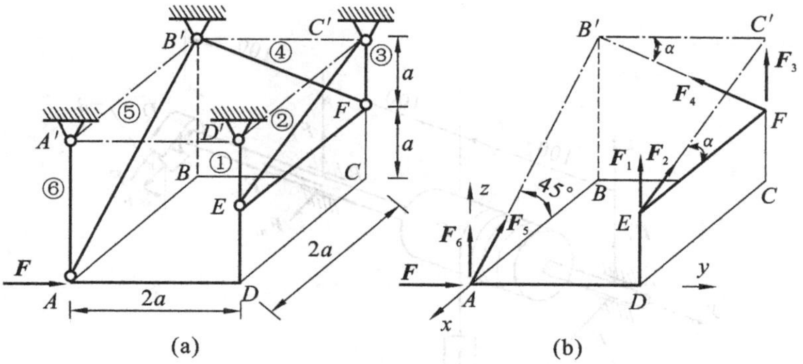

图 5-10

$$\sum F_{yi}=0,\quad F-F_4\cos\alpha=0$$

$$\sum M_{BB'}(\boldsymbol{F}_i)=0,\quad F_2\cos\alpha\cdot a+F\cdot a=0$$

$$\sum M_{CC'}(\boldsymbol{F}_i)=0,\quad -F_5\cos 45^\circ\cdot a+F\cdot a=0$$

$$\sum M_{FE}(\boldsymbol{F}_i)=0,\quad -F_5\sin 45^\circ\cdot a-F_6\cdot a+F\cdot\frac{a}{2}=0$$

$$\sum M_{B'C'}(\boldsymbol{F}_i)=0,\quad -F_6\cdot a-F_1\cdot a=0$$

$$\sum F_{zi}=0,\quad F_1+F_2\sin\alpha+F_3+F_4\sin\alpha+F_5\sin 45^\circ+F_6=0$$

而

$$\sin\alpha=\frac{1}{\sqrt{5}},\quad \cos\alpha=\frac{2}{\sqrt{5}}$$

解得

$$F_1=\frac{1}{2}F(\text{拉}),\quad F_2=-\frac{2}{5}\sqrt{5}F(\text{压}),\quad F_3=-F\,(\text{压})$$

$$F_4=\frac{2}{5}\sqrt{5}F(\text{拉}),\quad F_5=\sqrt{2}F(\text{拉}),\quad F_6=-\frac{1}{2}F(\text{压})$$

【例 5-4】 绞车结构如图 5-11 所示，绞车的轴承 AB 水平放置，轴上固定有带轮 B 和鼓轮 C，带轮 B 的直径 $d=100$ mm，鼓轮 C 的直径 $D=200$ mm，带轮 B 的两侧拉力 $\boldsymbol{F}_1$、$\boldsymbol{F}_2$ 与铅直线的夹角分别为 $\alpha=60^\circ$，$\beta=30^\circ$ 且 $F_1=2F_2$；鼓轮 C 上缠绕绳索并悬挂重力为 $G=100$ kN 的重物，绞车处于平衡状态，结构的几何尺寸如图所示。试求带的拉力和轴承 A、B 的约束力。

【解】 取整个系统为研究对象，受力如图 5-11 所示。建立 $Oxyz$ 坐标系，列平衡方程

$$\sum M_y(\boldsymbol{F}_i)=0,\quad -G\cdot\frac{D}{2}+F_1\cdot\frac{d}{2}-F_2\cdot\frac{d}{2}=0$$

$$\sum M_x(\boldsymbol{F}_i)=0,\quad 200F_{Bz}-300F_1\cos\alpha-300F_2\cos\beta-100G=0$$

$$\sum M_z(\boldsymbol{F}_i)=0,\quad -200F_{Bx}-300F_1\sin\alpha-300F_2\sin\beta=0$$

$$\sum F_{xi}=0,\quad F_{Ax}+F_{Bx}+F_1\sin\alpha+F_2\sin\beta=0$$

$$\sum F_{zi}=0,\quad F_{Az}+F_{Bz}-F_1\cos\alpha-F_2\cos\beta-G=0$$

$$\sum F_{yi}=0,\quad F_{By}=0$$

其中，$F_1=2F_2$

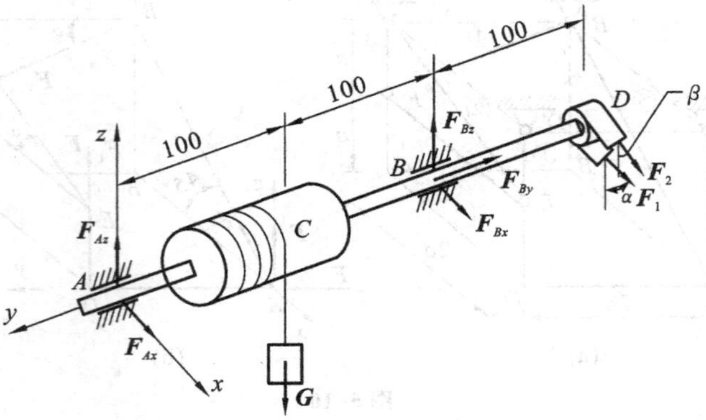

图 5-11

解得，带的拉力

$$F_1 = 400\ \text{kN},\quad F_2 = 200\ \text{kN}$$

轴承 A、B 的约束力为

$$F_{Ax} = 742.82\ \text{kN},\quad F_{Az} = -446.41\ \text{kN}(\text{方向与假设相反}),$$
$$F_{Bx} = -1189.23\ \text{kN},\quad F_{Bz} = 919.62\ \text{kN}$$

由于 $\sum F_{yi} \equiv 0$，因此本例题只有五个独立的平衡方程。

5.4 平行力系中心与重心

5.4.1 平行力系中心

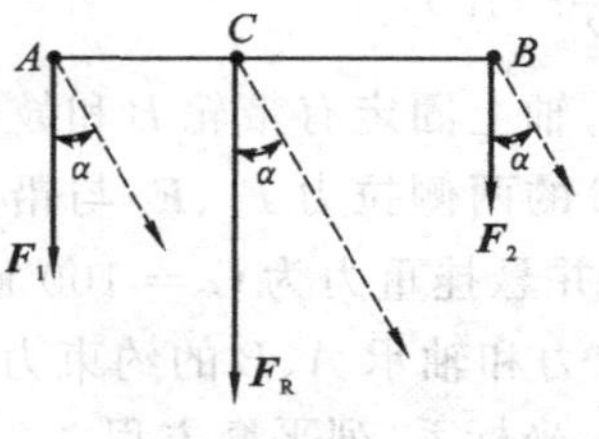

图 5-12

平行力系合成的基本情况是两个力的合成。设在刚体上的 A、B 两点，分别作用有同向平行力 $\boldsymbol{F}_1$ 和 $\boldsymbol{F}_2$，如图 5-12 所示。利用平面任意力系的简化理论，可求得它们的合力 $\boldsymbol{F}_R$，其大小为 $F_R = F_1 + F_2$，其作用线与连线 AB 相交于点 C。则

$$\frac{AC}{BC} = \frac{F_2}{F_1}$$

若将力 $\boldsymbol{F}_1$ 和 $\boldsymbol{F}_2$ 的作用线分别绕 A、B 两点按相同方向转过相同角度 α，则合力 $\boldsymbol{F}_R$ 也将转过同一角度 α，但合力的作用线仍通过点 C。如果 $\boldsymbol{F}_1$ 和 $\boldsymbol{F}_2$ 是反向平行力，只要 $F_1 \neq F_2$，也有类似结论。这一确定的点称为这两平行力的中心。

上述结果可推广到任意多个力组成的空间平行力系。将力系中各力顺次合成，最终求得力系的合力 $\boldsymbol{F}_R$，其作用线必通过一确定点 C。若将各力分别绕各自的作用点按相同方向转过相同角度，则合力作用线也将转过同一角度，但总通过点 C。确定点 C 称为**平行力系的中心**。

5.4.2 重心的概念及坐标公式

在地面附近，物体的每一微小部分都受到铅直向下的重力。这些微小部分的重力形成汇交于地心的空间汇交力系。但由于工程上所涉及的研究对象相对地球，其几何尺寸足够小。若将重力视为空间平行力系，则该空间平行力系的合力（物体的重力）的作用线通过的一特殊点称为物体的**重心**。确定物体重心的位置，在工程实际中具有重要意义。

设物体各微小部分的重力为 $\Delta \boldsymbol{G}_i(i=1,2,\cdots,n)$，体积为 $\Delta V_i(i=1,2,\cdots,n)$。这些重力的合力，即物体的重力为 $\boldsymbol{G}$，其大小为

$$G=\sum \Delta G_i$$

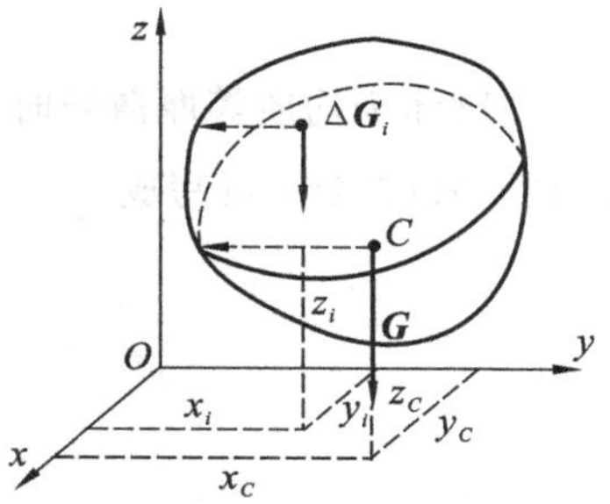

图 5-13

取直角坐标系 $Oxyz$。设 $\Delta \boldsymbol{G}_i$ 作用点的坐标为 (x_i,y_i,z_i)，物体重心 C 的坐标为 (x_C,y_C,z_C)，如图 5-13 所示。根据合力矩定理，对轴 x 和 y 分别取矩，有

$$-G\cdot x_C=-\sum \Delta G_i\cdot x_i$$

$$-G\cdot y_C=-\sum \Delta G_i\cdot y_i$$

利用平行力系中心的特性，将各微小部分的重力 $\Delta \boldsymbol{G}_i$ 按相同方向转过 90°，使它们与轴 y 平行，如图 5-13 中虚线所示，则重力 $\boldsymbol{G}$ 的作用线仍通过重心 C。由合力矩定理可得

$$G\cdot z_C=\sum \Delta G_i\cdot z_i$$

由此可得，物体的重心坐标公式为

$$\begin{cases} x_C=\dfrac{\sum \Delta G_i\cdot x_i}{G} \\ y_C=\dfrac{\sum \Delta G_i\cdot y_i}{G} \\ z_C=\dfrac{\sum \Delta G_i\cdot z_i}{G} \end{cases} \tag{5-18}$$

当物体为均质时，容重 $\gamma=$ 常量，则 $\Delta G_i=\gamma\cdot\Delta V_i, G=\gamma\cdot\sum V_i=\gamma\cdot V$，式(5-18)可写成

$$\begin{cases} x_C=\dfrac{\sum \Delta V_i\cdot x_i}{V} \\ y_C=\dfrac{\sum \Delta V_i\cdot y_i}{V} \\ z_C=\dfrac{\sum \Delta V_i\cdot z_i}{V} \end{cases} \tag{5-19}$$

可见，物体为均质时，物体重心的位置完全由物体的几何形状决定，而与质量无关。此时的重心称为**体积重心**。均质物体的重心称为物体的**形心**。均质物体的重心与其形心重合。

$\Delta V\to 0$ 时，式(5-19)取极限，可写为

$$\begin{cases} x_C = \dfrac{\int_V x \cdot \mathrm{d}V}{V} \\ y_C = \dfrac{\int_V y \cdot \mathrm{d}V}{V} \\ z_C = \dfrac{\int_V z \cdot \mathrm{d}V}{V} \end{cases} \tag{5-20}$$

当物体为均质等厚薄壳时，其厚度 $t =$ 常量，则 $\Delta V_i = t \cdot \Delta S_i, V = t \cdot \sum S_i = t \cdot S$，式(5-19)、式(5-20) 可写成

$$\begin{cases} x_C = \dfrac{\sum \Delta S_i \cdot x_i}{S} = \dfrac{\int_S x \cdot \mathrm{d}S}{S} \\ y_C = \dfrac{\sum \Delta S_i \cdot y_i}{S} = \dfrac{\int_S y \cdot \mathrm{d}S}{S} \\ z_C = \dfrac{\sum \Delta S_i \cdot z_i}{S} = \dfrac{\int_S z \cdot \mathrm{d}S}{S} \end{cases} \tag{5-21}$$

此时的重心称为**面积重心**。

若物体为均质等厚平薄板，忽略板的厚度，则简化为平面图形。取平面图形所在平面为 Oxy，则其形心坐标为

$$\begin{cases} x_C = \dfrac{\sum \Delta S_i \cdot x_i}{S} = \dfrac{\int_S x \cdot \mathrm{d}S}{S} \\ y_C = \dfrac{\sum \Delta S_i \cdot y_i}{S} = \dfrac{\int_S y \cdot \mathrm{d}S}{S} \end{cases} \tag{5-22}$$

当物体为均质等截面线段时，其横截面面积 $S =$ 常量，则 $\Delta V_i = S \cdot \Delta l_i, V = S \cdot \sum l_i = S \cdot l$，式(5-19)，式(5-20) 可写成

$$\begin{cases} x_C = \dfrac{\sum \Delta l_i \cdot x_i}{l} = \dfrac{\int_l x \cdot \mathrm{d}l}{l} \\ y_C = \dfrac{\sum \Delta l_i \cdot y_i}{l} = \dfrac{\int_l y \cdot \mathrm{d}l}{l} \\ z_C = \dfrac{\sum \Delta l_i \cdot z_i}{l} = \dfrac{\int_l z \cdot \mathrm{d}l}{l} \end{cases} \tag{5-23}$$

5.4.3 物体重心的确定方法

1. 利用对称性

对于均质物体，其重心即为形心。因此，对于具有对称轴、对称面和对称中心的均质物体，其

重心必在该物体的对称轴、对称面和对称中心上。例如，均质球体的重心位于球体的对称中心，即球体的球心。应用这一方法，对于许多常见的几何形状规则的对称物体，其重心的位置往往不必计算就可以予以判断。

2. 积分法

对于具有简单几何形状的均质物体，一般可由式(5-20)、式(5-22)或式(5-23)直接积分求出其重心位置的坐标。在工程实际问题中，常见均质简单几何形状物体的重心可从有关工程技术手册上查到。

【例5-5】 试求如图5-14所示的一段均质圆弧细杆的重心。设圆弧半径为r，圆弧所对的圆心角为2α。

【解】 选圆弧的对称轴为轴x并以圆心O为坐标原点，由对称性知$y_C=0$，以$d\theta$表示微元弧长dl所对圆心角，则由式(5-23)，有

$$x_C=\frac{\int_l x\,dl}{l}=\frac{2\int_0^\alpha r\cos\theta r\,d\theta}{2\int_0^\alpha r\,d\theta}=\frac{r\sin\alpha}{\alpha}$$

若为半圆弧，有$\alpha=\frac{\pi}{2}$，则得

$$x_C=\frac{2r}{\pi}$$

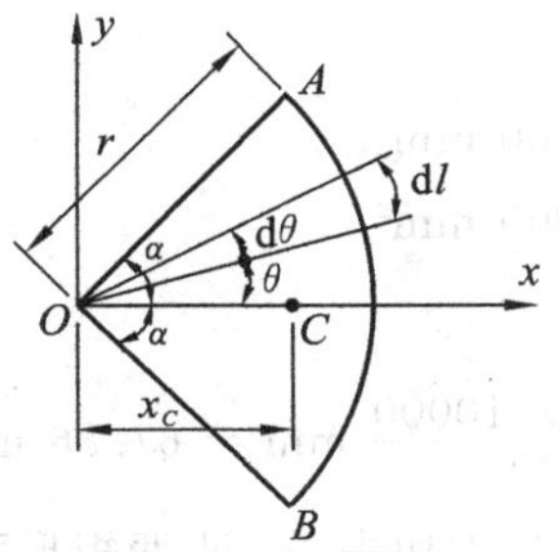

图5-14

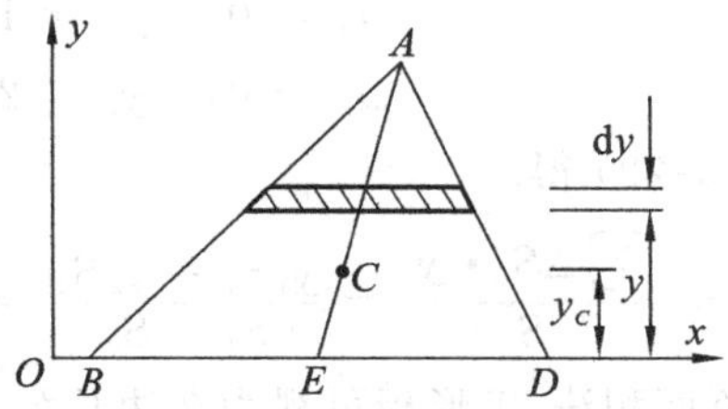

图5-15

【例5-6】 试确定如图5-15所示均质三角形板ABD的重心位置。设三角形板底边BD长为b，高为h。

【解】 将三角形板ABD分割成一系列平行于底边BD的细长条，由于每一细长条的重心均在其中点，因此整个三角形板的重心C必位于中线AE上。显然，只要再求出点C的纵坐标，则三角形板ABD的重心位置确定。

建立图示坐标系，取任一平行于底边BD的细长条为微元，其面积

$$dS=\frac{h-y}{h}\cdot b\cdot dy$$

由式(5-22)即得

$$y_C=\frac{\int_S y\,dS}{S}=\frac{\int_0^h\frac{b}{h}(h-y)y\,dy}{\frac{1}{2}bh}=\frac{h}{3}$$

3. 分割法和负面积(体积)法

由若干个简单形状物体复合而成的物体，称为组合体。确定组合体重心常用的方法有**分割法和负面积(体积)法**。如果每一个简单形体的重心都已知，则组合体的重心可由式(5-18)、式(5-19)和式(5-21)等求得。空洞与挖去部分的体积、面积应取为负值。

【例 5-7】 求图 5-16(a)所示的T形板(单位厚度均质薄板)的重心。图中尺寸单位为mm。

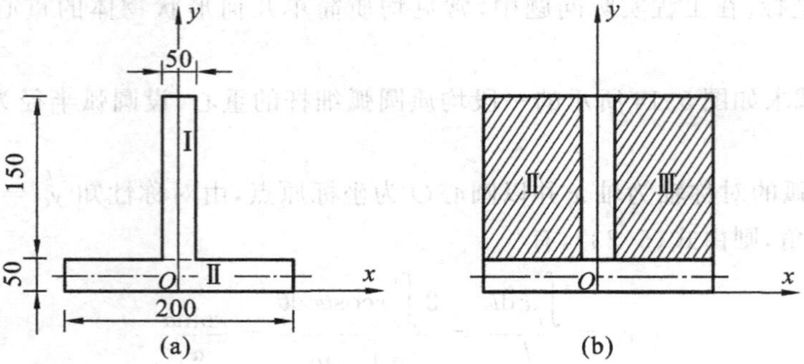

图 5-16

【解】 T形板关于轴 y 对称，所以其重心必位于对称轴 y 上，即 $x_C = 0$。

下面采用两种方法求 y_C。

(1) 分割法：T形板可视为由Ⅰ、Ⅱ两个矩形组合而成。矩形Ⅰ的重心坐标为(x_1, y_1)，面积为 S_1；矩形Ⅱ的重心坐标为(x_2, y_2)，面积为 S_2。由图可知

$$x_1 = 0,\quad y_1 = 125\ \text{mm},\quad S_1 = 7500\ \text{mm}^2$$

$$x_2 = 0,\quad y_2 = 25\ \text{mm},\quad S_2 = 10000\ \text{mm}^2$$

由式(5-22)得

$$y_C = \frac{\sum \Delta S_i \cdot y_i}{S} = \frac{y_1 S_1 + y_2 S_2}{S_1 + S_2} = \frac{125 \times 7500 + 25 \times 10000}{7500 + 10000}\ \text{mm} = 67.86\ \text{mm}$$

(2) 负面积法：T形板可视为在边长为200 mm的正方形Ⅰ中切去Ⅱ、Ⅲ两矩形而成，如图5-16(b)所示。切去部分的面积为负。矩形Ⅰ的重心坐标为(x_1, y_1)，面积为S_1；矩形Ⅱ的重心坐标为(x_2, y_2)，面积为 S_2；矩形Ⅲ的重心坐标为(x_3, y_3)，面积为 S_3。由图可知

$$x_1 = 0,\quad y_1 = 100\ \text{mm},\quad S_1 = 40000\ \text{mm}^2$$

$$x_2 = -62.5,\quad y_2 = 125\ \text{mm},\quad S_2 = -11250\ \text{mm}^2$$

$$x_3 = 62.5,\quad y_3 = 125\ \text{mm},\quad S_3 = -11250\ \text{mm}^2$$

$$y_C = \frac{\sum \Delta S_i \cdot y_i}{S} = \frac{y_1 S_1 + y_2 S_2 + y_3 S_3}{S_1 + S_2 + S_3}$$

$$= \frac{100 \times 40000 - 125 \times 11250 - 125 \times 11250}{40000 - 11250 - 11250}\ \text{mm}$$

$$= 67.86\ \text{mm}$$

4. 复杂形状或质量分布不均匀的物体

对于工程实际中一些形状十分复杂，或质量分布不均匀的物体，可采用实验方法(如悬挂法、称重法等)测定其重心的位置。

本章小结

1. 力对点的矩矢与力对轴的矩

1) 力对点的矩矢

$$\boldsymbol{M}_O(\boldsymbol{F}) = \boldsymbol{r} \times \boldsymbol{F}$$

$\boldsymbol{M}_O(\boldsymbol{F})$ 垂直于力矢与矩心所确定的平面，方向由右手螺旋法则来确定。

2) 力对轴的矩

$$M_z(\boldsymbol{F}) = M_O(\boldsymbol{F}_{xy}) = \pm F_{xy} \cdot d$$

其中，d 为点 O 到力 $\boldsymbol{F}_{xy}$ 作用线的垂直距离。

3) 力矩关系定理

力对点的矩矢在通过该点的任一轴上的投影，等于力对该轴的矩，如

$$[\boldsymbol{M}_O(\boldsymbol{F})]_z = xF_y - yF_x = M_z(\boldsymbol{F})$$

2. 空间任意力系

(1) 空间任意力系向一点简化，可得一力和一力偶。这个力的大小和方向等于该力系的主矢；这个力偶的矩矢等于该力系对简化中心的主矩。主矩与简化中心的位置有关。

主矢：$\boldsymbol{F}'_R = \boldsymbol{F}_1 + \boldsymbol{F}_2 + \cdots + \boldsymbol{F}_n = \sum \boldsymbol{F}_i$

主矩：$\boldsymbol{M}_O = \boldsymbol{M}_1 + \boldsymbol{M}_2 + \cdots + \boldsymbol{M}_n = \sum \boldsymbol{M}_O(\boldsymbol{F}_i)$

(2) 空间任意力系平衡的充分必要条件为：力系的主矢和对任意一点的主矩均等于零。即

$$\boldsymbol{F}'_R = 0 \quad \boldsymbol{M}_O = 0$$

空间任意力系平衡的方程

$$\begin{cases} \sum F_{xi} = 0 \\ \sum F_{yi} = 0 \\ \sum F_{zi} = 0 \\ \sum M_x(\boldsymbol{F}_i) = 0 \\ \sum M_y(\boldsymbol{F}_i) = 0 \\ \sum M_z(\boldsymbol{F}_i) = 0 \end{cases}$$

3. 重心

1) 物体的重心坐标公式

$$x_C = \frac{\sum \Delta G_i \cdot x_i}{G}, \quad y_C = \frac{\sum \Delta G_i \cdot y_i}{G}, \quad z_C = \frac{\sum \Delta G_i \cdot z_i}{G}$$

2) 均质物体的形心坐标公式

$$x_C = \frac{\sum \Delta V_i \cdot x_i}{V} = \frac{\int_V x \cdot \mathrm{d}V}{V}, \quad y_C = \frac{\sum \Delta V_i \cdot y_i}{V} = \frac{\int_V y \cdot \mathrm{d}V}{V}, \quad z_C = \frac{\sum \Delta V_i \cdot z_i}{V} = \frac{\int_V z \cdot \mathrm{d}V}{V}$$

3) 平面图形的形心坐标公式

$$x_C = \frac{\sum \Delta S_i \cdot x_i}{S} = \frac{\int_S x \cdot \mathrm{d}S}{S}, \quad y_C = \frac{\sum \Delta S_i \cdot y_i}{S} = \frac{\int_S y \cdot \mathrm{d}S}{S}$$

4）均质等截面线段的形心坐标公式

$$x_C=\frac{\sum \Delta l_i \cdot x_i}{l}=\frac{\int_l x\cdot \mathrm{d}l}{l},\quad y_C=\frac{\sum \Delta l_i \cdot y_i}{l}=\frac{\int_l y\cdot \mathrm{d}l}{l},\quad z_C=\frac{\sum \Delta l_i \cdot z_i}{l}=\frac{\int_l z\cdot \mathrm{d}l}{l}$$

4. 物体重心的确定方法

(1) 利用对称性　对于具有对称轴、对称面和对称中心的均质物体，其重心必在该物体的对称轴、对称面和对称中心上。

(2) 积分法　对于具有简单几何形状的均质物体，一般直接积分求出其重心位置的坐标。

(3) 分割法和负面积(体积) 法　对于组合体，其重心可采用分割法和负面积(体积) 法确定。

(4) 复杂形状或质量分布不均匀的物体　对于工程实际中形状复杂，或质量分布不均匀的物体，可采用实验方法(如悬挂法、称重法等) 测定其重心的位置。

思考题

5-1　计算力对轴之矩有哪些方法?

5-2　力矩关系定理建立的是力对任一轴之矩和对任一点之矩的关系，这种说法错在哪里?

5-3　空间平行力系的简化结果能否为力螺旋?

5-4　若空间力系中各力的作用线平行于某一固定平面，试分析这种力系有几个平衡方程。

5-5　空间任意力系投影在直角坐标系的三个坐标面上，得三个平面力系。若该力系平衡，将由三个平面力系共得九个平衡方程。这与空间任意力系的六个平衡方程是否有矛盾?为什么?

5-6　物体的重心是否一定在物体上?为什么?

5-7　一均质等截面直杆的重心在哪里?若将它变成半圆形，重心的位置是否改变?

习　题

5-1　如题 5-1 图所示，已知力 $\boldsymbol{F}$、θ、φ 和长方形边长 a、b、c，求力 $\boldsymbol{F}$ 在轴 x、y、z 上的投影和力 $\boldsymbol{F}$ 对轴 x、y、z 的矩。

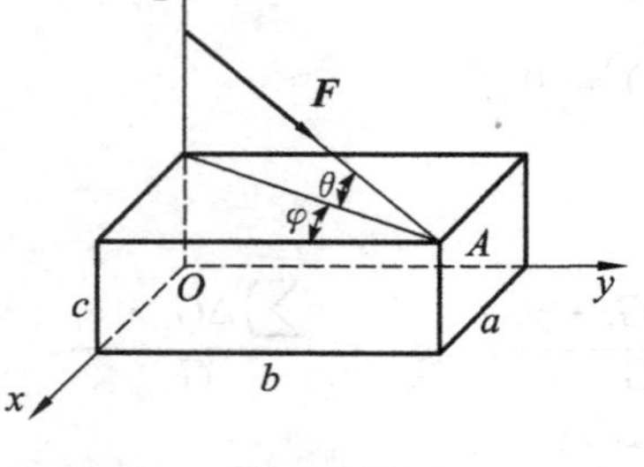

题 5-1 图

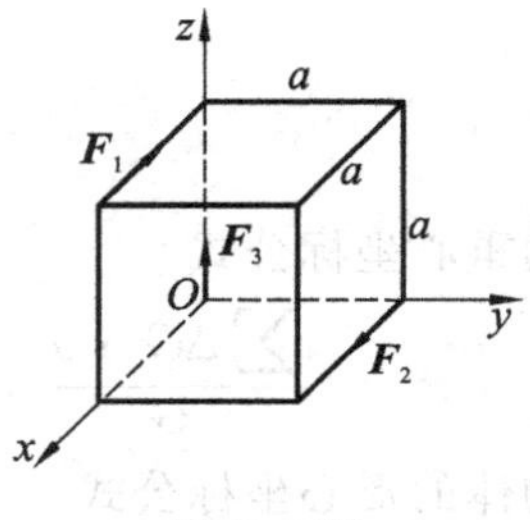

题 5-2 图

5-2　如题 5-2 图所示，已知空间力系 $\boldsymbol{F}_1$、$\boldsymbol{F}_2$ 和 $\boldsymbol{F}_3$，且 $F_1=F_2=F_3=F$，试求该力系向点 O 简化的结果。

5-3　如题 5-3 图所示的自重不计，长 $l=0.8$ m 的均质杆 AB。A 处由球形铰链支承，C、K 两处分别由绳索悬拉而使杆 AB 保持在水平面内；B 端悬挂一重力为 $G=360$ N 的重物。若已知 $AK=0.4$ m，$AC=0.6$ m。试求绳索 CD、KE 的拉力。

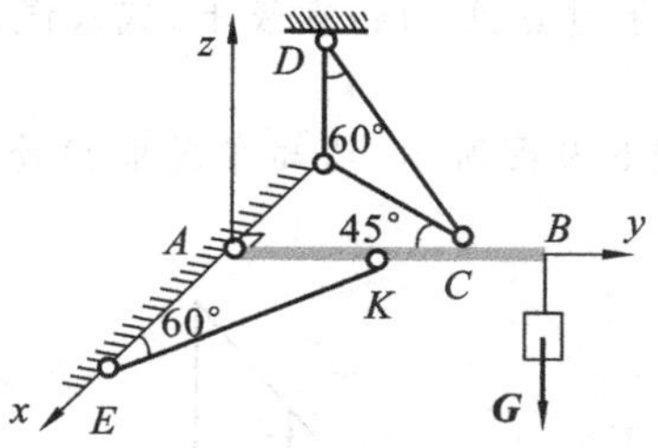

题 5-3 图

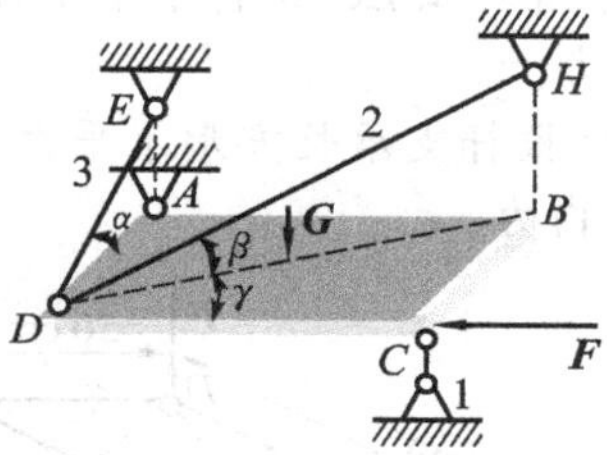

题 5-4 图

5-4　如题 5-4 图所示，均质矩形薄板的重力为 $G=100$ N，由球形铰支座 A 和 1、2、3 三根杆（质量略去不计）支承在水平面内。杆 1 铅直（图中 AE、BH 两虚线都是铅直线）；角度 $\alpha=\beta=\gamma=30°$。若在 C 处作用水平向左的集中力 $\boldsymbol{F}$，其大小为 $F=35$ N，试求 1、2、3 三根杆内力 $\boldsymbol{F}_1$、$\boldsymbol{F}_2$、$\boldsymbol{F}_3$ 之间的比值。

5-5　如题 5-5 图所示，悬臂刚架上作用有 $q=2$ kN/m 的矩形载荷，以及作用线平行于 AB 和 CD 的集中力 $\boldsymbol{F}_1$ 和 $\boldsymbol{F}_2$，已知 $F_1=5$ kN，$F_2=4$ kN，试求固定端 O 处的约束力。

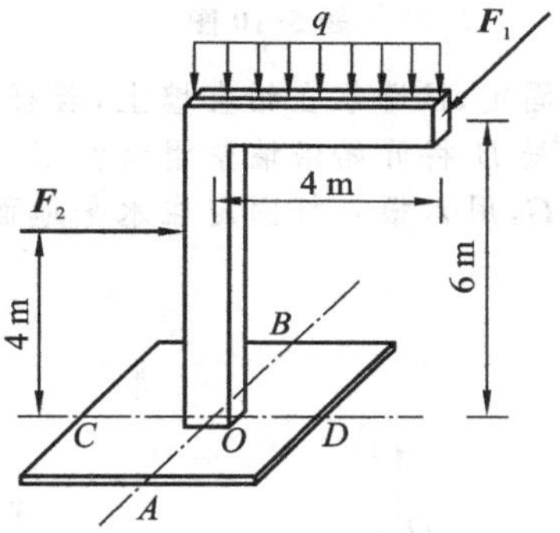

题 5-5 图

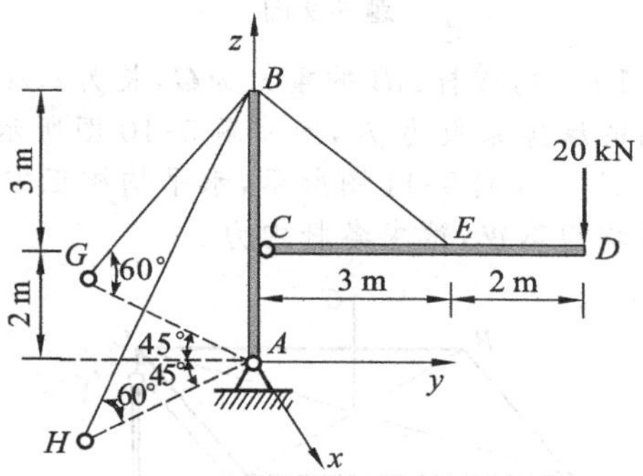

题 5-6 图

5-6　如题 5-6 图所示的扒杆，竖杆 AB 用两绳拉住，并在点 A 处用球铰约束。求两绳中的拉力和 A 处的约束力。

5-7　起重装置如题 5-7 图所示，电动机以转矩 M 通过带传动起升重物，带与水平线成 30° 角，已知 $r=10$ cm，$R=20$ cm，$G=10$ kN，带紧边的拉力是松弛边的两倍，即 $F_1=2F_2$。试求平衡状态时，轴承 A、B 的约束力及带的拉力。

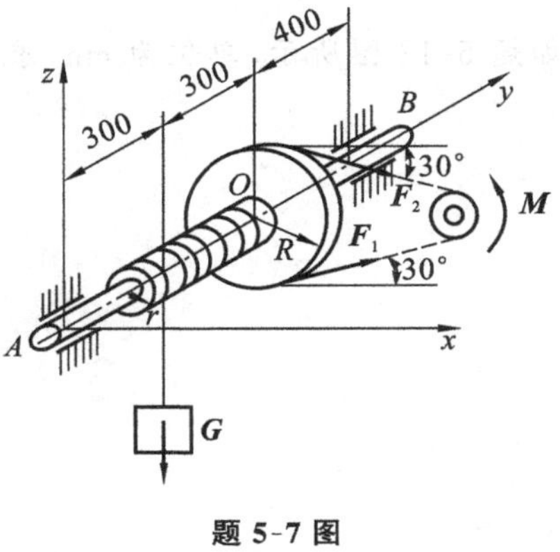

题 5-7 图

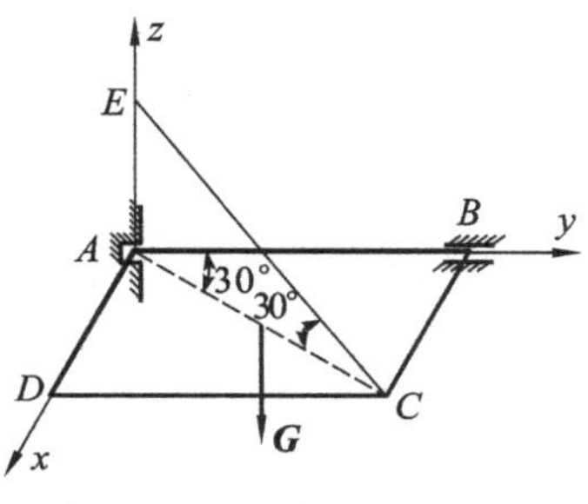

题 5-8 图

5-8　如题 5-8 图所示，均质等厚矩形板的重力为 200 N，角 A 和角 B 分别用止推轴承和向心轴承支承，另用一绳 EC 维持于水平位置，点 E 位于过点 A 的铅直线上。试求绳的张力及 A、B 两轴承的约束力。

5-9　用六根杆支承长方形水平板 $ABCD$，如题 5-9 图所示。已知在板角 D 处作用有铅直力 $\boldsymbol{F}$，试求各杆的内力。

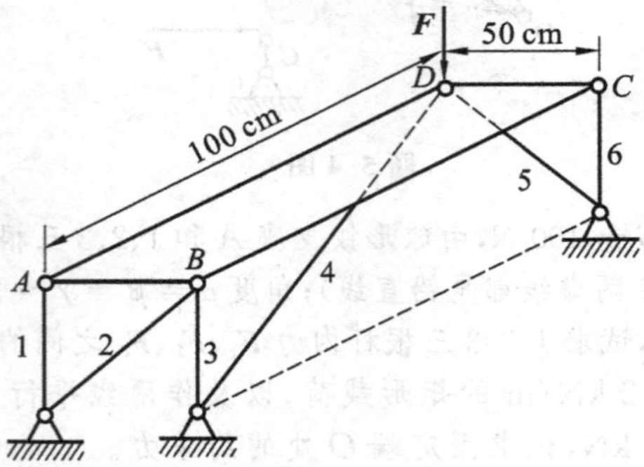

题 5-9 图

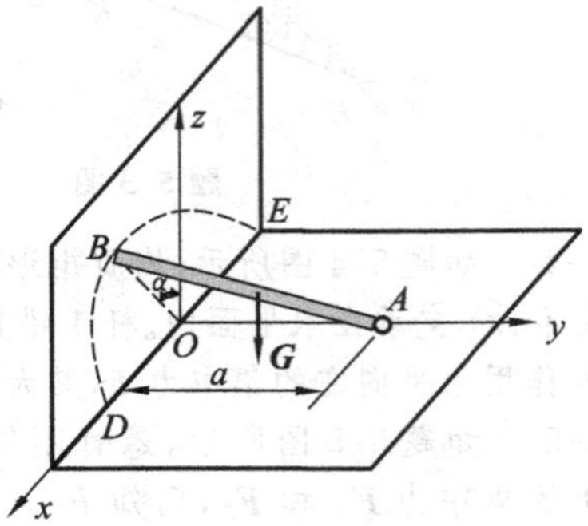

题 5-10 图

5-10　均质杆 AB 的重力为 $\boldsymbol{G}$，长为 l，A 端用球形铰链固定，B 端靠在铅直墙上，若杆端 B 与墙面间的摩擦系数为 f_s，问如题 5-10 图所示 α 角多大时杆端 B 将开始沿墙壁滑动？

5-11　如题 5-11 图所示，水平均质正方形板的重力为 $\boldsymbol{G}$，用六根直杆固定在水平地面上，各杆两端均为球铰，试求各杆内力。

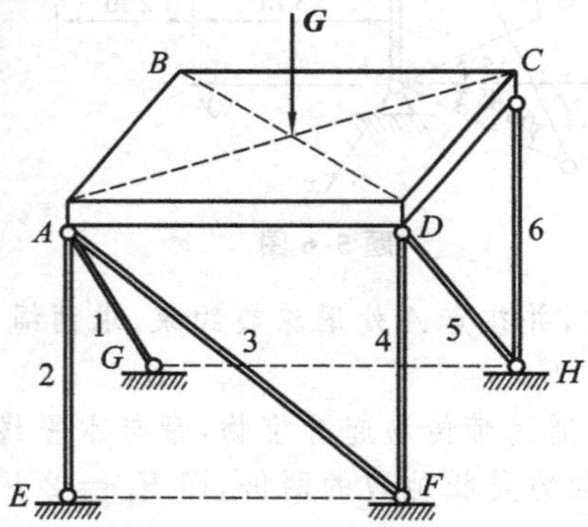

题 5-11 图

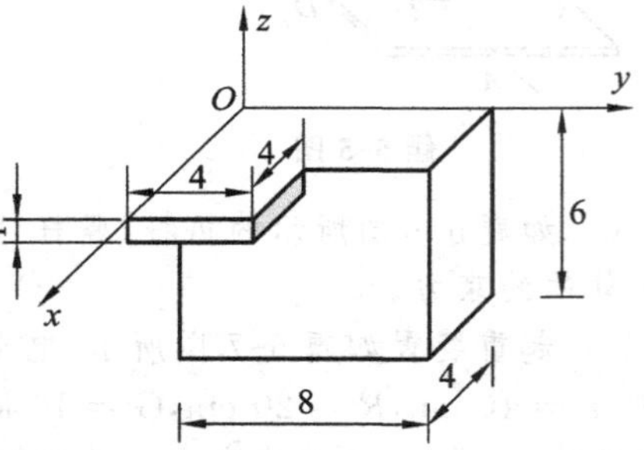

题 5-12 图

5-12　机器基础由均质物体组成，均质块尺寸如题 5-12 图所示，单位为 cm。求其重心的位置。

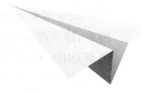

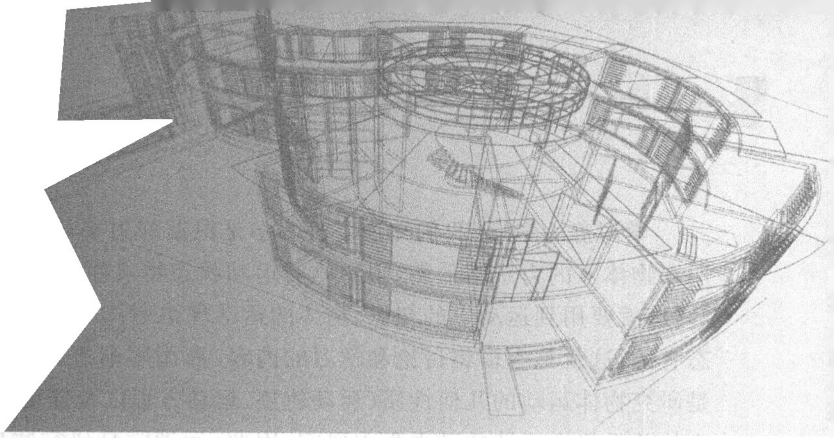

点的运动

本章导读

● **教学的基本要求**　研究点（或者物体）在空间的位置随时间的变化规律，而不涉及运动产生的原因；为学习刚体的基本运动、点的合成运动、刚体的平面运动、动力学及其他课程打下基础；掌握物体运动规律，更好地指导工程实践技术应用。

● **教学内容的重点**　直角坐标系内点的运动方程、速度和加速度以及自然轴系内点的速度、切向和法向加速度的求解。

学习静力学后，我们知道了静力学是根据静力平衡条件研究作用在物体上的力系。倘若作用在物体上的力系不平衡，则物体的运动状态将发生变化，这时单独用静力学的知识将无法求解，这就要用到运动学的知识。物体的运动规律不仅与受力情况有关，而且与物体自身的运动状态有关，这就是本篇将讨论和学习的内容。为循序渐进，本篇暂不考虑物体运动和力的关系，只是研究物体运动的几何性质（运动轨迹、运动方程以及速度、加速度等物理量）。至于物体运动和力的关系将在后续的动力学中研究。因此，运动学是研究物体在空间的位置随时间变化的规律的科学。

本章主要研究点的运动，将学习如何求解点的运动方程、运动轨迹、速度和加速度等问题。点的运动分析是描述点在空间的位置如何随时间的变化而变化，并确定点的运动速度和加速度。点的运动可以采用不同的坐标系进行描述。本章将讨论矢量法、直角坐标法和自然法。

6.1 矢量法

研究物体的机械运动必须选取另一个物体作为参考，这个被选做参考的物体称为**参考体**。物体在空间的位置必须相对于给定的参考体而言，固连于参考体上的坐标系称为**参考系**。相对于不同参考系上观察同一物体的运动，其结果可能完全不同，所以运动具有**相对性**。参考系分为两种：静参考系（或者定参考系）和动参考系。一般来说，固连于静止的物体上的参考系称为**静参考系**；固连在运动物体上且随物体运动的参考系称为**动参考系**。在研究大多数的工程实际问题时，习惯上总是将固连于地球上的坐标系作为**静参考系**。

在描述物体在空间的位置和运动时，常用到瞬时和时间间隔两个概念，**瞬时**是指物体运动经过某一位置所对应的时刻，用 t 表示；**时间间隔**是指两个瞬时之间的一段时间，用 $\Delta t = t_2 - t_1$ 表示。

6.1.1 矢量法描述动点 M 的运动

设动点 M 相对某参考系运动，如图 6-1 所示，从坐标系原点 O 向动点 M 作矢量 $\boldsymbol{r}$，即 $\boldsymbol{r} = \boldsymbol{OM}$，称为动点 M 的**矢径**。动点 M 在坐标系中的位置由矢径 $\boldsymbol{r}$ 唯一地确定。动点运动时，矢径 $\boldsymbol{r}$ 的大小、方向随时间 t 而变化，故矢径 $\boldsymbol{r}$ 可写为时间 t 的单值连续函数

$$\boldsymbol{r} = \boldsymbol{r}(t) \tag{6-1}$$

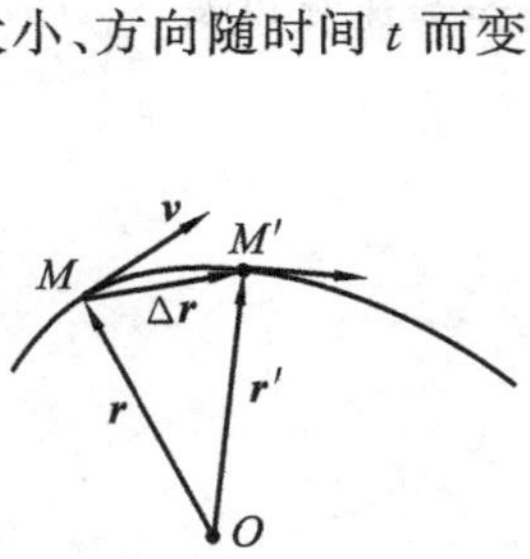

图 6-1

式(6-1)为以矢量表示的动点的运动方程。

动点 M 随矢量 $\boldsymbol{r}$ 末端在坐标系中描绘出一条连续曲线，称为矢量 $\boldsymbol{r}$ 的矢端曲线，也即为描述动点 M 的运动轨迹。

设动点在瞬时 t 到瞬时 $t+\Delta t$，其位置从点 M 运动到 M' 点。在 Δt 时间间隔内，矢径 $\boldsymbol{r}$ 的改变量为

$$\Delta \boldsymbol{r} = \boldsymbol{r}' - \boldsymbol{r}$$

显然，$\Delta \boldsymbol{r}$ 也代表动点在 Δt 时间间隔内的位移。

6.1.2 速度和加速度

点的速度是矢量，根据速度的定义可知

$$\boldsymbol{v}=\lim_{\Delta t\to 0}\frac{\Delta \boldsymbol{r}}{\Delta t}=\frac{\mathrm{d}\boldsymbol{r}}{\mathrm{d}t} \tag{6-2}$$

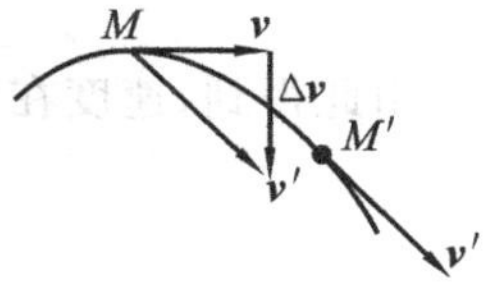

图 6-2

这就是动点在瞬时 t 的速度。它表明：动点的速度矢 $\boldsymbol{v}$ 等于它所对应的矢径 $\boldsymbol{r}$ 对时间 t 的一阶导数。它的方向是位移 $\Delta\boldsymbol{r}$ 的极限方向，即沿着轨迹在动点 M 的切线，并与动点的运动方向一致。在国际单位制中，速度的单位是米 / 秒(m/s)。

点在运动过程中，其速度的大小和方向一般都随时间变化。设在瞬时 t 和 $t+\Delta t$，动点分别位于点 M 和 M'，其相应的速度分别为 $\boldsymbol{v}$ 和 $\boldsymbol{v}'$，如图 6-2 所示。速度的变化量是 $\Delta\boldsymbol{v}=\boldsymbol{v}'-\boldsymbol{v}$，根据加速度的定义可知

$$\boldsymbol{a}=\lim_{\Delta t\to 0}\frac{\Delta \boldsymbol{v}}{\Delta t}=\frac{\mathrm{d}^2\boldsymbol{r}}{\mathrm{d}t^2} \tag{6-3}$$

这就是动点在瞬时 t 的加速度。它表明：动点加速度 $\boldsymbol{a}$ 等于它的速度 $\boldsymbol{v}$ 对时间 t 的一阶导数，亦等于它的矢径 $\boldsymbol{r}$ 对时间 t 的二阶导数。

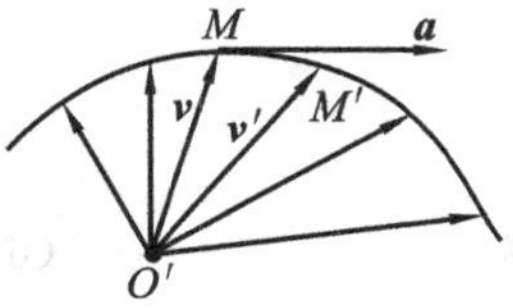

图 6-3

点的加速度是矢量。如果把各瞬时动点的速度矢量 $\boldsymbol{v}$ 的始端画在同一点 O' 上，按照时间顺序，这些速度矢量的末端将描绘出一条连续的曲线，称为**速度矢端曲线**，如图 6-3 所示。图中 $\boldsymbol{O'M}$、$\boldsymbol{O'M'}$ 分别代表动点在位置 M、M' 时的速度。动点加速度的方向是速度矢端曲线在点 M 的切线方向。在国际单位制中，加速度的单位是米 / 秒²($\mathrm{m/s^2}$)。

6.2 直角坐标法

6.2.1 直角坐标法描述动点 M 的运动

在参考体的固定点 O 上，建立直角坐标系统 $Oxyz$ 作为参考坐标系。设动点在瞬时 t，它的位置 M 可用三个直角坐标 x、y、z 表示，如图 6-4 所示。则点 M 坐标与矢径 $\boldsymbol{r}$ 的关系为

$$\boldsymbol{r}=x\boldsymbol{i}+y\boldsymbol{j}+k\boldsymbol{z} \tag{6-4}$$

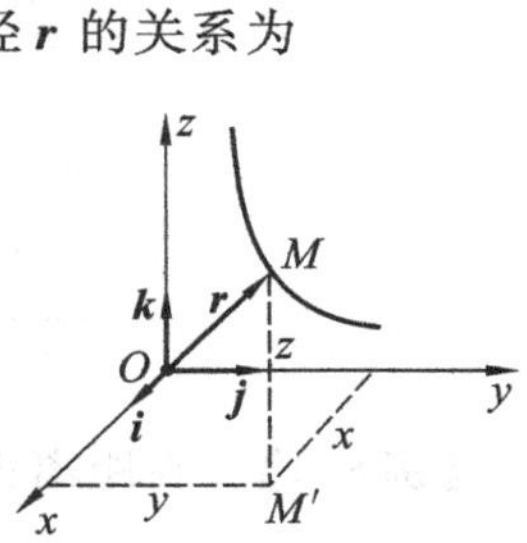

图 6-4

式中：$\boldsymbol{i}$、$\boldsymbol{j}$、$\boldsymbol{k}$ 是坐标系 $Oxyz$ 中沿着 x、y、z 三个坐标的单位矢量。动点运动过程中，它在直角坐标系 $Oxyz$ 中的位置可用坐标 x、y、z 唯一地确定。显然随着时间变化，动点 M 的位置也随之而动，所以说动点 M 的坐标值 x、y、z 都是时间 t 的单值函数，即

$$\begin{cases}x=f_1(t)\\ y=f_2(t)\\ z=f_3(t)\end{cases} \tag{6-5}$$

这就是用直角坐标法表示的动点 M 的运动方程。实际上，它是以时间 t 为参变量的空间曲线方程。从运动方程中消去参变量 t，可得点的轨迹方程。

6.2.2 速度和加速度

为了求解动点 M 的速度，将式(6-4) 对时间 t 求一阶导数(注意到 $\boldsymbol{i}$、$\boldsymbol{j}$、$\boldsymbol{k}$ 均为常矢量)，求导后再代入式(6-2)，可得点的速度在直角坐标系中的表达式

$$\boldsymbol{v}=\frac{\mathrm{d}x}{\mathrm{d}t}\boldsymbol{i}+\frac{\mathrm{d}y}{\mathrm{d}t}\boldsymbol{j}+\frac{\mathrm{d}z}{\mathrm{d}t}\boldsymbol{k}$$

由此得到，速度在直角坐标轴上的投影为

$$v_x=\frac{\mathrm{d}x}{\mathrm{d}t},\quad v_y=\frac{\mathrm{d}y}{\mathrm{d}t},\quad v_z=\frac{\mathrm{d}z}{\mathrm{d}t} \tag{6-6}$$

说明：动点的速度在直角坐标轴上的投影等于其对应坐标对时间的一阶导数。速度的大小(模) 为

$$|\boldsymbol{v}|=\sqrt{v_x^2+v_y^2+v_z^2} \tag{6-7}$$

速度的方向可由下式确定

$$\begin{cases}\cos(\boldsymbol{v},\boldsymbol{i})=\dfrac{v_x}{v}\\ \cos(\boldsymbol{v},\boldsymbol{j})=\dfrac{v_y}{v}\\ \cos(\boldsymbol{v},\boldsymbol{k})=\dfrac{v_z}{v}\end{cases} \tag{6-8}$$

同理，可得点的加速度在直角坐标系上的表达式

$$\boldsymbol{a}=\frac{\mathrm{d}v_x}{\mathrm{d}t}\boldsymbol{i}+\frac{\mathrm{d}v_y}{\mathrm{d}t}\boldsymbol{j}+\frac{\mathrm{d}v_z}{\mathrm{d}t}\boldsymbol{k}=\frac{\mathrm{d}^2x}{\mathrm{d}t^2}\boldsymbol{i}+\frac{\mathrm{d}^2y}{\mathrm{d}t^2}\boldsymbol{j}+\frac{\mathrm{d}^2z}{\mathrm{d}t^2}\boldsymbol{k} \tag{6-9}$$

加速度在直角坐标系轴上的投影为

$$a_x=\frac{\mathrm{d}v_x}{\mathrm{d}t}=\frac{\mathrm{d}^2x}{\mathrm{d}t^2},\quad a_y=\frac{\mathrm{d}v_y}{\mathrm{d}t}=\frac{\mathrm{d}^2y}{\mathrm{d}t^2},\quad a_z=\frac{\mathrm{d}v_z}{\mathrm{d}t}=\frac{\mathrm{d}^2z}{\mathrm{d}t^2} \tag{6-10}$$

说明：动点的加速度在直角坐标轴上的投影等于其对应的速度投影对时间的一阶导数，也等于对应的坐标对时间的二阶导数。

点的加速度的大小为

$$|\boldsymbol{a}|=\sqrt{a_x^2+a_y^2+a_z^2} \tag{6-11}$$

加速度的方向可由下式确定

$$\begin{cases}\cos(\boldsymbol{a},\boldsymbol{i})=\dfrac{a_x}{a}\\ \cos(\boldsymbol{a},\boldsymbol{j})=\dfrac{a_y}{a}\\ \cos(\boldsymbol{a},\boldsymbol{k})=\dfrac{a_z}{a}\end{cases} \tag{6-12}$$

【例6-1】 在距离火箭发射台 l 处观察铅直上升的火箭发射，如图 6-5 所示。测得的规律为 $\theta=kt$（k 为常数）。试写出火箭的运动方程并计算当 $\theta=\dfrac{\pi}{6}$ 和 $\theta=\dfrac{\pi}{3}$ 时，火箭的速度和加速度。

【解】 如图中所示在任意瞬时，火箭的坐标可表示为

$$x=l,\quad y=l\tan\theta=l\tan kt$$

这就是火箭的运动方程。

对上式分别求时间的一阶和二阶导数，有

$$\dot{x}=\ddot{x}=0, \quad \dot{y}=lk\ \sec^2 kt, \quad \ddot{y}=2lk^2\ \sec^2 kt\tan kt$$

当 $\theta=kt=\dfrac{\pi}{6}$ 时

$$v=\frac{4}{3}lk, \quad a=\frac{8\sqrt{3}}{9}lk^2$$

当 $\theta=kt=\dfrac{\pi}{3}$ 时

$$v=4lk, \quad a=8\sqrt{3}lk^2$$

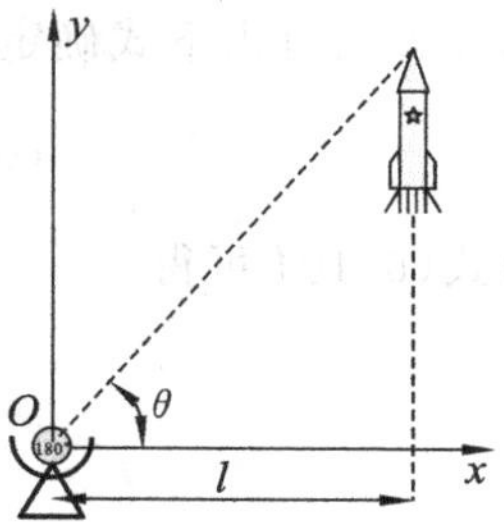

图 6-5

【例 6-2】 长为 l 的摇杆 OM，由按规律为 $\varphi=kt$ 转动的曲柄 O_1A 所带动，如图 6-6(a) 所示。设 $O_1O=O_1A$，试建立摇杆上一点 M 的运动方程，并求点 M 的速度、加速度和轨迹方程。

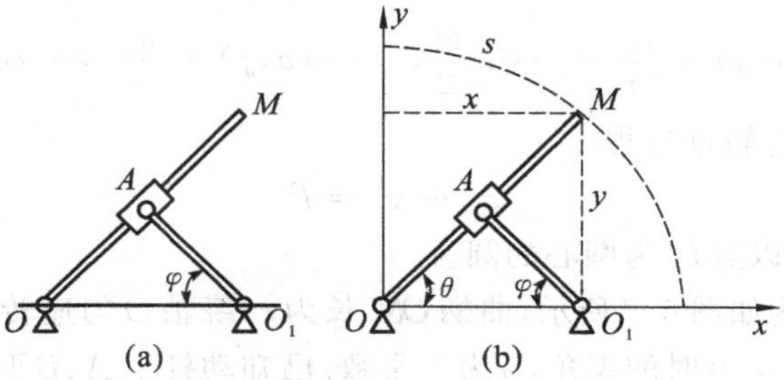

图 6-6

【解】 点 M 做平面曲线运动。选取坐标系 Oxy。设点 M 的坐标为 x、y，如图 6-6(b) 所示。因为三角形 OO_1A 为等腰三角形，所以

$$\theta=\frac{180^\circ-\varphi}{2}=90^\circ-\frac{\varphi}{2}=\frac{\pi}{2}-\frac{\varphi}{2}$$

由图 6-6(b) 中的几何关系得

$$\begin{cases} x=OM\cos\theta=l\cos\left(\dfrac{\pi}{2}-\dfrac{\varphi}{2}\right)=l\sin\dfrac{\varphi}{2} \\ y=OM\sin\theta=l\sin\left(\dfrac{\pi}{2}-\dfrac{\varphi}{2}\right)=l\cos\dfrac{\varphi}{2} \end{cases}$$

注意到 $\varphi=kt$，可得到点 M 的运动方程

$$\begin{cases} x=l\sin\dfrac{kt}{2} \\ y=l\cos\dfrac{kt}{2} \end{cases}$$

由式(6-6) 可得速度分量

$$\begin{cases} v_x=\dfrac{\mathrm{d}x}{\mathrm{d}t}=\dfrac{lk}{2}\cos\dfrac{kt}{2} \\ v_y=\dfrac{\mathrm{d}y}{\mathrm{d}t}=-\dfrac{lk}{2}\sin\dfrac{kt}{2} \end{cases}$$

总的速度大小为

$$v=\sqrt{v_x^2+v_y^2}=\frac{kl}{2}$$

速度方向可由下式确定

$$\cos(\boldsymbol{v},\boldsymbol{i})=\frac{v_x}{v}=\cos\frac{kt}{2},\quad \cos(\boldsymbol{v},\boldsymbol{j})=\frac{v_y}{v}=-\sin\frac{kt}{2}$$

由式(6-10)可得

$$\begin{cases}a_x=\dfrac{\mathrm{d}v_x}{\mathrm{d}t}=-\dfrac{lk^2}{4}\sin\dfrac{kt}{2}\\ a_y=\dfrac{\mathrm{d}v_y}{\mathrm{d}t}=-\dfrac{lk^2}{4}\cos\dfrac{kt}{2}\end{cases}$$

总的加速度大小为

$$a=\sqrt{a_x^2+a_y^2}=\frac{lk^2}{4}$$

加速度方向可由下式确定

$$\cos(\boldsymbol{a},\boldsymbol{i})=\frac{a_x}{a}=-\sin\frac{kt}{2},\quad \cos(\boldsymbol{a},\boldsymbol{j})=\frac{a_x}{a}=-\cos\frac{kt}{2}$$

由运动方程消去时间 t,得轨迹方程

$$x^2+y^2=l^2$$

此式表明点 M 的轨迹是以点 O 为圆心的圆。

【例 6-3】 正弦机构如图 6-7 所示,曲柄 OM 长为 r,绕轴 O 匀速转动,它与水平线间的夹角为 $\varphi=\omega t+\theta$,其中 θ 为 $t=0$ 时的夹角,ω 为一常数。已知动杆上 A、B 两点间距离为 b。求点 A 和 B 的运动方程及点 B 的速度和加速度。

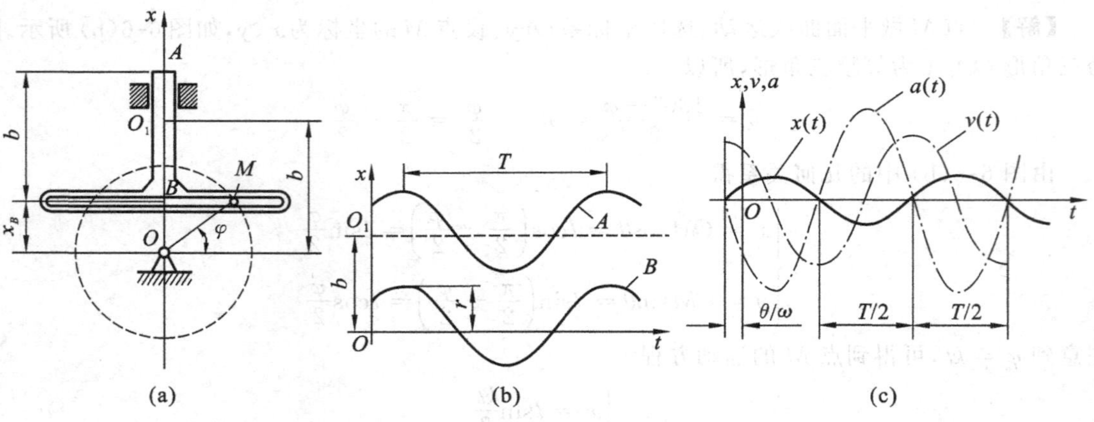

图 6-7

【解】 A、B 两点都做直线运动,取轴 Ox 如图所示。于是 A、B 两点的坐标分别为

$$x_A=b+r\sin\varphi,\quad x_B=r\sin\varphi$$

将坐标写成时间的函数,即得 A、B 两点沿轴 Ox 的运动方程

$$x_A=b+r\sin(\omega t+\theta),\quad x_B=r\sin(\omega t+\theta)$$

工程中,为了使点的运动情况一目了然,常常将点的坐标与时间的函数关系绘成图线,一般取横轴为时间,纵轴为点的坐标,绘出的图线称为运动图线。图 6-7(b) 中的曲线分别为 A、B 两点的运动图线。

当点做直线往复运动,并且运动方程可写成时间的正弦函数或余弦函数时,这种运动称为

直线谐振动。往复运动的中心称为**振动中心**。动点偏离振动中心最远的距离 r 称为**振幅**。用来确定动点位置的角 $\varphi = \omega t + \theta$ 称为**位相**，用来确定动点初始位置的角 θ 称为**初位相**。

动点往复一次所需的时间 T 称为**振动周期**。由于时间经过一个周期，位相应增加 2π，即

$$\omega(t+T)+\theta=(\omega t+\theta)+2\pi$$

故得

$$T=\frac{2\pi}{\omega}$$

周期 T 的倒数 $f=\frac{1}{T}$ 称为**频率**，表示每秒振动的次数，其单位为 1/s，或称为赫兹(Hz)，ω 称为振动的**角频率**，因为

$$\omega=\frac{2\pi}{T}=2\pi f$$

所以角频率表示在 2π s 内振动的次数。

将点 B 的运动方程对时间取一阶导数，即得到点 B 的速度

$$v_B=\dot{x}_B=r\omega\cos(\omega t+\theta)$$

点 B 的加速度为

$$a_B=\ddot{x}_B=-r\omega^2\sin(\omega t+\theta)=-\omega^2 x_B$$

从上式可以看出，谐振动的特征之一是加速度的大小与动点的位移成正比，而方向相反。

【例 6-4】 如图 6-8 所示，当液压减振器工作时，活塞在套筒内做直线往复运动。设活塞的加速度 $a=-kv$（v 为活塞的速度，k 为比例常数），初速度为 v_0，求活塞的运动规律。

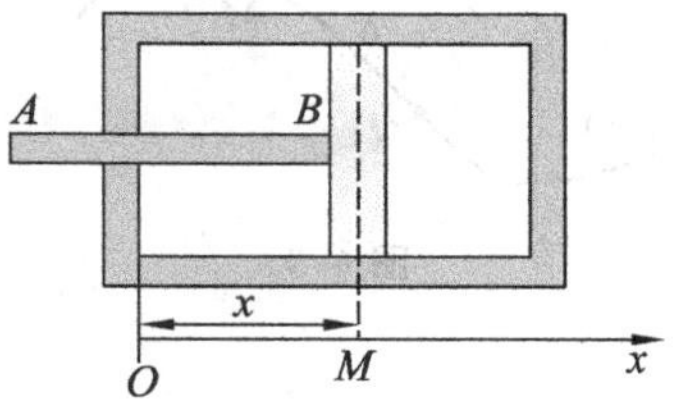

图 6-8

【解】 活塞做直线运动，取坐标轴 Ox 如图所示。

$$\dot{v}=a=-kv$$

显然，上式为可分离变量的常微分方程，分离变量后得

$$\frac{\mathrm{d}v}{v}=-k\mathrm{d}t$$

两端积分

$$\int_{v_0}^{v}\frac{\mathrm{d}v}{v}=-k\int_0^t\mathrm{d}t$$

得

$$\ln\frac{v}{v_0}=-kt$$

简单变换得到活塞运动速度为

$$v=v_0\mathrm{e}^{-kt}$$

同理，因为

$$v=\dot{x}=v_0\mathrm{e}^{-kt}$$

上式两端分离变量再积分得

$$x=x_0+\frac{v_0}{k}(1-\mathrm{e}^{-kt})$$

上式即为活塞的运动方程。

6.3 自然法(弧坐标法)

6.3.1 弧坐标法描述动点 M 的运动

用弧坐标描述点的运动必须已知动点的运动轨迹,然后在点的运动轨迹上建立弧坐标及自然轴系,并用它们来描述和分析点的运动的方法,称为**自然法**。

设动点 M 沿已知的轨迹曲线运动,如图 6-9 所示。在轨迹上任选一点 O 为参考点,并规定从点 O 沿某一方向的弧长为正值;反之为负。从点 O 到动点 M 之间的弧长 s 称为动点的弧坐标。弧坐标是代数量。当点 M 运动时,s 是时间 t 的单值连续函数,即

$$s=f(t) \tag{6-13}$$

这就是用弧坐标表示的点的运动方程。

在点的运动轨迹曲线上取极为接近的两点 M 和 M',其间的弧长为 Δs,这两点矢径的差为 $\Delta\boldsymbol{r}$,如图 6-10 所示。当 $\Delta t\to 0$ 时,$|\Delta\boldsymbol{r}|=\Delta s$,故矢量 $\boldsymbol{\tau}$ 为沿轨迹切线方向的单位矢量,其指向与弧坐标正向一致。其大小可用下式求解:

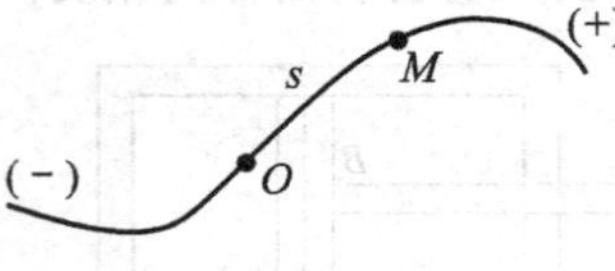

图 6-9

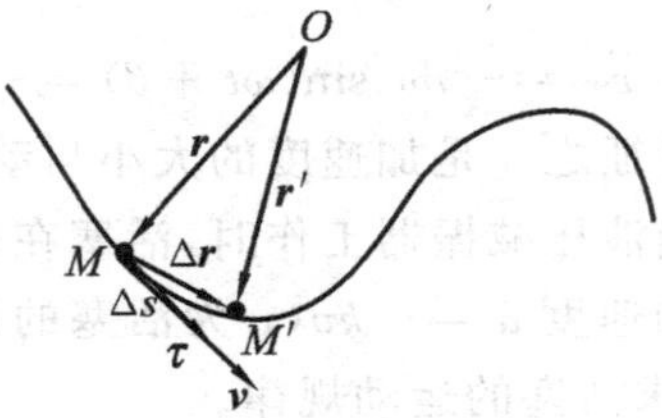

图 6-10

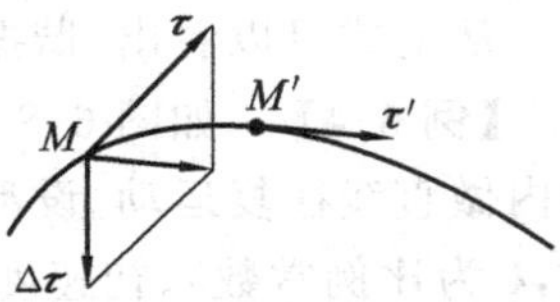

图 6-11

$$\boldsymbol{\tau}=\lim_{\Delta t\to 0}\frac{\Delta\boldsymbol{r}}{\Delta s}=\frac{\mathrm{d}\boldsymbol{r}}{\mathrm{d}s} \tag{6-14}$$

设点 M 和 M' 的切向单位矢量为 $\boldsymbol{\tau}$ 和 $\boldsymbol{\tau}'$,如图 6-11 所示。将 M' 平移至点 M,且认为点 M' 无限趋近于点 M,则 $\boldsymbol{\tau}$ 和 $\boldsymbol{\tau}'$ 决定的平面趋近一极限位置,此极限位置平面称为点 M 的**密切面**。而过点 M 并且与切线垂直的平面称为**法平面**,法平面与密切面的交线称为**主法线**。各平面位置关系如图 6-12 所示。令主法线的单位矢量为 $\boldsymbol{n}$,指向曲线内凹一侧。过点 M 且垂直于切线和主法线的直线称为**副法线**,其单位矢量为 $\boldsymbol{b}$,指向符合右手螺旋法则,即

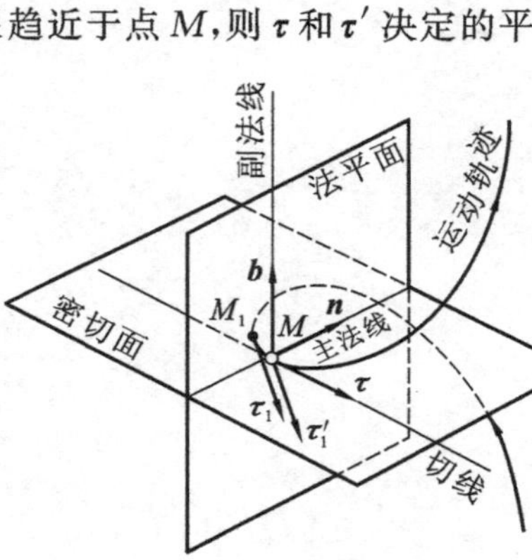

图 6-12

$$\boldsymbol{b}=\boldsymbol{\tau}\times\boldsymbol{n}$$

以点 M 为原点,以切线、主法线和副法线为坐标轴组成的正交坐标系称为曲线在点的**自然坐标系**,这三个轴称为**自然轴**。

在曲线运动中,轨迹的曲率或曲率半径是一个重要的参数,它表示曲线的弯曲程度。如点 M 沿轨迹经过弧长 Δs 到达点 M',如图 6-12 所示,设点 M 处曲线切向单位矢量为 $\boldsymbol{\tau}$,点 M' 处单位矢量为 $\boldsymbol{\tau}'$,而切线经过 Δs 时转过的角度为 $\Delta\varphi$。**曲率**定义为曲线切线的转角对弧长一阶导数的绝对值。曲率的倒数

称为**曲率半径**。如曲率半径以 ρ 表示，则有

$$\frac{1}{\rho}=\lim_{\Delta s\to 0}\left|\frac{\Delta\varphi}{\Delta s}\right|=\left|\frac{\mathrm{d}\varphi}{\mathrm{d}s}\right| \tag{6-15}$$

由图 6-11 可见

$$|\Delta\boldsymbol{\tau}|=2|\boldsymbol{\tau}|\sin\left(\frac{\Delta\varphi}{2}\right)$$

当 $\Delta s\to 0$ 时，$\Delta\varphi\to 0$，$\Delta\boldsymbol{\tau}$ 与 $\boldsymbol{\tau}$ 垂直，且有 $|\boldsymbol{\tau}|=1$，由此可得

$$|\Delta\boldsymbol{\tau}|\approx\Delta\varphi$$

注意到 Δs 为正时，点沿切向 $\boldsymbol{\tau}$ 的正方向运动，$\Delta\boldsymbol{\tau}$ 指向轨迹内凹一侧；Δs 为负时，$\Delta\boldsymbol{\tau}$ 指向轨迹外凸一侧。因此有

$$\frac{\mathrm{d}\boldsymbol{\tau}}{\mathrm{d}s}=\lim_{\Delta s\to 0}\frac{\Delta\boldsymbol{\tau}}{\Delta s}=\lim_{\Delta s\to 0}\frac{\Delta\varphi}{\Delta s}\boldsymbol{n}=\frac{1}{\rho}\boldsymbol{n} \tag{6-16}$$

1. 速度和加速度

由式(6-14) 可得

$$\mathrm{d}\boldsymbol{r}=\boldsymbol{\tau}\mathrm{d}s$$

两端同时对 $\mathrm{d}t$ 求导，可得

$$\frac{\mathrm{d}\boldsymbol{r}}{\mathrm{d}t}=\boldsymbol{\tau}\frac{\mathrm{d}s}{\mathrm{d}t}$$

简单推导得出用弧坐标描述点的速度为

$$\boldsymbol{v}=\frac{\mathrm{d}s}{\mathrm{d}t}\boldsymbol{\tau}=v\boldsymbol{\tau} \tag{6-17}$$

说明：速度的大小等于动点的弧坐标对时间的一阶导数的绝对值与切线方向单位矢量 $\boldsymbol{\tau}$ 的乘积。

下面求解点的切线方向加速度和法线方向加速度。

将式(6-17) 两端取时间的一阶导数，注意到 $\boldsymbol{v}$ 和 $\boldsymbol{\tau}$ 都是变量，有

$$\boldsymbol{a}=\frac{\mathrm{d}\boldsymbol{v}}{\mathrm{d}t}=\frac{\mathrm{d}(v\boldsymbol{\tau})}{\mathrm{d}t}=\frac{\mathrm{d}v}{\mathrm{d}t}\boldsymbol{\tau}+v\frac{\mathrm{d}\boldsymbol{\tau}}{\mathrm{d}t} \tag{6-18}$$

式(6-18) 右端两项都是矢量，其中第一项反映速度大小变化的加速度，称为切向加速度 $\boldsymbol{a}_\tau$；第二项反映速度方向变化的加速度，称为法向加速度 $\boldsymbol{a}_\mathrm{n}$。下面分别求解加速度 $\boldsymbol{a}_\tau$ 和 $\boldsymbol{a}_\mathrm{n}$ 的大小和方向。

因为

$$\boldsymbol{a}_\tau=\frac{\mathrm{d}v}{\mathrm{d}t}\boldsymbol{\tau}=\dot{v}\boldsymbol{\tau} \tag{6-19}$$

显然，$\boldsymbol{a}_\tau$ 的方向和切向单位矢量 $\boldsymbol{\tau}$ 的方向一致，若 $\dot{v}>0$，$\boldsymbol{a}_\tau$ 指向轨迹的正向；若 $\dot{v}<0$，$\boldsymbol{a}_\tau$ 指向轨迹的负向。$\boldsymbol{a}_\tau$ 的大小为

$$a=\dot{v}=\ddot{s} \tag{6-20}$$

说明：切向加速度反映点的速度对时间的变化率，其大小等于速度的代数值对时间的一阶导数，或弧坐标对时间的二阶导数，它的方向沿轨迹切线。

根据式(6-18) 第二项

$$\boldsymbol{a}_\mathrm{n}=v\frac{\mathrm{d}\boldsymbol{\tau}}{\mathrm{d}t} \tag{6-21}$$

由高等数学求导知识对式(6-21)简单变化,有

$$a_{n}=v\frac{d\boldsymbol{\tau}}{ds}\frac{ds}{dt}$$

注意到 $v=\frac{ds}{dt}$,再将式(6-16)代入上式,可得

$$\boldsymbol{a}_{n}=\frac{v^{2}}{\rho}\boldsymbol{n} \tag{6-22}$$

说明:法向加速度反映点的速度方向改变的快慢程度,它的大小等于点的速度的二次方除以曲率半径,它的方向沿着主法线,指向曲率中心。

上述一系列推导表明,弧坐标中点的全加速度 $\boldsymbol{a}$ 由两个分矢量组成,表示为

$$\boldsymbol{a}=\boldsymbol{a}_{\tau}+\boldsymbol{a}_{n}=\frac{dv}{dt}\boldsymbol{\tau}+\frac{v^{2}}{\rho}\boldsymbol{n} \tag{6-23}$$

弧坐标中点的全加速度 $\boldsymbol{a}$ 的大小为

$$a=\sqrt{a_{\tau}^{2}+a_{n}^{2}}=\sqrt{\left(\frac{dv}{dt}\right)^{2}+\left(\frac{v^{2}}{\rho}\right)^{2}} \tag{6-24}$$

它与法线间的夹角的正切为

$$\tan\theta=\frac{a_{\tau}}{a_{n}} \tag{6-25}$$

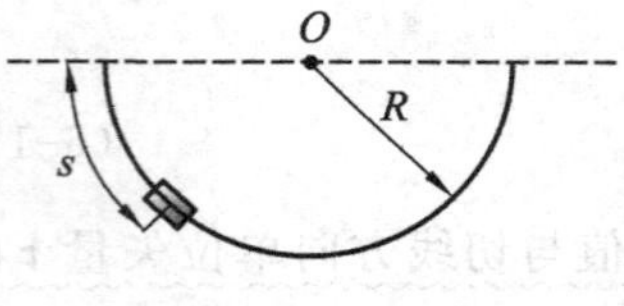

图 6-13

【例 6-5】 列车沿半径为 $R=800$ m 的圆弧轨道做匀加速运动,如图 6-13 所示。如初速度为零,经过 2 min 后,速度到达 54 km/h。求列车在起点和末点的加速度。

【解】 由于列车做匀加速运动,切向加速度 a_{τ} 应等于恒量。于是有方程

$$\frac{dv}{dt}=a_{\tau}=\text{常数}$$

上式积分一次,得到

$$v=a_{\tau}t$$

由已知条件,当 $t=2\ \text{min}=120$ s 时,$v=54$ km/h $=15$ m/s,代入上式,求得

$$a_{\tau}=\frac{15}{120}\ \text{m/s}^{2}=0.125\ \text{m/s}^{2}$$

在列车起始点,速度为零,因此起始点时法向加速度也为零,这时列车只有切向加速度

$$a_{\tau}=0.125\ \text{m/s}^{2}$$

在列车行驶末点,速度不为零,因此末点时法向加速度也不为零,这时列车加速度为

$$a_{\tau}=0.125\ \text{m/s}^{2},\quad a_{n}=\frac{v^{2}}{R}=\frac{15}{800}\ \text{m/s}^{2}=0.281\ \text{m/s}^{2}$$

末点的列车全加速度大小为

$$a=\sqrt{a_{\tau}^{2}+a_{n}^{2}}=\sqrt{0.125^{2}+0.281^{2}}\ \text{m/s}^{2}=0.308\ \text{m/s}^{2}$$

末点的列车全加速度与法向的夹角 θ 由下式确定

$$\tan\theta=\frac{a_{\tau}}{a_{n}}=\frac{0.125}{0.281}=0.443$$

因此

$$\theta=23°54'$$

【例 6-6】 已知点的运动方程为 $x = 50t, y = 500 - 5t^2$，式中 x 和 y 以 m 计，t 以 s 计。求当 $t = 0$ 时，点的切向和法向加速度的大小以及轨迹的曲率半径。

【解】 由已知的运动方程可求得该点任意瞬时在直角坐标系下的速度和加速度的大小

$$v = \sqrt{\dot{x}^2 + \dot{y}^2} = 10\sqrt{25 + t^2}$$

$$a = \sqrt{\ddot{x}^2 + \ddot{y}^2} = 10\ \text{m/s}^2$$

而该点的切向加速度为

$$a_\tau = \frac{\mathrm{d}v}{\mathrm{d}t} = \frac{10t}{\sqrt{25 + t^2}}$$

而该点的法向加速度为

$$a_\mathrm{n} = \sqrt{a^2 - a_\tau^2} = \frac{50}{\sqrt{25 + t^2}}$$

轨迹的曲率半径为

$$\rho = \frac{v^2}{a_\mathrm{n}} = 2(25 + t^2)^{\frac{3}{2}}$$

当 $t = 0$ 时，有

$$a_\tau = 0, \quad a_\mathrm{n} = 10\ \text{m/s}^2, \quad \rho = 250\ \text{m}$$

【例 6-7】 子弹以初始速度 $v_0 = 60$ m/s 铅直向下发射进入水中。若水的阻力引起子弹的加速度为 $a = -0.4v^3$ m/s²。求子弹发射后 4 s 的速度及位置。

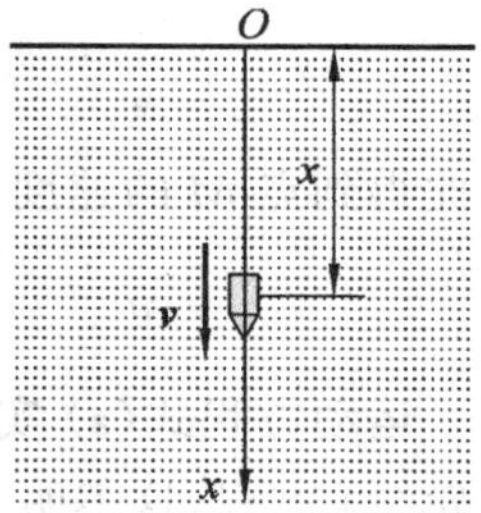

图 6-14

【解】 子弹做减速直线运动。选取坐标系 Ox，如图 6-14 所示。

$$a = \frac{\mathrm{d}v}{\mathrm{d}t} = -0.4v^3$$

分离变量并积分得

$$\int_{60}^{v} \frac{\mathrm{d}v}{-0.4v^3} = \int_0^t \mathrm{d}t$$

$$\frac{1}{0.8} \times \left(\frac{1}{v^2} - \frac{1}{60^2}\right) = t$$

所以

$$v = \left(0.8t + \frac{1}{60^2}\right)^{-\frac{1}{2}}$$

当 $t = 4$ s 时

$$v = \left(0.8 \times 4 + \frac{1}{60^2}\right)^{-\frac{1}{2}}\ \text{m/s} = 0.559\ \text{m/s}$$

再有

$$v = \frac{\mathrm{d}x}{\mathrm{d}t} = \left(0.8t + \frac{1}{60^2}\right)^{-\frac{1}{2}}$$

分离变量并积分得

$$\int_0^x \mathrm{d}x = \int_0^t \left(0.8t + \frac{1}{60^2}\right)^{-\frac{1}{2}} \mathrm{d}t$$

所以

$$x=\frac{2}{0.8}\sqrt{0.8t+\frac{1}{60^2}}\Bigg|_0^t=\frac{1}{0.4}\left[\left(0.8t+\frac{1}{60^2}\right)^{\frac{1}{2}}-\frac{1}{60}\right]$$

当 $t=4$ s 时

$$x=4.46\ \text{m}$$

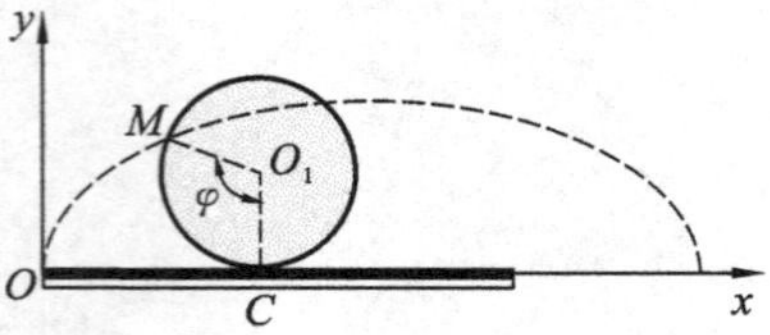

图 6-15

【例 6-8】 半径为 r 的轮子沿直线轨道无滑动地滚动(称为纯滚动),设轮子转角 $\varphi=\omega t$(ω 为常值),如图 6-15 所示。求用直角坐标和弧坐标表示的轮缘上任一点 M 的运动方程,并求该点的速度、切向加速度及法向加速度。

【解】 取 $\varphi=0$ 时点 M 与直线轨道的接触点 O 为原点,建立直角坐标系 Oxy(见图 6-15)。当轮子转过 φ 时,轮子与直线轨道的接触点为 C。由于是纯滚动,有

$$OC=\widehat{MC}=r\varphi=r\omega t$$

则用直角坐标表示的点 M 的运动方程为

$$\begin{cases}x=OC-O_1M\sin\varphi=r(\omega t-\sin\omega t)\\ y=O_1C-O_1M\cos\varphi=r(1-\cos\omega t)\end{cases}\tag{a}$$

上式对时间求导,即得点 M 的速度沿坐标轴的投影

$$\begin{cases}v_x=\dot{x}=r\omega(1-\cos\omega t)\\ v_y=\dot{y}=r\omega\sin\omega t\end{cases}\tag{b}$$

由此得到点 M 的速度为

$$v=\sqrt{v_x^2+v_y^2}=r\omega\sqrt{2-2\cos\omega t}=2r\omega\sin\frac{\omega t}{2},\ (0\leqslant\omega t\leqslant 2\pi)\tag{c}$$

运动方程式(a) 实际上也是点 M 运动轨迹的参数方程(以 t 为参变量)。这是一个摆线(或称旋轮线) 方程,这表明点 M 的运动轨迹是摆线,如图 6-15 所示。

取点 M 的起始点 O 作为弧坐标原点,将式(c) 的速度 v 积分,即得用弧坐标表示的运动方程

$$s=\int_0^t 2r\omega\sin\frac{\omega t}{2}\mathrm{d}t=4r\left(1-\cos\frac{\omega t}{2}\right),\ (0\leqslant\omega t\leqslant 2\pi)$$

将式(b) 再对时间求导,即得加速度在直角坐标系上的投影

$$\begin{cases}a_x=\ddot{x}=r\omega^2\sin\omega t\\ a_y=\ddot{y}=r\omega^2\cos\omega t\end{cases}\tag{d}$$

由此得到全加速度

$$a=\sqrt{a_x^2+a_y^2}=r\omega^2$$

将式(c) 对时间求导,即得点 M 的切向加速度

$$a_\tau=\dot{v}=r\omega^2\cos\frac{\omega t}{2}$$

法向加速度为

$$a_n=\sqrt{a^2-a_\tau^2}=r\omega^2\sin\frac{\omega t}{2}\tag{e}$$

由于 $a_n=\dfrac{v^2}{\rho}$,于是还可由式(c) 及式(e) 求得轨迹的曲率半径

$$\rho = \frac{v^2}{a_n} = \frac{4r^2\omega^2\sin^2\frac{\omega t}{2}}{r\omega^2\sin\frac{\omega t}{2}} = 4r\sin\frac{\omega t}{2} \tag{f}$$

再讨论一个特殊情况。当 $t = 2\pi/\omega$ 时，$\varphi = 2\pi$，这时点 M 运动到与地面相接触的位置。由式(c) 知，此时点 M 的速度为零，这表明沿地面做纯滚动的轮子与地面接触点的速度为零。另一方面，由于点 M 全加速度的大小恒为 $r\omega^2$，因此纯滚动的轮子与地面接触点的速度虽然为零，但加速度却不为零。将 $t = 2\pi/\omega$ 代入式(d)，得

$$\begin{cases} a_x = \ddot{x} = r\omega^2\sin 0 = 0 \\ a_y = \ddot{y} = r\omega^2\cos 0 = r\omega^2 \end{cases}$$

即可得加速度方向向上。

本章小结

1. 运动方程

点的运动方程描述了动点在空间的几何位置随时间变化的规律。同一个点相对于同一个参考体，若采用不同的坐标系，将有不同形式的运动方程。

(1) 矢量形式：$\boldsymbol{r} = \boldsymbol{r}(t)$；

(2) 直角坐标形式：$\begin{cases} x = f_1(t) \\ y = f_2(t) \\ z = f_3(t) \end{cases}$；

(3) 弧坐标形式：$s = f(t)$。

2. 轨迹方程

轨迹为动点在空间运动时所经过的一条连续曲线。轨迹方程可由运动方程消去时间 t 得到。例如 $f(x,y,z) = 0$。

3. 速度和加速度

点的速度是个矢量，它的大小表示点运动的快慢，它的方向表示点运动的方向。点的加速度也是个矢量，它等于速度矢对时间的变化率。

速度和加速度的计算公式如下。

矢量表达形式：

$$\boldsymbol{v} = \frac{\mathrm{d}\boldsymbol{r}}{\mathrm{d}t}$$

$$\boldsymbol{a} = \frac{\mathrm{d}\boldsymbol{v}}{\mathrm{d}t} = \frac{\mathrm{d}^2\boldsymbol{r}}{\mathrm{d}t^2}$$

直角坐标表达形式：

$$\boldsymbol{v} = \frac{\mathrm{d}x}{\mathrm{d}t}\boldsymbol{i} + \frac{\mathrm{d}y}{\mathrm{d}t}\boldsymbol{j} + \frac{\mathrm{d}z}{\mathrm{d}t}\boldsymbol{k} = v_x\boldsymbol{i} + v_y\boldsymbol{j} + v_z\boldsymbol{k}$$

$$\boldsymbol{a} = \frac{\mathrm{d}^2x}{\mathrm{d}t^2}\boldsymbol{i} + \frac{\mathrm{d}^2y}{\mathrm{d}t^2}\boldsymbol{j} + \frac{\mathrm{d}^2z}{\mathrm{d}t^2}\boldsymbol{k} = a_x\boldsymbol{i} + a_y\boldsymbol{j} + a_z\boldsymbol{k}$$

自然坐标表达形式：

$$\boldsymbol{v}=\frac{\mathrm{d}s}{\mathrm{d}t}\boldsymbol{\tau}=v\boldsymbol{\tau}$$

$$\boldsymbol{a}=\boldsymbol{a}_\tau+\boldsymbol{a}_\mathrm{n}=\frac{\mathrm{d}v}{\mathrm{d}t}\boldsymbol{\tau}+\frac{v^2}{\rho}\boldsymbol{n}=a_\tau\boldsymbol{\tau}+a_\mathrm{n}\boldsymbol{n}$$

全加速度的大小：

$$a=\sqrt{a_\tau^2+a_\mathrm{n}^2}$$

点的切向加速度只反映速度大小的变化，法向加速度只反映速度方向的变化。当点的速度与切向加速度方向相同时，点做加速运动；反之，点做减速运动。

思考题

6-1　试说明$\frac{\mathrm{d}\boldsymbol{r}}{\mathrm{d}t}$和$\frac{\mathrm{d}r}{\mathrm{d}t}$、$\frac{\mathrm{d}\boldsymbol{v}}{\mathrm{d}t}$和$\frac{\mathrm{d}v}{\mathrm{d}t}$分别有何不同？各自的物理意义是什么？

6-2　动点做直线运动，某瞬时速度 $v=1\ \mathrm{m/s}$，可根据点的直线运动的加速度计算公式 $a=\dot{v}$，求出该瞬时的加速度等于零，这种说法对否？

6-3　点 M 沿着螺旋线自外向内运动，如图 6-16 所示，它走过的弧长与时间的一次方成正比。问：点的加速度是越来越大，还是越来越小？点 M 是越跑越快，还是越跑越慢？

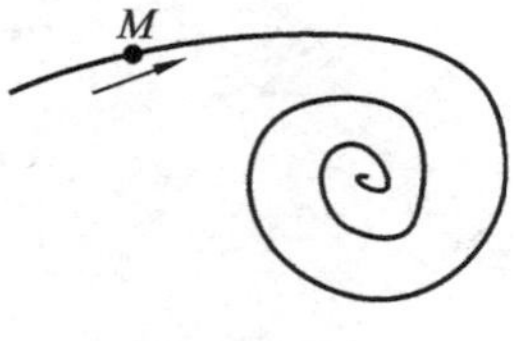

图 6-16

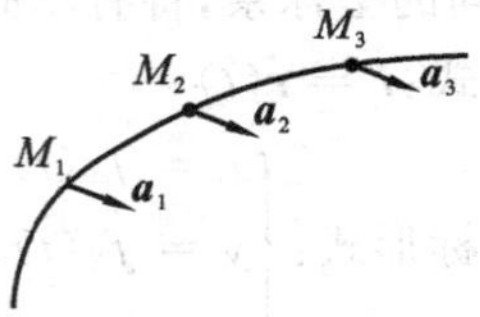

图 6-17

6-4　当点做曲线运动时，点的加速度是恒矢量，如图 6-17 所示。问点是否做匀变速运动？

6-5　若已知点的直线运动方程为 $x=f(t)$，试分析在下列几种情况下点做何种运动：

(1) $\dot{x}=$ 常数；(2) $\dot{x}\neq$ 常数；(3) $\ddot{x}=0$；(4) $\ddot{x}\neq 0$。

6-6　做曲线运动的两个动点，初速度相同、运动轨迹相同、运动中两点的法向加速度也相同。判断下列说法是否正确：

(1) 任一瞬时两动点的切向加速度必相同；

(2) 任一瞬时两动点的速度必相同；

(3) 两动点的运动方程必相同。

6-7　动点在平面内运动，已知其运动轨迹 $y=f(x)$ 及其速度在轴 x 方向的分量。判断下列说法是否正确：

(1) 动点的速度 $\boldsymbol{v}$ 可完全确定；

(2) 动点的加速度在轴 x 方向的分量 $\boldsymbol{a}_x$ 可完全确定；

(3) 当 $v_x\neq 0$ 时，一定能够确定动点的速度 $\boldsymbol{v}$、切向加速度 $\boldsymbol{a}_\tau$、法向加速度 $\boldsymbol{a}_\mathrm{n}$ 及全加速度 $\boldsymbol{a}$。

6-8　下述各种情况下，动点的全加速度 $\boldsymbol{a}$、切向加速度 $\boldsymbol{a}_\tau$ 和法向加速度 $\boldsymbol{a}_\mathrm{n}$ 三个矢量之间有何关系：

(1) 点沿着曲线做匀速运动；

(2) 点沿着曲线运动，在某瞬时其速度为零；

(3) 点沿着直线做变速运动；

(4) 点沿着曲线做变速运动。

6-9　点做曲线运动时，下述说法是否正确：

(1) 若切向加速度为正，则点做加速运动；

(2) 若切向加速度为零，则速度为常矢量；

(3) 若切向加速度与速度符号相同，则点做加速运动。

6-10　火炮设置在离海平面高度为 h 的山顶上，炮弹以初速度 $\boldsymbol{v}_0$ 水平方向发射出去攻击海平面上的一目标，目测目标离炮口距离为 s，如图 6-18 所示。请问炮弹能否击中目标？

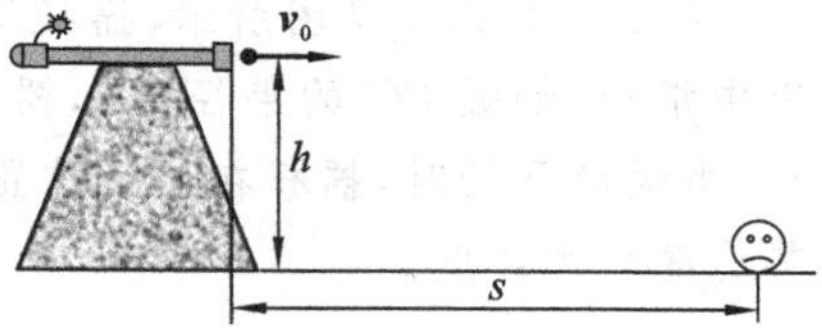

图 6-18

习　题

6-1　已知动点 M 的运动方程为 $\begin{cases} x = a\sin kt + b \\ y = a\cos kt + c \end{cases}$（其中 a、b、c、k 均为常数），试求动点 M 的速度和加速度？

6-2　已知轮半径为 R，角速度为 ω，角加速度为 α，如题 6-2 图所示，试求点 A 的线速度、切向加速度、法向加速度？

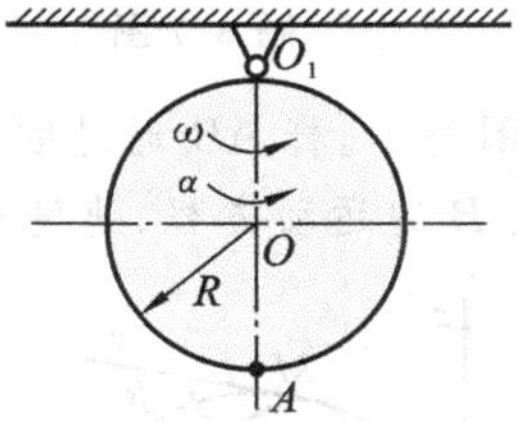

题 6-2 图

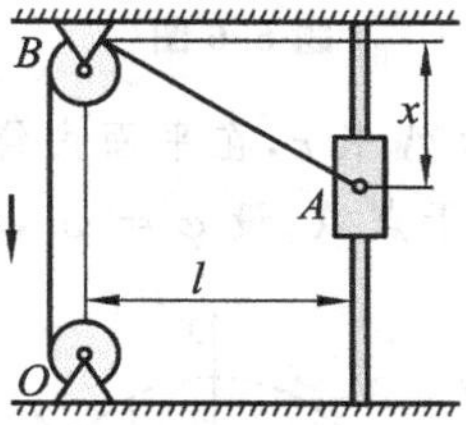

题 6-3 图

6-3　套管 A 由绕过定滑轮 B 的绳索牵引而沿导轨上升，滑轮中心到导轨的距离为 l，如题 6-3 图所示。设绳索以等速 $\boldsymbol{v}_0$ 拉下，忽略滑轮尺寸，求套管 A 的速度和加速度与距离 x 的关系式。

6-4　曲线规尺的各杆长度分别为 $OA = AB = 200$ mm，$CD = DE = AC = AE = 50$ mm，如题 6-4 图所示。如杆 OA 以等角速度 $\omega = \pi/5$ rad/s 绕轴 O 转动，并且当运动开始时，杆 OA 水平向右，求尺上点 D 的运动方程和轨迹。

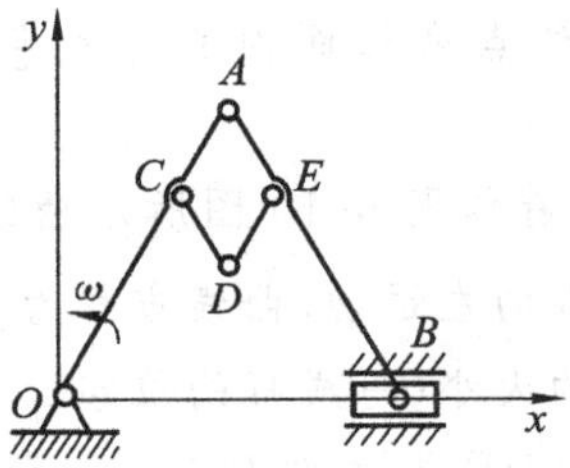

题 6-4 图

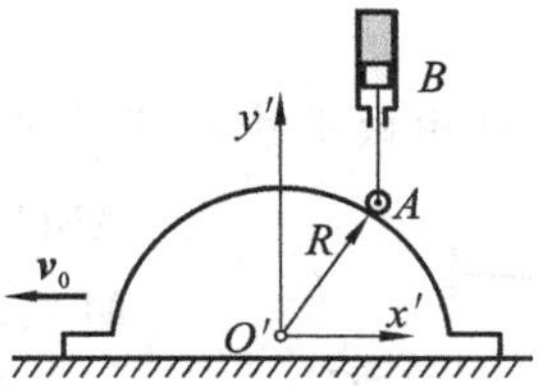

题 6-5 图

6-5　半圆形凸轮以等速度 $v_0 = 0.01$ m/s 沿水平方向向左运动，而使活塞杆 AB 沿铅直方向运动，如题 6-5 图所示。当运动开始时，活塞杆 A 端在凸轮的最高点上。如凸轮的半径 $R = 80$ mm，求活塞 B 端相对于地面和相对于凸轮的运动方程及速度，并作出其运动图和速度图。

6-6　椭圆规尺中各杆长度分别为 $AC=BC=OC=r$，杆 OC 以角速度 ω 匀速转动，滑块 A 和滑块 B 分别在竖直和水平导轨中直线运动，杆 OC 与水平方向的夹角 $\theta=\omega t$，如题 6-6 图所示。试求：

(1) 摆杆上点 C 的运动方程和运动轨迹；

(2) 点 B 的运动方程、速度和加速度。

6-7　如题 6-7 图所示，摇杆滑道机构中的滑块 M 同时在固定的圆弧槽 BC 和摇杆 OA 的滑道中滑动。如弧 BC 的半径为 r，摇杆 OA 的轴 O 在弧 BC 的圆周上。摇杆绕轴 O 以等角速度 ω 转动，当运动开始时，摇杆在水平位置。试分别用直角坐标法和自然法求出点 M 的运动方程，并求其速度和加速度。

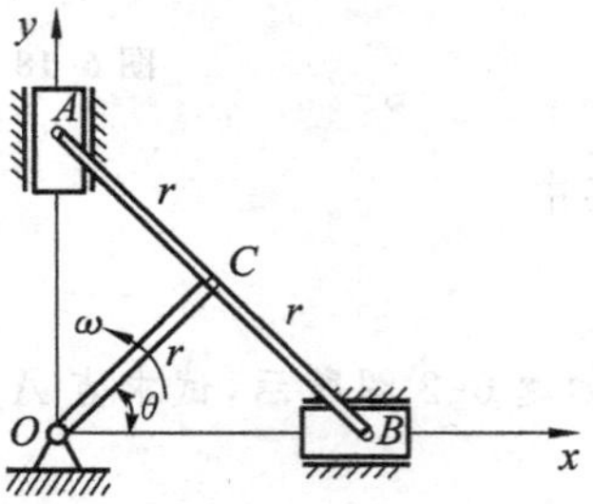

题 6-6 图

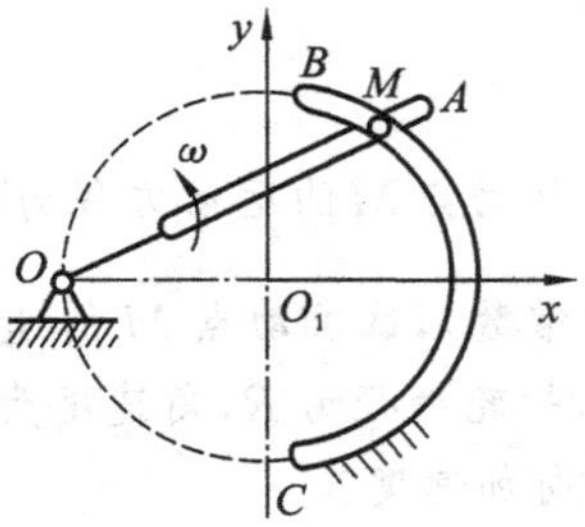

题 6-7 图

6-8　曲柄 OA 长 r，在平面内绕轴 O 转动，如题 6-8 图所示。杆 AB 通过固定于点 N 的套筒与曲柄 OA 铰接于点 A。设 $\varphi=\omega t$，杆 AB 长 $l=2r$，求点 B 的运动方程、速度和加速度。

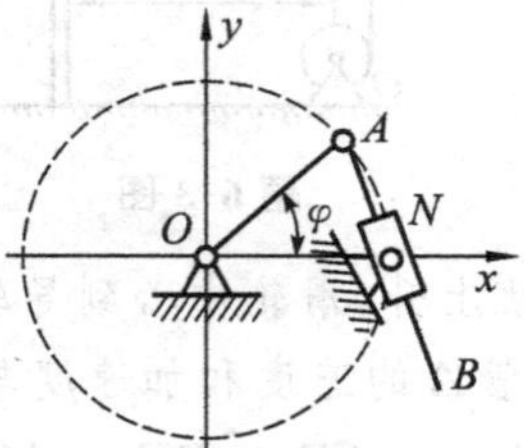

题 6-8 图

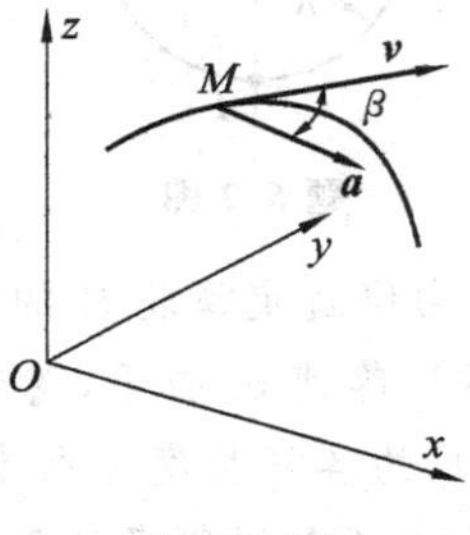

题 6-9 图

6-9　点沿空间曲线运动，如题 6-9 图所示，在点 M 处其速度为 $\boldsymbol{v}=4\boldsymbol{i}+3\boldsymbol{j}$，加速度 $\boldsymbol{a}$ 与速度 $\boldsymbol{v}$ 的夹角 $\beta=30°$，且 $a=10\ \mathrm{m/s^2}$。试求轨迹在该点密切面内的曲率半径 ρ 和切向加速度 $\boldsymbol{a}_\tau$。

6-10　小环 M 由做平移的 T 形杆 ABC 带动，沿着如题 6-10 图所示曲线轨道运动。设杆 ABC 的速度 $v=$ 常数向左运动，曲线方程为 $y^2=2px$。试求环 M 的速度和加速度的大小（写成杆的位移 x 的函数）。

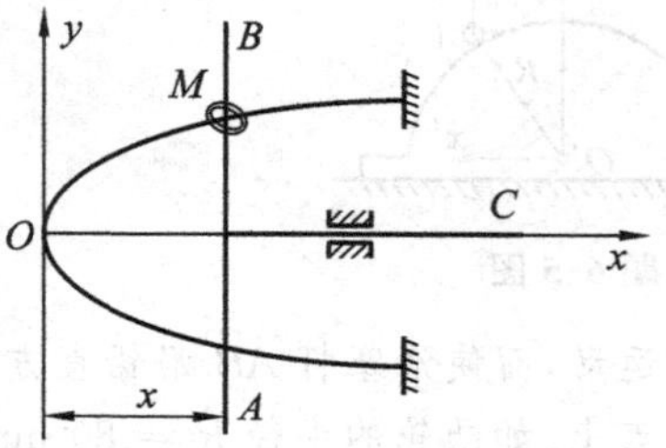

题 6-10 图

6-11　如题 6-11 图所示两种机构，已知其尺寸 h 和杆 OA 与铅直线的夹角 $\varphi=\omega t$（ω 为常量），分析并比较它们的运动：

(1) 穿过小环 M 的杆 OA 绕轴 O 转动，同时拨动小环沿水平导杆滑动，试求小环 M 的速度和加速度；

(2) 杆 OA 绕轴 O 转动时，通过套在杆上的套筒 M 带动杆 MN 沿水平轨道运动，试求点 M 的速度和加速度。

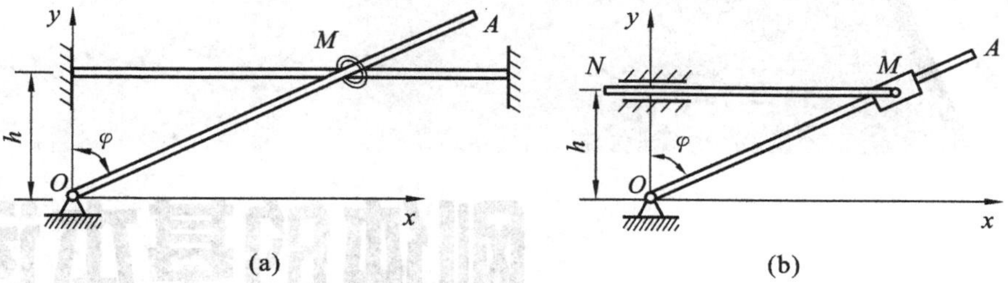

题 6-11 图

6-12　已知动点的直角坐标形式的运动方程为 $x=2t$，$y=t^2$（式中 x、y 以 m 为单位；t 以 s 为单位）。求 $t=0$ 和 $t=2$ s 时动点所在处轨迹的曲率半径。

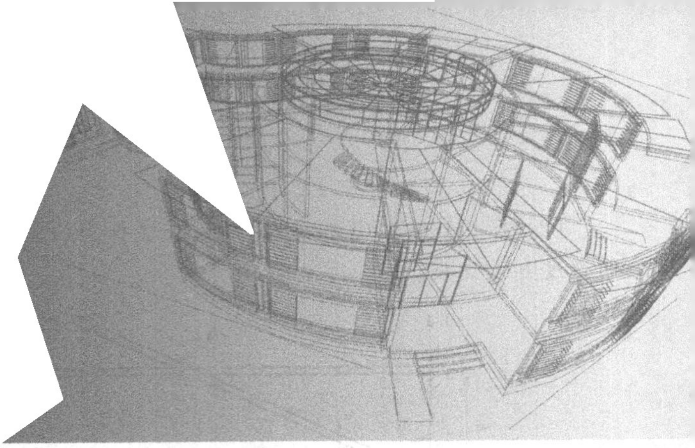

刚体的基本运动

本章导读

● **教学的基本要求**　研究刚体两种基本运动——刚体平行移动和定轴转动运动规律。为学习点的合成运动、刚体的平面运动等较为复杂的运动学知识及为其他课程打下坚实基础，以便更好地指导工程实践技术应用。

● **教学内容的重点**　刚体平行移动时其上任一点的速度和加速度的求解，刚体定轴转动时其上任一点的角速度和角加速度以及定轴转动刚体上任一点的速度和加速度的求解。

一般说来，刚体运动时，体内各点的运动轨迹、速度和加速度未必相同。但是，刚体内各点间的距离保持不变，刚体整体的运动与其内部各点的运动存在一定的联系。因而在研究刚体的运动时，一方面需要研究其整体的运动特征和运动规律；另一方面还需要讨论组成刚体的各个点的运动特征和运动规律，从而揭示刚体内各个点的运动与整体运动的联系。主要研究刚体两种基本运动——刚体平行移动和刚体定轴转动。

7.1 刚体的平行移动

7.1.1 概念

在工程实际中，有时不能把运动物体看作为一个点，即需要考虑其本身的几何形状与尺寸大小。例如，飞行的飞机以及出膛的炮弹等，如图 7-1(a)、(b) 所示。此时，应把物体抽象为刚体。

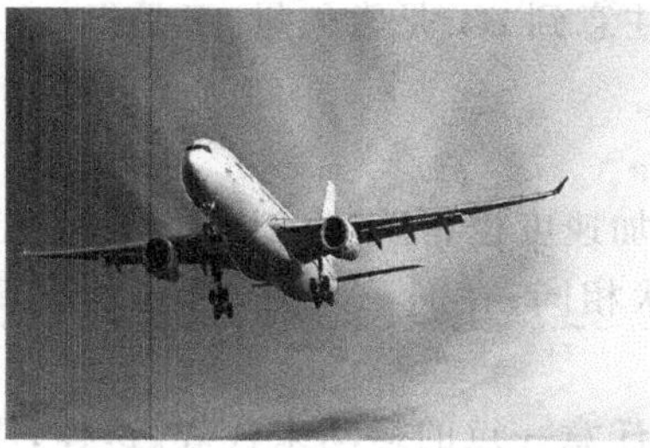

(a)

(b)

图 7-1

一般说来，刚体运动时体内各点的运动情况各不相同，但彼此又有联系。因此，研究刚体运动就要研究刚体整体的运动规律，并在此基础上研究刚体内各点的运动之间的关系。刚体的最简单的运动形式是**平行移动**和**定轴转动**，而刚体其他较为复杂的运动则可看作这两种基本运动的组合，因此，在这里先研究这两种基本形式的运动，作为进一步研究刚体复杂运动的基础。

刚体在运动时，若刚体上任意一直线始终与其初始位置保持平行，则刚体的这种运动称为平行移动，简称**平移**。例如，电梯的垂直升降运动，飞机的直线飞行，汽车的直线行驶等，都是刚体的平移。还有摆式输送机的送料槽的运动(见图 7-2(a))，车身在直线轨道上的运动(见图 7-2(b)) 等，都具有上述的共同特点，因而都是平移。

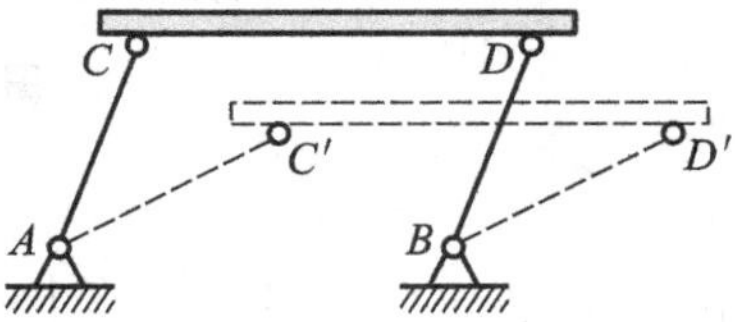

(a)

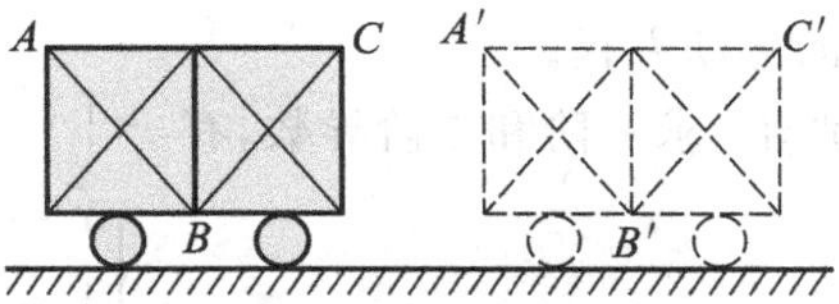

(b)

图 7-2

7.1.2 速度和加速度

本节研究刚体平移时体内各点的轨迹、速度、加速度之间的关系。设刚体相对于定坐标系

$Oxyz$ 做平移，在刚体上任取两点 A 和 B，任意时刻 t 它们的位置分别由矢径 $\boldsymbol{r}_A$ 和 $\boldsymbol{r}_B$ 确定(见图7-3)。以矢径 $\boldsymbol{r}$ 表示该两点的运动方程分别为

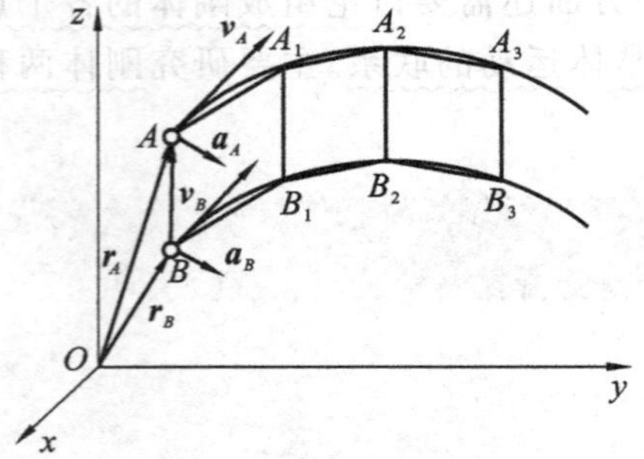

图 7-3

$$\begin{cases} \boldsymbol{r}_A = \boldsymbol{r}_A(t) \\ \boldsymbol{r}_B = \boldsymbol{r}_B(t) \end{cases}$$

两条矢端曲线 $\widehat{AA_3}$ 和 $\widehat{BB_3}$ 分别是点 A 和点 B 的轨迹。连接点 B 和点 A 得矢量 $\boldsymbol{BA}$，显然由于 A、B 是刚体上的点，线段 BA 的长度不会改变。又因刚体做平移，矢量 $\boldsymbol{BA}$ 的方向也不会改变，故 $\boldsymbol{BA}$ 为常矢量。由此可以看出，A、B 两点的轨迹形状完全相同，只要把点 B 的轨迹在矢量 $\boldsymbol{BA}$ 的方向上平移一段距离，点 B 的轨迹便可与点 A 的轨迹完全重合。

$$\boldsymbol{r}_A = \boldsymbol{r}_B + \boldsymbol{BA}$$

将上式分别对时间 t 求一阶和二阶导数。同时注意到 $\boldsymbol{BA}$ 是常矢量，于是得

$$\boldsymbol{v}_A = \boldsymbol{v}_B \tag{7-1}$$

$$\boldsymbol{a}_A = \boldsymbol{a}_B \tag{7-2}$$

上式表明，在任一时刻，A、B 两点的速度相同，加速度也相同。由于 A、B 为任取的两点，因此可得结论：当刚体平移时，体内所有各点的轨迹形状相同；在同一瞬时，所有各点具有相同的速度和加速度。

根据以上结论，刚体的平移完全可以用刚体内任意一点的运动来代表。这样，刚体的平移问题就归结为前面已经研究过的点的运动学问题。刚体平移时，若刚体内各点的轨迹为曲线，则称为**曲线平移**；若刚体内各点的轨迹为直线，则称为**直线平移**。

因此对于平行移动的刚体，只需确定出刚体内任一点的运动，也就确定了整个刚体的运动。即刚体的平移问题，可归结为点的运动问题。

【例 7-1】 一雷达在距离火箭发射台为 l 的 O 处观察铅直上升的火箭发射，测得角 θ 的规律为 $\theta = kt$(k 为常数)，如图 7-4 所示。试写出火箭的运动方程并计算当 $\theta = \frac{\pi}{4}$ 时，火箭的速度和加速度。

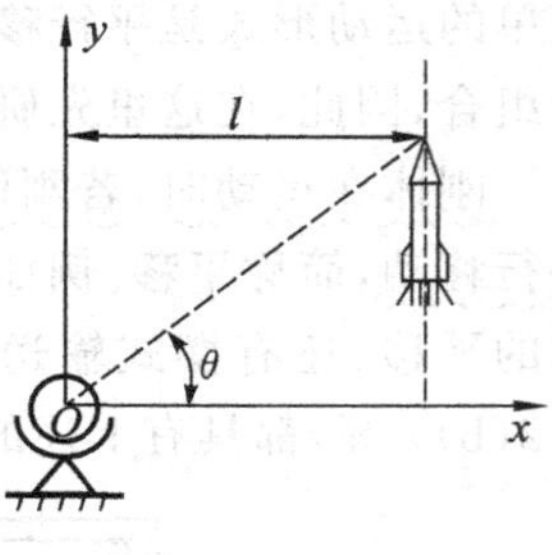

图 7-4

【解】 在任意瞬时，火箭的坐标为

$$\begin{cases} x = l \\ y = l\tan\theta = l\tan kt \end{cases} \tag{a}$$

此式就是火箭的运动方程。

式(a) 分别对 t 求一阶和二阶导数，有

$$\begin{cases} \dot{x} = 0 \\ \ddot{x} = 0 \end{cases} \tag{b}$$

$$\begin{cases} \dot{y} = kl\sec^2 kt \\ \ddot{y} = 2lk^2\sec^2 kt\tan kt \end{cases} \tag{c}$$

当 $\theta = \frac{\pi}{4}$ 时，代入式(c) 得

$$\begin{cases} v = v_y = \dot{y} = kl\sec^2 kt = 2kl \\ a = a_y = \ddot{y} = 2lk^2\sec^2 kt\tan kt = 4lk^2 \end{cases}$$

【例 7-2】 曲柄滑杆机构中，滑杆有一圆弧形滑道，其滑道半径为 $R = 100$ mm，圆心 O_1 在导杆 BC 上，曲柄长 $OA = 100$ mm，以等角速度 $\omega = 4$ rad/s 绕轴 O 转动，如图 7-5 所示。求导杆 BC 的运动规律以及当曲柄与水平线间的交角 $\varphi = 30°$ 时，导杆 BC 的速度和加速度。

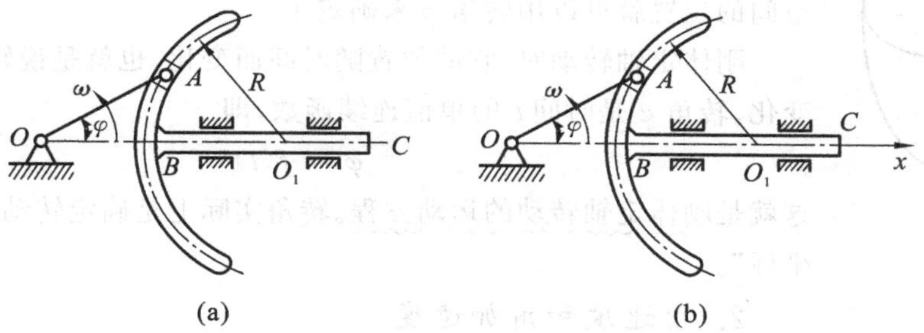

图 7-5

【解】 建立如图中所示的坐标轴 Ox。因为导杆平移，所以导杆上点 O_1 的运动可以代表导杆的运动，点 O_1 的运动方程为

$$x = 2R\cos\varphi = 0.20\cos\omega t \tag{a}$$

将(a)式对时间 t 求一阶导数和二阶导数，分别得到

$$\dot{x} = -0.80\sin\omega t \tag{b}$$

$$\ddot{x} = -3.20\cos\omega t \tag{c}$$

当 $\varphi = \omega t = 30°$ 时

$$v_{BC} = \dot{x} = -0.80\sin 30° = -0.40 \text{ m/s}$$

$$a_{BC} = \ddot{x} = -3.20\cos 30° = -2.77 \text{ m/s}^2$$

7.2 刚体的定轴转动

7.2.1 概念

刚体在运动过程中，若其内(或其扩展部分)有一条直线始终保持不动，则这种运动称为刚体绕定轴的转动，简称**定轴转动**。这条固定不动的直线称为**转轴**。在工程实践中，刚体绕定轴转动的例子是很普遍的，如电动机的转子、飞轮、带轮以及可绕定轴转动的门窗等都是定轴转动的刚体。

7.2.2 定轴转动刚体的运动方程、角速度和角加速度

1. 运动方程

研究刚体的定轴转动，首先要确定刚体的位置随时间变化的规律。

设有一定轴转动的刚体，如图 7-6 所示。轴 z 为其转轴。通过轴 z 选一固定平面Ⅰ，再选一个通过

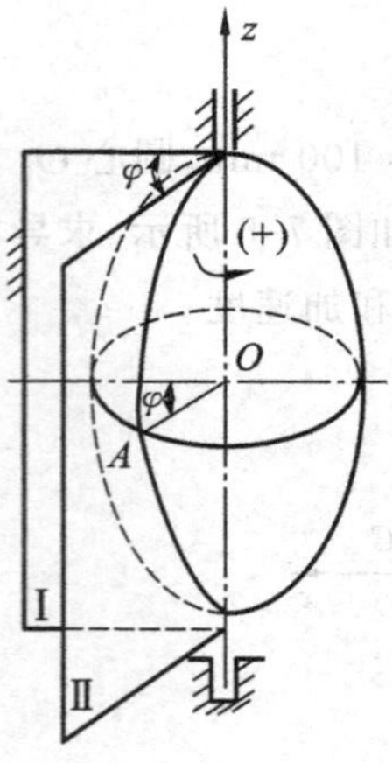

图 7-6

转轴 z 且与刚体固连的平面Ⅱ。刚体在转动过程中，如果平面Ⅱ的位置确定了，此刚体的位置也就确定了。从图 7-6 看出，平面Ⅱ的位置可由它和平面Ⅰ之间的夹角 φ 来确定。考虑到平面Ⅱ有两种转向，φ 角可看成是代数量，称为**刚体的转角**，以 rad 计。并规定由轴 z 的正向往下看，从固定平面 Ⅰ 按逆时针计量的转角 φ 取正值；按顺时针计量的转角 φ 取负值。这样，刚体在空间的位置就可以用转角 φ 来确定了。

刚体定轴转动时，它的位置随时间而变化，也就是说转角 φ 随时间而变化。转角 φ 是时间 t 的单值连续函数，即

$$\varphi = f(t) \tag{7-3}$$

这就是刚体定轴转动的运动方程。转角实际上是确定转动刚体位置的"角坐标"。

2. 角速度和角加速度

定轴转动刚体的角速度等于其转角对时间的一阶导数。即

$$\omega = \lim_{\Delta t \to 0} \frac{\Delta \varphi}{\Delta t} = \frac{\mathrm{d}\varphi}{\mathrm{d}t} \tag{7-4}$$

角速度 ω 是个代数量。它的大小表示刚体在瞬时 t 转动的快慢程度；它的正负号表示刚体的转动方向。由转轴 z 的正向往下看，正号表示刚体是逆时针转动；负号表示是顺时针转动。

在国际单位制中，角速度的单位是弧度 / 秒(rad/s)。因为弧度是无量纲的量，所以，角速度的单位也可写成秒$^{-1}$(s^{-1})。工程上常用转速表示刚体的转动的快慢。转速 n 与 ω 的换算关系为

$$\omega = \frac{n\pi}{30} \tag{7-5}$$

定轴转动刚体的角加速度等于角速度对时间的一阶导数，亦等于转角对时间的二阶导数，即

$$\alpha = \lim_{\Delta t \to 0} \frac{\Delta \omega}{\Delta t} = \frac{\mathrm{d}\omega}{\mathrm{d}t} = \frac{\mathrm{d}\varphi^2}{\mathrm{d}t^2} \tag{7-6}$$

可见，角加速度 α 也是代数量，其正负号规定如下：从转轴 z 的正向观察，逆时针 α 为正值；反之，则为负。应该注意，角加速度 α 的转向并不能表示刚体转动的方向，也不能确定刚体是加速转动还是减速转动。刚体的转动情况同时由 ω 与 α 来确定。ω 与 α 同号，则刚体加速转动；ω 与 α 异号，则刚体减速转动，如图 7-7 所示。国际单位制中，角加速度的单位是弧度 / 秒^2(rad/s^2)或秒$^{-2}$(s^{-2})。

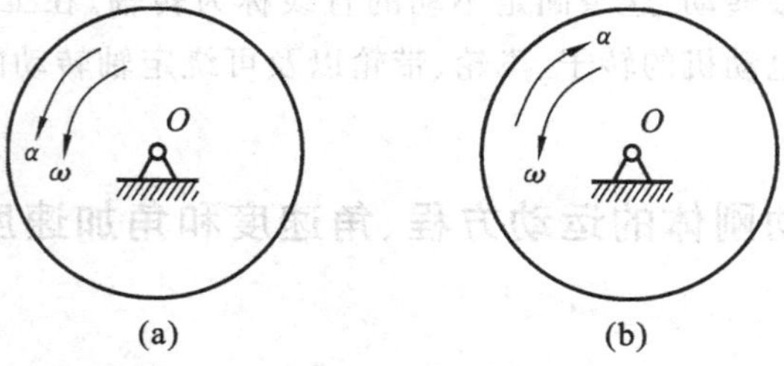

图 7-7

3. 定轴转动刚体内各点的速度与加速度

1）运动方程

刚体绕定轴转动时，体内每一点都在垂直于转轴的平面内做圆周运动，各圆半径等于该点到转轴的垂直距离，圆心都在转轴上。设点 M 为刚体内任意一点，它距离转轴的垂直距离为 R，即 $OM=R$，称为转动半径，如图 7-8 所示，在初始时刻，点 M 与固定平面 Ⅰ 的点 M_0 重合。取 M_0 为圆周曲线弧坐标的原点，当刚体转动 φ 角时，该点的弧坐标为

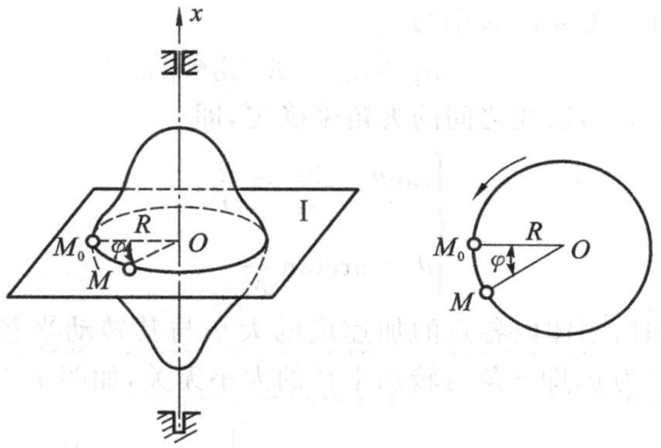

图 7-8

$$s=R\varphi \tag{7-7}$$

这就是动点 M 沿其圆周轨迹的运动方程。

2）速度和加速度

动点速度的代数值为

$$v=\frac{\mathrm{d}s}{\mathrm{d}t}=R\frac{\mathrm{d}\varphi}{\mathrm{d}t}=R\omega \tag{7-8}$$

即转动刚体内任意一点的速度的代数值等于该点的转动半径与刚体的角速度的乘积。速度的方向沿圆周的切线方向，指向与角速度的转向一致，如图 7-9 所示。从图可以看出，转动刚体上各点的速度方向与其转动半径垂直，速度的大小与转动半径成正比。

动点加速度由切向加速度和法向加速度两部分组成，其中切向加速度的大小为

$$a_\tau=\frac{\mathrm{d}v}{\mathrm{d}t}=R\frac{\mathrm{d}\varphi^2}{\mathrm{d}t^2}=R\alpha \tag{7-9}$$

式(7-9)表明：转动刚体内任意一点的切向加速度的大小等于该点的转动半径与刚体的角加速度的乘积，它沿该点轨迹的切线方向，指向与角加速度的转向一致，如图 7-10 所示。

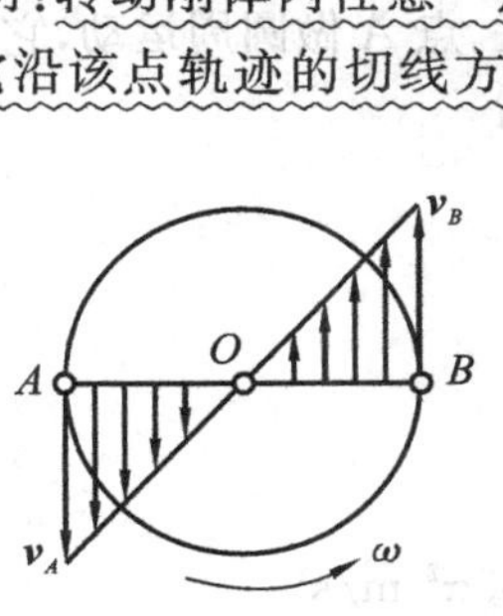

图 7-9

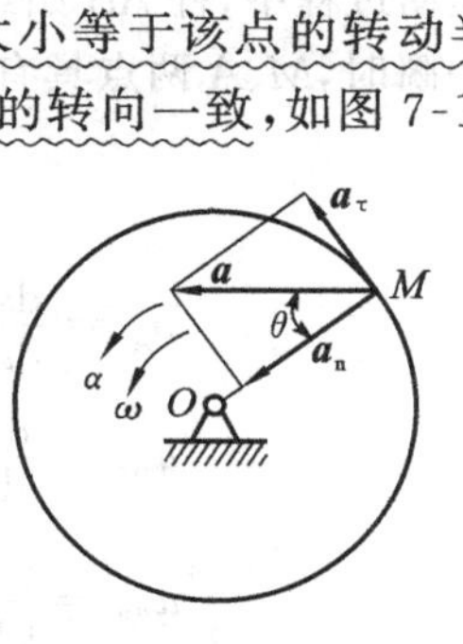

图 7-10

法向加速度的大小为

$$a_n = \frac{v^2}{\rho} = \frac{v^2}{R} = R\omega^2 \tag{7-10}$$

式(7-10)表明:转动刚体内任意一点的法向加速度的大小等于该点的转动半径与刚体角速度的二次方的乘积,它沿转动半径的方向,指向转轴,如图7-10所示。

点M的加速度$\boldsymbol{a}$等于其切向加速度和法向加速度的矢量和,即

$$\boldsymbol{a} = \boldsymbol{a}_\tau + \boldsymbol{a}_n \tag{7-11}$$

$\boldsymbol{a}_\tau$与$\boldsymbol{a}_n$互相垂直,加速度$\boldsymbol{a}$的大小为

$$a = \sqrt{a_\tau^2 + a_n^2} = R\sqrt{\alpha^2 + \omega^2} \tag{7-12}$$

加速度$\boldsymbol{a}$的方向可由它与法线之间的夹角来确定,即

$$\begin{cases} \tan\theta = \dfrac{a_\tau}{a_n} = \dfrac{\alpha}{\omega^2} \\ \theta = \arctan\dfrac{\alpha}{\omega^2} \end{cases} \tag{7-13}$$

由此表明:在同一瞬时,刚体内各点的加速度的大小与其转动半径成正比,方向均相同,并且与其转动半径的夹角均为θ,即θ角与转动半径的大小无关,如图7-11所示。

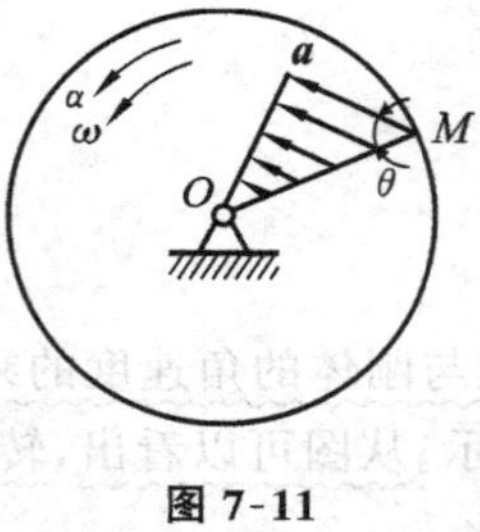

图 7-11

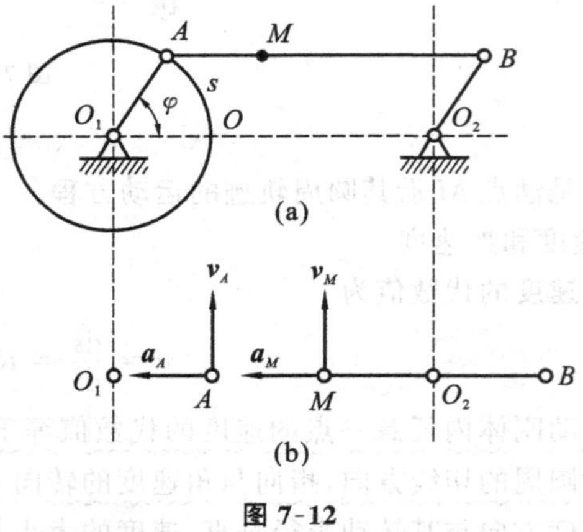

图 7-12

【例 7-3】 在图7-12(a)中,平行四连杆机构在图示平面内运动。$O_1A = O_2B = 0.2$ m,$O_1O_2 = AB = 0.6$ m,$AM = 0.2$ m,如O_1A按$\varphi = 15\pi t$的规律转动,其中φ以rad计,t以s计,求$t = 0.8$ s时,点A的速度与加速度。

【解】 在运动过程中,杆AB始终与O_1O_2平行。因此,杆AB为平移,O_1A为定轴转动。根据平移的特点,在同一瞬时,M、A两点具有相同的速度和加速度。点A做圆周运动,它的运动规律为

$$s = O_1A\varphi = 3\pi t \text{ m}$$

所以

$$v_A = \frac{ds}{dt} = 3\pi \text{ m/s}$$

$$a_{A\tau} = \frac{dv}{dt} = 0$$

$$a_{An} = \frac{v_A^2}{O_1A} = \frac{9\pi^2}{0.2} \text{ m/s}^2 = 45\pi^2 \text{ m/s}^2$$

$$a_A = \sqrt{a_{A\tau}^2 + a_{An}^2} = a_{An} = 45\pi^2 \text{ m/s}^2$$

当 $t=0.8\ \text{s}$ 时，$s=2.4\pi\ \text{m}$，而 $O_1A=0.2\ \text{m}$，$\varphi=\dfrac{2.4\pi}{0.2}\ \text{rad}=12\pi\ \text{rad}$，杆 AB 正好第六次回到起始的水平位置，v_A、a_A 的方向如图 7-12(b) 所示。

【例 7-4】 电动机由静止开始做匀加速转动，在 $t=20\ \text{s}$ 时，转速达到 $n=360\ \text{r/min}$。求在这 20 s 内电动机转过的总圈数 N。

【解】 由于电动机从静止状态开始做匀加速转动，故初始角速度 $\omega_0=0$，由 20 s 时的电动机转速 n 可以求得此时的角速度为

$$\omega=\frac{n\pi}{30}=\frac{\pi\times360}{30}\ \text{rad/s}=12\pi\ \text{rad/s}\tag{a}$$

因为角加速度 α 为常量，故由 $\alpha=\dfrac{\text{d}\omega}{\text{d}t}$ 积分得

$$\omega=\omega_0+\alpha\cdot t\tag{b}$$

由此解得

$$\alpha=\frac{\omega-\omega_0}{t}=\frac{12\pi-0}{20}\ \text{rad/s}^2=0.6\pi\ \text{rad/s}^2\tag{c}$$

将式(b)代入 $\omega=\dfrac{\text{d}\varphi}{\text{d}t}$ 并积分，利用初始条件 $t=0,\omega_0=0,\varphi=0$，得

$$\int_0^{\varphi}\text{d}\varphi=\alpha\int_0^t t\text{d}t\tag{d}$$

由此解出任意瞬时转过的角度

$$\varphi=\frac{1}{2}\alpha t^2\tag{e}$$

将 $t=20\ \text{s}$ 代入式(e)，求得电动机在 20 s 内转过的圈数

$$N=\frac{\varphi}{2\pi}=\frac{\alpha t^2}{4\pi}=\frac{0.6\pi\times20^2}{4\pi}\ \text{r}=60\ \text{r}$$

【例 7-5】 飞轮以 $n_0=1800\ \text{r/min}$ 的转速开始顺时针转动，由于受到外加可变的逆时针转动力矩的作用，而做减速转动，其角加速度 $\alpha=4t\ \text{rad/s}^2$，并且为逆时针方向。求：

(1) 飞轮顺时针转动的转速减小到 $n=900\ \text{r/min}$ 时所需要的时间；

(2) 飞轮从开始转动到改变转向所需要的时间；

(3) 在施加转矩 14 s 后，飞轮顺时针转数和逆时针转数之和。

【解】 由初始转速 n_0 求得初始角速度

$$\omega_0=-\frac{n_0\times\pi}{30}=-\frac{\pi\times1800}{30}\ \text{rad/s}=-60\pi\ \text{rad/s}\tag{a}$$

负号表示顺时针转动，而已知角加速度为

$$\alpha=4t\ \text{rad/s}^2\tag{b}$$

(1) 求飞轮顺时针转动的转速减小到 900 r/min 时所需要的时间。

首先此时的角速度为

$$\omega=-\frac{n\times\pi}{30}=-\frac{\pi\times900}{30}\ \text{rad/s}=-30\pi\ \text{rad/s}\tag{c}$$

根据 $\alpha=\dfrac{\text{d}\omega}{\text{d}t}$ 由式(b)，有

$$\text{d}\omega=\alpha\text{d}t=4t\text{d}t\tag{d}$$

将式(e) 两端同时积分,有

$$\int_{\omega_0}^{\omega} d\omega = \int_0^t 4t dt$$

由此得到

$$\omega = \omega_0 + 2t^2 \tag{e}$$

将式(a)、(c) 代入式(e),有

$$t^2 = \frac{1}{2}(-30\pi + 60\pi)\ s^2 = 15\pi\ s^2$$

得到所需的时间为

$$t = \sqrt{15\pi}\ s = 6.86\ s$$

(2) 计算飞轮从开始转动到改变转向所需要的时间。

飞轮改变转向时,角速度为 $\omega = 0$,根据 $d\omega = \alpha dt = 4t dt$ 积分,有

$$\int_{\omega_0}^{0} d\omega = \int_0^t 4t dt$$

积分得

$$-\omega_0 = 2t^2$$

将式(a) 代入以后,解得飞轮从开始转动到转向改变时所需要的时间为

$$t = \sqrt{-\frac{(-60\pi)}{2}}\ s = 9.71\ s$$

(3) 计算在施加转矩 14 s 后,飞轮顺时针转数和逆时针转数之和。

根据以上分析结果,在 9.71 s 之前为顺时针转动,而 9.71 s 之后为逆时针转动。所以飞轮在 14 s 时间内的总转数应该等于 9.71 s 之前顺时针转数和 9.71 ~ 14 s 时间内逆时针转数之和。

根据 $d\omega = \alpha dt$ 积分得到的式(e),对于 0 ~ 9.71 s 和 9.71 ~ 14 s 这两个时间区间都适用,即若以 ω_1、ω_2 分别表示两个时间区间的角速度,则有

$$\omega_1 = \omega_2 = \omega_0 + 2t^2 = -60\pi + 2t^2 \tag{f}$$

将式(f) 代入 $\omega = \frac{d\varphi}{dt}$ 并积分,在 0 ~ 9.71 s 时间内有

$$\int_0^{\varphi_1} d\varphi = \int_0^{9.71} (-60\pi + 2t^2) dt \tag{g}$$

故由式(g) 得

$$\varphi_1 = \left(-60\pi t + \frac{2}{3}t^3\right)\Big|_0^{9.71} = -1220\ rad$$

负号表示顺时针转向。由此得到顺时针转数为

$$N_1 = \frac{|\varphi_1|}{2\pi} = \frac{1220}{2\pi}\ r = 194.2\ r$$

类似地,在 9.71 ~ 14 s 时间内,式(g) 变为

$$\int_{\varphi_1}^{\varphi_2} d\varphi = \int_{9.71}^{14} (-60\pi + 2t^2) dt \tag{h}$$

则

$$\varphi_2 = 410\ rad$$

这就是逆时针转过的角度,于是,逆时针转数为

$$N_2 = \frac{|\varphi_2|}{2\pi} = \frac{410}{2\pi}\ r = 65.3\ r$$

飞轮在 14 s 内的总转数为

$$N = N_1 + N_2 = (194.2 + 65.3)\ \mathrm{r} = 259.5\ \mathrm{r}$$

【例 7-6】 曲柄 O_1A 和 O_2B 的长度均等于 $2r$，并均以角速度 ω_0 分别绕轴 O_1 和 O_2 转动，通过固连在连杆 AB 上的齿轮 Ⅰ 带动齿轮 Ⅱ 绕轴 O 转动。如图 7-13 所示，两齿轮的半径均为 r，求齿轮 Ⅰ 和齿轮 Ⅱ 轮缘上任意一点的加速度。

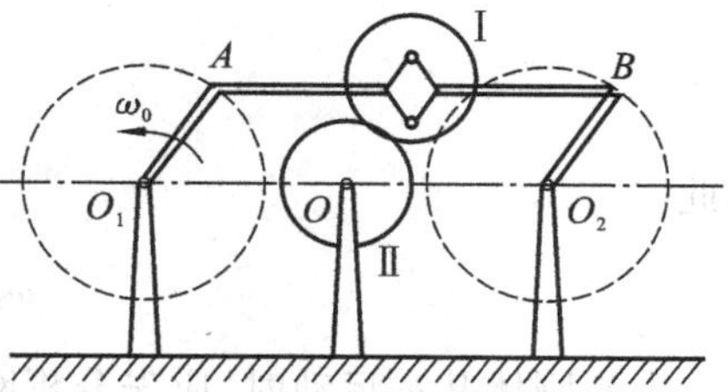

图 7-13

【解】 曲柄 O_1A 和 O_2B 做定轴转动，两者始终平行且相等，O_1ABO_2 是平行四边形，AB 始终平行于 O_1O_2，所以 AB 和固连在它上面的齿轮 Ⅰ 做平移。于是齿轮 Ⅰ 轮缘上任意一点的加速度与点 A 的加速度相同。因 O_1A 做匀角速转动，故

$$a_A = a_{An} = 2r\omega_0^2$$

方向沿 AO_1 指向点 O_1。

因此，齿轮 Ⅰ 轮缘上任意一点的加速度的大小为

$$a_1 = 2r\omega_0^2$$

方向平行于 AO_1。

又齿轮 Ⅰ 轮缘上任意一点的速度与点 A 的速度相同，即

$$v_1 = v_A = 2r\omega_0$$

齿轮 Ⅱ 由齿轮 Ⅰ 带动，显然齿轮 Ⅱ 和齿轮 Ⅰ 的啮合点处始终有相同的大小不变的速度，即

$$v_2 = v_A = 2r\omega_0$$

故齿轮 Ⅱ 也做匀角速转动，其轮缘上任意一点加速度的大小为

$$a_2 = a_{n2} = \frac{v_2^2}{r} = \frac{v_A^2}{r} = 4r\omega_0^2$$

方向指向齿轮 Ⅱ 的轮心 O。

【例 7-7】 圆柱齿轮传动是常用的轮系传动方式之一，可用来升降转速、改变转动方向。图 7-14(a) 所示为外啮合的原理图，图中的半径分别为各齿轮节圆的半径。两齿轮外啮合时，它们的转向相反，内啮合时，转向相同。设主动轮 A 和从动轮 B 的节圆半径为 r_1、r_2，轮 A 的角速度为 ω_1（转速为 n_1），求轮 B 的角速度 ω_2（转速为 n_2）。

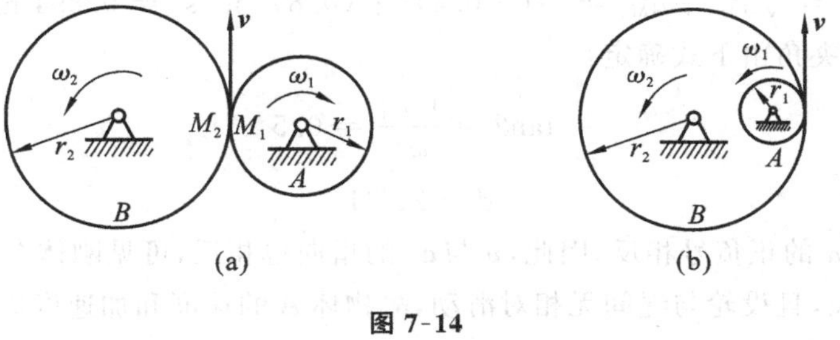

图 7-14

【解】 在定轴齿轮传动中，齿轮相互啮合，可视为两齿轮的节圆之间无相对滑动，接触点 M_1、M_2 具有相同的速度 v。

由于

$$v = r_1\omega_1 = \frac{n_1\pi}{30}r_1 \tag{a}$$

$$v = r_2\omega_2 = \frac{n_2\pi}{30}r_2 \tag{b}$$

因此

$$\omega_2 = \frac{r_1}{r_2}\omega_1, \quad n_2 = \frac{r_1}{r_2}n_1 \tag{c}$$

分析刚体基本运动时，应先分析刚体的运动情况。刚体平移时，其上任意一点的运动就代表刚体上其他各点的运动。对于定轴转动的刚体，要注意其速度和加速度的分布规律，按照题设的已知条件，应用相关公式通过求导或积分进行计算。对于多个刚体组成的运动系统，要特别注意铰接点和接触点运动的传递规律。

【例 7-8】 一半径 $R=0.2\ \mathrm{m}$ 的圆轮绕定轴 O 的转动方程为 $\varphi=-t^2+4t$（其中，φ 的单位为 rad，t 的单位为 s）。

(1) 求 $t=1\ \mathrm{s}$ 时，轮缘上任一点 M 的速度和加速度。

(2) 如在此轮上绕一不可伸长的绳索并在绳端悬一物体 A，求当 $t=1\ \mathrm{s}$ 时，物体 A 的速度和加速度。

【解】 (1) 分析运动：圆轮绕定轴转动；物体 A 平移。

根据公式求未知量。圆轮在任一瞬时的角速度和角加速度为

$$\omega = \frac{\mathrm{d}\varphi}{\mathrm{d}t} = -2t+4 \tag{a}$$

$$\alpha = \frac{\mathrm{d}\omega}{\mathrm{d}t} = -2\ \mathrm{rad/s^2} \tag{b}$$

当 $t=1\ \mathrm{s}$ 时 $$\omega = 2\ \mathrm{rad/s}, \quad \alpha = -2\ \mathrm{rad/s^2}$$

因此，圆轮上任一点 M 的速度和加速度为

$$v_M = R\omega = 0.4\ \mathrm{m/s} \tag{c}$$

$$a_{M\tau} = R\alpha = -0.4\ \mathrm{m/s^2} \tag{d}$$

$$a_{Mn} = R\omega^2 = 0.8\ \mathrm{m/s^2} \tag{e}$$

点 M 的全加速度的大小为

$$a_M = \sqrt{a_{M\tau}^2 + a_{Mn}^2} = \sqrt{(-0.4)^2+(0.8)^2}\ \mathrm{m/s^2} = 0.894\ \mathrm{m/s^2} \tag{f}$$

全加速度与半径的夹角由下式确定：

$$\tan\theta = \frac{|\alpha|}{\omega^2} = 0.5$$

因此 $$\theta = 26°34' \tag{g}$$

(2) 因为 ω 与 α 的正负号相反，因此，$\boldsymbol{v}$ 与 $\boldsymbol{a}_\tau$ 的指向也相反，可见刚体在 $t=1\ \mathrm{s}$ 时是做减速转动。因绳不可伸长，且设轮与绳间无相对滑动，故物体 A 的速度和加速度应等于轮缘上点 M 的速度和切向加速度，即

$$v_A = v_M = 0.4\ \mathrm{m/s} \tag{h}$$

$$a_A = a_{M\tau} = -0.4\ \mathrm{m/s^2} \tag{i}$$

7.3 定轴轮系的传动比

7.3.1 传动比的概念

在工程实际中，不同的机器，其工作转速一般也是不一样的，有高转速的，也有低转速的。常利用轮系传动提高或降低机械的转速。齿轮、带轮、链轮所组成的传动系统，就是用来实现这种减速或增速的。减速箱、变速箱等工程中常用的装备就是采用传动系统来实现减速、变速的。工程上，为了表示转速的变化关系，把主动轮转速 n（或 ω）与从动轮转速 n'（或 ω'）两者的比值叫做**传动比**，即

$$i=\frac{n}{n'}=\frac{\omega}{\omega'} \tag{7-14}$$

7.3.2 齿轮传动

机械中常用齿轮作为传动部件。现以一对啮合的圆柱齿轮为例。圆柱齿轮传动分为外啮合（见图 7-15）和内啮合（见图 7-16）两种。

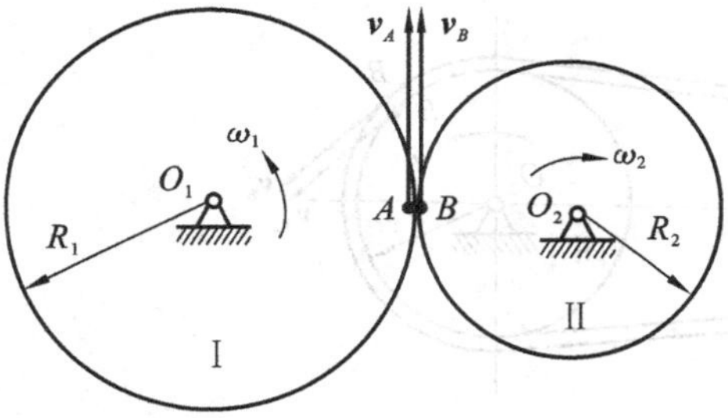

图 7-15

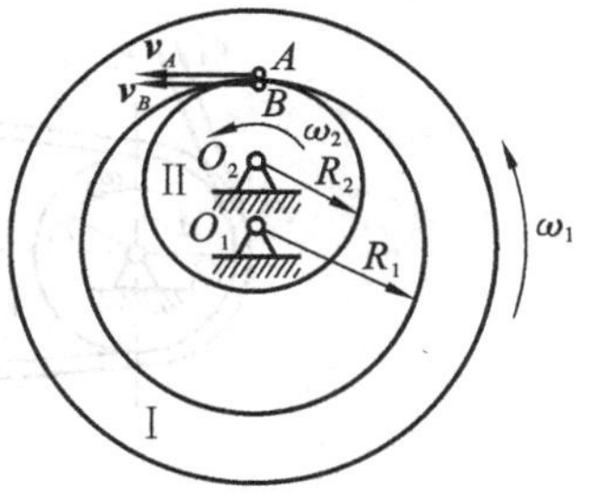

图 7-16

设两个齿轮各绕固定轴 O_1 和 O_2 转动，已知其啮合圆半径各为 R_1 和 R_2，齿数各为 z_1 和 z_2，角速度各为 ω_1 和 ω_2，角加速度各为 α_1 和 α_2。令 A 和 B 分别是两个齿轮啮合圆的接触点，因两圆之间没有相对滑动，故两者的速度和切向加速度必定相同，即

$$v_A=v_B,\quad a_{A\tau}=a_{B\tau}$$

因此有

$$R_1\omega_1=R_2\omega_2,\quad R_1\alpha_1=R_2\alpha_2$$

或

$$\frac{\omega_1}{\omega_2}=\frac{\alpha_1}{\alpha_2}=\frac{R_2}{R_1}$$

由于齿轮在啮合圆上的齿距相等，它们的齿数与半径成正比，故

$$\frac{\omega_1}{\omega_2}=\frac{\alpha_1}{\alpha_2}=\frac{R_2}{R_1}=\frac{z_2}{z_1}$$

由此可知，两齿轮啮合传动时，其角速度、角加速度均与两齿轮的齿数成反比（或与两齿轮的啮合圆半径成反比）。

设轮 Ⅰ 是主动轮，轮 Ⅱ 是从动轮，传动比用 i_{12} 来表示，则

$$i_{12}=\frac{\omega_1}{\omega_2}=\frac{\alpha_1}{\alpha_2}=\frac{R_2}{R_1}=\frac{z_2}{z_1} \tag{7-15}$$

式(7-15)也适用于圆锥齿轮传动、摩擦轮传动等。

有些场合为了区分轮系中各轮的转向，对各轮都规定统一的转动正向，这时各轮的角速度可取代数值，从而传动比也取代数值，即

$$i_{12}=\frac{\omega_1}{\omega_2}=\frac{\alpha_1}{\alpha_2}=\pm\frac{R_2}{R_1}=\pm\frac{z_2}{z_1} \tag{7-16}$$

式中，负号表示主动轮与从动轮转向相反(外啮合)，如图 7-15 所示；正号表示主动轮与从动轮转向相同(内啮合)，如图 7-16 所示。

7.3.3　带轮传动

如图 7-17 所示，电动机的带轮 Ⅰ 是主动轮，工作机的带轮 Ⅱ 是从动轮，设主动轮和从动轮的半径为 r_1 和 r_2，角速度分别为 ω_1 和 ω_2，主动轮 Ⅰ 以角速度 ω_1 绕定轴 O_1 转动，通过带拖动从动轮 Ⅱ 绕定轴 O_2 转动。在传动过程中，不考虑带的厚度，设带不可伸长，且带与带轮之间不打滑，因此，在同一时刻，带上各点的速度大小都相同，带与轮缘接触点的速度大小(切向加速度)应相同，则有

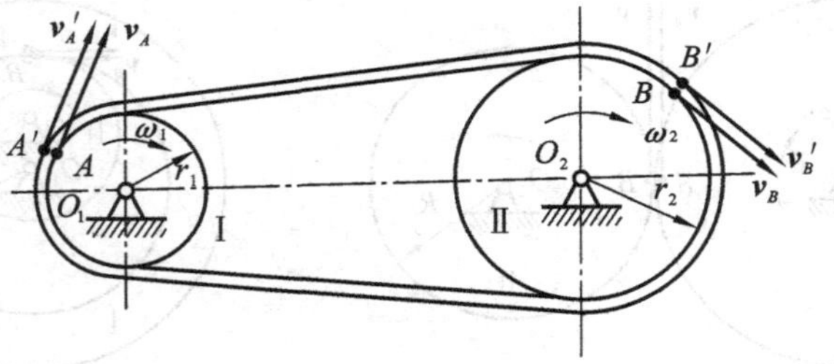

图 7-17

$$r_1\omega_1=r_2\omega_2,\quad r_1\alpha_1=r_2\alpha_2$$

于是带轮的传动比公式为

$$i_{12}=\frac{\omega_1}{\omega_2}=\frac{\alpha_1}{\alpha_2}=\frac{r_2}{r_1}$$

即，两轮的角速度及角加速度与其半径成反比。

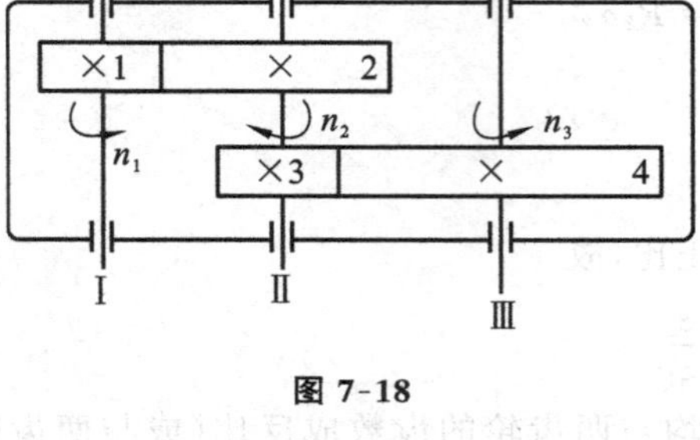

图 7-18

【例 7-9】　图 7-18 所示的减速箱，由四个齿轮组成，其齿数分别为 $z_1=10$，$z_2=60$，$z_3=12$，$z_4=70$。求减速箱的总传动比 i_{13}；如果 $n_1=3000$ r/min，求 n_3。

【解】　(1) 分析运动：各轮都做定轴转动，它是定轴轮系的传动问题。

(2) 根据公式求未知量。用 n_1、n_2、n_3 分别表示各轴的转速，先求轴 Ⅰ 与轴 Ⅱ 的传动比 i_{12}，根据式(7-15)得

$$i_{12}=\frac{n_1}{n_2}=\frac{z_2}{z_1}$$

再求轴 Ⅱ 与轴 Ⅲ 的传动比 i_{23}，即

$$i_{23}=\frac{n_2}{n_3}=\frac{z_4}{z_3}$$

从轴 Ⅰ 与轴 Ⅲ 的总传动比 i_{13}，为

$$i_{13}=\frac{n_1}{n_3}=\frac{n_1}{n_2}\cdot\frac{n_2}{n_3}=\frac{z_2}{z_1}\cdot\frac{z_4}{z_3}=i_{12}\cdot i_{23}$$

故传动系统的总传动比等于各级传动比的连乘积。各轴的转向如图 7-18 所示。由上式可得

$$i_{13}=\frac{n_1}{n_3}=\frac{z_2}{z_1}\cdot\frac{z_4}{z_3}=\frac{60\times 70}{10\times 12}=35$$

这说明轴 Ⅰ 的转速为轴 Ⅲ 转速的 35 倍。若 $n_1=3000\ \text{r/min}$，则

$$n_3=\frac{n_1}{i_{13}}=\frac{3000}{35}\ \text{r/min}=85.71\ \text{r/min}$$

本章小结

1. 刚体的基本运动

刚体的基本运动形式为平移和绕定轴转动。

2. 刚体平移的特点

平移刚体上各点的轨迹形状相同，每时刻各点的速度相等，加速度也相等，因此刚体的平移问题可归结为点的运动问题来研究。

3. 刚体绕定轴转动

绕定轴转动的刚体任一时刻的位置可用其转角 φ 表示；刚体的角速度是刚体转动快慢的度量，即 $\omega=\frac{d\varphi}{dt}$；刚体的角加速度是角速度变化快慢的度量，即 $\alpha=\frac{d\omega}{dt}$。刚体上各点的速度、切向加速度、法向加速度以及全加速度的大小，都与各点的转动半径成正比，即

$v=R\omega$，其方向垂直于转动半径，即沿圆周的切线，指向与 ω 的转向一致；

$a_\tau=R\alpha$，其方向垂直于转动半径，指向与角加速度 α 的转向一致；

$a_n=R\omega^2$，其方向沿着转动半径指向圆心。

全加速度

$$a=\sqrt{a_\tau^2+a_n^2}=R\sqrt{\alpha^2+\omega^4},\quad \tan\theta=\frac{|\boldsymbol{a}_\tau|}{a_n}=\frac{|\alpha|}{\omega^2}$$

4. 定轴轮系的传动比

$$i_{12}=\frac{\omega_1}{\omega_2}=\frac{\alpha_1}{\alpha_2}=\frac{r_2}{r_1}=\frac{z_2}{z_1}$$

思考题

7-1　若一刚体运动时，其上各点均做曲线运动，试问该刚体有可能是做平移吗？若在运动的刚体上有的点做直线运动，有的点做曲线运动，这个刚体有可能是做平移吗？

7-2　点的运动方程与轨迹方程有什么区别？

7-3　加速度 $\boldsymbol{a}$ 的方向是否表示点的运动方向？加速度的大小是否表示点的运动快慢程度？

7-4　刚体平移的特征是什么？请举出一些生产和生活实际中的平移的实例。

7-5　为什么刚体的平移可简化为一个点的运动？刚体做平移时，其上各点的轨迹是否为一直线？

7-6　当 $\omega<0,\alpha<0$ 时，物体是越转越快还是越转越慢？为什么？

7-7　飞轮匀速转动，若半径增大1倍，轮缘上点的速度和加速度是否都增大1倍？若飞轮转速增大1倍，轮缘上点的速度和加速度是否也增大1倍？

7-8　试画出图7-19中标有字母的各点的速度方向和加速度方向。

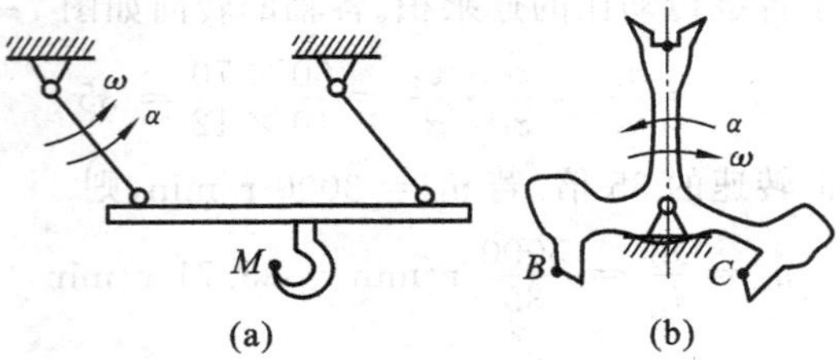

图 7-19

7-9　判断下列说法是否正确：

(1) 相互啮合的两个齿轮，两者接触点的线速度相同，从而它们的角速度也相同；

(2) 相互啮合的两个齿轮，两者接触点的线速度不相同，从而它们的角速度也不相同；

(3) 相互啮合的两个齿轮，两者接触点的线速度不相同，从而它们的角速度也相同；

(4) 相互啮合的两个齿轮，两者接触点的线速度相同，从而它们的角速度却不相同。

7-10　半径分别为 r_1 和 r_2 的主动轮、从动轮和带构成带轮传动系统，若忽略带和轮子之间的摩擦，试问两轮之间的转速关系是什么？

习　题

7-1　搅拌机如题7-1图所示，已知 $O_1A=O_2B=r,O_1O_2=AB$，杆 O_1A 以不变转速 n 转动。试求搅杆 BAM 端点 M 的轨迹、速度和加速度。

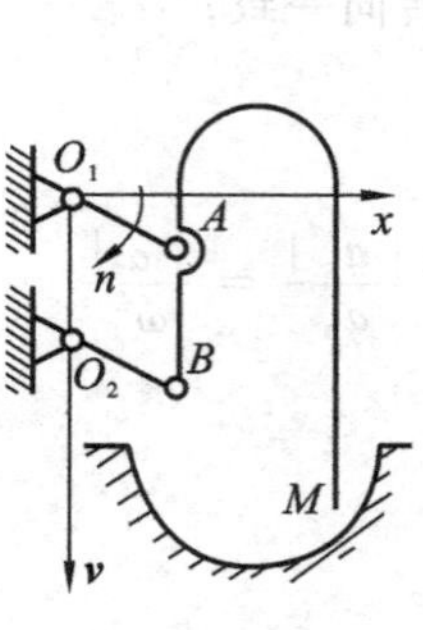

题 7-1 图

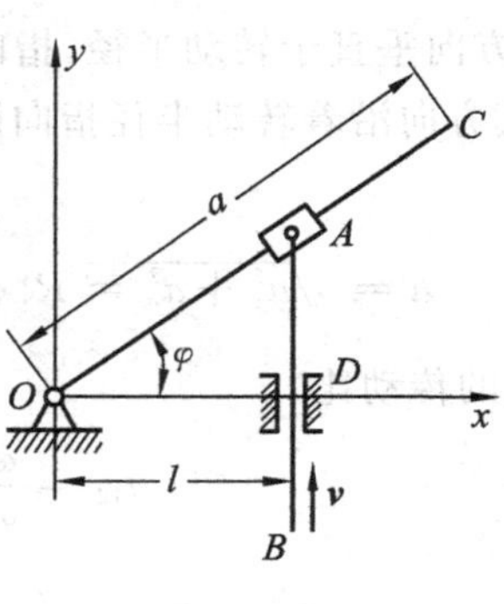

题 7-2 图

7-2　机构如题7-2图所示，若杆 AB 以匀速运动，开始时 $\varphi=0$。求当 $\varphi=\dfrac{\pi}{4}$ 时，摇杆 OC 的角速度和角加速度。

7-3　如题 7-3 图所示，从静止开始做匀变速转动的飞轮，直径 $D=1.2$ m，角加速度 $\alpha=3$ rad/s^2。求此飞轮边缘上一点 M，在第 10 s 末的速度、法向加速度和切向加速度。

7-4　如题 7-4 图所示的定滑轮机构中，设某时刻重物 A 的速度 $v=1.5$ m/s，加速度 $a_A=1$ m/s^2，方向均向上。试求该时刻重物 B 及轮缘上点 C 的速度和加速度。设 $R=0.5$ m，$r=0.3$ m。

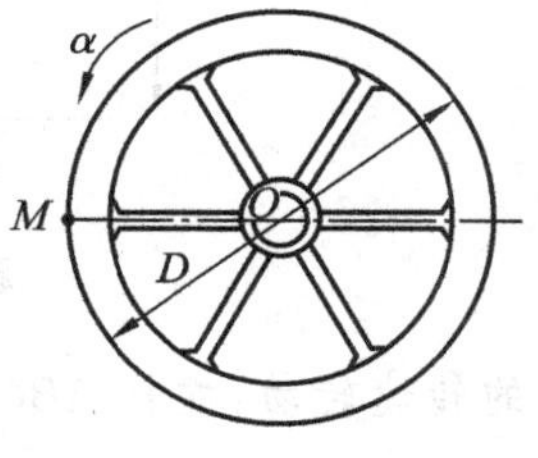

题 7-3 图

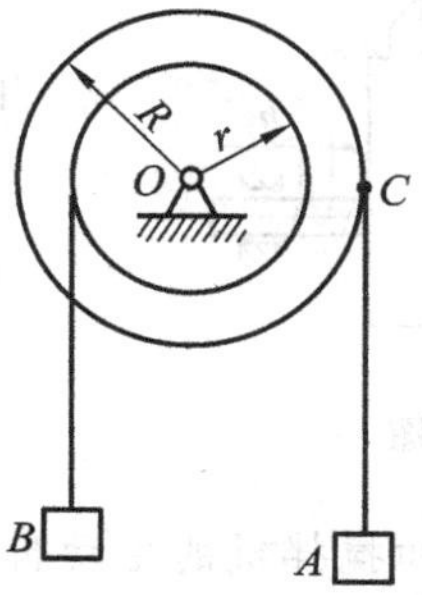

题 7-4 图

7-5　如题 7-5 图所示，电动绞车由带轮 Ⅰ 和 Ⅱ 及鼓轮 Ⅲ 组成，鼓轮 Ⅲ 和轮 Ⅱ 刚性连在同一轴上。各轮半径分别为 $r_1=30$ cm，$r_2=75$ cm，$r_3=40$ cm。轮 Ⅰ 的转速 $n_1=10$ r/min。设轮与带间无滑动，求重物 P 上升的速度和带 AB、BC、CD、DA 各段上点的加速度的大小。

7-6　一机构中齿轮 1 紧固在杆 AC 上，$AB=O_1O_2$，齿轮 1 和半径为 r_2 的齿轮 2 啮合，齿轮 2 可绕轴 O_2 转动且与曲柄 O_2B 没有联系，如题 7-6 图所示。设 $O_1A=O_2B=l$，$\varphi=b\sin\omega t$，试确定当 $t=\dfrac{2\pi}{\omega}$ s 时，轮 2 的角速度和角加速度。

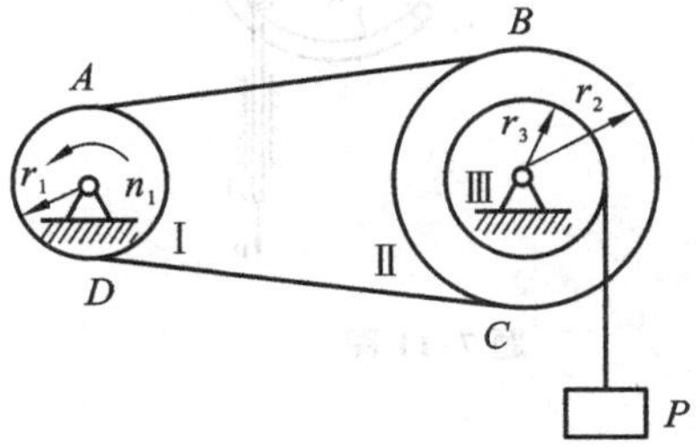

题 7-5 图

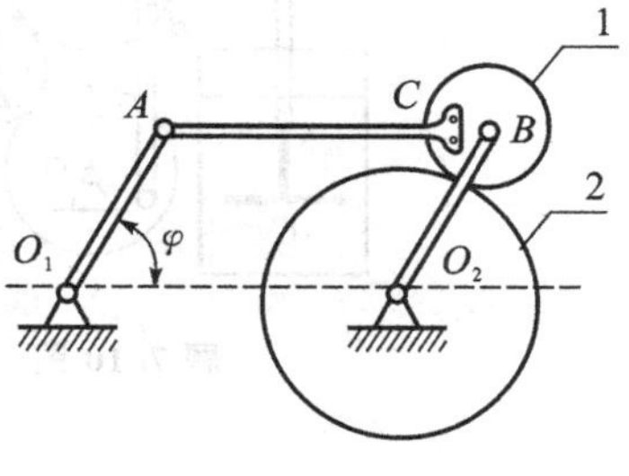

题 7-6 图

7-7　车床的传动装置如题 7-7 图所示，已知各齿轮的齿数分别为：$z_1=40$，$z_2=84$，$z_3=28$，$z_4=80$，带动刀具的丝杠的螺距为 $h_2=12$ mm。求车刀切削工件的螺距 h_1。

7-8　摩擦传动机构的主动轴 Ⅰ 的转速为 $n=600$ r/min，如题 7-8 图所示。轴 Ⅰ 的轮盘与轴 Ⅱ 的轮盘相接触，接触点按照箭头 A 所示的方向移动，距离 d 的变化规律为 $d=100-5t$，其中 d 以 mm 计，t 以 s 计。已知 $r=50$ mm，$R=150$ mm。求：(1) 以距离 d 表示轴 Ⅱ 的角加速度；(2) 当 $d=r$ 时，轮 B 边缘上一点的全加速度。

7-9　曲柄 CB 以等角速度 ω_0 绕轴 C 转动，其转动方程为 $\varphi=\omega_0 t$，如题 7-9 图所示。滑块 B 带动摇杆 OA 绕轴 O 转动。设 $OC=h$，$BC=r$。求摇杆的转动方程。

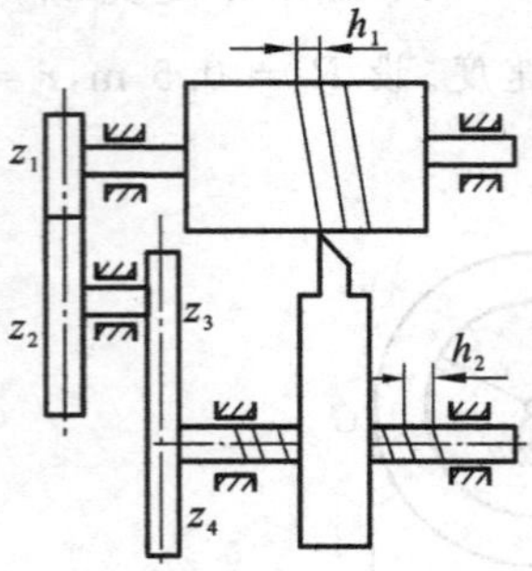

题 7-7 图

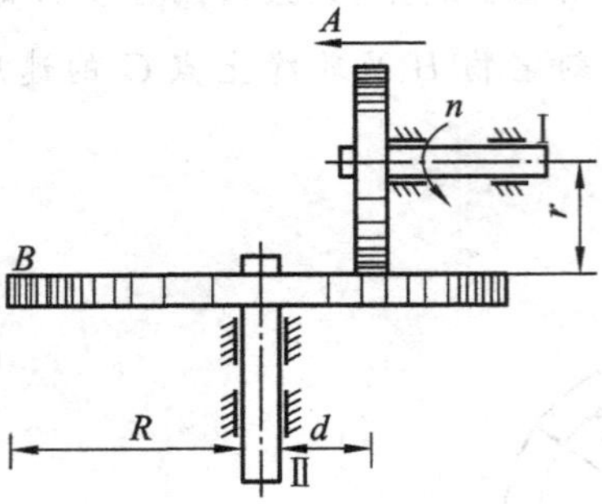

题 7-8 图

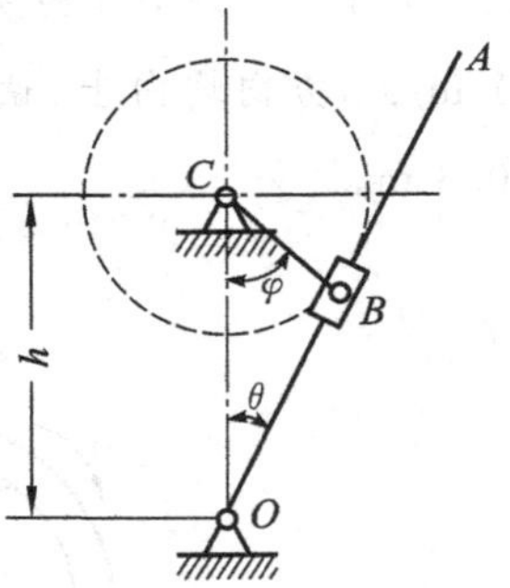

题 7-9 图

7-10　已知搅拌机的主动齿轮 O_1 以 $n=950$ r/min 的转速转动，搅杆 ABC 用销钉 A、B 与齿轮 O_2、O_3 相连，如题 7-10 图所示。且 $AB=O_2O_3$，$O_3A=O_2B=0.25$ m，各齿轮齿数为 $z_1=20$，$z_2=50$，$z_3=50$。求搅杆端点 C 的速度和轨迹。

7-11　杆 AB 在铅直方向以恒速 $\boldsymbol{v}$ 向下运动，并由 B 端的小轮带着半径为 R 的圆弧杆 OC 绕轴 O 转动，如题 7-11 图所示。设运动开始时 $\varphi=\dfrac{\pi}{4}$，求此后任意瞬时 t，杆 OC 的角速度和点 C 的速度。

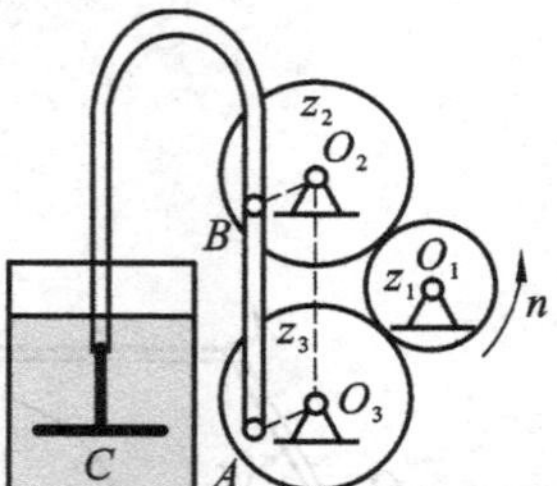

题 7-10 图

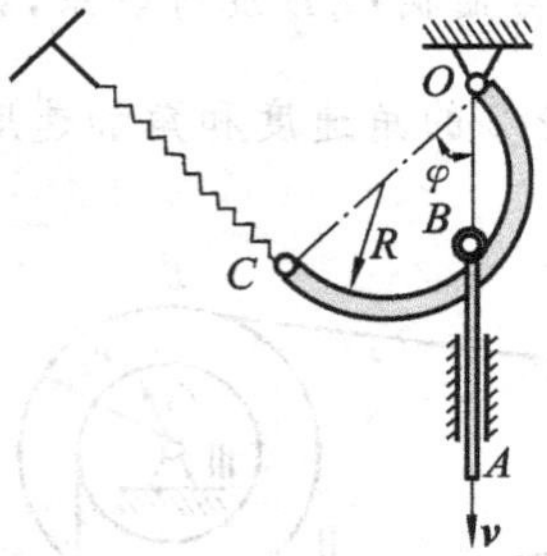

题 7-11 图

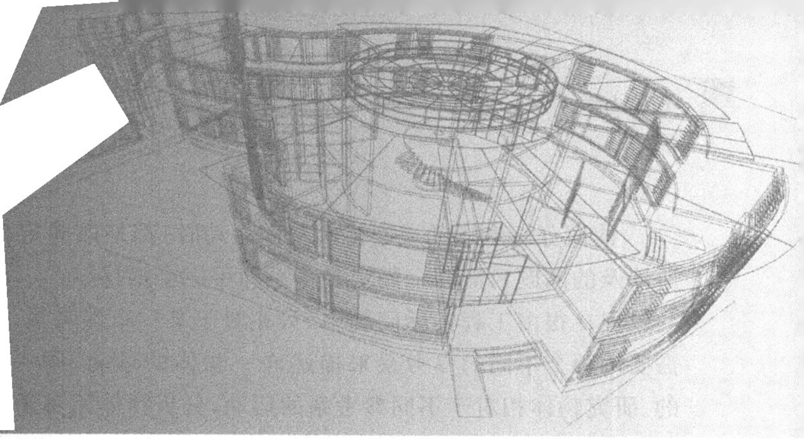

8 点的合成运动

本章导读

● **教学的基本要求**　理解三种运动、三种速度和三种加速度的定义，理解运动的合成与分解以及运动相对性的概念；掌握动点、动系和定系选择方法；熟练掌握速度合成定理及牵连运动为平移时点的加速度合成定理，掌握牵连运动为定轴转动时点的加速度合成定理；理解科氏加速度的概念。

● **教学内容的重点**　运动的合成与分解，速度合成定理及加速度合成定理及其应用。

● **教学内容的难点**　牵连点、牵连速度、牵连加速度及科氏加速度的概念，动点、动系的选择和相对运动的分析。

前面分析点运动或刚体的基本运动时，都是以固定在地球表面的固定坐标系作为参考系，所涉及的问题只需一个固定参考系即可完全描述。

但在很多工程实际问题中，只相对于某一个参考系，很难完整地描述物体的运动。这时通常需要用两个不同的参考系来描述同一物体的运动。同一物体相对于不同参考系的运动是不同的。研究物体相对于不同参考系的运动，分析物体相对于不同参考系运动之间的关系，称为运动的合成。

本章分析点的合成运动，研究运动中某一瞬时点的速度合成定理和加速度合成定理。

8.1 合成运动的基本概念

物体的运动是相对的，对于不同的参考系，其运动规律是不同的，即物体的运动相对于不同的参考系是不同的。如图 8-1(a) 所示，沿轴 x 做纯滚动的圆轮，取 Oxy、$Cx'y'$ 为参考系（其中 C 为轮心，点 C 做直线运动，运动过程中 $Cx' \parallel Ox$，$Cy' \parallel Oy$，即 $Cx'y'$ 相对 Oxy 做平移）。对于 Oxy 参考系而言，动点 M 的运动轨迹曲线为旋轮线；对于 $Cx'y'$ 参考系而言，动点 M 的运动轨迹曲线为圆周线。又如图 8-1(b) 所示，直管 OA 以角速度 ω 在水平面内绕轴 O 转动，管内有一小球 M 沿直管向外运动。对于固连于地面的参考系 Oxy 而言，小球 M 做平面曲线运动，对于固连于直管的参考系 $Ox'y'$ 而言，小球 M 做直线运动。显然，在两种参考系中，动点 M 的速度和加速度也都不同。

从上面两个例子可以看到，同一物体相对于不同参考系表现出不同的运动，但这些不同运动之间是有联系的。图 8-1(a) 中，点 M 沿旋轮线运动，但对于 $Cx'y'$ 参考系，点 M 做圆周运动，$Cx'y'$ 参考系相对 Oxy 做平移。这样点 M 的运动可看成由圆周运动和平移复合而成。又如图 8-1(b) 中，点 M 的运动可看成由直线运动与定轴转动复合而成。这种相对于某一参考系的运动可由相对于其他参考系的几个运动复合而成的运动称为**合成运动**。

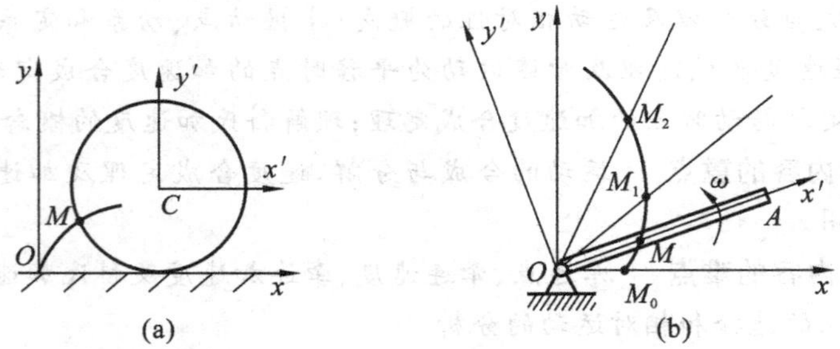

图 8-1

为了便于研究，我们习惯上把固定于地球表面的坐标系称为**定参考系**，简称**定系**，以 $Oxyz$ 坐标系表示。而把固定于其他物体上相对于定系运动的参考系称为**动参考系**，简称**动系**，以 $O'x'y'z'$ 坐标系表示。并规定，动点相对定系的运动称为**绝对运动**；动点相对动系的运动称为**相对运动**；动系相对定系的运动称为**牵连运动**。从上述定义可知，绝对运动和相对运动都是指动点的运动，它可能是直线运动或曲线运动；而牵连运动则是指动系的运动，动系固连于运动的刚体上，因此，牵连运动实为固连动系的刚体的运动，它可能是平移、定轴转动或其他较复杂的刚体运动。

以图 8-1(b) 为例，为了描述小球 M 的运动，取小球 M 为动点，取 Oxy 为定系，取 $Ox'y'$ 为动系，这样，点 M(小球) 的相对运动是沿直管的直线运动，绝对运动则是曲线运动，而牵连运动则是绕轴 O 的转动。

动点在绝对运动中的轨迹、速度、加速度分别称为**绝对轨迹、绝对速度、绝对加速度**。绝对速度和绝对加速度分别以 $\boldsymbol{v}_a$ 和 $\boldsymbol{a}_a$ 表示。动点在相对运动中的轨迹、速度、加速度分别称为**相对轨迹、相对速度、相对加速度**。相对速度和相对加速度分别以 $\boldsymbol{v}_r$ 和 $\boldsymbol{a}_r$ 表示。某瞬时动系上与动点重合的点称为**牵连点**。牵连点相对于定系的速度和加速度分别称为**牵连速度**和**牵连加速度**，牵连速度和牵连加速度分别以 $\boldsymbol{v}_e$ 和 $\boldsymbol{a}_e$ 表示。这里应特别注意，在不同的瞬时有不同的牵连点。

某些比较复杂的运动，通过恰当地选择动系，可以看成是比较简单的牵连运动和相对运动的合成，或者说可以把复杂的运动分解为两个比较简单的运动。因此，合成运动无论在理论上还是工程应用上都具有重要的意义。

8.2 速度合成定理

本节将建立绝对速度、相对速度和牵连速度三者之间的关系。

设动点 M 在动系 $O'x'y'z'$ 中沿曲线 AB 运动(即曲线 AB 是点 M 的相对轨迹)，而动系本身又相对于定系 $Oxyz$ 做某种运动，如图 8-2 所示。在瞬时 t，动系连同相对轨迹 AB 在定系中的 Ⅰ 位置，动点则在曲线 AB 上的点 M。经过时间间隔 Δt，动系运动到定系中的 Ⅱ 位置，动点运动到点 M'。如果在动系上观察点 M 的运动，则它沿曲线 AB 运动到点 M_2。显然，动点 M 的绝对轨迹为 $\overset{\frown}{MM'}$，绝对位移为 $\overline{MM'}$，动点 M 的相对轨迹为 $\overset{\frown}{MM_2}$，相对位移为 $\overline{MM_2}$，$\overline{MM_1}$ 为牵连点的位移，$\overset{\frown}{MM_1}$ 为牵连点的轨迹。由图 8-2 可得

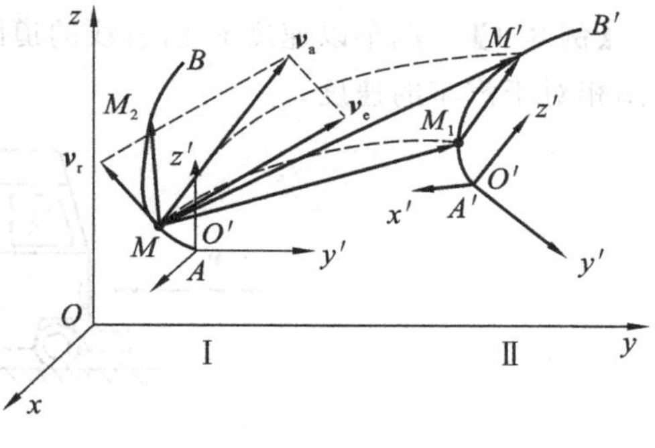

图 8-2

$$\boldsymbol{MM'} = \boldsymbol{MM}_1 + \boldsymbol{M}_1\boldsymbol{M'}$$

上式两端除以 Δt，并取 $\Delta t \to 0$ 的极限，得

$$\lim_{\Delta t \to 0} \frac{\boldsymbol{MM'}}{\Delta t} = \lim_{\Delta t \to 0} \frac{\boldsymbol{MM}_1}{\Delta t} + \lim_{\Delta t \to 0} \frac{\boldsymbol{M}_1\boldsymbol{M'}}{\Delta t}$$

其中

$\lim\limits_{\Delta t \to 0} \dfrac{\boldsymbol{MM'}}{\Delta t} = \boldsymbol{v}_a$ 是点 M 在瞬时 t 的绝对速度，其方向沿 $\overset{\frown}{MM'}$ 在点 M 的切线方向。

$\lim\limits_{\Delta t \to 0} \dfrac{\boldsymbol{MM}_1}{\Delta t} = \boldsymbol{v}_e$ 是点 M 在瞬时 t 的牵连速度，其方向沿 $\overset{\frown}{MM_1}$ 在点 M 的切线方向。

$\lim\limits_{\Delta t\to 0}\dfrac{\boldsymbol{M_1M'}}{\Delta t}=\lim\limits_{\Delta t\to 0}\dfrac{\boldsymbol{MM_2}}{\Delta t}=\boldsymbol{v}_r$ 是点 M 在瞬时 t 的相对速度，其方向沿$\overset{\frown}{MM_2}$ 在点 M 的切线方向(因为$\boldsymbol{M_1M'}$ 和$\boldsymbol{MM_2}$ 两矢量的模相等，且随 $\Delta t\to 0$ 而趋于同一方向)。

故可得

$$\boldsymbol{v}_a=\boldsymbol{v}_e+\boldsymbol{v}_r \tag{8-1}$$

即某瞬时动点的绝对速度等于它在该瞬时的牵连速度与相对速度的矢量和，这就是**速度合成定理**。若以某瞬时的牵连速度和相对速度的矢量为邻边作平行四边形，则其对角线就是该瞬时的绝对速度矢量，如图 8-2 所示。式(8-1) 中包含有 $\boldsymbol{v}_a$、$\boldsymbol{v}_e$ 和 $\boldsymbol{v}_r$ 三者的大小和方向共 6 个要素，只有知道其中 4 个要素才能求解其余 2 个要素。

应用式(8-1) 求解时，关于动点和动系的选择应注意三点：一是动点和动系不能选在同一刚体上，否则，动点对动系无相对运动；二是动点对动系的相对运动轨迹要简单明了，如为直线运动或圆周运动；三是在推导速度合成定理时，并未限制动系做什么样的运动，因此，该定理适用于牵连运动是任何运动的情况。

在应用速度合成定理解题时，建议按以下步骤进行：

(1) 恰当地选择动点和动系，如无特殊说明，定系一般固连于地面上；

(2) 分析三种运动，进而确定三种速度的大小和方向，哪些是已知的，哪些是未知的；

(3) 按速度合成定理作出速度平行四边形，利用三角关系或矢量投影定理求解。

下面举例说明点的速度合成定理的应用。

【例 8-1】 汽车以速度 $\boldsymbol{v}_1$ 沿直线的道路行驶，雨滴以速度 $\boldsymbol{v}_2$ 铅直下落，如图 8-3 所示，试求雨滴相对于汽车的速度。

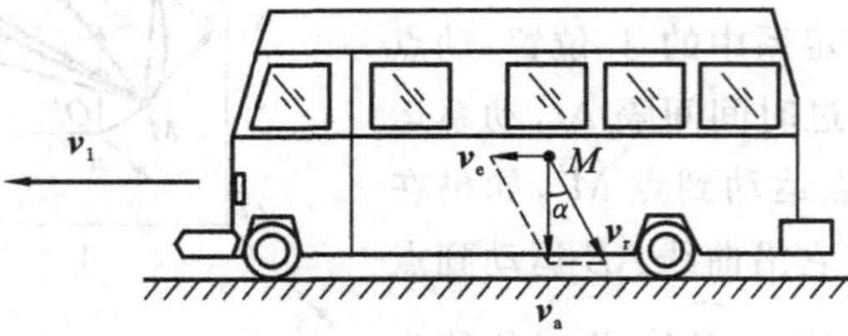

图 8-3

【解】 因为雨滴相对运动的汽车有运动，所以本题为点的合成运动问题，可应用点的速度合成定理求解。

(1) 选择动点及动系：取雨滴为动点，动系固定在汽车上。

(2) 分析三种运动：绝对运动为雨滴的铅直直线运动，牵连运动为汽车的水平平移。

(3) 分析三种速度：由速度合成定理

$$\boldsymbol{v}_a=\boldsymbol{v}_e+\boldsymbol{v}_r$$

速　度	$\boldsymbol{v}_a$	$\boldsymbol{v}_e$	$\boldsymbol{v}_r$
大　小	v_2	v_1	?
方　向	铅直向下	水平向左	?

作速度平行四边形，如图 8-3 所示。求得相对速度为

$$v_r = \sqrt{v_a^2 + v_e^2} = \sqrt{v_2^2 + v_1^2}$$

雨滴相对于汽车的速度 $\boldsymbol{v}_r$ 与铅直线的夹角为

$$\tan\alpha = \frac{v_1}{v_2}$$

【例 8-2】 如图 8-4 所示机构中，曲柄 OA 可绕固定轴 O 转动，滑块用销钉 A 与曲柄相连，并可在滑道 DE 中滑动。曲柄转动时通过滑块带动滑道连杆 $BCDE$ 沿导槽运动。已知曲柄长 $OA = r$，角速度为 ω。试求当杆 OA 与水平线成 φ 角时杆 BC 的速度。

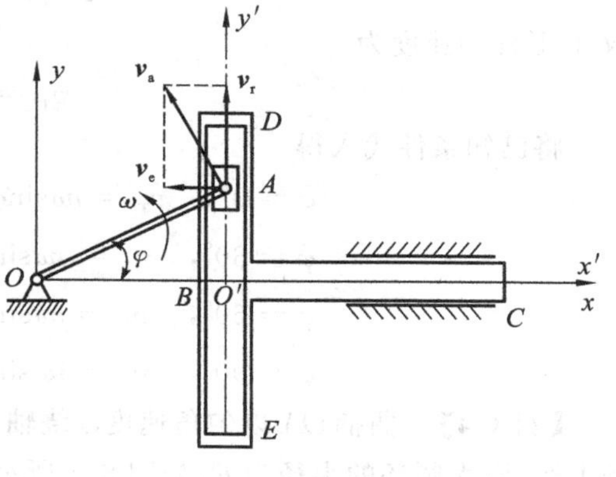

图 8-4

【解】 因为滑块 A 沿运动着的滑道 DE 运动，所以本题为点的合成运动问题，可应用点的速度合成定理求解。

(1) 选择动点及动系：动点取为滑块 A，动系固连在滑道连杆 $BCDE$ 上。

(2) 分析三种运动：绝对运动是以 O 为圆心、OA 长为半径的圆周运动，相对运动是沿滑道 DE 的直线运动，牵连运动为滑道连杆的水平平移。

(3) 分析三种速度：由速度合成定理

$$\boldsymbol{v}_a = \boldsymbol{v}_e + \boldsymbol{v}_r$$

速　度	$\boldsymbol{v}_a$	$\boldsymbol{v}_e$	$\boldsymbol{v}_r$
大　小	$r\omega$	?	?
方　向	垂直于 OA	水平方向	铅直方向

作速度平行四边形，如图 8-4 所示。求得牵连速度的大小为

$$v_e = v_a \sin\varphi = r\omega\sin\varphi$$

牵连速度就是滑道 DE 及杆 BC 的速度，即

$$v_{BC} = v_e = r\omega\sin\varphi$$

【例 8-3】 如图 8-5 所示曲柄滑道机构，T 形杆 BC 部分处于水平位置，DE 部分处于铅直位置并放在套筒 A 中。已知曲柄 OA 以匀角速度 $\omega = 20$ rad/s 绕轴 O 转动，$OA = r = 10$ cm，试求当曲柄 OA 与水平线的夹角 φ 分别为 0°、30°、60°、90° 时，T 形杆的速度。

【解】 先求出 φ 角为任意值时 T 形杆的速度，再代入 φ 角的各瞬时值，即得该瞬时 T 形杆的速度。

(1) 选择动点及动系：选套筒 A 为动点，动系固连于 T 形杆上。

(2) 分析三种运动：绝对运动为圆周运动，相对运动为沿 DE 的直线运动，牵连运动为 T 形杆的平移。

(3) 分析三种速度：由速度合成定理

$$\boldsymbol{v}_a = \boldsymbol{v}_e + \boldsymbol{v}_r$$

速　度	$\boldsymbol{v}_a$	$\boldsymbol{v}_e$	$\boldsymbol{v}_r$
大　小	$r\omega$	?	?
方　向	垂直于 OA	水平方向	铅直方向

作速度平行四边形，如图 8-5 所示。求得牵连速度的大小为

$$v_e = v_a\sin\varphi = r\omega\sin\varphi$$

故 T 形杆的速度为

$$v_T = v_e = r\omega\sin\varphi$$

将已知条件代入得

$$\varphi = 0°,\quad v_T = r\omega\sin\varphi = 200\sin0° = 0\ \text{cm/s}$$

$$\varphi = 30°,\quad v_T = r\omega\sin\varphi = 200\sin30° = 100\ \text{cm/s}$$

$$\varphi = 60°,\quad v_T = r\omega\sin\varphi = 200\sin60° = 173.2\ \text{cm/s}$$

$$\varphi = 90°,\quad v_T = r\omega\sin\varphi = 200\sin90° = 200\ \text{cm/s}$$

【例 8-4】 曲柄 OA 以匀角速度 ω 绕轴 O 转动，其上套有小环 M，而小环 M 又在固定的大圆环上运动，大圆环的半径为 R，如图 8-6 所示。试求当曲柄与水平线成的角 $\varphi = \omega t$ 时，小环 M 的绝对速度和相对曲柄 OA 的相对速度。

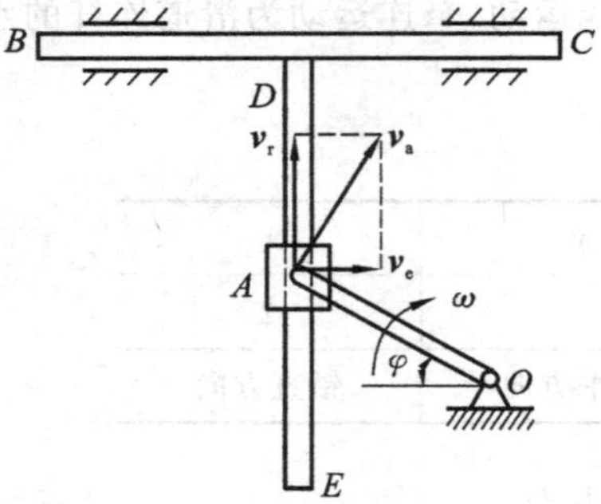

图 8-5

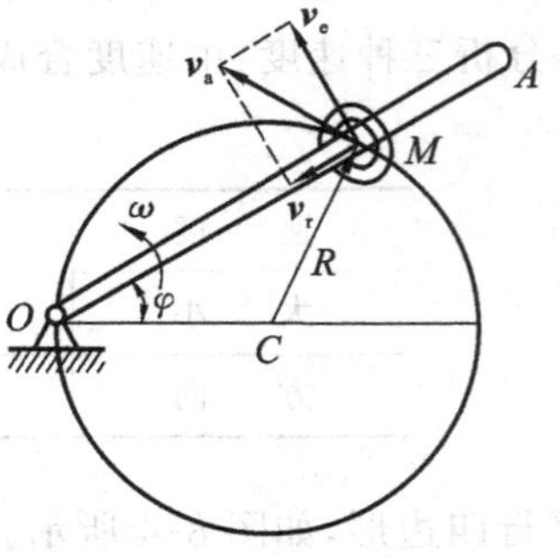

图 8-6

【解】 (1) 选择动点及动系：选小环 M 为动点，动系固连在 OA 上。

(2) 分析三种运动：绝对运动为圆周运动，相对运动为小环 M 沿 OA 的直线运动，牵连运动为杆 OA 的定轴转动。

(3) 分析三种速度：由速度合成定理

$$\boldsymbol{v}_a = \boldsymbol{v}_e + \boldsymbol{v}_r$$

速　度	$\boldsymbol{v}_a$	$\boldsymbol{v}_e$	$\boldsymbol{v}_r$
大　小	?	$OM\omega$	?
方　向	垂直于 CM	垂直于 OM	指向点 O

作速度平行四边形，如图 8-6 所示。求得绝对速度和相对速度的大小分别为

$$v_a = \frac{v_e}{\cos\varphi} = \frac{2R\omega\cos\varphi}{\cos\varphi} = 2R\omega$$

$$v_r = v_e \tan\varphi = 2R\omega\cos\varphi\tan\varphi = 2R\omega\sin\varphi = 2R\omega\sin\omega t$$

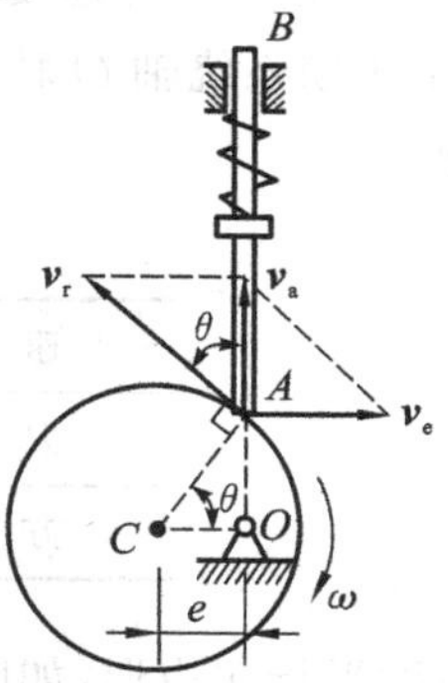

图 8-7

【例 8-5】 如图 8-7 所示，半径为 R、偏心距为 e 的凸轮，以匀角速度 ω 绕轴 O 转动，并使滑槽内的直杆 AB 上下移动，设 OAB 在一条直线上，如图示位置，轮心 C 与轴 O 在水平位置，试求该瞬时杆 AB 的速度。

【解】 (1) 选择动点及动系：选杆 AB 上的点 A 为动点，动系固连在凸轮上。

(2) 分析三种运动：绝对运动为直线运动，相对运动为圆周运动，牵连运动为凸轮绕轴 O 的定轴转动。

(3) 分析三种速度：由速度合成定理

$$\boldsymbol{v}_a = \boldsymbol{v}_e + \boldsymbol{v}_r$$

速　度	$\boldsymbol{v}_a$	$\boldsymbol{v}_e$	$\boldsymbol{v}_r$
大　小	?	$OA\omega$	?
方　向	铅直方向	垂直于 OA	垂直于 CA

作速度平行四边形，如图 8-7 所示。求得绝对速度的大小为

$$v_a = v_e\cot\theta = \omega \cdot OA\,\frac{e}{OA} = \omega e$$

【例 8-6】 如图 8-8 所示机构中，半径为 r 的半圆柱凸轮水平向左运动，且推动杆 OA 绕轴 O 做定轴转动。在图示位置时，凸轮的速度为 $\boldsymbol{v}$，$\varphi = 30°$。试求该瞬时杆 OA 转动的角速度。

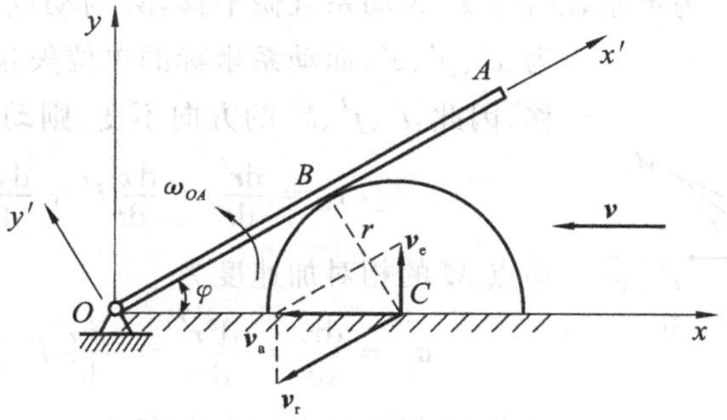

图 8-8

【解】 本例中涉及半圆柱凸轮和做定轴转动的杆 OA。凸轮水平向左平移，通过凸轮与杆在点 B 的接触传递运动，且接触点(无论是凸轮上还是杆上)在不同的时刻对应着不同的点，即接触点随时间而变。因此不能以点 B 作为动点，否则相对运动轨迹难以确定。但运动过程中，杆 OA 始终与凸轮相切，轮心 C 至杆 OA 的距离始终不变，因此可选点 C 为动点。

(1) 选择动点及动系：选点 C 为动点，动系固连于杆 OA 上。

(2) 分析三种运动：绝对运动为水平向左的直线运动，点 C 距杆 OA 的距离始终不变，故相对运动是平行于杆 OA 的直线运动，牵连运动为杆 OA 绕轴 O 的定轴转动。

(3) 分析三种速度：牵连速度为牵连点的速度，而本题中牵连点为动系平面上与点 C 重合的点，由于动系绕轴 O 转动，所以牵连速度垂直于该点与转轴的连线，即垂直于 OC。由速度合成定理

$$\boldsymbol{v}_a = \boldsymbol{v}_e + \boldsymbol{v}_r$$

速　度	$\boldsymbol{v}_a$	$\boldsymbol{v}_e$	$\boldsymbol{v}_r$
大　小	v	?	?
方　向	水平向左	垂直于 OC	平行于 OA

作速度平行四边形，如图 8-8 所示。求得牵连速度为

$$v_e = v_a \tan 30° = \frac{\sqrt{3}}{3} v$$

故杆 OA 转动的角速度为

$$\omega_{OA} = \frac{v_e}{OC} = \frac{v_e}{2r} = \frac{\sqrt{3}v}{6r}$$

8.3　牵连运动是平移时点的加速度合成定理

在点的合成运动中，一旦定系、动系、动点确定，则动点的绝对速度 $\boldsymbol{v}_a$、相对速度 $\boldsymbol{v}_r$ 和牵连速度 $\boldsymbol{v}_e$ 之间满足速度合成定理式(8-1)。而加速度之间的关系比较复杂，因此，通常按牵连运动为平移和牵连运动为定轴转动两种情况进行研究。本节将分析牵连运动为平移的情况。

在图 8-9 中，设 $Oxyz$ 为定系，$O'x'y'z'$ 为动系且做平移，M 为动点。动点 M 在动系中的坐标为 x'、y'、z'，而动系坐标的单位矢量为 $\boldsymbol{i}'$、$\boldsymbol{j}'$、$\boldsymbol{k}'$。由于动系平移，因此，$\boldsymbol{i}'$、$\boldsymbol{j}'$、$\boldsymbol{k}'$ 的方向不变。则动点 M 的相对速度为

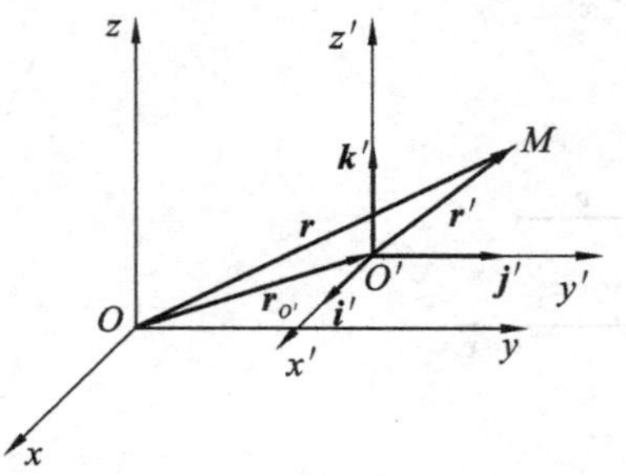

图 8-9

$$\boldsymbol{v}_r = \frac{d\boldsymbol{r}'}{dt} = \frac{dx'}{dt}\boldsymbol{i}' + \frac{dy'}{dt}\boldsymbol{j}' + \frac{dz'}{dt}\boldsymbol{k}' \tag{8-2}$$

动点 M 的相对加速度为

$$\boldsymbol{a}_r = \frac{d\boldsymbol{v}_r}{dt} = \frac{d^2\boldsymbol{r}'}{dt^2} = \frac{d^2x'}{dt^2}\boldsymbol{i}' + \frac{d^2y'}{dt^2}\boldsymbol{j}' + \frac{d^2z'}{dt^2}\boldsymbol{k}' \tag{8-3}$$

动点 M 相对于点 O 的矢径为

$$\boldsymbol{r} = \boldsymbol{r}_{O'} + \boldsymbol{r}' = \boldsymbol{r}_{O'} + (x'\boldsymbol{i}' + y'\boldsymbol{j}' + z'\boldsymbol{k}')$$

对上式求二阶导数，得

$$\boldsymbol{a}_a = \frac{d^2\boldsymbol{r}}{dt^2} = \frac{d^2\boldsymbol{r}_{O'}}{dt^2} + \frac{d^2\boldsymbol{r}'}{dt^2} = \frac{d^2\boldsymbol{r}_{O'}}{dt^2} + \left(\frac{d^2x'}{dt^2}\boldsymbol{i}' + \frac{d^2y'}{dt^2}\boldsymbol{j}' + \frac{d^2z'}{dt^2}\boldsymbol{k}'\right)$$

由于牵连运动是平移，动系上各点加速度相等，即牵连点的加速度与原点 O' 的加速度相等，因此有

$$\boldsymbol{a}_{O'} = \frac{d^2\boldsymbol{r}_{O'}}{dt^2} = \boldsymbol{a}_e$$

故有

$$\boldsymbol{a}_a = \boldsymbol{a}_e + \boldsymbol{a}_r \tag{8-4}$$

式(8-4)即为牵连运动为平移时点的加速度合成定理。当牵连运动为平移时，某瞬时动点的绝对加速度等于它的牵连加速度和相对加速度的矢量和。

当动点的绝对轨迹、相对轨迹为曲线，牵连运动为曲线平移时，式(8-4)可写成更普遍的形式

$$\boldsymbol{a}_{an} + \boldsymbol{a}_{a\tau} = \boldsymbol{a}_{en} + \boldsymbol{a}_{e\tau} + \boldsymbol{a}_{rn} + \boldsymbol{a}_{r\tau} \tag{8-5}$$

其中

$$a_{an} = \frac{v_a^2}{\rho_a}, \quad a_{rn} = \frac{v_r^2}{\rho_r}, \quad a_{en} = \frac{v_e^2}{\rho_e}$$

而 v_a、v_r、v_e 分别为绝对速度、相对速度、牵连速度，ρ_a、ρ_r 和 ρ_e 分别为绝对轨迹、相对轨迹和牵连点轨迹在该点的曲率半径。因此，一般情况下，在进行加速度分析时先要进行速度分析。

应用加速度合成定理解题的步骤，与应用速度合成定理解题时基本相同：首先恰当地选择动点和动系，随即可分析三种运动、三种速度及三种加速度的各个要素，并作出加速度矢量图，最后应用矢量投影定理求解。

下面举例说明牵连运动是平移时点的加速度合成定理的应用。

【例 8-7】 如图 8-10(a)所示的半圆柱凸轮，凸轮在水平面内向右做减速运动。若已知凸轮半径为 R，在图示瞬时，凸轮的速度为 $\boldsymbol{v}$，加速度为 $\boldsymbol{a}$。试求该瞬时导杆 AB 的加速度。

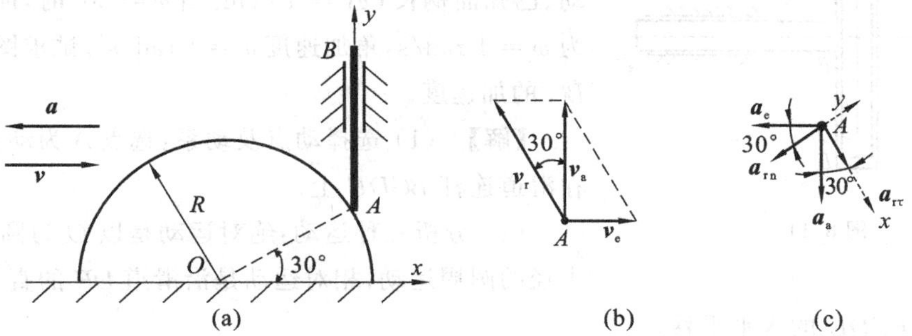

图 8-10

【解】 (1) 选择动点及动系：动点取为导杆 AB 上的点 A，动系固连在凸轮上。

(2) 分析三种运动：绝对运动为沿 AB 的直线运动，相对运动为圆周运动，牵连运动为凸轮的平移。

(3) 分析速度：由速度合成定理

$$\boldsymbol{v}_a = \boldsymbol{v}_e + \boldsymbol{v}_r$$

速　度	$\boldsymbol{v}_a$	$\boldsymbol{v}_e$	$\boldsymbol{v}_r$
大　小	?	v	?
方　向	铅直方向	水平向右	垂直于 OA

作速度平行四边形，如图 8-10(b)所示。求得相对速度的大小为

$$v_r = \frac{v_e}{\sin 30^\circ} = 2v$$

(4) 分析加速度：由牵连运动为平移时点的加速度合成定理

$$\boldsymbol{a}_a = \boldsymbol{a}_e + \boldsymbol{a}_{rn} + \boldsymbol{a}_{r\tau} \tag{a}$$

加速度	$\boldsymbol{a}_a$	$\boldsymbol{a}_e$	$\boldsymbol{a}_{rn}$	$\boldsymbol{a}_{r\tau}$
大　小	?	a	$\frac{v_r^2}{R}$	?
方　向	铅直方向	水平向左	指向点 O	垂直于 OA

作加速度矢量图，如图 8-10(c) 所示。应用矢量投影定理，按图示矢量方向将式(a) 向轴 y 投影，得

$$-a_a\cos 60^\circ = -a_e\cos 30^\circ - a_{rn}$$

$$a_a = \sqrt{3}a + 8v^2/R$$

另外，还可按图示矢量方向将式(a) 向轴 x 投影求得 $a_{r\tau}$，请读者自己求解。

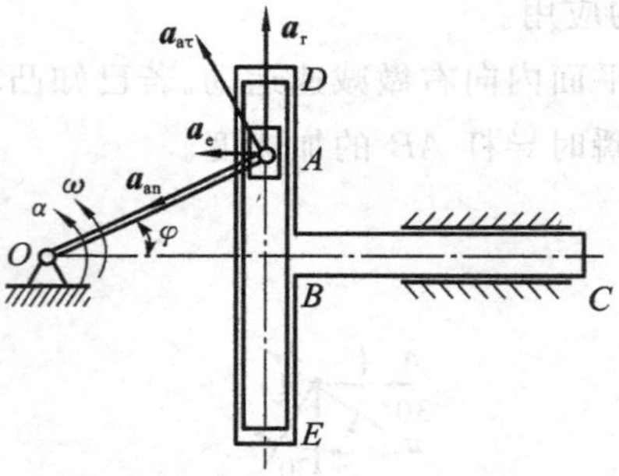

图 8-11

【例 8-8】 如图 8-11 所示机构中，曲柄 OA 可绕固定轴 O 转动，滑块用销钉 A 与曲柄相连，并可在滑道 DE 中滑动。曲柄转动时通过滑块带动滑道连杆 $BCDE$ 沿导槽运动。已知曲柄长 $OA = 10$ cm。当 $\varphi = 30^\circ$ 时，曲柄的角速度为 $\omega = 1$ rad/s，角加速度 $\alpha = 1$ rad/s^2。试求图示位置时杆 BC 的加速度。

【解】 (1) 选择动点及动系：选点 A 为动点，动系固连在滑道连杆 $BCDE$ 上。

(2) 分析三种运动：绝对运动是以 O 为圆心、OA 长为半径的圆周运动，相对运动是沿滑道 DE 的直线运动，牵连运动为连杆 $BCDE$ 的水平平移。

(3) 分析加速度：由牵连运动为平移时点的加速度合成定理

$$\boldsymbol{a}_{an} + \boldsymbol{a}_{a\tau} = \boldsymbol{a}_e + \boldsymbol{a}_r$$

加速度	$\boldsymbol{a}_{an}$	$\boldsymbol{a}_{a\tau}$	$\boldsymbol{a}_e$	$\boldsymbol{a}_r$
大　小	$OA \cdot \omega^2$	$OA \cdot \alpha$	?	?
方　向	指向点 O	垂直于 OA	水平方向	铅直方向

作加速度矢量图，如图 8-11 所示。应用矢量投影定理，按图示矢量方向将上式向水平轴投影，得

$$-a_{an}\cos\varphi - a_{a\tau}\sin\varphi = -a_e$$

解得

$$a_e = 13.66\ \text{cm/s}^2$$

牵连加速度就是杆 BC 的加速度，即

$$a_{BC} = a_e = 13.66\ \text{cm/s}^2$$

8.4 牵连运动是定轴转动时点的加速度合成定理

当牵连运动是定轴转动时，动系 $O'x'y'z'$ 坐标的单位矢量 $\boldsymbol{i}'$、$\boldsymbol{j}'$、$\boldsymbol{k}'$ 的方向随时间在不断变化，是时间 t 的函数。因此，我们先来分析单位矢量 $\boldsymbol{i}'$、$\boldsymbol{j}'$、$\boldsymbol{k}'$ 对时间的导数。

设动系 $O'x'y'z'$ 以角速度 ω_e 绕定轴 z 转动，角速率矢为 $\boldsymbol{\omega}_e$，如图 8-12 所示。先分析 $\boldsymbol{k}'$ 对时间的导数。设 $\boldsymbol{k}'$ 的端点 A 的矢径为 $\boldsymbol{r}_A$，则可得点 A 的速度为

$$\boldsymbol{v}_a = \frac{d\boldsymbol{r}_A}{dt} = \boldsymbol{\omega}_e \times \boldsymbol{r}_A \tag{8-6}$$

设动系原点 O' 的矢径为 $\boldsymbol{r}_{O'}$（见图 8-12），则有

$$\boldsymbol{r}_A = \boldsymbol{r}_{O'} + \boldsymbol{k}'$$

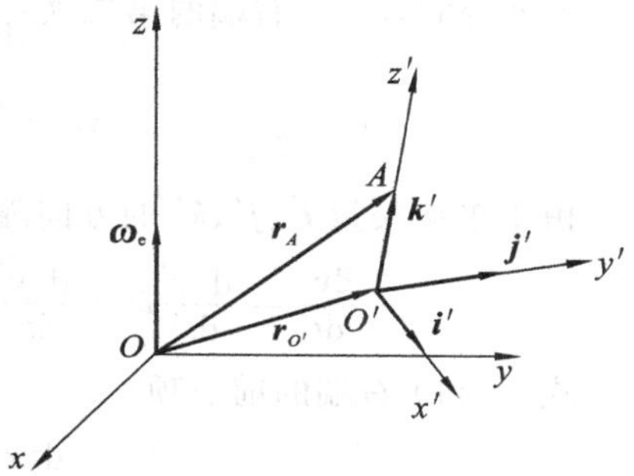

图 8-12

将上式代入式(8-6)得

$$\frac{d\boldsymbol{r}_{O'}}{dt} + \frac{d\boldsymbol{k}'}{dt} = \boldsymbol{\omega}_e \times (\boldsymbol{r}_{O'} + \boldsymbol{k}')$$

而动系原点 O' 的速度为

$$\boldsymbol{v}_{O'} = \frac{d\boldsymbol{r}_{O'}}{dt} = \boldsymbol{\omega}_e \times \boldsymbol{r}_{O'}$$

所以有

$$\frac{d\boldsymbol{k}'}{dt} = \boldsymbol{\omega}_e \times \boldsymbol{k}'$$

同理可得 $\boldsymbol{i}'$、$\boldsymbol{j}'$ 对时间的导数，合写为

$$\frac{d\boldsymbol{i}'}{dt} = \boldsymbol{\omega}_e \times \boldsymbol{i}', \quad \frac{d\boldsymbol{j}'}{dt} = \boldsymbol{\omega}_e \times \boldsymbol{j}', \quad \frac{d\boldsymbol{k}'}{dt} = \boldsymbol{\omega}_e \times \boldsymbol{k}' \tag{8-7}$$

下面推导牵连运动是定轴转动时点的加速度合成定理。无论动系做何种运动，点的速度合成定理及其对时间的一阶导数都是成立的，即

$$\frac{d\boldsymbol{v}_a}{dt} = \frac{d\boldsymbol{v}_e}{dt} + \frac{d\boldsymbol{v}_r}{dt} \tag{8-8}$$

其中，$\frac{d\boldsymbol{v}_a}{dt}$ 为绝对加速度 $\boldsymbol{a}_a$。现分别研究等式右边的两项。

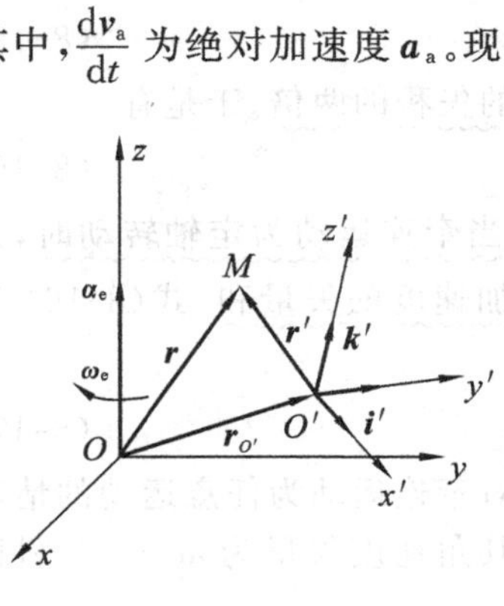

图 8-13

先研究式(8-8)右端的第一项 $\frac{d\boldsymbol{v}_e}{dt}$，牵连速度为牵连点的速度。设动点 M 的矢径为 $\boldsymbol{r}$，如图 8-13 所示。当 $O'x'y'z'$ 绕定轴 z 以角速度 ω_e 转动时，牵连速度为

$$\boldsymbol{v}_e = \boldsymbol{\omega}_e \times \boldsymbol{r}$$

因此

$$\frac{d\boldsymbol{v}_e}{dt} = \frac{d\boldsymbol{\omega}_e}{dt} \times \boldsymbol{r} + \boldsymbol{\omega}_e \times \frac{d\boldsymbol{r}}{dt} \tag{8-9}$$

式中，$\frac{d\boldsymbol{\omega}_e}{dt} = \boldsymbol{\alpha}_e$，为动系绕定轴 z 转动的角加速度矢。而动点 M 的

矢径 $\boldsymbol{r}$ 对时间的一阶导数$\frac{\mathrm{d}\boldsymbol{r}}{\mathrm{d}t}$为绝对速度，即

$$\frac{\mathrm{d}\boldsymbol{r}}{\mathrm{d}t} = \boldsymbol{v}_\mathrm{a} = \boldsymbol{v}_\mathrm{e} + \boldsymbol{v}_\mathrm{r}$$

代入式(8-9)有

$$\frac{\mathrm{d}\boldsymbol{v}_\mathrm{e}}{\mathrm{d}t} = \boldsymbol{\alpha}_\mathrm{e} \times \boldsymbol{r} + \boldsymbol{\omega}_\mathrm{e} \times (\boldsymbol{v}_\mathrm{e} + \boldsymbol{v}_\mathrm{r})$$

式中，$\boldsymbol{\alpha}_\mathrm{e} \times \boldsymbol{r} + \boldsymbol{\omega}_\mathrm{e} \times \boldsymbol{v}_\mathrm{e}$ 为牵连点的加速度，即牵连加速度。于是得

$$\frac{\mathrm{d}\boldsymbol{v}_\mathrm{e}}{\mathrm{d}t} = \boldsymbol{a}_\mathrm{e} + \boldsymbol{\omega}_\mathrm{e} \times \boldsymbol{v}_\mathrm{r} \tag{8-10}$$

再研究式(8-8)右端的第二项$\frac{\mathrm{d}\boldsymbol{v}_\mathrm{r}}{\mathrm{d}t}$，动点的相对速度为

$$\boldsymbol{v}_\mathrm{r} = \frac{\mathrm{d}\boldsymbol{r}'}{\mathrm{d}t} = \frac{\mathrm{d}x'}{\mathrm{d}t}\boldsymbol{i}' + \frac{\mathrm{d}y'}{\mathrm{d}t}\boldsymbol{j}' + \frac{\mathrm{d}z'}{\mathrm{d}t}\boldsymbol{k}'$$

由于单位矢量 $\boldsymbol{i}'$、$\boldsymbol{j}'$、$\boldsymbol{k}'$ 的方向随时间在不断变化，所以有

$$\frac{\mathrm{d}\boldsymbol{v}_\mathrm{r}}{\mathrm{d}t} = \frac{\mathrm{d}^2x'}{\mathrm{d}t^2}\boldsymbol{i}' + \frac{\mathrm{d}^2y'}{\mathrm{d}t^2}\boldsymbol{j}' + \frac{\mathrm{d}^2z'}{\mathrm{d}t^2}\boldsymbol{k}' + \frac{\mathrm{d}x'}{\mathrm{d}t}\frac{\mathrm{d}\boldsymbol{i}'}{\mathrm{d}t} + \frac{\mathrm{d}y'}{\mathrm{d}t}\frac{\mathrm{d}\boldsymbol{j}'}{\mathrm{d}t} + \frac{\mathrm{d}z'}{\mathrm{d}t}\frac{\mathrm{d}\boldsymbol{k}'}{\mathrm{d}t} \tag{8-11}$$

式(8-11)右端的前三项

$$\frac{\mathrm{d}^2x'}{\mathrm{d}t^2}\boldsymbol{i}' + \frac{\mathrm{d}^2y'}{\mathrm{d}t^2}\boldsymbol{j}' + \frac{\mathrm{d}^2z'}{\mathrm{d}t^2}\boldsymbol{k}' = \boldsymbol{a}_\mathrm{r}$$

将上式及式(8-7)代入式(8-11)有

$$\frac{\mathrm{d}\boldsymbol{v}_\mathrm{r}}{\mathrm{d}t} = \boldsymbol{a}_\mathrm{r} + \frac{\mathrm{d}x'}{\mathrm{d}t}(\boldsymbol{\omega}_\mathrm{e} \times \boldsymbol{i}') + \frac{\mathrm{d}y'}{\mathrm{d}t}(\boldsymbol{\omega}_\mathrm{e} \times \boldsymbol{j}') + \frac{\mathrm{d}z'}{\mathrm{d}t}(\boldsymbol{\omega}_\mathrm{e} \times \boldsymbol{k}') \tag{8-12}$$

将式(8-12)右端后三项中的 $\boldsymbol{\omega}_\mathrm{e}$ 提出来，有

$$\frac{\mathrm{d}\boldsymbol{v}_\mathrm{r}}{\mathrm{d}t} = \boldsymbol{a}_\mathrm{r} + \boldsymbol{\omega}_\mathrm{e} \times \left(\frac{\mathrm{d}x'}{\mathrm{d}t}\boldsymbol{i}' + \frac{\mathrm{d}y'}{\mathrm{d}t}\boldsymbol{j}' + \frac{\mathrm{d}z'}{\mathrm{d}t}\boldsymbol{k}'\right) = \boldsymbol{a}_\mathrm{r} + \boldsymbol{\omega}_\mathrm{e} \times \boldsymbol{v}_\mathrm{r} \tag{8-13}$$

将式(8-10)、式(8-13)代入式(8-8)，得

$$\boldsymbol{a}_\mathrm{a} = \boldsymbol{a}_\mathrm{e} + \boldsymbol{a}_\mathrm{r} + 2\boldsymbol{\omega}_\mathrm{e} \times \boldsymbol{v}_\mathrm{r} \tag{8-14}$$

令

$$\boldsymbol{a}_\mathrm{C} = 2\boldsymbol{\omega}_\mathrm{e} \times \boldsymbol{v}_\mathrm{r} \tag{8-15}$$

$\boldsymbol{a}_\mathrm{C}$ 称为**科氏加速度**，它等于动系角速度矢与点的相对速度矢的矢积的两倍。于是有

$$\boldsymbol{a}_\mathrm{a} = \boldsymbol{a}_\mathrm{e} + \boldsymbol{a}_\mathrm{r} + \boldsymbol{a}_\mathrm{C} \tag{8-16}$$

式(8-16)为牵连运动为定轴转动时点的加速度合成定理，即当牵连运动为定轴转动时，某瞬时动点的绝对加速度等于它的牵连加速度、相对加速度与科氏加速度的矢量和。式(8-16)还可以写成

$$\boldsymbol{a}_\mathrm{an} + \boldsymbol{a}_\mathrm{a\tau} = \boldsymbol{a}_\mathrm{en} + \boldsymbol{a}_\mathrm{e\tau} + \boldsymbol{a}_\mathrm{rn} + \boldsymbol{a}_\mathrm{r\tau} + \boldsymbol{a}_\mathrm{C} \tag{8-17}$$

式(8-16)虽然是在牵连运动为定轴转动的情况下导出的，但对牵连运动为任意运动的情况也适用，它是点的加速度合成定理的普遍形式。当动系做平移时，其角速度矢量为 $\boldsymbol{\omega}_\mathrm{e} = 0$，科氏加速度 $\boldsymbol{a}_\mathrm{C} = 0$，式(8-16)就退化为式(8-4)。

根据矢积运算规则，$\boldsymbol{a}_\mathrm{C}$ 的大小为

$$a_C = 2\omega_e v_r \sin\theta$$

其中，θ为$\boldsymbol{\omega}_e$与$\boldsymbol{v}_r$两矢量间的最小夹角。矢量$\boldsymbol{a}_C$垂直于$\boldsymbol{\omega}_e$和$\boldsymbol{v}_r$，指向按右手螺旋法则确定，如图 8-14 所示。

科氏加速度在自然界中是有所表现的。例如，在北半球，河水向北流动时，河水的科氏加速度向西，即指向左侧。由动力学可知，有向左的加速度，河水必受到右岸对水的向左的作用力。根据作用与反作用定律，河水对右岸有反作用力。因此在北半球南北走向的江河的右岸都受到较明显的冲刷。

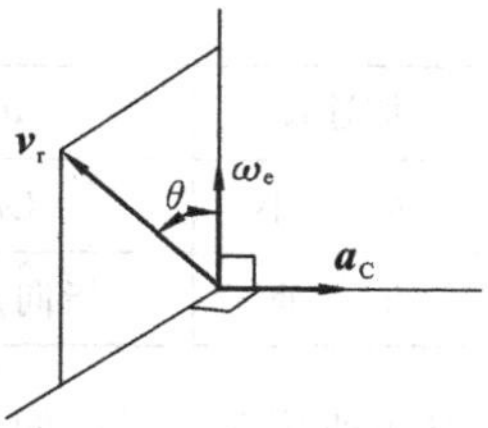

图 8-14

下面举例说明牵连运动是定轴转动时点的加速度合成定理的应用。

【例 8-9】 如图 8-15(a) 所示机构中，杆O_1A以均角速度ω做定轴转动运动。图示位置时$\angle AO_2O_1 = 30°$，$\angle AO_1O_2 = 90°$，O_1A杆长为L。试求该位置时杆O_2B的角速度和角加速度。

【解】 (1) 选择动点及动系：取点A为动点，动系固连在杆O_2B上。

(2) 分析三种运动：绝对运动是以O_1为圆心、O_1A长为半径的圆周运动，相对运动是沿O_2B的直线运动，牵连运动为杆O_2B绕O_2的定轴转动。

(3) 分析速度：由速度合成定理

$$\boldsymbol{v}_a = \boldsymbol{v}_e + \boldsymbol{v}_r$$

速　度	$\boldsymbol{v}_a$	$\boldsymbol{v}_e$	$\boldsymbol{v}_r$
大　小	$L\omega$	?	?
方　向	垂直于O_1A	垂直于O_2B	平行于O_2B

作速度平行四边形，如图 8-15(b) 所示。求得牵连速度和相对速度的大小分别为

$$v_e = v_a \sin 30° = \frac{1}{2}L\omega$$

$$v_r = v_a \cos 30° = \frac{\sqrt{3}}{2}L\omega$$

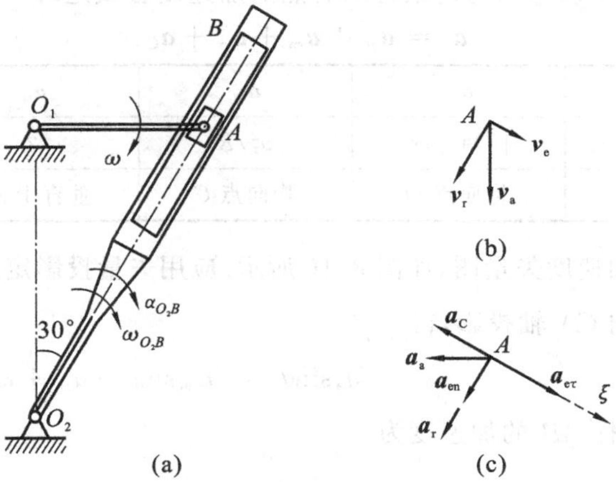

图 8-15

所以，杆O_2B的角速度为

$$\omega_{O_2B} = \frac{v_e}{O_2A} = \frac{1}{4}\omega$$

(4) 分析加速度：由牵连运动为定轴转动时点的加速度合成定理

$$\boldsymbol{a}_a = \boldsymbol{a}_{en} + \boldsymbol{a}_{e\tau} + \boldsymbol{a}_r + \boldsymbol{a}_C$$

加速度	$\boldsymbol{a}_a$	$\boldsymbol{a}_{en}$	$\boldsymbol{a}_{e\tau}$	$\boldsymbol{a}_r$	$\boldsymbol{a}_C$
大　小	$L\omega^2$	$\lvert O_2A \rvert \omega_{O_2B}^2$	?	?	$2\omega_{O_2B}v_r$
方　向	指向点 O_1	指向点 O_2	垂直于 O_2A	平行于 O_2A	垂直于 O_2A

作加速度矢量图，如图 8-15(c) 所示。应用矢量投影定理，按图示矢量方向将上式向 ξ 轴投影，得

$$-a_a\cos30° = a_{e\tau} - a_C$$

即

$$a_{e\tau} = a_C - a_a\cos30° = -\frac{\sqrt{3}}{4}\omega^2 L$$

所以，杆 O_2B 的角加速度为

$$\alpha_{O_2B} = \frac{a_{e\tau}}{O_2A} = -\frac{\sqrt{3}}{8}\omega^2$$

式中负号表示 $\boldsymbol{a}_{e\tau}$ 的真实方向与图中假设相反，即表示 α_{O_2B} 为逆时针转向。

【例 8-10】 求例 8-5 中杆 AB 的加速度。

【解】 (1) 选择动点及动系：选杆 AB 上的点 A 为动点，动系固连在凸轮上。

(2) 分析三种运动：点 A 的绝对运动是直线运动，相对运动是以凸轮中心 C 为圆心的圆周运动，牵连运动为凸轮绕 O 的定轴转动。

(3) 分析速度：由速度合成定理

$$\boldsymbol{v}_a = \boldsymbol{v}_e + \boldsymbol{v}_r$$

作速度平行四边形，如图 8-7(a) 所示。求得相对速度的大小为

$$v_r = \frac{v_e}{\sin\theta} = \omega R$$

(4) 分析加速度：由牵连运动为定轴转动时点的加速度合成定理

$$\boldsymbol{a}_a = \boldsymbol{a}_{en} + \boldsymbol{a}_{rn} + \boldsymbol{a}_{r\tau} + \boldsymbol{a}_C$$

加速度	$\boldsymbol{a}_a$	$\boldsymbol{a}_{en}$	$\boldsymbol{a}_{rn}$	$\boldsymbol{a}_{r\tau}$	$\boldsymbol{a}_C$
大　小	?	$\lvert OA \rvert \omega^2$	v_r^2/R	?	$2\omega v_r$
方　向	铅直方向	指向点 O	指向点 C	垂直于 AC	沿 CA

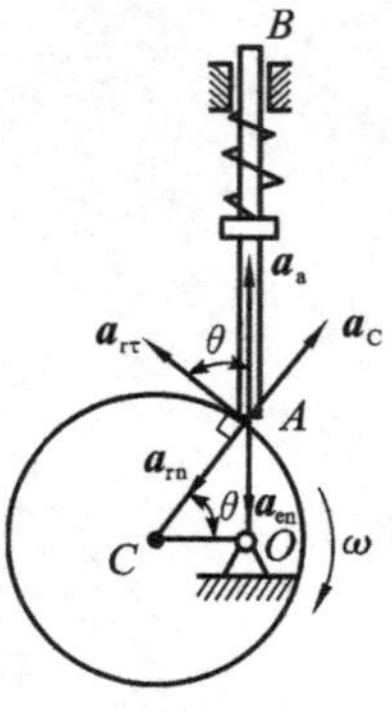

图 8-16

作加速度矢量图，如图 8-16 所示。应用矢量投影定理，按图示矢量方向将上式向 CA 轴投影，得

$$a_a\sin\theta = -a_{en}\sin\theta - a_{rn} + a_C$$

故，杆 AB 的加速度为

$$a_a = \frac{1}{\sin\theta}(-a_{en}\sin\theta - a_{rn} + a_C)$$

$$= \frac{e^2\omega^2}{\sqrt{R^2 - e^2}}$$

本章小结

1. 两种坐标系

定系:固连于地球表面的坐标系。

动系:固连于其他物体上相对于定系运动的参考系。

2. 三种运动

绝对运动:动点相对于定系的运动。

相对运动:动点相对于动系的运动。

牵连运动:动系相对于定系的运动。

3. 点的速度合成定理

某瞬时动点的绝对速度等于它的牵连速度和相对速度的矢量和。

$$\boldsymbol{v}_{\mathrm{a}} = \boldsymbol{v}_{\mathrm{e}} + \boldsymbol{v}_{\mathrm{r}}$$

绝对速度位于速度平行四边形的对角线上。

4. 点的加速度合成定理

1) 牵连运动为平移时点的加速度合成定理

当牵连运动为平移时,某瞬时动点的绝对加速度等于它的牵连加速度和相对加速度的矢量和,即

$$\boldsymbol{a}_{\mathrm{a}} = \boldsymbol{a}_{\mathrm{e}} + \boldsymbol{a}_{\mathrm{r}}$$

或

$$\boldsymbol{a}_{\mathrm{an}} + \boldsymbol{a}_{\mathrm{a\tau}} = \boldsymbol{a}_{\mathrm{en}} + \boldsymbol{a}_{\mathrm{e\tau}} + \boldsymbol{a}_{\mathrm{rn}} + \boldsymbol{a}_{\mathrm{r\tau}}$$

其中

$$a_{\mathrm{an}} = \frac{v_{\mathrm{a}}^2}{\rho_{\mathrm{a}}},\quad a_{\mathrm{rn}} = \frac{v_{\mathrm{r}}^2}{\rho_{\mathrm{r}}},\quad a_{\mathrm{en}} = \frac{v_{\mathrm{e}}^2}{\rho_{\mathrm{e}}}$$

2) 牵连运动为定轴转动时点的加速度合成定理

当牵连运动为定轴转动时,某瞬时动点的绝对加速度等于它的牵连加速度、相对加速度和科氏加速度的矢量和,即

$$\boldsymbol{a}_{\mathrm{a}} = \boldsymbol{a}_{\mathrm{e}} + \boldsymbol{a}_{\mathrm{r}} + \boldsymbol{a}_{\mathrm{C}}$$

或

$$\boldsymbol{a}_{\mathrm{an}} + \boldsymbol{a}_{\mathrm{a\tau}} = \boldsymbol{a}_{\mathrm{en}} + \boldsymbol{a}_{\mathrm{e\tau}} + \boldsymbol{a}_{\mathrm{rn}} + \boldsymbol{a}_{\mathrm{r\tau}} + \boldsymbol{a}_{\mathrm{C}}$$

应用加速度合成定理时,一般采用投影法求解。

思考题

8-1 牵连运动和牵连速度有何不同?

8-2 一般情况下,如何选择动点和动系?

8-3 相对加速度是否等于相对速度 $\boldsymbol{v}_{\mathrm{r}}$ 对时间的一阶导数?为什么?

8-4 牵连加速度是否等于牵连速度 $\boldsymbol{v}_{\mathrm{e}}$ 对时间的一阶导数?为什么?

8-5 加速度合成定理与牵连运动的类型有何关系?

8-6 如果考虑地球自转,则在地球上的任何地方运动的物体(视为质点),是否都有科氏加速度?

习　题

8-1　如题 8-1 图所示，推杆 BCD 推动杆 OA 在平面内绕点 O 转动，已知推杆的速度为 $\boldsymbol{v}$，$BC = b$，$OA = l$。求当 $OC = x$ 时，杆端 A 的速度大小（表示为距离 x 的函数）。

8-2　如题 8-2 图所示的三角板 B 以匀速 $v = 30\sqrt{3}$ cm/s 沿水平面向右运动，通过杆端 A 使杆 OA 绕轴 O 转动，$OA = 30$ cm，在图示位置时，试求杆 OA 的角速度。

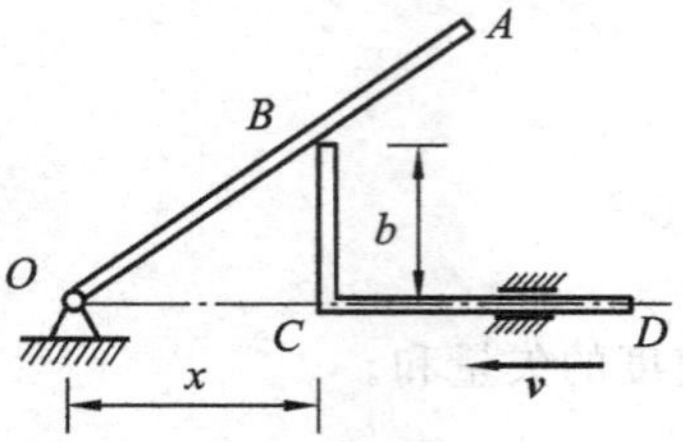

题 8-1 图

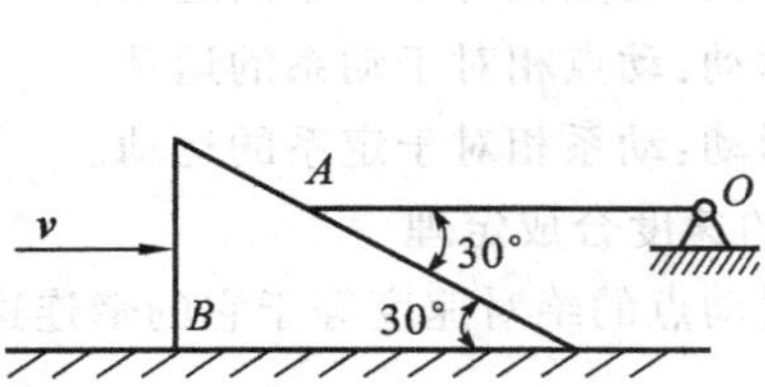

题 8-2 图

8-3　如题 8-3 图所示，直角曲杆 OCD 在图示瞬时以角速度 ω_0 绕轴 O 转动，使杆 AB 铅直运动。已知 $OC = L$，试求当 $\varphi = 45°$ 时，从动杆 AB 的速度。

8-4　题 8-4 图所示的滑套 B 可沿杆 OC 滑动，与滑套 B 铰接的滑块可在水平滑道内运动。$L = 60$ cm，设在图示瞬时，$\varphi = 30°$，$\omega = 2$ rad/s，试用合成运动的方法求滑块的速度以及滑套相对 OC 的速度。

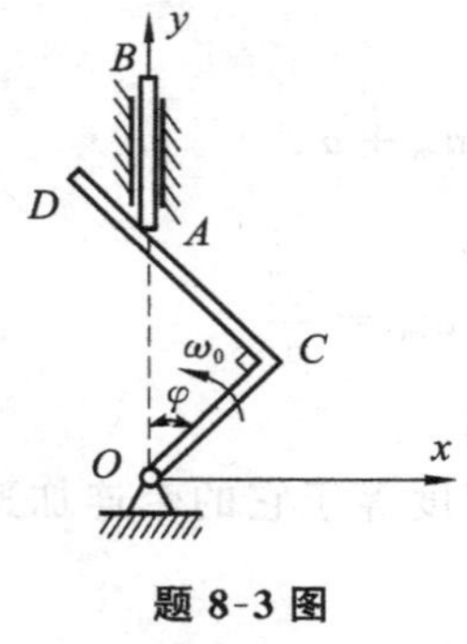

题 8-3 图

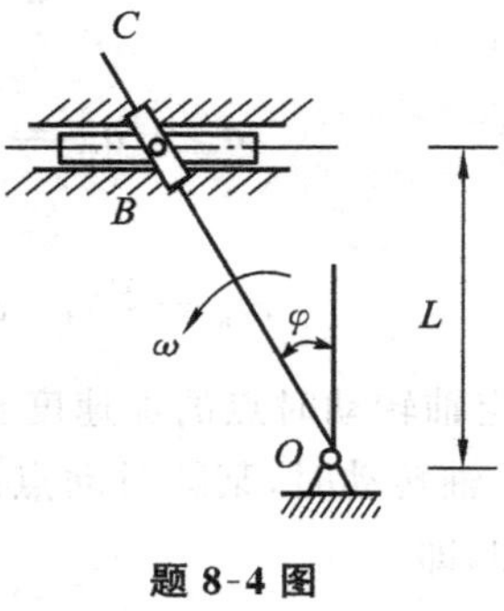

题 8-4 图

8-5　题 8-5 图所示的机构中，杆 OA 与套筒铰接，套筒可沿杆 O_1B 滑动。已知 $OO_1 = OA = r$，杆 OA 的角速度为 ω_0，当 $\omega_0 t = 30°$ 时，试求杆 O_1B 的角速度。

8-6　直角曲杆 O_1AB 以匀角速度 ω_1 绕轴 O_1 转动，试求在题 8-6 图所示位置（AO_1 垂直于 O_1O_2）时，摇杆 O_2C 的角速度。

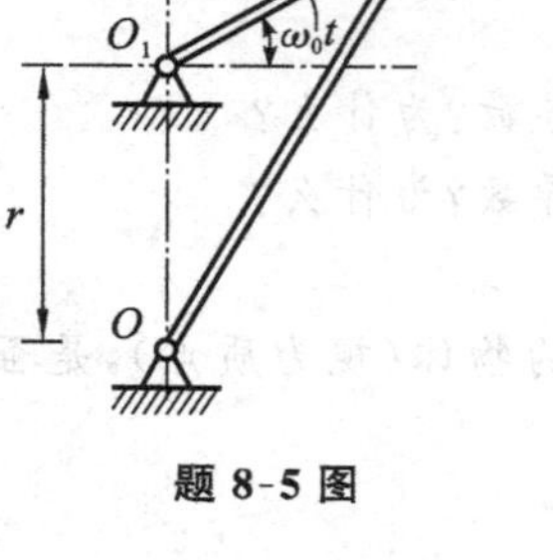

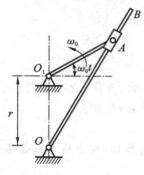

题 8-5 图

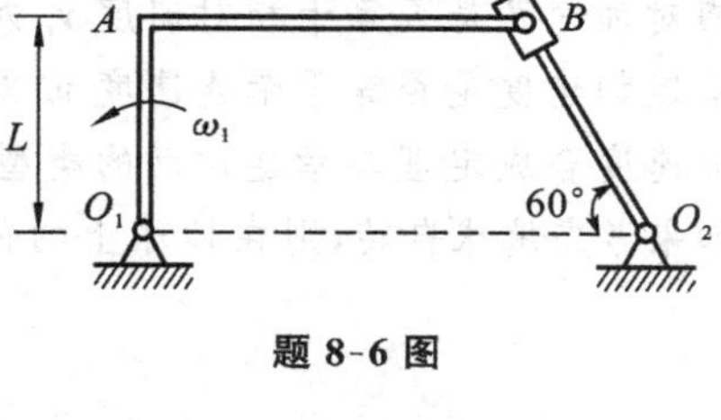

题 8-6 图

8-7 题 8-7 图所示的机构中，水平杆 CD 与杆 AB 铰接，杆 AB 插入绕点 O 转动的导管内，已知杆 CD 的速度为 $\boldsymbol{v}$，求图示瞬时导管的角速度及杆 AB 相对导管的速度。

8-8 如题 8-8 图所示，半圆形凸轮半径为 R，A 沿水平方向向右移动，在图示位置时，凸轮有速度 $\boldsymbol{v}$ 和加速度 $\boldsymbol{a}$，求该瞬时杆 AB 的速度和加速度。

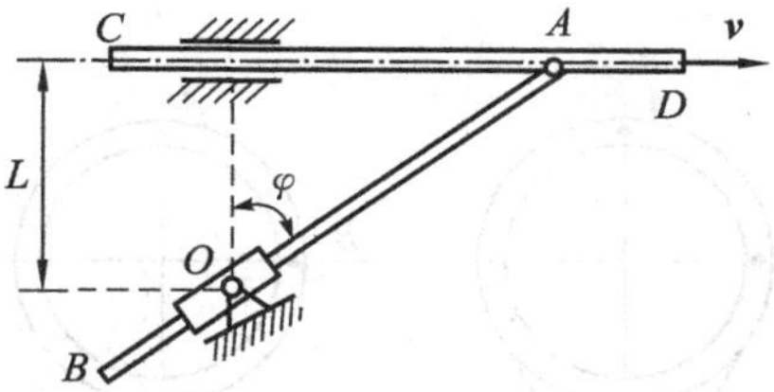

题 8-7 图

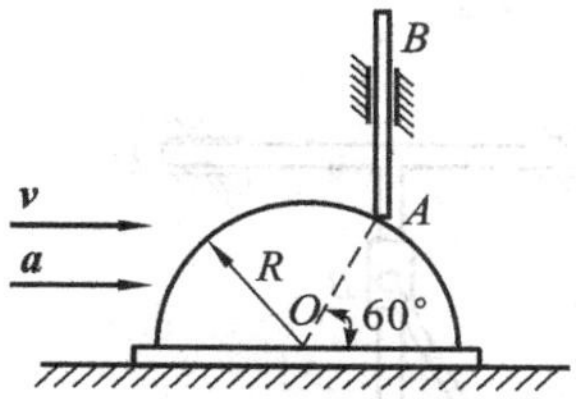

题 8-8 图

8-9 题 8-9 图所示的机构中，杆件 AB 以匀速 $\boldsymbol{v}$ 向上运动，开始时 $\varphi = 0$，求当 $\varphi = 45°$ 时，摇杆 OC 的角速度和角加速度。

8-10 如题 8-10 图所示，杆 AB 两端固定，杆 OC 绕轴 O 转动，小环 M 套在两杆上，在图示 $\varphi = 45°$ 位置时，角速度为 ω，角加速度为 α。试用合成运动的方法求该位置小环 M 的速度和加速度。

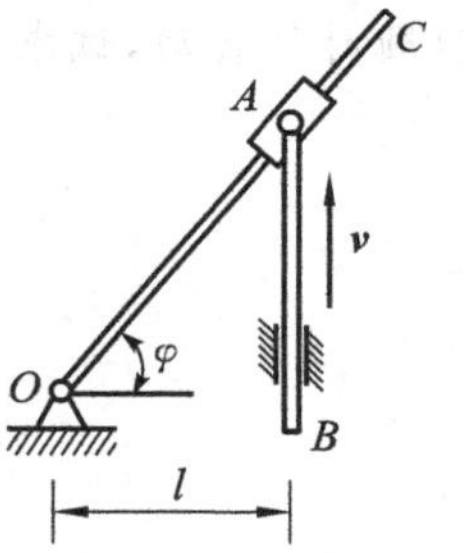

题 8-9 图

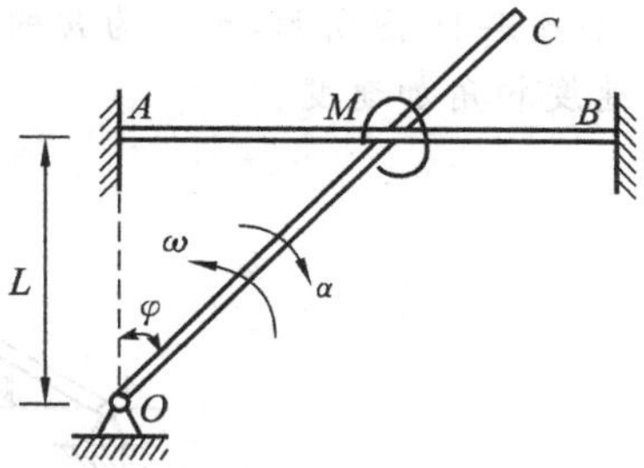

题 8-10 图

8-11 如题 8-11 图所示，直角曲杆 OBC 绕轴 O 转动，使套在其上的小环 M 沿固定直杆 OA 滑动。已知：$OB = 10$ cm，曲杆以匀角速度 $\omega = 0.5$ rad/s 转动。求当 $\varphi = 60°$ 时，小环 M 的速度和加速度。

8-12 题 8-12 图所示的机构中，已知 $O_1O_2 = AB$，$O_1A = O_2B = 20$ cm，$r = 16$ cm。杆 O_1A 按规律 $\varphi = \dfrac{5\pi}{48}t^3$ 绕轴 O_1 转动。点 M 沿半圆环按 $AM = S_r = \pi t^2$ 的规律运动。试求在 $t = 2$ s 时，点 M 的绝对加速度的大小。

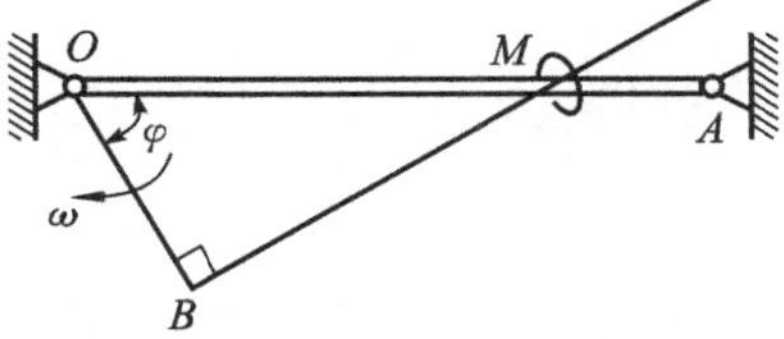

题 8-11 图

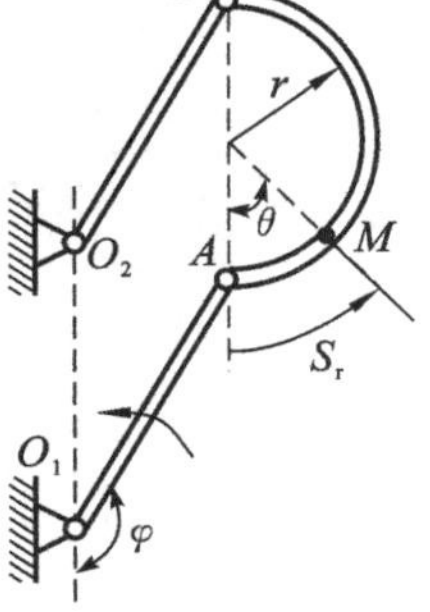

题 8-12 图

8-13　题 8-13 图所示的机构中，曲柄 O_1A 以匀角速度 ω 转动，已知 $O_1A=r$，$O_2B=4r$，求图示位置杆 CD 的速度和加速度。

8-14　如题 8-14 图所示，转轴以匀角速度 ω 转动，转动一圈时，在与之连接的半径为 r 的圆环上做匀速运动的动点沿圆环也转过一圈。试求图示两种情况下，动点经过圆环上 A、B 两点时的绝对加速度。

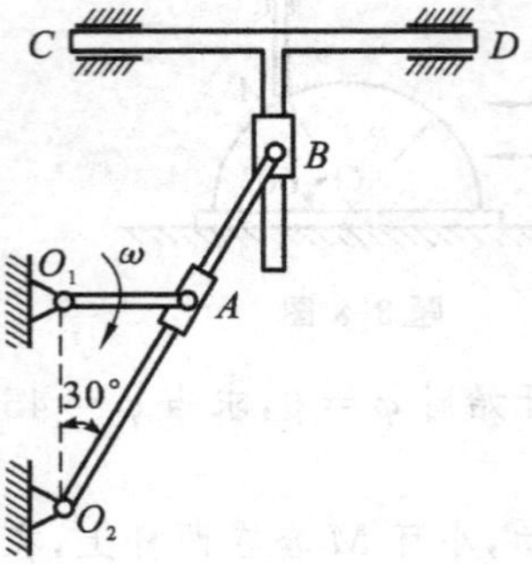

题 8-13 图

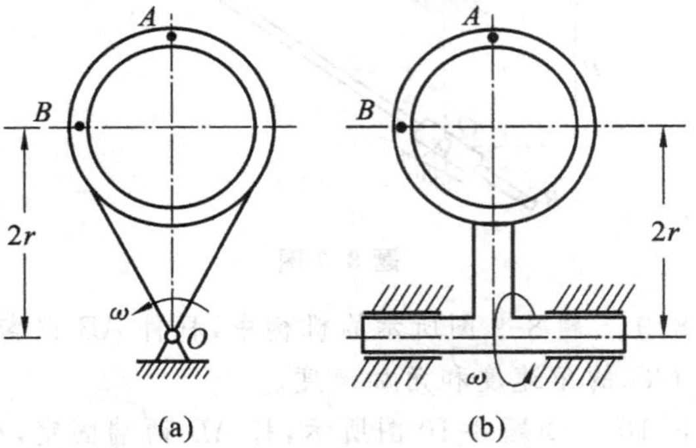

题 8-14 图

8-15　如题 8-15 图所示，半径为 R 的圆轮，以角速度 ω 绕轴 O 顺时针转动，试求图示位置时杆 AB 的角速度和角加速度。

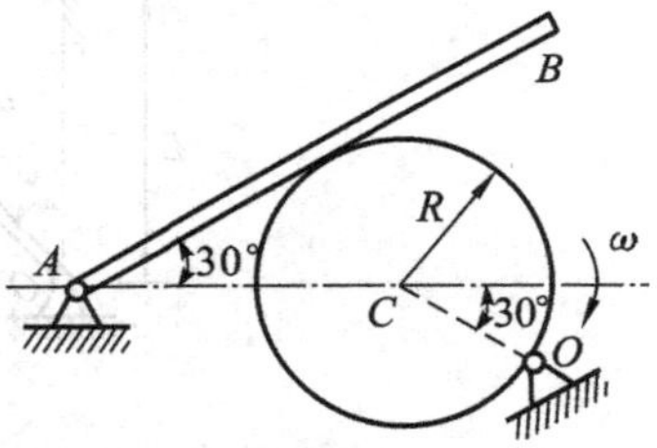

题 8-15 图

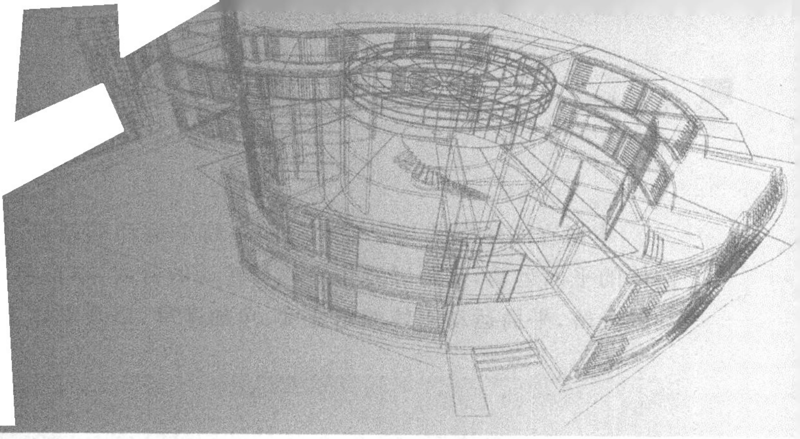

9 刚体的平面运动

本章导读

● **教学的基本要求**　明确刚体平面运动的特征，掌握研究平面运动的方法，能够正确判断机构中做平面运动的刚体；能熟练地应用各种方法——基点法、瞬心法和速度投影法求平面图形上任一点的速度；会应用基点法求平面图形上任一点的加速度。

● **教学内容的重点**　基点法求点的速度和加速度，以求速度为主；速度投影法与瞬心法。

● **教学内容的难点**　基点的选取，刚体相对基点转动的运动特征；速度瞬心的概念。

本章在刚体平移与定轴转动两种简单运动的基础上，讨论一种较为复杂的刚体运动——刚体的平面运动，它可以看作平移与转动的合成。本章将分析刚体平面运动的运动方程，平面运动的分解，平面运动刚体的角速度、角加速度，以及刚体上各点的速度和加速度。

9.1 刚体平面运动的运动方程

刚体的平面运动是工程中一种常见的刚体运动，其运动形式比平移和定轴转动复杂。如图 9-1 所示的车轮沿直线轨道的滚动，图 9-2 所示的四连杆机构中连杆 AB 的运动，图 9-3 所示的行星齿轮机构中动齿轮 O_1 的运动，图 9-4 中曲柄连杆机构中连杆的运动等，都是刚体的平面运动。刚体平面运动的特点是：在运动过程中，刚体上任意点与某一固定平面的距离始终保持不变。刚体的这种运动称为**平面运动**。平面运动刚体上各点的轨迹都是平面曲线（或直线）。

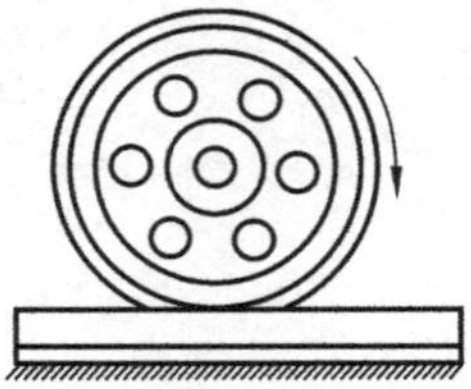

图 9-1

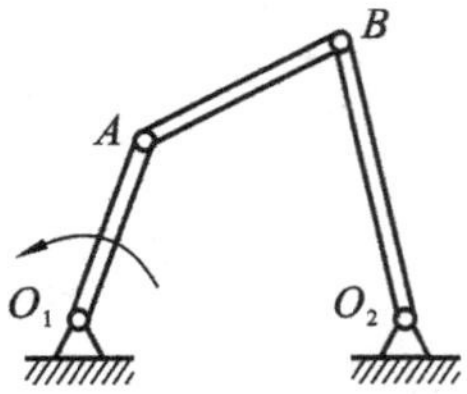

图 9-2

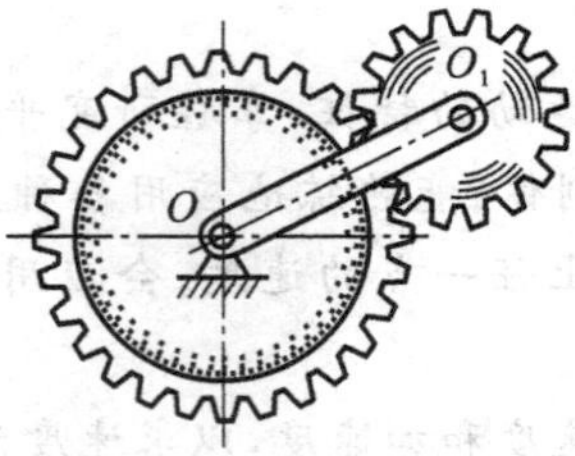

图 9-3

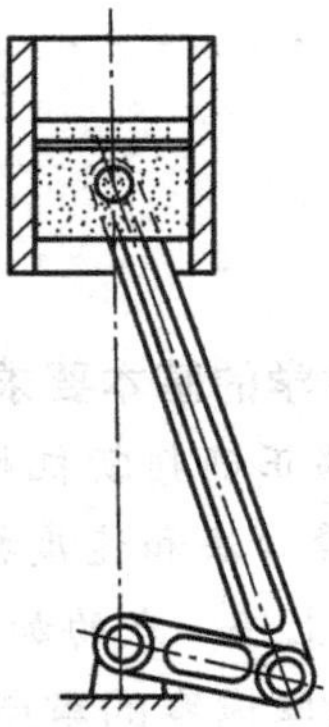

图 9-4

设一刚体做平面运动，运动中刚体内每一点到固定平面 M 的距离始终保持不变，如图 9-5 所示。作一个与固定平面 M 平行的平面 K 来截割刚体，得截面 S，该截面称为平面运动刚体的**平面图形**。刚体运动时，平面图形 S 始终在平面 K 内运动，即始终在其自身平面内运动，而刚体内与 S 垂直的任一直线 A_1AA_2 都做平移。因此，只要知道平面图形上点 A 的运动，便可知道 A_1AA_2 线上所有各点的运动。从而，只要知道平面图形 S 内各点的运动，就可以知道整个刚体的运动。由此可见，平面图形上各点的运动可以代表刚体内所有各点的运动，即刚体的平面运动可以简化为平面图形在其自身平面内的运动。因此，研究刚体平面运动的问题就归结为研究平面图形 S 在其自身平面内的运动问题。

当平面图形 S 在自身平面内运动时，其内任一线段 AB 随同图形一起运动。因此任意时刻 t 平面图形 S 在空间的位置完全可由线段 AB 的位置确定。在平面图形 S 所在的平面内取固定直角坐标系 Oxy，如图 9-6 所示，则线段 AB 的位置可由点 A 的坐标 x_A、y_A 和线段 AB 与轴 x 之间的夹角 φ 来表示。当线段 AB 随同平面图形一起运动时，x_A、y_A 和 φ 应是时间的函数，即

$$x_A = x_A(t), \quad y_A = y_A(t), \quad \varphi = \varphi(t) \tag{9-1}$$

式(9-1) 称为**平面图形的运动方程**，也就是**刚体平面运动的运动方程**。

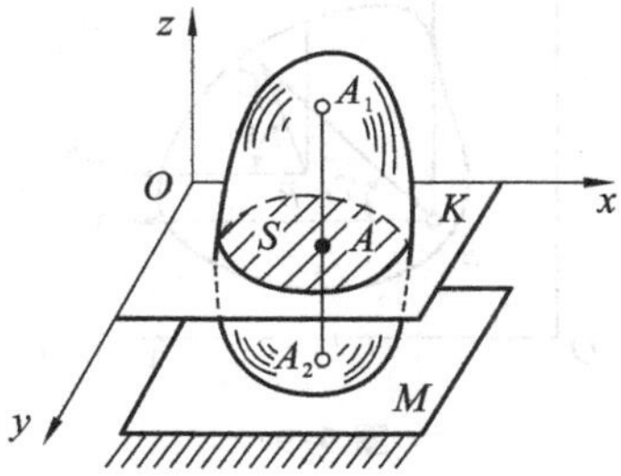

图 9-5

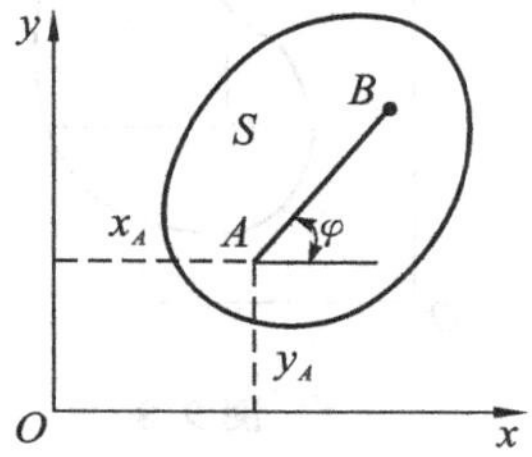

图 9-6

9.2 平面运动分解为平移和转动

当平面图形 S 在 Oxy 平面内运动时，由式(9-1) 可知，若点 A 不动，即 x_A 和 y_A 保持不变，则平面图形做定轴转动；若 φ 保持不变，则平面图形做平移。由此可见，在一般情况下，平面图形的运动可以看成是刚体平移和转动的合成运动。

平面运动可以分解为平移和转动，可以用合成运动的观点加以解释。以沿直线轨道滚动的车轮为例来说明分析，如图 9-7(a) 所示，取车厢为动参考体，动系 $Ax'y'$ 的原点取在轮心 A 上，则车厢的平移是牵连运动，车轮绕平移参考系原点 A 的转动是相对运动，二者合成就是车轮的平面运动(绝对运动)。轮子单独做平面运动时，可以将轮心 A 作为原点，建立平移参考系 $Ax'y'$，如图 9-7(b) 所示，轮子的平面运动同样可分解为平移和转动。

这种方法适用于研究任何平面图形的运动。在平面图形上任取一点 A，称为**基点**，在基点假想地安放一个平移参考系 $Ax'y'$；当平面图形运动时，令平移参考系的两轴始终分别平行于定坐标轴 Ox 和 Oy，如图 9-8 所示。于是，平面图形的平面运动便可分解为随同基点 A 的平移(牵连运动) 和绕基点 A 的转动(相对运动)。

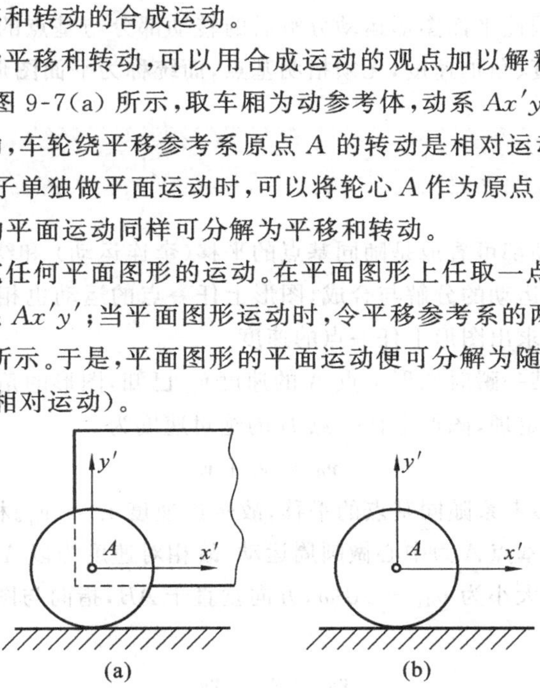

图 9-7

研究平面运动时，可以选择不同的点作为基点。一般情况下平面图形上各点的运动情况是不相同的，所以选取不同的点作为基点，其平面图形运动分解后的平移部分是不同的，具体与基点的选择有关；而转动部分的转角是相对于平移坐标系而言的，选择不同的基点时，图形的转角仍然相同。如图 9-9 所示，选 A 为基点时，线段 AC 与 x' 轴之间的夹角为 φ_A，而选 B 为基点时，线段 BC 与 x'' 轴之间的夹角为 φ_B，平面图形运动时有

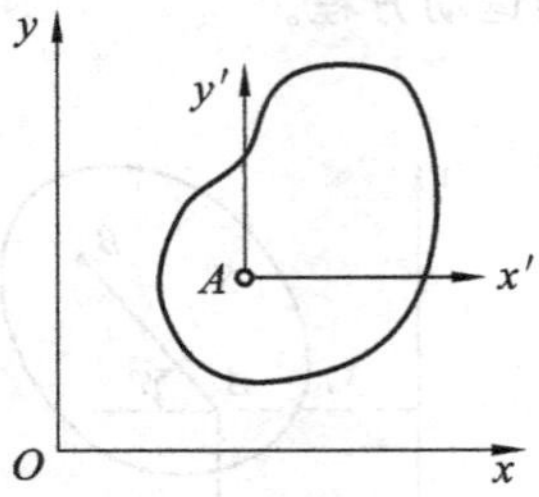

图 9-8

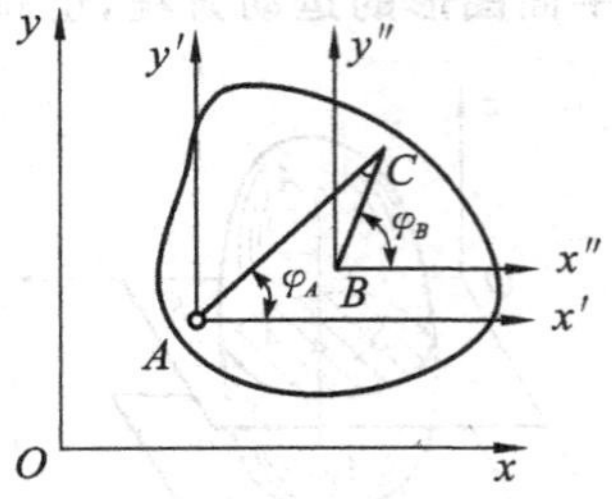

图 9-9

$$\varphi_B(t) = \varphi_A(t) + \angle ACB$$

对上式两端求导有

$$\frac{d\varphi_B}{dt} = \frac{d\varphi_A}{dt}$$

即

$$\Delta\varphi_B = \Delta\varphi_A$$

可得

$$\omega_A = \omega_B, \quad \alpha_A = \alpha_B$$

因此，平面图形相对于不同的基点的转角相等，在同一瞬时平面图形绕不同基点转动的角速度、角加速度也相等。因此平面图形运动分解后的转动部分与基点的选择无关，以后凡涉及平面图形相对转动的角速度、角加速度，无须指明基点，而统称为平面图形的角速度、角加速度。

9.3 用基点法求平面图形内各点的速度

任何平面图形的运动都可看成是随同基点的平移(牵连运动）和绕基点转动(相对运动）的合成运动。随着平面图形运动的分解与合成，图形上任一点的运动也相应地分解与合成。应用点的合成运动的方法，便可求出图形上任一点的速度。

如图 9-10 所示，设某一瞬时图形上点 A 的速度 $\boldsymbol{v}_A$ 已知，图形的角速度为 ω。若选点 A 为基点，则根据点的速度合成定理，图形上任一点 B 的绝对速度为

$$\boldsymbol{v}_B = \boldsymbol{v}_e + \boldsymbol{v}_r$$

由于牵连运动为动参考系随同基点的平移，故牵连速度 $\boldsymbol{v}_e = \boldsymbol{v}_A$。相对运动为图形绕基点 A 的转动，即图形上各点以基点 A 为中心做圆周运动，故相对速度为以 AB 为半径绕点 A 做圆周运动时的速度，记为 $\boldsymbol{v}_{BA}$，其大小为 $v_{BA} = AB\omega$，方向垂直于 AB，指向与图形的转动方向相一致。因此点 B 的速度可表示为

$$\boldsymbol{v}_B = \boldsymbol{v}_A + \boldsymbol{v}_{BA} \tag{9-2}$$

即平面图形内任一点的速度，等于基点速度与该点绕基点转动速度的矢量和。

应用式(9-2)分析求解平面图形上点的速度问题的方法称为**基点法**。式(9-2)是一个矢量表达式，共有三个矢量，各矢量均有大小和方向两个要素，总计六个要素，要使问题可解，一般应有四个要素是已知的。考虑到相对速度 $\boldsymbol{v}_{BA}$ 的方向必定垂直于连线 BA，于是只需再知道任何其他三个要素，即可解得剩余的两个未知量。特别是若已知或求得平面图形的角速度，以点 A 为基点，就可用式(9-2)可求出图形上任意点的速度。此外，应用式(9-2)作速度平行四边形时，必须注意 $\boldsymbol{v}_B$ 应为速度平行四边形的对角线。

某些情况下求平面图形上各点的速度，采用投影法更为方便。如图 9-11 所示，在平面图形上任取 A 和 B 两点，它们的速度分别为 $\boldsymbol{v}_A$ 和 $\boldsymbol{v}_B$。两点的速度满足式(9-2)，将该式在线段 AB 方向上投影，得

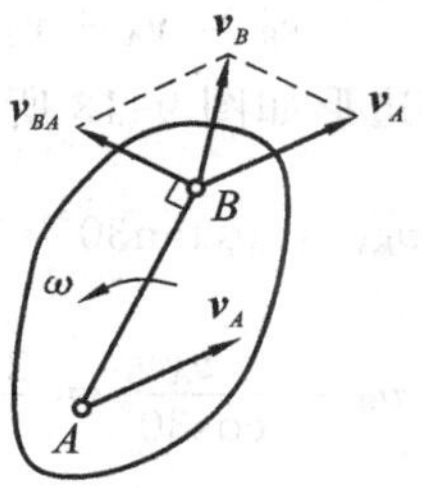

图 9-10

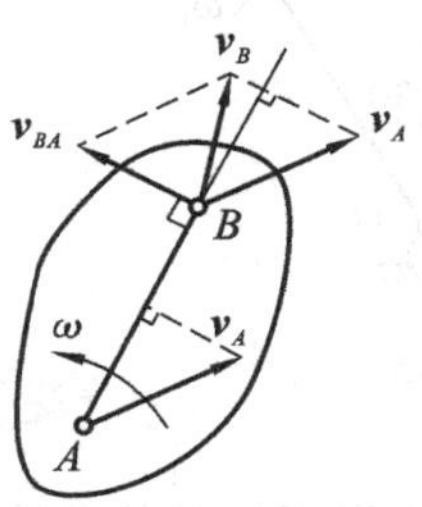

图 9-11

$$[\boldsymbol{v}_B]_{AB} = [\boldsymbol{v}_A]_{AB} + [\boldsymbol{v}_{BA}]_{AB}$$

注意到 $\boldsymbol{v}_{AB}$ 恒垂直于线段 AB，因此有 $[\boldsymbol{v}_{BA}]_{AB} = 0$，故

$$[\boldsymbol{v}_B]_{AB} = [\boldsymbol{v}_A]_{AB} \tag{9-3}$$

式(9-3)表明，平面图形内任意两点的速度在此两点连线上的投影相等，称为**速度投影定理**。此定理反映了刚体上任意两点间的距离保持不变的特性，它不仅适用刚体做平面运动，也适用刚体做其他任何运动。

应用速度投影定理时，必须知道该点的速度大小或方向和图形内另一点的速度(大小和方向)。仅用投影法无法求解平面图形的角速度。

【例 9-1】 如图 9-12 所示，杆 AB 长为 l，其 A 端沿水平轨道运动，B 端沿铅直轨道运动。在图示瞬时，杆 AB 与铅直线成夹角 φ，A 端具有向右的速度 $\boldsymbol{v}_A$，求此瞬时 B 端的速度及杆 AB 的角速度。

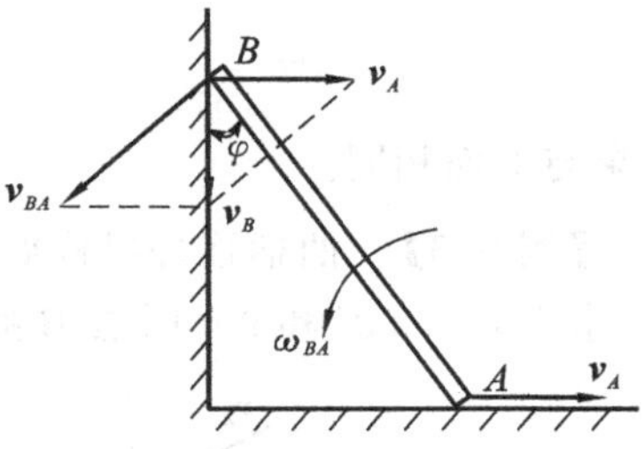

图 9-12

【解】 (1) 杆 AB 做平面运动，以 A 为基点分析点 B 的速度，可用公式

$$\boldsymbol{v}_B = \boldsymbol{v}_A + \boldsymbol{v}_{BA}$$

$\boldsymbol{v}_A$ 的大小和方向，以及 $\boldsymbol{v}_B$ 的方向都已知，再加上 $\boldsymbol{v}_{BA}$ 的方向垂直于杆 AB，作速度平行四边形如图 9-12 所示。

(2) 由图可知

$$v_B = v_A \cdot \tan\varphi$$

$$v_{BA} = \frac{v_A}{\cos\varphi}$$

故杆 AB 的角速度为

$$\omega_{AB}=\frac{v_{BA}}{BA}=\frac{v_A}{l\cos\varphi}$$

【例 9-2】 在图 9-13 所示的四连杆机构中，$OA=r, AB=b, O_1B=d$，已知曲柄 OA 以匀角速度 ω 绕轴 O 转动。试求在图示位置时，杆 AB 的角速度 ω_{AB} 以及摆杆 O_1B 的角速度 ω_1。

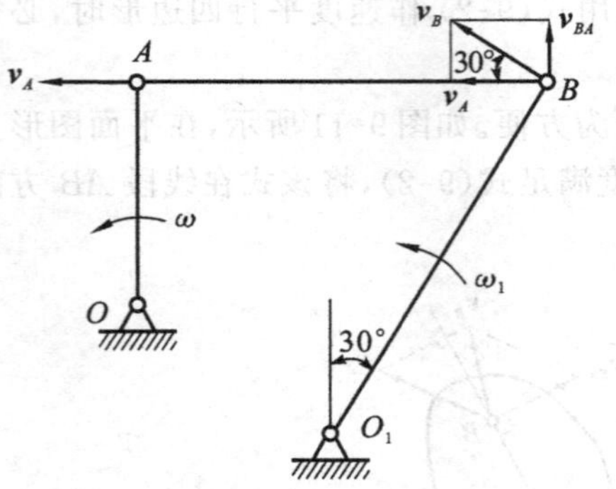

图 9-13

【解】 (1) 杆 OA 和 O_1B 做定轴转动。可知点 A 的速度 $\boldsymbol{v}_A$ 的大小为 $v_A=\omega r$，方向垂直于 OA，水平向左，点 B 的速度 $\boldsymbol{v}_B$ 大小未知，方向垂直于 O_1B，如图 9-13 所示。

(2) 杆 AB 做平面运动，取点 A 为基点，由基点法得点 B 的速度为

$$\boldsymbol{v}_B=\boldsymbol{v}_A+\boldsymbol{v}_{BA}$$

作其速度平行四边形如图 9-13 所示。由几何关系得

$$v_{BA}=v_A\tan 30°=\frac{\sqrt{3}r\omega}{3}$$

$$v_B=\frac{v_A}{\cos 30°}=\frac{2\sqrt{3}r\omega}{3}$$

于是得到此瞬时杆 AB 平面运动的角速度为

$$\omega_{AB}=\frac{v_{BA}}{AB}=\frac{\sqrt{3}r\omega}{3b}$$

摆杆 O_1B 绕轴 O_1 转动的角速度为

$$\omega_1=\frac{v_B}{O_1B}=\frac{2\sqrt{3}r\omega}{3d}$$

转向如图 9-13 所示。

本题求摆杆 O_1B 的角速度 ω_1 时，可用速度投影定理求 $\boldsymbol{v}_B$。根据速度投影定理有

$$[\boldsymbol{v}_B]_{AB}=[\boldsymbol{v}_A]_{AB}$$

得

$$v_B\cos 30°=v_A$$

$$v_B=\frac{v_A}{\cos 30°}=\frac{2\sqrt{3}r\omega}{3}$$

结果与上面相同。

【例 9-3】 曲柄连杆机构如图 9-14(a) 所示，$OA=r, AB=\sqrt{3}r$。曲柄 OA 以匀角速度 ω 转动，求当 $\varphi=60°$ 和 $90°$ 时点 B 的速度。

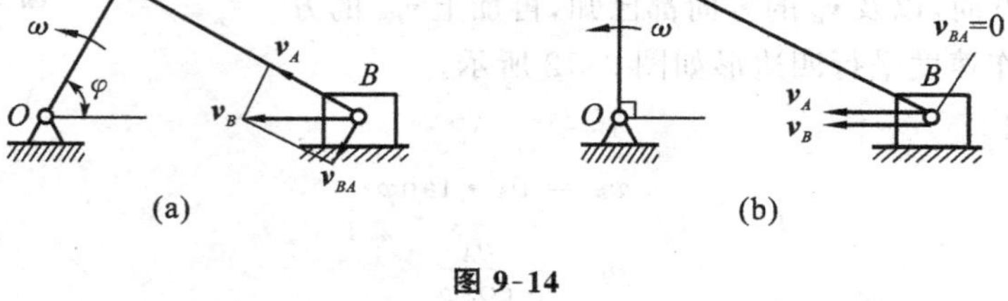

图 9-14

【解】 (1) 连杆 AB 做平面运动，以点 A 为基点，点 B 的速度为

$$\boldsymbol{v}_B = \boldsymbol{v}_A + \boldsymbol{v}_{BA}$$

其中 $v_A = \omega r$，$\boldsymbol{v}_A$ 的方向与 OA 垂直，$\boldsymbol{v}_B$ 沿 OB 方向，$\boldsymbol{v}_{BA}$ 与 AB 垂直。

(2) 当 $\varphi = 60°$ 时，OA 恰好与 AB 垂直，其速度平行四边形如图 9-14(a) 所示，根据几何关系可求得

$$v_B = v_A/\cos 30° = \frac{2\sqrt{3}}{3}\omega r$$

这里用速度投影定理求解 v_B 也很方便，请读者自行考虑。

(3) 当 $\varphi = 90°$ 时，$\boldsymbol{v}_A$ 与 $\boldsymbol{v}_B$ 方向一致，$\boldsymbol{v}_{BA}$ 垂直于 AB，其速度平行四边形应为一条直线段，如图 9-14(b) 所示，故有

$$v_B = v_A = \omega r$$

而 $v_{BA} = 0$。此时杆 AB 的角速度为零，A、B 两点的速度大小和方向都相同，连杆 AB 具有刚体平移的特征。杆 AB 仅在该瞬时有 $\boldsymbol{v}_B = \boldsymbol{v}_A$，其他时刻则不然，因此称此时的连杆做瞬时平移。要注意瞬时平移的刚体角速度为零，但角加速度不为零。

【例 9-4】 如图 9-15 所示的行星轮系中，大齿轮 Ⅰ 固定，半径为 r_1；行星齿轮 Ⅱ 沿轮 Ⅰ 只滚而不滑动，半径为 r_2，系杆 OA 角速度为 ω_O，试求轮 Ⅱ 的角速度 $\omega_{\text{Ⅱ}}$ 及其 B、C 两点的速度。

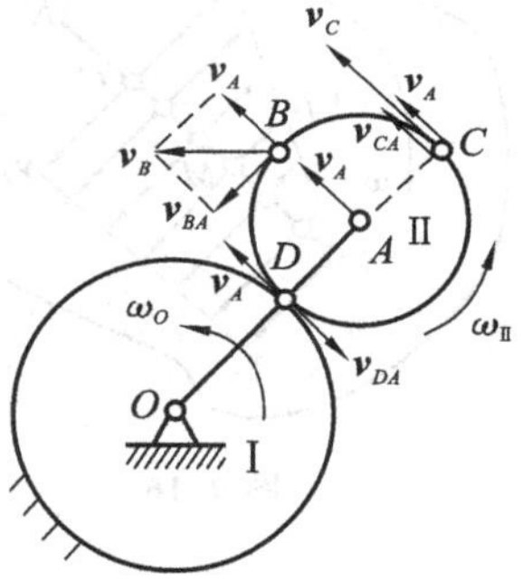

图 9-15

【解】 (1) 轮 Ⅱ 做平面运动，其上点 A 的速度为

$$v_A = \omega_O \cdot OA = \omega_O(r_1 + r_2)$$

以点 A 为基点，点 D 的速度为

$$\boldsymbol{v}_D = \boldsymbol{v}_A + \boldsymbol{v}_{DA}$$

由于点 D 不滑动，故 $v_D = 0$，因而

$$v_{DA} = v_A = \omega_O(r_1 + r_2)$$

$$\omega_{\text{Ⅱ}} = \frac{v_{DA}}{r_2} = \frac{\omega_O(r_1 + r_2)}{r_2}$$

为逆时针转向，如图所示。

(2) 以点 A 为基点，点 B 的速度为

$$\boldsymbol{v}_B = \boldsymbol{v}_A + \boldsymbol{v}_{BA}$$

而 $v_{BA} = \omega_{\text{Ⅱ}} \cdot BA = \omega_O(r_1 + r_2) = v_A$，方向与 $\boldsymbol{v}_A$ 垂直，如图所示。故 $\boldsymbol{v}_B$ 与 $\boldsymbol{v}_A$ 的夹角为 45°，指向如图所示，大小为

$$v_B = \sqrt{2} v_A = \sqrt{2}\omega_O(r_1 + r_2)$$

以点 A 为基点，点 C 的速度为

$$\boldsymbol{v}_C = \boldsymbol{v}_A + \boldsymbol{v}_{CA}$$

而 $v_{CA} = \omega_{\text{Ⅱ}} \cdot CA = \omega_O(r_1 + r_2) = v_A$，方向与 $\boldsymbol{v}_A$ 一致，如图所示，由此得

$$v_C = v_A + v_{CA} = \omega_O(r_1 + r_2) + \omega_O(r_1 + r_2) = 2\omega_O(r_1 + r_2)$$

总结以上各例，用基点法解题的一般步骤如下：

(1) 分析题中各物体的运动，哪些物体做平移，哪些物体做转动，哪些物体做平面运动。

(2) 分析做平面运动的物体上哪一点的速度大小和方向是已知的，哪一点的速度的某些要素是已知的(一般是速度方向已知)。

(3) 选速度大小和方向已知的点为基点(设为 A),而另一点(设为 B) 的速度应用公式 $\boldsymbol{v}_B = \boldsymbol{v}_A + \boldsymbol{v}_{BA}$,作出速度平行四边形。注意作图时要使 $\boldsymbol{v}_B$ 成为平行四边形的对角线。

(4) 一般利用几何关系求解平行四边形中的未知量。

(5) 需要分析其他做平面运动的物体时,可按上述步骤继续进行。

9.4 用瞬心法求平面运动图形内各点的速度

求解平面图形上各点的速度,还可以采用瞬心法,有时瞬心法更为方便。

1. 瞬时速度中心

平面图形上任一点的速度等于基点速度与绕基点转动速度的矢量和,若在给定瞬时,平面图形上存在着瞬时速度等于零的点,那么选该点为基点时,求解其他各点的速度就会变得十分方便。可以证明:任意瞬时平面运动图形上都唯一地存在一个速度为零的点。

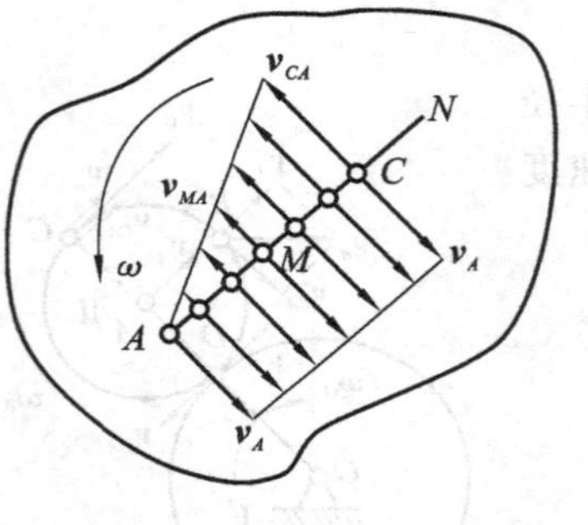

图 9-16

证明:在平面图形上任取一点 A 为基点,若某瞬时它的速度为 $\boldsymbol{v}_A$,平面图形的角速度为 ω,转向如图 9-16 所示。图形上任一点 M 的速度可由下式求得:

$$\boldsymbol{v}_M = \boldsymbol{v}_A + \boldsymbol{v}_{MA}$$

如果点 M 在 $\boldsymbol{v}_A$ 的垂线 AN 上,且由 $\boldsymbol{v}_A$ 到 AN 的转向与图形的转向一致,由图可以看出,$\boldsymbol{v}_{MA} \perp AN$,方向与 $\boldsymbol{v}_A$ 相反,故 $\boldsymbol{v}_M$ 的大小为

$$v_M = v_A - \omega \cdot AM$$

由上式可知,随着点 M 在垂线 AN 上的位置不同,$\boldsymbol{v}_M$ 的大小也不同,因此总可以找到一点 C,它的瞬时速度等于零。点 C 的位置由下式唯一确定

$$AC = \frac{v_A}{\omega}$$

在某一瞬时,平面图形上速度为零的点称为该平面图形的**瞬时速度中心**,简称**速度瞬心**。

2. 平面图形内各点的速度及其分布

取平面图形的瞬心 C 为基点,则该图形内任一点 M 的速度为

$$\boldsymbol{v}_M = \boldsymbol{v}_C + \boldsymbol{v}_{MC} = \boldsymbol{v}_{MC}$$

故平面图形内任意一点的速度,就等于该点绕速度瞬心的转动速度。其大小等于图形的角速度乘以该点到速度瞬心的距离,即

$$v_M = \omega \cdot CM \tag{9-4}$$

由此可见,图形内各点速度的大小与该点到速度瞬心的距离成正比。速度的方向与该点到速度瞬心的连线垂直,指向图形转动的一方。平面图形内各点速度的分布如图 9-17 所示。它与图形绕定轴转动时各点速度的分布情况类似。因此,每一瞬时,平面图形的运动可看成是绕速度瞬心的瞬时转动。一般情况下,刚体做平面运动时,速度瞬心的位置是随时间而变化的,不同的瞬时,平面图形具有不同的速度瞬心。故速度瞬心又称为平面图形的瞬时转动中心。

如果已知平面图形在某瞬时的速度瞬心的位置和角速度,则在该瞬时,图形内任一点的速

度可以完全确定。

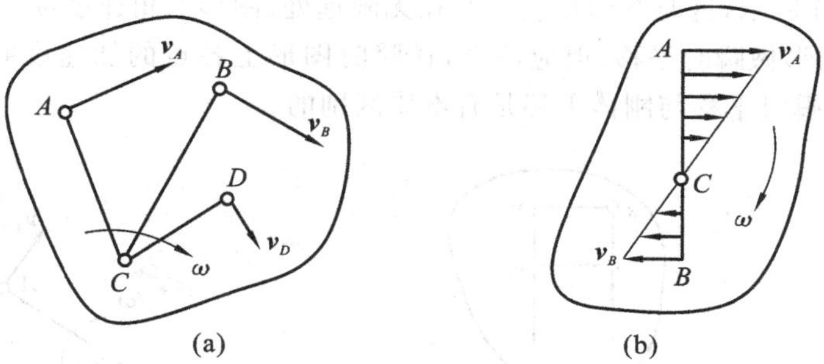

图 9-17

3. 速度瞬心位置的确定

利用瞬心计算平面图形上各点速度的方法称为瞬心法。应用该法的关键是确定速度瞬心的位置。下面说明几种可以确定速度瞬心位置的情形。

(1) 平面图形沿一固定面做无滑动的滚动。如图 9-18 所示,图形与固定面的接触点 C 的绝对速度等于零,故点 C 就是图形在该瞬时的速度瞬心。

(2) 已知某瞬时平面图形上任意两点的速度方向,且两速度彼此不平行。如图 9-19 所示,由于图形的运动可以看成绕速度瞬心做瞬时转动,故过 A、B 两点分别作 v_A 和 v_B 的垂线,其交点 C 即是图形的速度瞬心。

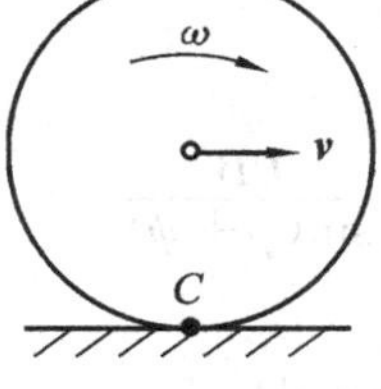

图 9-18

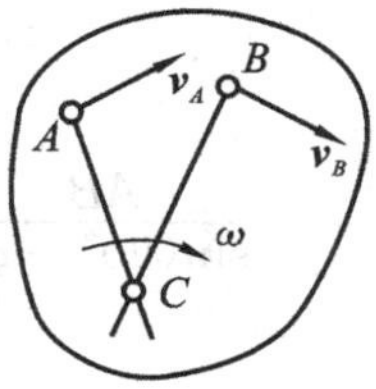

图 9-19

(3) 已知某瞬时平面图形上两点速度的大小,其方向均与两点的连线垂直。如图 9-20 所示,根据图形的速度分布规律,则两点连线与两速度矢端连线的交点即为速度瞬心。当 v_A 和 v_B 同向时,图形的速度瞬心 C 在 AB 的延长线上(见图 9-20(a));当 v_A 和 v_B 反向时,图形的速度瞬心 C 在 A、B 两点之间(见图 9-20(b))。

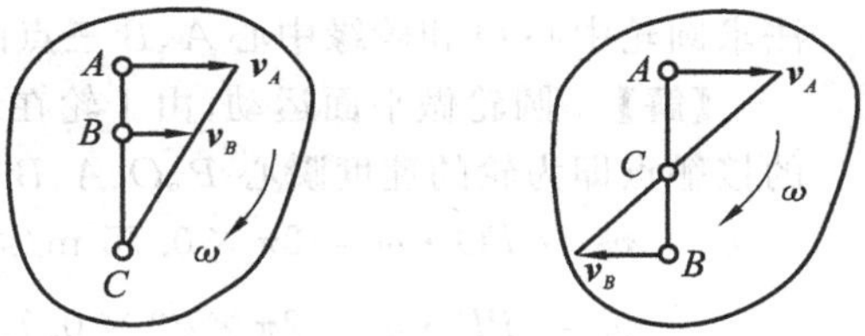

图 9-20

(4) 已知某瞬时平面图形上两点速度相互平行但不垂直于两点的连线，或者垂直于连线但大小相等。如图 9-21 所示，这时图形速度瞬心在无限远处。图形的角速度 $\omega=0$，各点的瞬时速度彼此相等，即平面图形做瞬时平移。但应注意，该瞬时图形上各点的加速度并不相等，图形的角加速度 $\alpha\neq 0$。因此瞬时平移与刚体平移是有本质区别的。

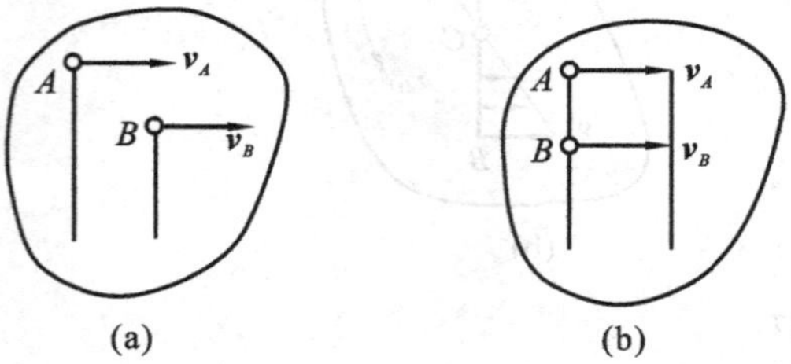

图 9-21

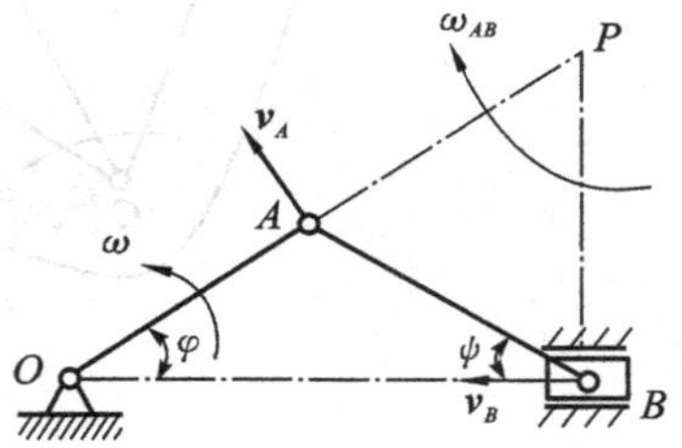

图 9-22

【例 9-5】 曲柄滑块机构如图 9-22 所示，已知 $AB=l$，$OA=r$，杆 OA 转动的角速度为 ω，杆 OA 与水平线间的夹角为 φ，杆 AB 与水平线间的夹角为 ψ。求杆 AB 转动的角速度 ω_{AB} 和滑块 B 的速度 v_B。

【解】 杆 OA 做定轴转动，滑块 B 做直线运动，$\boldsymbol{v}_A$ 和 $\boldsymbol{v}_B$ 方向可确定，如图所示。连杆 AB 做平面运动，过 A、B 两点分别作 $\boldsymbol{v}_A$ 和 $\boldsymbol{v}_B$ 的垂线，交点为 P，如图所示，可知点 P 为杆 AB 的速度瞬心。

$$v_A = OA\cdot\omega = PA\cdot\omega_{AB}$$

$$\omega_{AB}=\frac{OA\cdot\omega}{PA}=\frac{r\omega}{PA}$$

$$v_B = PB\cdot\omega_{AB}$$

由正弦定理可知

$$\frac{AB}{\sin(90^\circ-\varphi)}=\frac{PA}{\sin(90^\circ-\psi)}=\frac{PB}{\sin(\varphi+\psi)}$$

所以

$$PA=\frac{\cos\psi}{\cos\varphi}l,\quad PB=\frac{\sin(\varphi+\psi)}{\cos\varphi}l$$

于是

$$\omega_{AB}=\frac{r\omega}{PA}=\frac{r\omega\cos\varphi}{l\cos\psi},\quad v_B=PB\cdot\omega_{AB}=\frac{r\omega\sin(\varphi+\psi)}{\cos\psi}$$

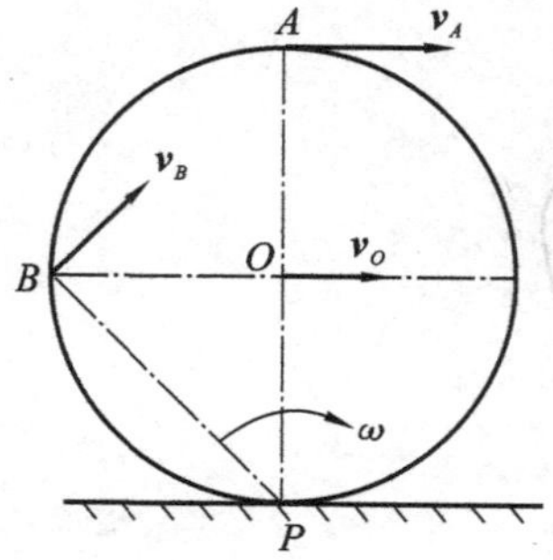

图 9-23

【例 9-6】 圆轮在水平面上做纯滚动，如图 9-23 所示。已知圆轮半径 $r=75$ cm，圆轮转动的角速度 $\omega=2\pi$ rad/s，试用速度瞬心法求圆轮中心 O 和轮缘中心 A、B 三点的速度。

【解】 圆轮做平面运动，由于轮在地面上无滑动，故轮与地面的接触点即为轮的速度瞬心 P。O、A、B 三点的速度大小计算如下

$$v_O = PO\cdot\omega = 2\pi\times 0.75\ \text{m/s} = 4.71\ \text{m/s}$$

$$v_B = PB\cdot\omega = 2\pi\times\sqrt{2}\times 0.75\ \text{m/s} = 6.66\ \text{m/s}$$

$$v_A = PA\cdot\omega = 2\pi\times 1.5\ \text{m/s} = 9.42\ \text{m/s}$$

O、A、B 三点的速度方向分别垂直于 OP、AP 和 BP，指向如图所示。

【例 9-7】 平面四连杆机构如图 9-24 所示，已知 $OA = r = 0.2\ \text{m}$，$AB = 2r$，$\omega = 4\ \text{rad/s}$，AB 与水平方向夹角为 30°，$\angle ABC = 90°$。求此瞬时点 B 的速度，杆 AB、CB 的角速度。

【解】 杆 OA 做定轴转动，$\boldsymbol{v}_A$ 的大小为 $v_A = \omega r$，方向垂直于杆 OA，杆 CB 做定轴转动，$\boldsymbol{v}_B$ 的方向垂直于 CB，杆 AB 做平面运动，过 A、B 两点分别作 $\boldsymbol{v}_A$ 和 $\boldsymbol{v}_B$ 的垂线，交点为 P，如图所示。可知点 P 为杆 AB 的速度瞬心。计算如下

$$\omega_{AB} = \frac{v_A}{AP} = \frac{\omega r}{4r} = 1\ \text{rad/s}，逆时针转动；$$

$$v_B = \omega_{AB} \cdot BP = 2\sqrt{3} r \omega_{AB} = 0.69\ \text{m/s}$$

$$\omega_{BC} = \frac{v_B}{2r/\sin 60°} = 1.5\ \text{rad/s}，顺时针转动。$$

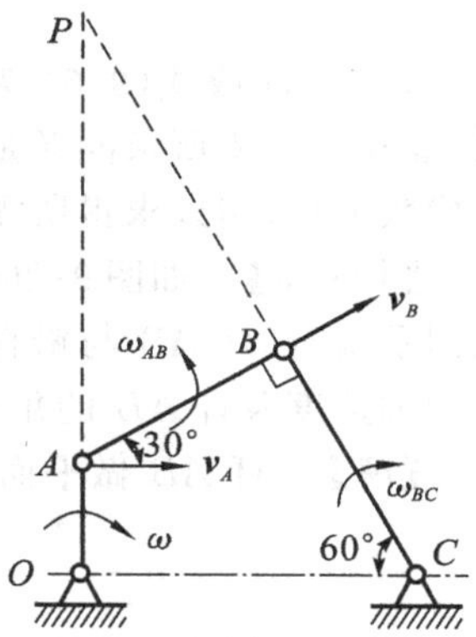

图 9-24

由以上各例可以看出，用瞬心法解题，其步骤与基点法类似。前两步完全相同，第三步要根据已知条件，求出图形的速度瞬心位置和平面图形转动的角速度，最后求出各点的速度。

9.5 用基点法求平面图形内各点的加速度

现在讨论平面图形内各点的加速度。一般采用基点法求加速度，因为找加速度瞬心比较困难。

由于平面运动可以分解成两部分：① 随同基点 A 的平移（牵连运动）；② 绕基点 A 的转动（相对运动）。于是平面图形上任一点的加速度可以由加速度合成定理求出。设已知某瞬时平面图形内点 A 的加速度为 $\boldsymbol{a}_A$，图形的角速度为 ω，角加速度为 α，如图 9-25 所示。以点 A 为基点，分析图形上任意一点 B 的加速度 $\boldsymbol{a}_B$。因为牵连运动为动参考系随同基点的平移，故牵连加速度 $\boldsymbol{a}_e = \boldsymbol{a}_A$；相对运动是点 B 绕基点 A 的转动，故相对加速度 $\boldsymbol{a}_r = \boldsymbol{a}_{BA}$，其中 $\boldsymbol{a}_{BA}$ 是点 B 绕基点 A 转动的加速度。根据加速度合成定理有

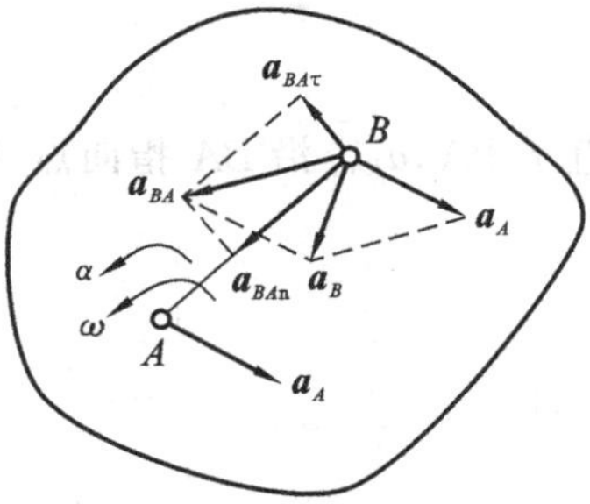

图 9-25

$$\boldsymbol{a}_B = \boldsymbol{a}_A + \boldsymbol{a}_{BA}$$

由于点 B 绕基点 A 转动的加速度包括切向加速度 $\boldsymbol{a}_{BA\tau}$ 和法向加速度 $\boldsymbol{a}_{BAn}$，故上式可写作

$$\boldsymbol{a}_B = \boldsymbol{a}_A + \boldsymbol{a}_{BA\tau} + \boldsymbol{a}_{BAn} \tag{9-5}$$

即：平面图形上任意一点的加速度等于基点的加速度与该点绕基点转动的切向加速度和法向加速度的矢量和。

式(9-5) 中 $\boldsymbol{a}_{BA\tau}$ 的方向与 AB 垂直，大小为

$$a_{BA\tau} = AB \cdot \alpha$$

α 为平面图形的角加速度。$\boldsymbol{a}_{BAn}$ 的方向指向基点 A，大小为

$$a_{BAn} = AB \cdot \omega^2$$

ω 为平面图形的角速度。

当基点 A 做曲线运动时，它们的加速度也可分解为切向加速度和法向加速度的矢量和，此时，式(9-5) 可写作

$$a_{B\tau} + a_{Bn} = a_{A\tau} + a_{An} + a_{BA\tau} + a_{BAn} \tag{9-6}$$

式(9-5)或式(9-6)为平面内的矢量等式，只能求解矢量表达式中的两个要素。因此在解题时，要注意分析所求问题是否可解。通常将式(9-5)或式(9-6)向两个相交的坐标轴投影，得到两个代数方程，用以求得所需的未知量。

【例 9-8】 如图 9-26(a)所示，杆 AB 长为 l，其 A 端沿水平轨道运动，B 端沿铅直轨道运动。在图示瞬时，杆 AB 与铅直线成夹角 φ，A 端具有向右的速度 $\boldsymbol{v}_A$ 和向右的加速度 $\boldsymbol{a}_A$，求此瞬时 B 端的加速度及杆 AB 的角加速度。

【解】 杆 AB 做平面运动，例 9-1 已经求得杆 AB 转动的角速度为

$$\omega_{AB} = \frac{v_A}{l\cos\varphi}$$

方向如图 9-26(b)所示。

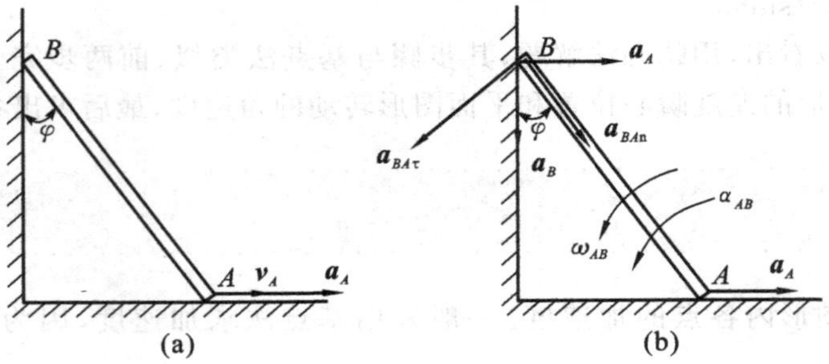

图 9-26

现在仍以点 A 为基点，点 B 的加速度为

$$\boldsymbol{a}_B = \boldsymbol{a}_A + \boldsymbol{a}_{BA\tau} + \boldsymbol{a}_{BAn}$$

式中，$\boldsymbol{a}_B$ 的方向已知，铅直向下；$\boldsymbol{a}_A$ 的大小和方向都已知；$\boldsymbol{a}_{BA\tau}$ 垂直于 BA；$\boldsymbol{a}_{BAn}$ 沿 BA 指向点 A，大小为

$$a_{BAn} = l\omega_{AB}^2 = \frac{v_A^2}{l\cos^2\varphi}$$

上述各矢量的方向如图 9-26(b)所示。

将点 B 的加速度合成矢量沿 $\boldsymbol{a}_{BAn}$ 和 $\boldsymbol{a}_{BA\tau}$ 的方向投影，有

$$a_B\cos\varphi = a_A\cos(90° - \varphi) + a_{BAn}$$

$$a_B\sin\varphi = -a_A\cos\varphi + a_{BA\tau}$$

解得

$$a_B = a_A\tan\varphi + \frac{v_A^2}{l\cos^3\varphi}$$

$$a_{BA\tau} = a_B\sin\varphi + a_A\cos\varphi = \frac{a_A}{\cos\varphi} + \frac{v_A^2\sin\varphi}{l\cos^3\varphi}$$

于是杆 AB 的角加速度为

$$\alpha_{AB} = \frac{a_{BA\tau}}{l} = \frac{a_A}{l\cos\varphi} + \frac{v_A^2\sin\varphi}{l^2\cos^3\varphi}$$

【例 9-9】 曲柄连杆机构如图 9-27(a)所示，已知 $OA = 0.2$ m，$AB = 1$ m，曲柄匀角速度转动，$\omega = 10$ rad/s，OA 与水平线成 45° 角，OA 垂直于 AB。求此瞬时，杆 AB 的角速度与角加速度，点 B 的速度与加速度。

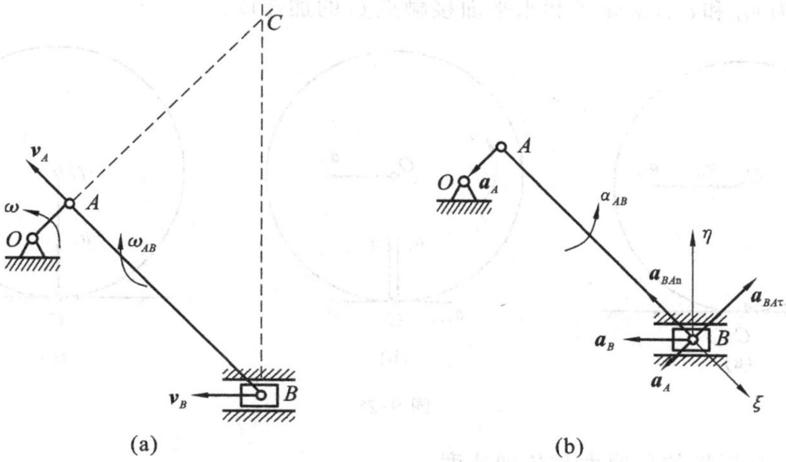

图 9-27

【解】 (1) 速度分析。

OA 做定轴转动，点 A 的速度 v_A 垂直于 OA，点 B 做水平直线运动，杆 AB 做平面运动。过点 A、B 分别作 v_A 和 v_B 的垂线，其交点就是杆件 AB 的速度瞬心 C。杆 AB 的角速度和点 B 速度如下

$$\omega_{AB}=\frac{v_A}{AC}=\frac{\omega\cdot OA}{AC}=\frac{10\times 0.2}{1}\ \text{rad/s}=2\ \text{rad/s}$$

$$v_B=\omega_{AB}\cdot BC=2\sqrt{2}\ \text{m/s}$$

ω_{AB} 为顺时针转向，v_B 向左，如图 9-27(a) 所示。

(2) 加速度分析。

杆 AB 做平面运动，取点 A 为基点，点 B 的加速度为

$$\boldsymbol{a}_B=\boldsymbol{a}_A+\boldsymbol{a}_{BA\tau}+\boldsymbol{a}_{BAn}$$

其中 $\boldsymbol{a}_B$ 的方向已知，向左；OA 匀角速度转动，所以点 A 做匀速圆周运动，只有法向加速度，$\boldsymbol{a}_A$ 的大小为 $OA\cdot\omega^2$，指向点 O；$\boldsymbol{a}_{BA\tau}$ 垂直于 AB，其方向假设如图 9-27(b) 所示，$\boldsymbol{a}_{BAn}$ 沿直线 BA 指向 A，其大小为

$$a_{BAn}=\omega_{AB}^2\cdot AB$$

现在求两个未知量：a_B 和 $a_{BA\tau}$ 的大小。取 ξ 轴垂直于 $\boldsymbol{a}_{BA\tau}$，取 η 轴垂直于 $\boldsymbol{a}_B$，ξ 和 η 的正方向如图 9-27(b) 所示。将 $\boldsymbol{a}_B$ 的矢量合成式分别在 ξ 和 η 轴上投影，有

$$-a_B\cos 45^\circ=-a_{BAn}$$

$$0=-a_A\cos 45^\circ+a_{BAn}\cos 45^\circ+a_{BA\tau}\cos 45^\circ$$

解得

$$a_B=4\sqrt{2}\ \text{m/s}^2$$

$$a_{BA\tau}=16\ \text{m/s}^2$$

于是

$$\alpha_{AB}=\frac{a_{BA\tau}}{AB}=16\ \text{rad/s}^2$$

α_{AB} 为逆时针转向，如图 9-27(b) 所示。

【例 9-10】 如图 9-28(a) 所示，半径为 R 的轮子在水平面上做纯滚动，已知轮心 O 的速度

和加速度分别为 $\boldsymbol{v}_O$ 和 $\boldsymbol{a}_O$，求轮子和水平面接触点 C 的加速度。

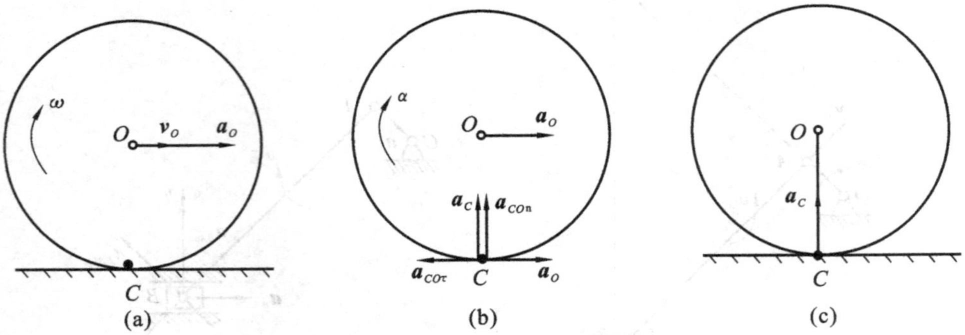

图 9-28

【解】 (1) 分析轮的角速度和角加速度。

轮子做纯滚动时，只滚不滑，轮子的角速度为

$$\omega = \frac{v_O}{R}$$

上式对任何瞬时均成立，故可对时间求导，得轮子的角加速度

$$\alpha = \frac{\mathrm{d}\omega}{\mathrm{d}t} = \frac{\mathrm{d}}{\mathrm{d}t}\left(\frac{v_O}{R}\right) = \frac{1}{R}\frac{\mathrm{d}v_O}{\mathrm{d}t} = \frac{a_O}{R}$$

ω 和 α 的转向如图 9-28(a)、(b) 所示。

(2) 求点 C 的加速度。

轮子做平面运动，以轮子中心 O 为基点，C 的加速度为

$$\boldsymbol{a}_C = \boldsymbol{a}_O + \boldsymbol{a}_{CO\text{n}} + \boldsymbol{a}_{CO\tau}$$

式中

$$a_{CO\text{n}} = R\omega^2 = R \cdot \left(\frac{v_O}{R}\right)^2 = \frac{v_O^2}{R}, \quad a_{CO\tau} = R\alpha = a_O$$

它们的方向如图 9-28(b) 所示。

由于 $\boldsymbol{a}_O$ 和 $\boldsymbol{a}_{CO\tau}$ 的大小相等、方向相反，故有

$$a_C = a_{CO\text{n}} = \frac{v_O^2}{R}$$

可见，速度瞬心 C 的加速度不等于零。当轮子做纯滚动时，速度瞬心的加速度指向轮心 O，如图 9-28(c) 所示。

9.6 运动学综合应用举例

工程中的机构都是由数个物体组成的，各物体间通过连接点而传递运动。为分析机构的运动，首先要分清各物体的运动形式，然后进行运动分析，计算有关连接点的速度和加速度。

为分析某点的运动，如能找出其位置与时间的函数关系，则可直接建立运动方程，用解析方法求其运动全过程的速度和加速度。当难以建立点的运动方程或只对机构某些瞬时位置的运动参数感兴趣时，可根据刚体的运动形式，确定刚体的运动与其上一点运动的关系，并用运动合成定理或平面运动的理论来分析相关的两个点在某瞬时的速度和加速度的联系。

平面运动理论用以分析同一平面运动刚体上两个不同点间的速度和加速度的联系。当两个刚体相接触而有相对滑动时，则需用合成运动的理论分析这两个不同刚体上相关点的速度和加速度的联系。

分析复杂机构运动时，可能同时有平面运动和点的合成运动问题，应注意分别分析、综合应用有关理论。有时同一问题可能有多种分析方法，应经过分析、比较后，选用较简便的方法求解。

下面是运动学综合应用的几个例题。

【例 9-11】 图示 9-29(a) 所示平面机构，滑块 B 可沿杆 OA 滑动。杆 BE 与 BD 分别与滑块 B 铰接，杆 BD 可沿水平导轨运动。滑块 E 以速度 $\boldsymbol{v}$ 沿铅直导轨匀速向上运动，杆 BE 长为 $\sqrt{2}l$。图示瞬时杆 OA 铅直，且与杆 BE 成 45° 夹角。求此瞬时杆 OA 的角速度与角加速度。

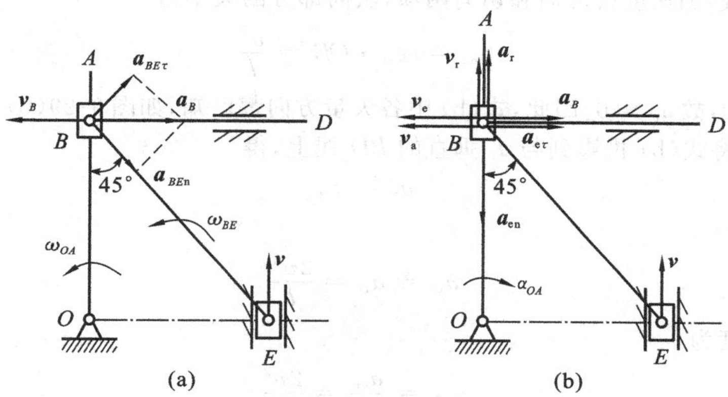

图 9-29

【解】 (1) 分析杆 BE 的平面运动，求点 B 的速度与加速度。

在图 9-29(a) 中，$\boldsymbol{v}_B$ 和 $\boldsymbol{v}$ 的方向已知，可确定杆 BE 的速度瞬心在点 O，杆 BE 的角速度为

$$\omega_{BE} = v/l, \quad v_B = \omega_{BE} \cdot OB = v$$

ω_{BE} 为逆时针转向，如图 9-29(a) 所示。

取点 E 为基点，则点 B 的加速度为

$$\boldsymbol{a}_B = \boldsymbol{a}_E + \boldsymbol{a}_{BEn} + \boldsymbol{a}_{BE\tau} \tag{a}$$

式中，各矢量方向如图 9-29(a) 所示。由于点 E 做匀速直线运动，故 $a_E = 0$。$\boldsymbol{a}_{BEn}$ 的大小为

$$a_{BEn} = \omega_{BE}^2 \cdot BE = \frac{\sqrt{2}v^2}{l}$$

将式(a) 投影到沿 BE 方向的轴上，得

$$a_B \cos 45^\circ = a_{BEn}$$

因此

$$a_B = \frac{a_{BEn}}{\cos 45^\circ} = \frac{2v^2}{l}$$

(2) 分析点 B 的合成运动，求杆 OA 的角速度与角加速度。

取滑块 B 为动点，动系固连在杆 OA 上。点 B 的绝对运动是沿杆 BD 的水平直线运动，相对运动是沿杆 OA 的直线运动，牵连运动是杆 OA 的定轴转动。

根据速度合成定理，点 B 的速度合成为

$$\boldsymbol{v}_a = \boldsymbol{v}_e + \boldsymbol{v}_r$$

式中，$v_a = v_B$，牵连速度 v_e 是杆 OA 上与滑块 B 重合的那一点的速度，其方向垂直于 OA，与 v_a 同向，相对速度 v_r 沿杆 OA，即垂直于 v_e，如图 9-29(b) 所示。因此有

$$v_a = v_e, \quad v_r = 0$$

杆 OA 的角速度为

$$\omega_{OA} = \frac{v_e}{OB} = \frac{v_B}{OB} = \frac{v}{l}$$

ω_{OA} 为逆时针转向，如图 9-29(a) 所示。

根据加速度合成定理，点 B 的加速度合成为

$$a_a = a_{e\tau} + a_{en} + a_r + a_C \tag{b}$$

式中，$a_a = a_B$，牵连加速度有法向和切向两项，法向部分的大小为

$$a_{en} = \omega_{OA}^2 \cdot OB = \frac{v^2}{l}$$

因为此瞬时 $v_r = 0$，故 $a_C = 0$。因此，式(b) 中各矢量方向都已知，如图 9-29(b) 所示，未知量只有 a_r 和 $a_{e\tau}$ 的大小。将式(b) 投影到与 a_r 垂直的 BD 线上，得

$$a_a = a_{e\tau}$$

因此

$$a_{e\tau} = a_B = \frac{2v^2}{l}$$

杆 OA 的角加速度为

$$\alpha_{OA} = \frac{a_{e\tau}}{OB} = \frac{2v^2}{l^2}$$

α_{OA} 的转向如图 9-29(b) 所示。

【例 9-12】 如图 9-30(a) 所示的机构，轮 O 在水平面上做纯滚动，轮缘上铰接一滑套，滑套带动摇杆 O_1A 绕轴 O_1 转动。已知轮的半径 $r = 0.5$ m，在图示位置时，摇杆 O_1A 与轮相切，轮心速度 $v_O = 20$ m/s，加速度 $a_O = 10$ m/s²，摇杆 O_1A 与水平面间的夹角为 60°。求此瞬时杆 O_1A 的角速度和角加速度。

【解】 (1) 速度分析和计算

轮 O 做平面运动，纯滚动时瞬心为与地面接触的点 C。轮 O 转动的角速度为

$$\omega_O = \frac{v_O}{r}$$

选择滑套点 B 为动点，O_1A 为动系，牵连运动为定轴转动，相对运动为滑套沿摇杆 O_1A 的直线运动，绝对运动的轨迹为摆线。点 B 的速度合成为

$$v_a = v_e + v_r$$

式中，v_a 是点 B 的绝对速度，由于点 B 是轮上的一点，其速度方向垂直于点 B 与瞬心的连线 BC，大小为

$$v_a = \omega_O \cdot CB = \frac{v_O}{r} \cdot \sqrt{3}r = 20\sqrt{3} \text{ m/s}$$

v_e 是 O_1A 上与点 B 重合的那一点的速度，与 O_1A 垂直，v_r 沿直线 O_1A 的方向。各矢量方向如图 9-30(a) 所示。作速度平行四边形，根据几何关系求得

$$v_e = v_a\cos 60° = 10\sqrt{3} \text{ m/s}$$
$$v_r = v_a\sin 60° = 30 \text{ m/s}$$

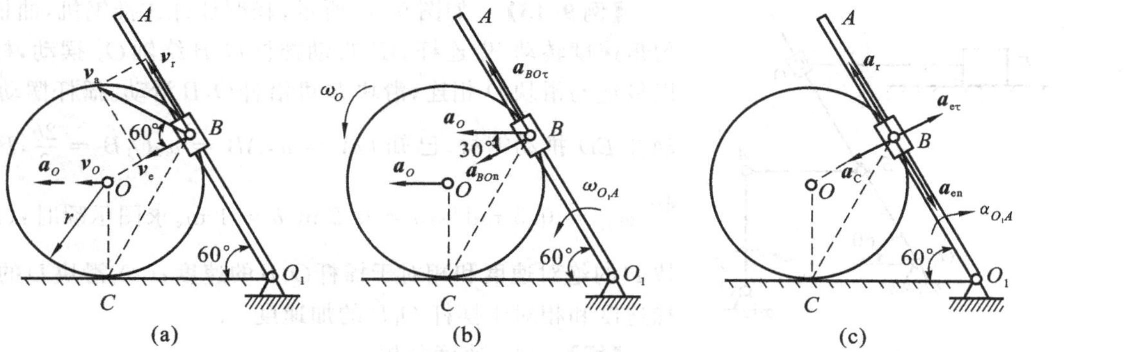

图 9-30

于是

$$\omega_{O_1A}=\frac{v_e}{O_1B}=\frac{v_e}{\sqrt{3}r}=20\ \text{rad/s}$$

方向如图 9-30(b) 所示。

(2) 加速度分析和计算

首先用基点法求轮缘点 B 的加速度。取 O 为基点，根据基点法求点 B 的加速度，有

$$\boldsymbol{a}_B=\boldsymbol{a}_O+\boldsymbol{a}_{BOn}+\boldsymbol{a}_{BO\tau} \tag{a}$$

式(a) 中 $\boldsymbol{a}_{BO\tau}$ 的大小、$\boldsymbol{a}_B$ 的大小和方向均未知，不能求解此矢量式。$\boldsymbol{a}_{BOn}$ 的方向沿 BO 指向点 O，垂直于 O_1A。

再选择滑套点 B 为动点，O_1A 为动系，牵连运动为定轴转动，相对运动为滑套沿摇杆 O_1A 的直线运动，绝对运动的轨迹为摆线。点 B 的加速度合成为

$$\boldsymbol{a}_a=\boldsymbol{a}_{en}+\boldsymbol{a}_{e\tau}+\boldsymbol{a}_r+\boldsymbol{a}_C \tag{b}$$

式(b) 中 $\boldsymbol{a}_a$ 的大小和方向均未知，$\boldsymbol{a}_{e\tau}$ 的大小也未知，不能求解此矢量式。但 $\boldsymbol{a}_a$ 就是点 B 的绝对速度 $\boldsymbol{a}_B$，根据式(a) 和式(b) 有

$$\boldsymbol{a}_O+\boldsymbol{a}_{BOn}+\boldsymbol{a}_{BO\tau}=\boldsymbol{a}_{en}+\boldsymbol{a}_{e\tau}+\boldsymbol{a}_r+\boldsymbol{a}_C \tag{c}$$

式(c) 中各矢量的方向均已知，如图 9-30(b) 和(c) 所示。

将式(c) 沿 $\boldsymbol{a}_{e\tau}$ 的方向投影，得

$$-a_O\cos30^\circ-a_{BOn}=a_{e\tau}-a_C \tag{d}$$

式(d) 中

$$a_{BOn}=\omega_O^2\cdot OB=\left(\frac{v_O}{r}\right)^2 r=\frac{v_O^2}{r}=800\ \text{m/s}^2$$

$$a_C=2\omega_e\cdot v_r=2\omega_{O_1A}\cdot v_r=2\times20\times30\ \text{m/s}^2=1200\ \text{m/s}^2$$

因此

$$a_{e\tau}=a_C-a_O\cos30^\circ-a_{BOn}=391\ \text{m/s}^2$$

于是

$$\alpha_{O_1A}=\frac{a_{e\tau}}{O_1B}=452\ \text{rad/s}^2$$

方向如图 9-30(c) 所示。

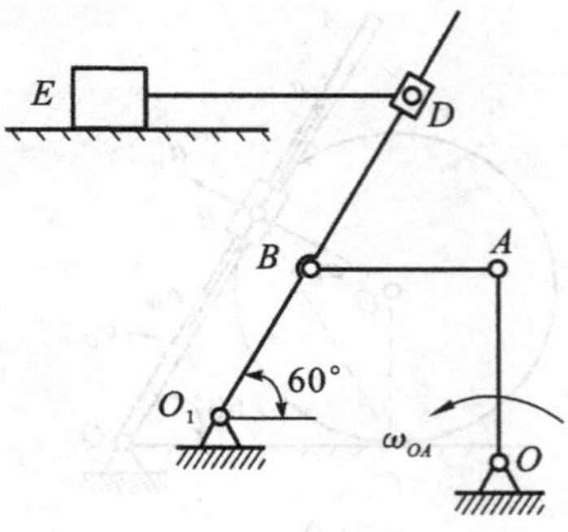

图 9-31

【例 9-13】 如图 9-31 所示，轻型杠杆式推钢机，曲柄 OA 匀角速度转动，借连杆 AB 带动摇杆 O_1B 绕轴 O_1 摆动，杆 ED 以铰链与滑块 D 相连，滑块 D 可沿杆 O_1B 滑动。摇杆摆动时带动杆 ED 推动钢材。已知 $OA=a$，$AB=a$，$O_1B=\dfrac{2b}{3}$，$BD=\dfrac{4b}{3}$，$\omega_{OA}=0.5\ \text{rad/s}$，$a=0.2\ \text{m}$，$b=1\ \text{m}$。求图示瞬时：(1) 滑块 D 的绝对速度和相对于摇杆 O_1B 的速度；(2) 滑块 D 的绝对加速度和相对于摆杆 O_1B 的加速度。

【解】 (1) 速度分析

先分析杆 AB，杆 AB 做平面运动，以点 A 为基点，则点 B 的速度为

$$\boldsymbol{v}_B=\boldsymbol{v}_A+\boldsymbol{v}_{BA}$$

O_1B 定轴转动，$\boldsymbol{v}_B$ 方向垂直于 O_1B，$\boldsymbol{v}_{BA}$ 方向垂直于 AB，$\boldsymbol{v}_A$ 方向垂直于 OA，且

$$v_A=\omega_{OA}\cdot OA$$

作速度平行四边形如图 9-32(a) 所示，根据几何关系解得

$$v_B=\frac{v_A}{\sin 60^\circ}=\frac{\omega_{OA}\cdot OA}{\sqrt{3}/2}=\frac{\sqrt{3}}{15}\ \text{m/s},\quad v_{BA}=v_A\cdot\tan 30^\circ=\frac{\sqrt{3}}{30}\ \text{m/s}$$

因为

$$v_B=\omega_{O_1B}\cdot O_1B,\quad v_{BA}=\omega_{AB}\cdot AB$$

故有

$$\omega_{O_1B}=\frac{v_B}{O_1B}=\frac{\sqrt{3}}{10}\ \text{rad/s},\quad \omega_{AB}=\frac{v_{BA}}{AB}=\frac{1}{6}\ \text{rad/s}$$

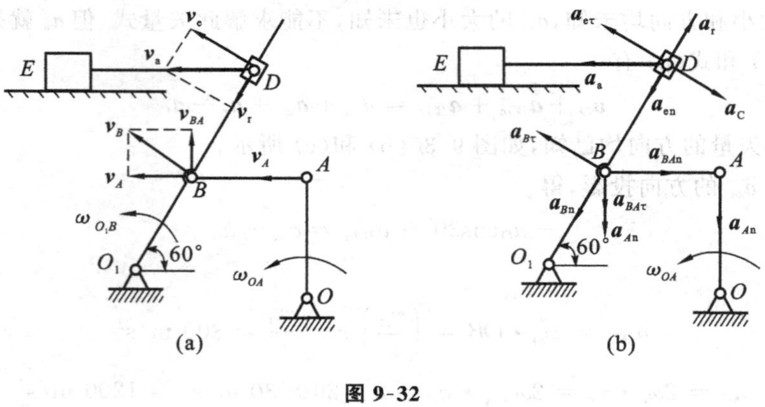

图 9-32

再分析点 D。以 D 为动点，动系固连于杆 O_1B 上，牵连运动定轴转动，相对运动为沿 O_1D 的直线运动，绝对运动为沿 ED 的水平直线运动，则点 D 的速度合成为

$$\boldsymbol{v}_a=\boldsymbol{v}_e+\boldsymbol{v}_r$$

式中各矢量的方向均已知，$\boldsymbol{v}_e$ 的大小为

$$v_e=\omega_{O_1B}\cdot O_1D$$

作点 D 的速度平行四边形图，如图 9-32(a) 所示。根据几何关系解得

$$v_a = \frac{v_e}{\sin 60^\circ} = \frac{\omega_{O_1B} \cdot O_1D}{\frac{\sqrt{3}}{2}} = 0.4\ \text{m/s}, \quad v_r = v_a \cdot \cos 60^\circ = 0.2\ \text{m/s}$$

v_a 和 v_r 分别是滑块 D 的绝对速度和相对于摇杆 O_1B 的相对速度。

(2) 加速度分析

先分析杆 AB，杆 AB 做平面运动，以点 A 为基点，点 B 的加速度(基点法) 为

$$\boldsymbol{a}_B = \boldsymbol{a}_A + \boldsymbol{a}_{BAn} + \boldsymbol{a}_{BA\tau} \tag{a}$$

同时，点 B 是定轴转动的摇杆 O_1B 上的一点，它做圆周运动，其加速度为

$$\boldsymbol{a}_B = \boldsymbol{a}_{B\tau} + \boldsymbol{a}_{Bn} \tag{b}$$

根据式(a) 和式(b) 有

$$\boldsymbol{a}_{B\tau} + \boldsymbol{a}_{Bn} = \boldsymbol{a}_A + \boldsymbol{a}_{BAn} + \boldsymbol{a}_{BA\tau} \tag{c}$$

式(c) 中各矢量方向均已知，如图 9-32(b) 所示，$\boldsymbol{a}_{Bn}$、$\boldsymbol{a}_{BAn}$ 和 $\boldsymbol{a}_A$ 的大小分别为

$$a_{Bn} = \omega_{O_1B}^2 \cdot O_1B = 0.02\ \text{m/s}, \quad a_A = a_{An} = \omega_{OA}^2 \cdot OA, \quad a_{BAn} = \omega_{AB}^2 \cdot AB = \frac{1}{180}\ \text{m/s}^2$$

由式(c) 沿直线 AB 的方向投影得

$$a_{B\tau}\cos 30^\circ + a_{Bn}\sin 30^\circ = -a_{BAn}$$

解得

$$a_{B\tau} = -0.01796\ \text{m/s}^2$$

于是

$$\alpha_{O_1B} = \frac{a_{B\tau}}{O_1B} = -0.027\ \text{rad/s}^2$$

O_1B 的角加速度为顺时针方向。

然后再分析点 D，以 D 为动点，动系固连于杆 O_1B 上，牵连运动为定轴转动，相对运动为沿 O_1D 的直线运动，绝对运动为沿 ED 的水平直线运动。则点 D 的加速度合成为

$$\boldsymbol{a}_a = \boldsymbol{a}_{en} + \boldsymbol{a}_{e\tau} + \boldsymbol{a}_r + \boldsymbol{a}_C \tag{d}$$

式中各矢量如图 9-32(b) 所示。式(d) 分别沿 $\boldsymbol{a}_{e\tau}$ 和 $\boldsymbol{a}_{en}$ 的方向投影得

$$a_a\cos 30^\circ = a_{e\tau} - a_C$$
$$a_a\sin 30^\circ = a_{en} - a_r$$

其中

$$a_{e\tau} = \alpha_{O_1B} \cdot O_1D = -0.054\ \text{m/s}^2, \quad a_C = 2\omega_{O_1B} \cdot v_r = 0.0693\ \text{m/s}^2$$

$$a_{en} = \omega_{O_1B}^2 \cdot O_1D = \left(\frac{\sqrt{3}}{10}\right)^2 \times 2\ \text{m/s}^2 = \frac{3}{50}\ \text{m/s}^2$$

故

$$a_a = \frac{2}{\sqrt{3}}(a_{e\tau} - a_C) = -0.1424\ \text{m/s}^2$$

$$a_r = -\frac{1}{2}a_a + a_{en} = \left[-\frac{1}{2} \times (-0.1424) + \frac{3}{50}\right]\ \text{m/s}^2 = 0.1312\ \text{m/s}^2$$

a_a 和 a_r 分别是滑块 D 的绝对加速度大小和相对于摇杆 O_1B 的相对加速度大小。

【例 9-14】 图 9-33 所示的平面结构，AB 长为 l，滑块 A 可沿摇杆 OC 的长槽滑动，摇杆 OC 以匀角速度 ω 绕轴 O 转动，滑块 B 以匀速 $v = \omega l$ 沿水平导轨滑动。图示瞬时摇杆 OC 处于铅直位置，AB 与水平线 OB 的夹角为 30°，求此瞬时杆 AB 的角速度及角加速度。

【解】 如图 9-33 所示，杆 AB 做平面运动，以点 B 为基点，点 A 的速度为

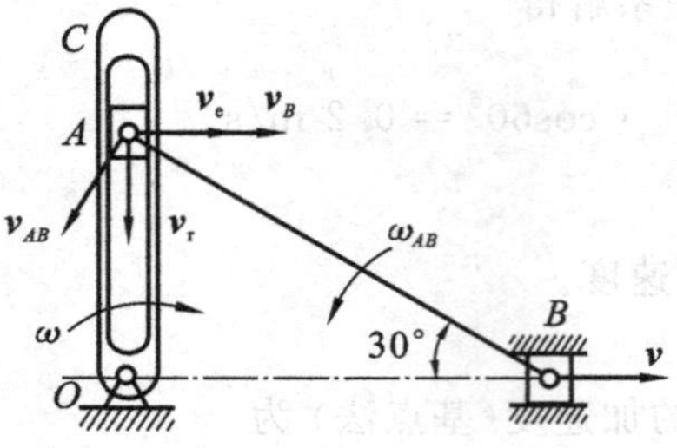

图 9-33

$$v_A = v_B + v_{AB} \quad \text{(a)}$$

点 A 在摇杆 OC 内滑动，分析其点的合成运动。取点 A 为动点，动系固连在 OC 上，有

$$v_a = v_e + v_r \quad \text{(b)}$$

而 $v_a = v_A$，由式(a) 和(b)，得

$$v_B + v_{AB} = v_e + v_r \quad \text{(c)}$$

其中 v_B 已知，v_e 垂直于 OA，大小为 $v_e = \omega \cdot OA = \dfrac{\omega l}{2}$；$v_{AB}$ 和 v_r 方向已知，但它们的大小未知。将式(c) 沿 v_B 的方向投影，得

$$v_B - v_{AB}\sin 30° = v_e$$

故

$$v_{AB} = 2(v_B - v_e) = \omega l$$

杆 AB 的角速度方向如图所示，大小为

$$\omega_{AB} = \frac{v_{AB}}{AB} = \omega$$

将式(c) 沿 v_r 的方向投影，得

$$v_{AB}\cos 30° = v_r$$

于是

$$v_r = \frac{\sqrt{3}}{2}\omega l$$

如图 9-34 所示，以点 B 为基点，则点 A 的加速度为

$$a_A = a_B + a_{ABn} + a_{AB\tau} \quad \text{(d)}$$

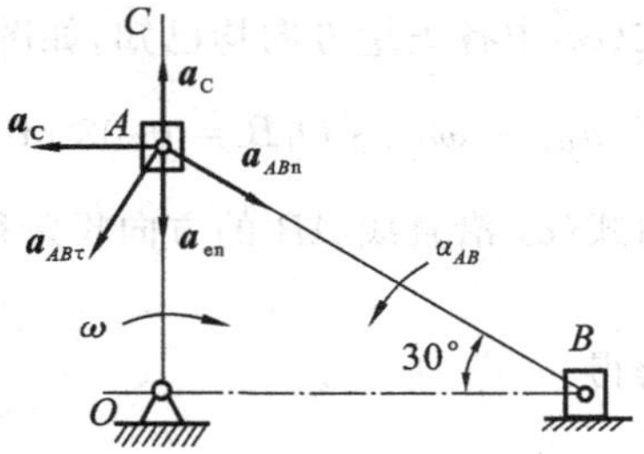

图 9-34

由于 v_B 为常量，所以 $a_B = 0$，a_{ABn} 的大小为

$$a_{ABn} = \omega_{AB}^2 \cdot AB = \omega^2 l$$

再以点 A 为动点，动系固连在 OC 上，则点 A 的加速度为

$$a_a = a_{en} + a_{e\tau} + a_r + a_C \quad \text{(e)}$$

而 $a_a = a_A$，由(d)、(e) 两式得

$$a_{AB\tau} + a_{ABn} = a_{en} + a_{e\tau} + a_r + a_C \quad \text{(f)}$$

其中各矢量方向已知，如图 9-34 所示。$a_{e\tau} = 0$，a_{ABn} 已知，a_{en} 和 a_C 的大小分别为

$$a_{en} = \omega^2 \cdot OA = \frac{\omega^2 l}{2}, \quad a_C = 2\omega v_r = \sqrt{3}\omega^2 l$$

将式(f) 沿 a_C 的方向投影，得

$$a_{AB\tau}\sin 30° - a_{ABn}\cos 30° = a_C$$

解得

$$a_{AB\tau} = 3\sqrt{3}\omega^2 l$$

因此

$$\alpha_{AB} = \frac{a_{AB\tau}}{AB} = 3\sqrt{3}\omega^2$$

思考题

9-1　刚体的平移和定轴转动均是刚体平面运动的特例，对否？

9-2　判断图 9-35 中所示刚体上各点的速度方向是否正确?为什么

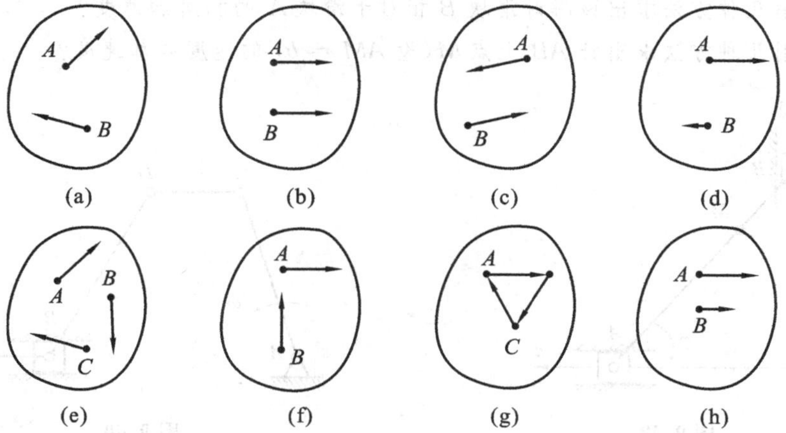

图 9-35

9-3　什么是瞬时平移?瞬时平移时各点的加速度是否也相等?

9-4　在图 9-36 所示瞬时,已知杆 O_1A 与杆 O_2B 平行且相等,问 ω_1 与 ω_2、α_1 与 α_2 是否相等?

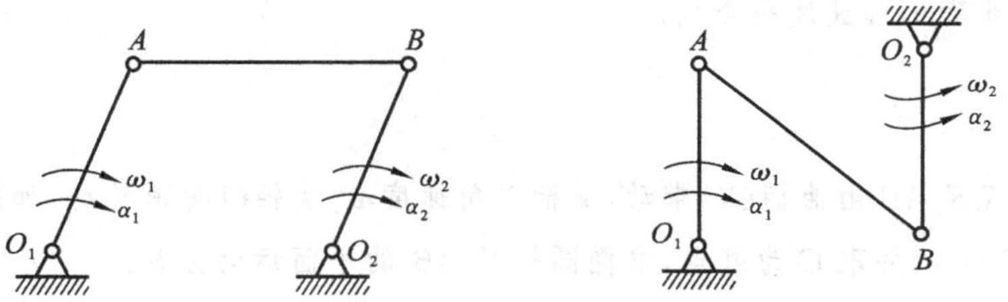

图 9-36

9-5　如图 9-37 所示,杆 O_1A 的角速度为 ω_1,板 ABC 和杆 O_1A 铰接。问图中 O_1A 和 AC 上各点的速度分布规律对不对?为什么?

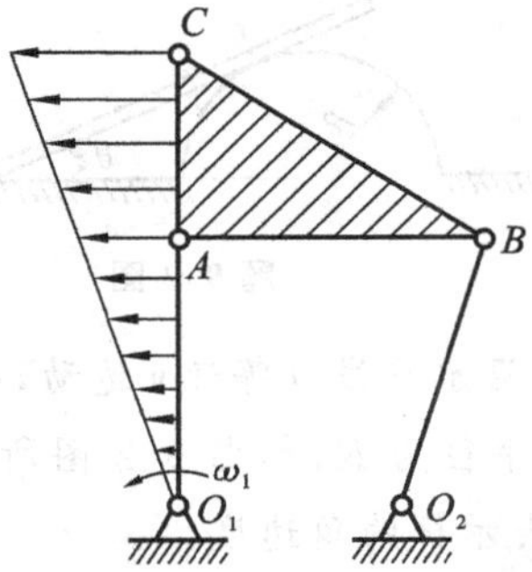

图 9-37

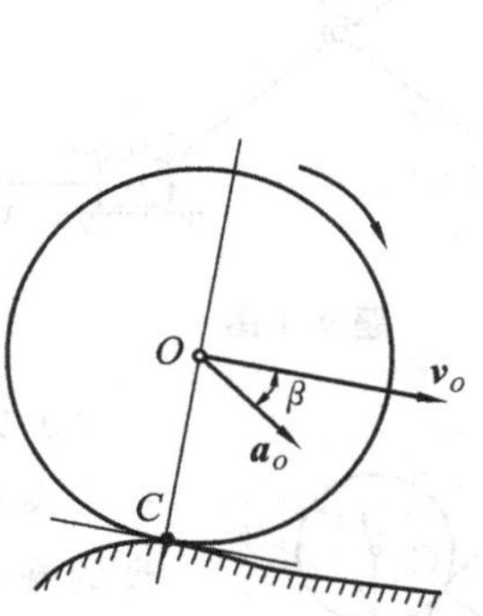

图 9-38

9-6　如图 9-38 所示,车轮沿曲面滚动。已知轮心 O 在某瞬时的速度 $\boldsymbol{v}_O$ 和加速度 $\boldsymbol{a}_O$。问车轮的角加速度是否等于 $a_O\cos\beta/R$?速度瞬心 C 的加速度大小和方向如何确定?

9-7　图 9-39 所示的平面机构中,A、B 仅能在轴 x、y 上运动,$AB=l$,点 A 的运动方程为 $x_A=$

$30\sin\pi t$。图示瞬时 $\varphi = 60°$。

(1) 你能用几种方法求出该瞬时滑块 B 相对于滑块 A 的相对加速度？

(2) 你能用几种方法求出杆 AB 上点 M(设 $AM = b$) 的速度和加速度？

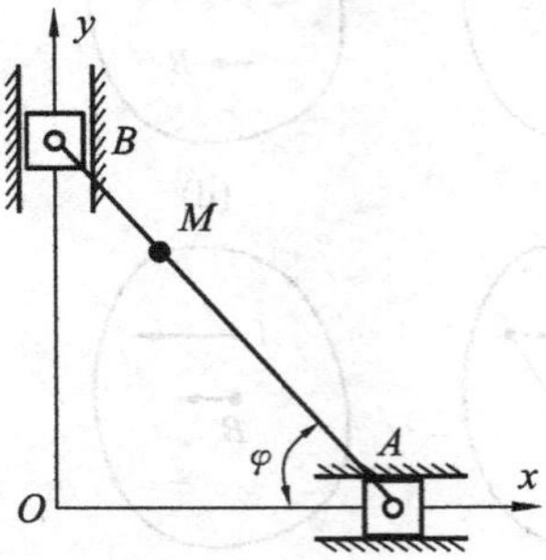

图 9-39

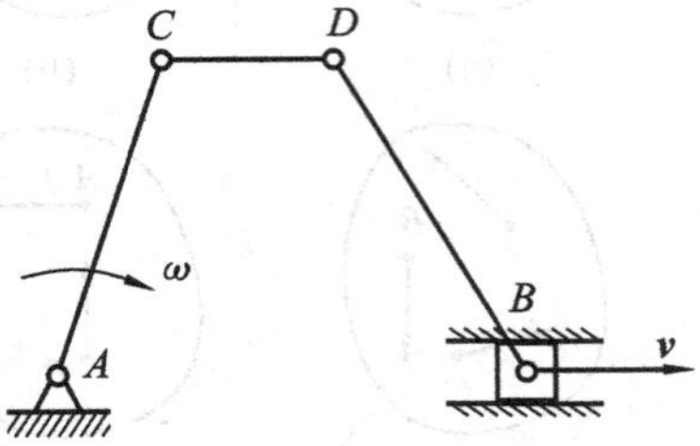

图 9-40

9-9　图 9-40 所示的平面机构中，各部分的尺寸已知，杆 AC 的角速度为 ω，ω 为常量。C、D 为铰链，滑块 B 以匀速 $\boldsymbol{v}$ 做直线运动。欲求图示瞬时点 D 的加速度。

(1) 说出主要的解题过程(不必求解)。

(2) 画出各步骤的加速度矢量图。

习　题

9-1　椭圆规尺 AB 由曲柄 OC 带动，曲柄以角速度 ω_O 绕轴 O 匀速转动，如题 9-1 图所示。如 $OC = BC = AC = r$，并取 C 为基点，求椭圆规尺 AB 的平面运动方程。

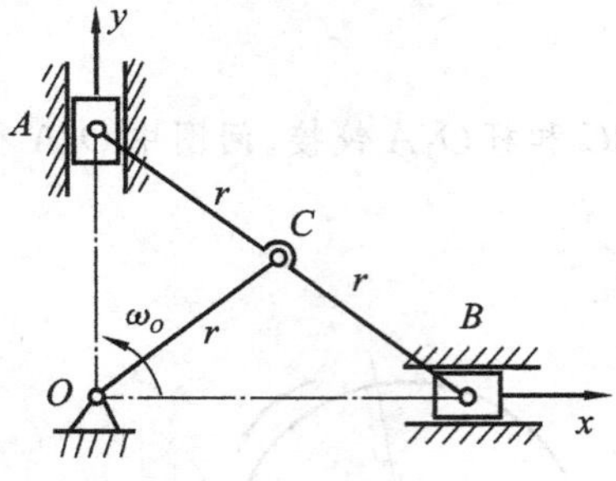

题 9-1 图

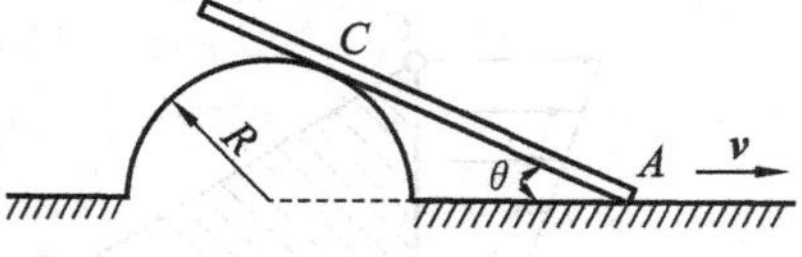

题 9-2 图

9-2　杆 AB 的 A 端沿水平线以等速 $\boldsymbol{v}$ 运动，在运动时杆恒与一半圆周相切，半圆周的半径为 R，如题 9-2 图所示。如杆与水平线的夹角为 θ，试以角 θ 表示杆的角速度。

9-3　半径为 r 的齿轮由曲柄 OA 带动，沿半径为 R 的固定齿轮转动，如题 9-3 图所示。如曲柄 OA 以等角速度 α 绕轴 O 转动，当运动开始时，角速度 $\omega_O = 0$，转角 $\varphi = 0$。求动齿轮以中心 A 为基点的平面运动方程。

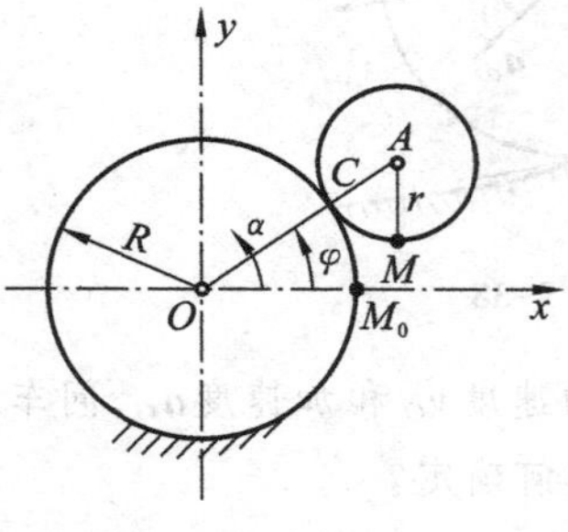

题 9-3 图

9-4　如题 9-4 图所示机构中，已知：$OA=0.1\ \mathrm{m}$，$BD=0.1\ \mathrm{m}$，$DE=0.1\ \mathrm{m}$，$EF=0.1\sqrt{3}\ \mathrm{m}$；$\omega_{OA}=4\ \mathrm{rad/s}$。在图示位置时，曲柄 OA 与水平线 OB 垂直；且 B、D 和 F 在同一铅直线上，又 $DE\perp EF$。求 EF 的角速度和点 F 的速度。

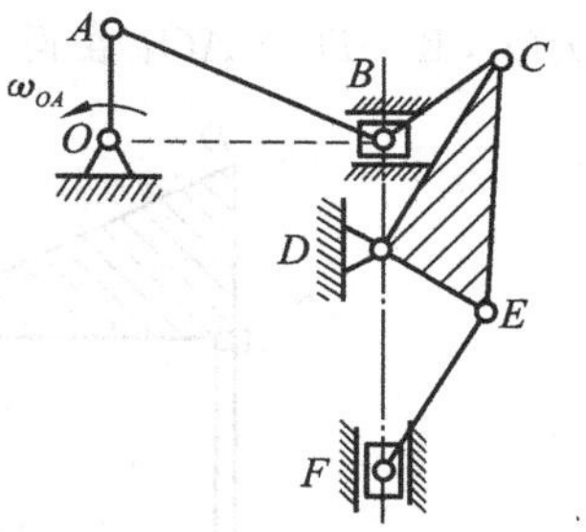

题 9-4 图

9-5　如题 9-5 图所示，在筛动机构中，曲柄连杆机构带动筛子摆动。已知曲柄 OA 的转速 $n_{OA}=40\ \mathrm{r/min}$，$OA=0.3\ \mathrm{m}$。当筛子 BC 运动到与点 O 在同一水平线上时，$\angle BAO=90^\circ$。求此瞬时筛子 BC 的速度。

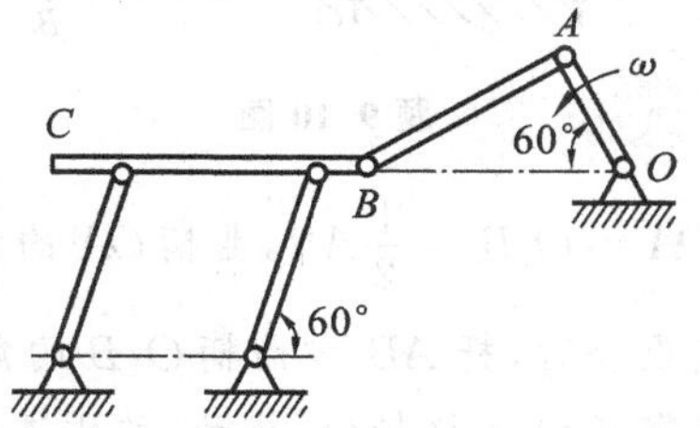

题 9-5 图

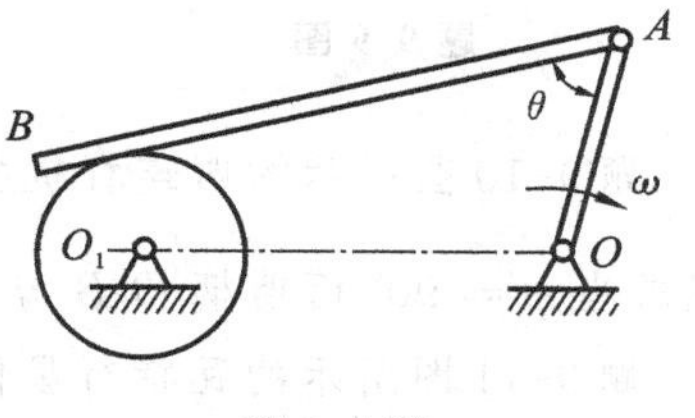

题 9-6 图

9-6　题 9-6 图所示的平面机构中，曲柄 $OA=R$，以角速度 ω 绕轴 O 转动。齿条 AB 与半径为 $r=R/2$ 的齿轮啮合，并由曲柄销 A 带动。求当齿条与曲柄的交角 $\theta=60^\circ$ 时，齿轮的角速度。

9-7　题 9-7 图所示双曲柄连杆机构中，滑块 B 和 E 用杆 BE 连接，主动曲柄 OA 和从动曲柄 OD 都绕轴 O 转动。主动曲柄 OA 以匀角速度 $\omega_0=12\ \mathrm{rad/s}$ 转动。已知：$OA=100\ \mathrm{mm}$，$OD=120\ \mathrm{mm}$，$AB=260\ \mathrm{mm}$，$BE=120\ \mathrm{mm}$，$DE=120\sqrt{3}\ \mathrm{mm}$。求当曲柄 OA 垂直于滑块的导轨方向时，从动曲柄 OD 和连杆 DE 的角速度。

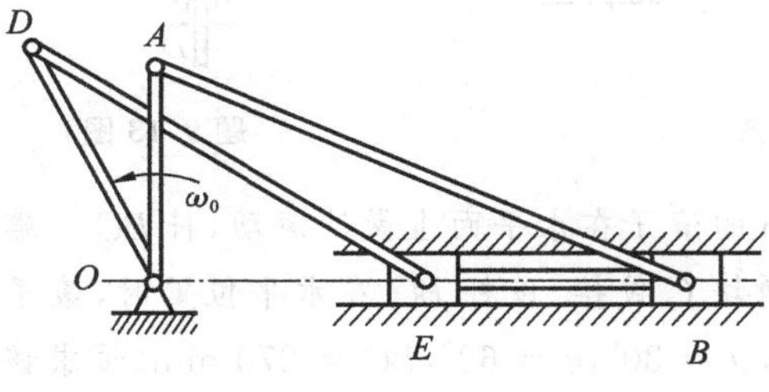

题 9-7 图

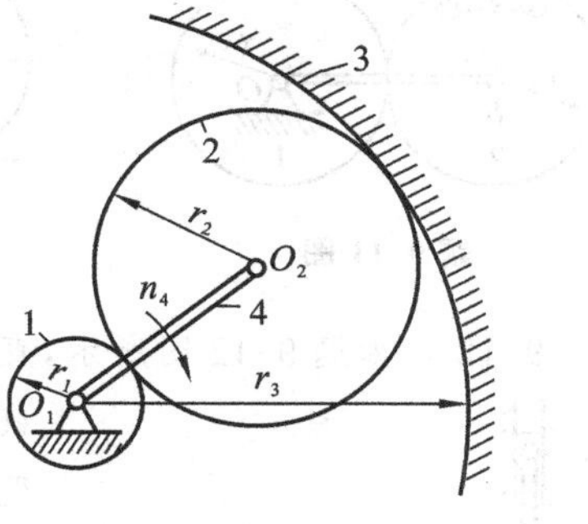

题 9-8 图

9-8　使砂轮高速转动的装置如题 9-8 图所示。杆 O_1O_2 绕轴 O_1 转动，转速为 $n_4=900\ \mathrm{r/min}$，O_2 处用铰链连接一半径为 r_2 的动齿轮 2，杆 O_1O_2 转动时，轮 2 在半径为 r_3 的固定内齿轮 3 上滚动，并使半径 $r_3/r_1=11$ 的轮 1 绕轴 O_1 转动。轮 1 上装有砂轮，随同轮 1 高速转动。求砂轮的转速。

9-9　题 9-9 图所示的四连杆机构中，连杆 AB 上固连一块三角板 ABD。已知曲柄的角速度 $\omega_{O_1A}=2\ \mathrm{rad/s}$，$O_1A=100\ \mathrm{mm}$，$O_1O_2=50\ \mathrm{mm}$，$AD=50\ \mathrm{mm}$。当 $O_1A\perp O_1O_2$ 时，AB 平行于

O_1O_2，且 AD 与 AO_1 在同一直线上，角 $\varphi=30°$。求三角板 ABD 的角速度和点 D 的速度。

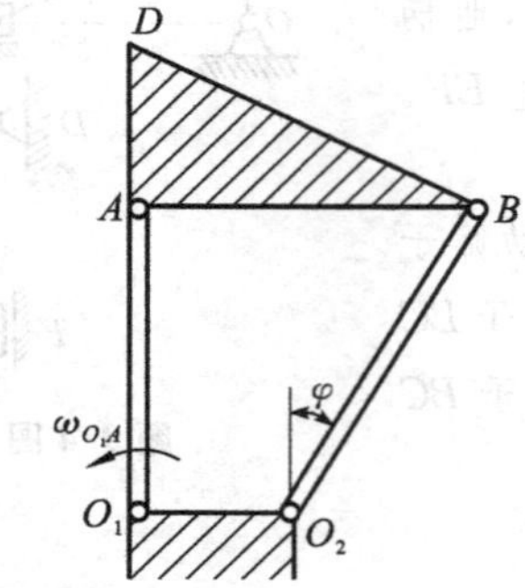

题 9-9 图

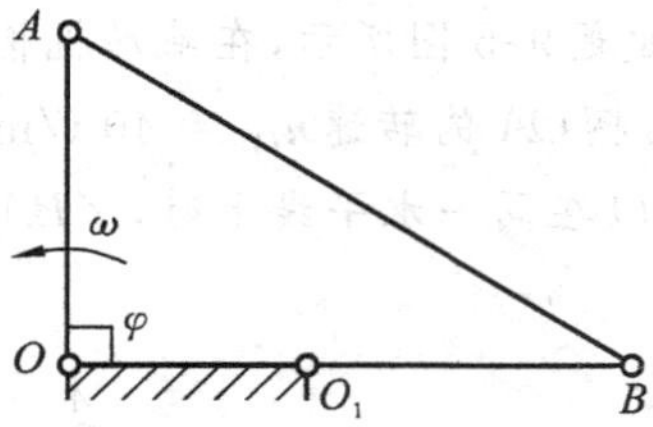

题 9-10 图

9-10　题 9-10 图所示的四连杆机构 $OABO_1$ 中，$OA=O_1B=\frac{1}{2}AB$，曲柄 OA 的角速度 $\omega=3$ rad/s。试求当 $\varphi=90°$ 而曲柄 O_1B 与 OO_1 的延长线重合时，杆 AB 和曲柄 O_1B 的角速度。

9-11　题 9-11 图所示的瓦特行星传动机构中，平衡杆 O_1A 绕轴 O_1 转动，并借连杆 AB 带动曲柄 OB；而曲柄 OB 活动地装在轴 O 上；在轴 O 上装有齿轮 1，齿轮 2 的轴安装在连杆 AB 的另一端。已知：$r_1=r_2=300\sqrt{3}$ mm，$O_1A=750$ mm，$AB=1500$ mm，平衡杆的角速度 $\omega_{O_1}=6$ rad/s。求当 $\theta=60°$ 和 $\beta=90°$ 时，曲柄 OB 和齿轮 1 的角速度。

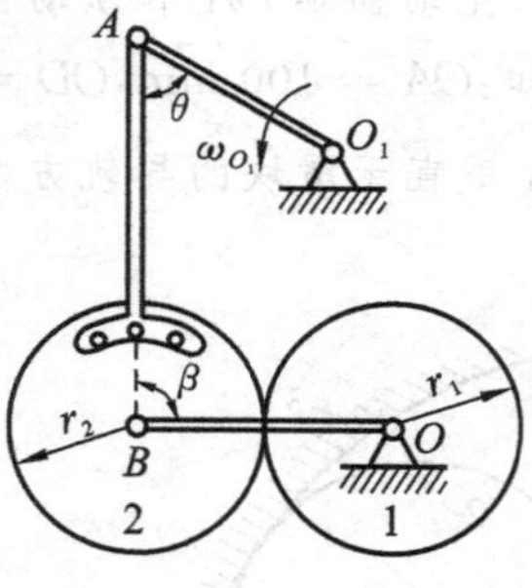

题 9-11 图

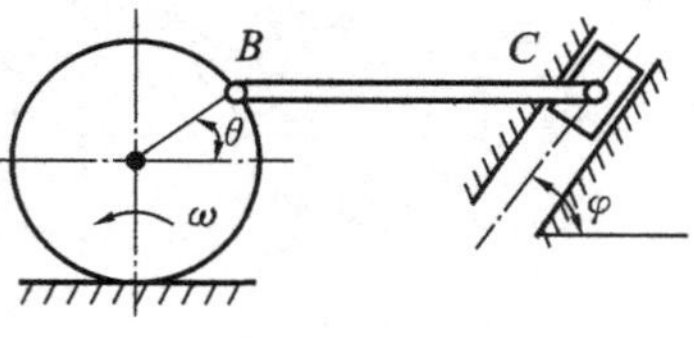

题 9-12 图

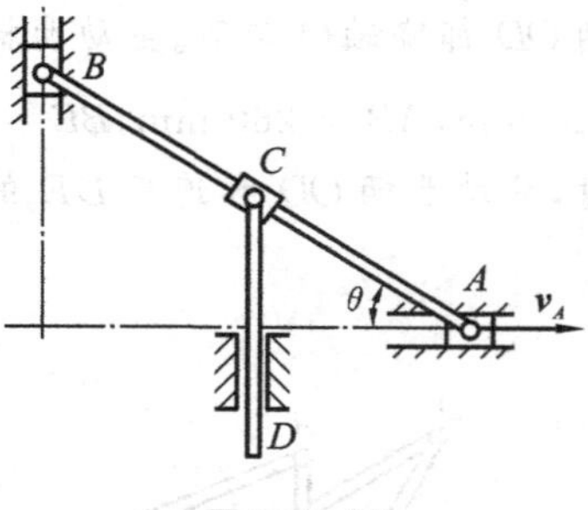

题 9-13 图

9-12　如题 9-12 图所示，直径为 $60\sqrt{3}$ mm 的滚子在水平面上做纯滚动，杆 BC 一端与滚子铰接，另一端与滑块 C 铰接。设杆 BC 在水平位置时，滚子的角速度 $\omega=12$ rad/s，$\theta=30°$，$\varphi=60°$，$BC=270$ mm。试求该瞬时杆 BC 的角速度和点 C 的速度。

9-13　在题 9-13 图所示机构中，已知：滑块 A 的速度 $v_A=200$ mm/s，$AB=400$ mm。求当 $AC=CB$、$\theta=30°$ 时杆 CD 的速度和加速度。

9-14　题 9-14 图所示配汽机构中，曲柄 OA 长为 r，绕轴 O 以等角速度 ω_O 转动，$AB=6r$，$BC=3\sqrt{3}r$。求机构在图示位置时，滑块 C 的速度和加速度。

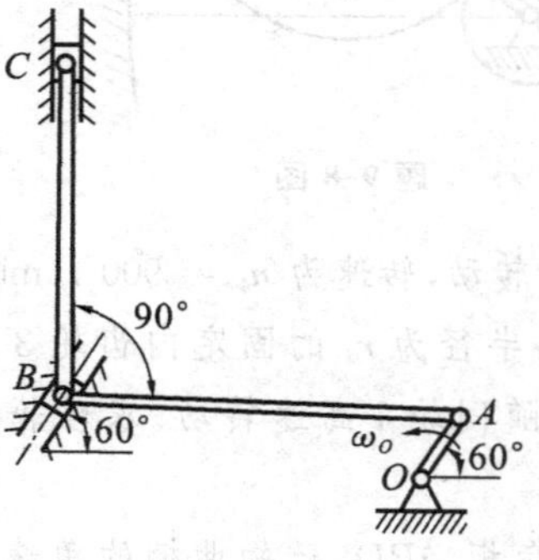

题 9-14 图

9-15　在题9-15图所示曲柄连杆机构中，曲柄OA绕轴O转动，其角速度为ω_O，角加速度为α_O。在图示瞬时曲柄与水平线间成60°角，而连杆AB与曲柄OA垂直。滑块B在圆形槽内滑动，此时半径O_1B与连杆AB间成30°角。如$OA=r$，$AB=2\sqrt{3}r$，$O_1B=2r$，求在该瞬时，滑块B的切向和法向加速度。

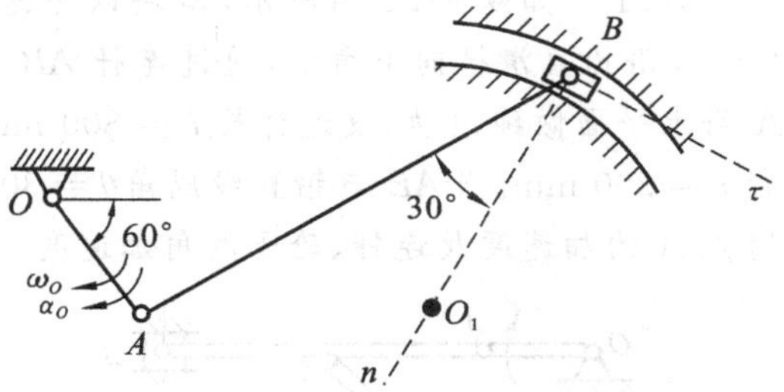

题 9-15 图

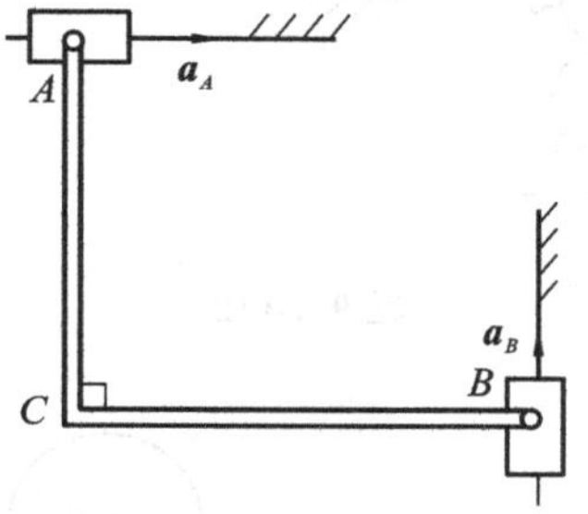

题 9-16 图

9-16　题9-16图所示直角刚性杆，$AC=CB=0.5$ m，设在图示瞬时，两端滑块沿水平轴与铅直轴的加速度如图所示，大小分别为$a_A=1\ \text{m/s}^2$，$a_B=3\ \text{m/s}^2$。求这时直角杆的角速度和角加速度。

9-17　曲柄OA以恒定的角速度$\omega=2$ rad/s绕轴O转动，并借助连杆AB驱动半径为r的轮子在半径为R的圆弧槽中做无滑动的滚动。设$OA=AB=R=2r=1$ m，求题9-17图所示瞬时点B和点C的速度和加速度。

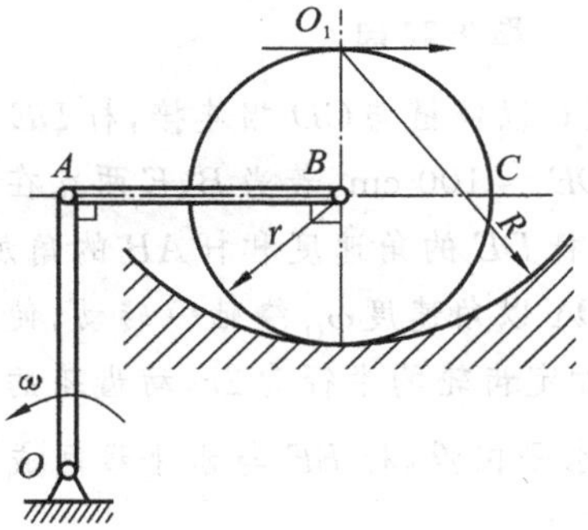

题 9-17 图

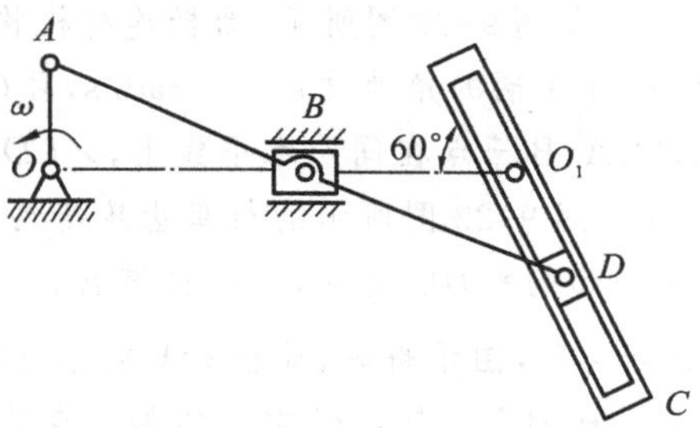

题 9-18 图

9-18　如题9-18图所示，曲柄连杆机构带动摇杆O_1C绕轴O_1摆动。在连杆AB上装有两个滑块，滑块B在水平槽内滑动，而滑块D则在摇杆O_1C的槽内滑动。已知：曲柄长$OA=50$ mm，绕轴O转动的匀角速度$\omega=10$ rad/s。在图示位置时，曲柄与水平线成90°角，$\angle OAB=60°$，摇杆与水平线成60°角，距离$O_1D=70$ mm。求摇杆的角速度和角加速度。

9-19　如题9-19图所示，滑块A、B、C以连杆AB、AC相铰接。滑块B、C在水平槽中相对运动的速度恒为$v=1.6$ m/s。求当$x=50$ mm时滑块B的速度和加速度。

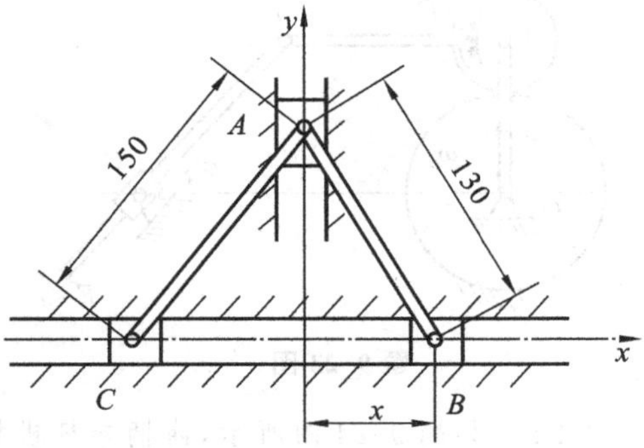

题 9-19 图

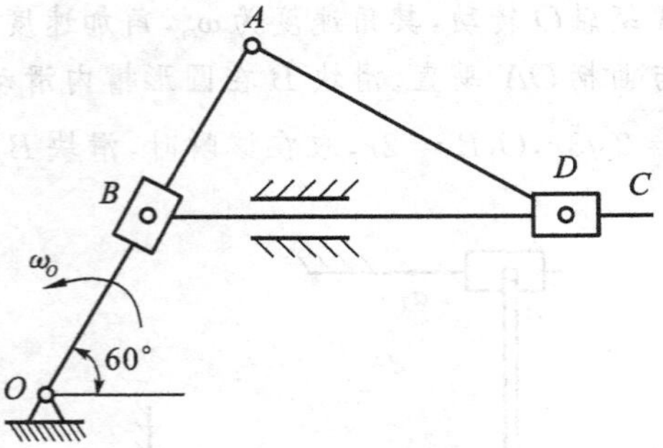

题 9-20 图

9-20 如题 9-20 图所示，平面机构的曲柄 OA 长为 $2l$，以匀角速度 ω_O 绕轴 O 转动。图示瞬时 $AB = BO$，并且 $\angle OAD = 90°$，试求此瞬时套筒 D 相对于杆 BC 的速度和加速度。

9-21 如题 9-21 图所示，滑块以匀速度 $v_B = 2$ m/s 沿铅直滑槽向下滑动，通过连杆 AB 带动轮子 A 沿水平面做纯滚动。设连杆长 $l = 800$ mm，轮子半径 $r = 200$ mm。当 AB 与铅直线成角 $\theta = 30°$ 时，求此时点 A 的加速度及连杆、轮子的角加速度。

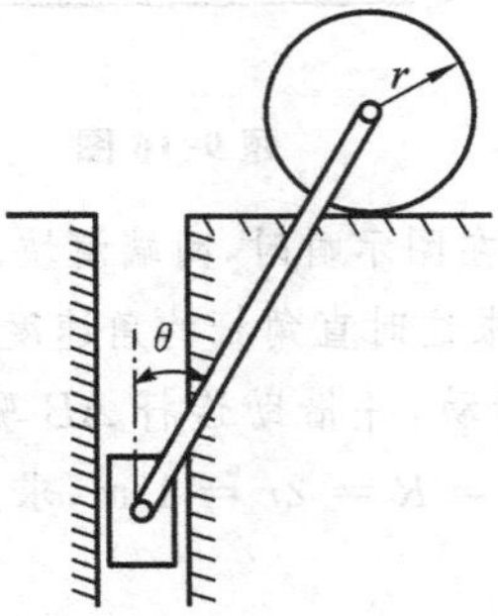

题 9-21 图

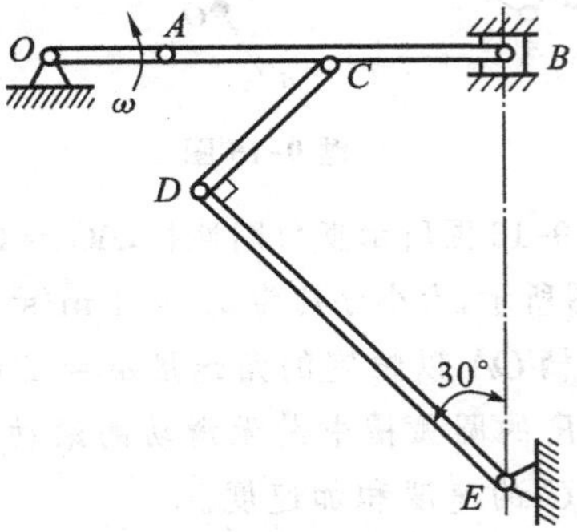

题 9-22 图

9-22 如题 9-22 图所示，曲柄连杆机构在其连杆中点 C 以铰链与 CD 相连接，杆 DE 可以绕点 E 转动。如曲柄的角速度 $\omega = 8$ rad/s，且 $OA = 25$ cm，$DE = 100$ cm，若当 B、E 两点在同一铅直线上，O、A、B 三点在同一水平线上，$\angle CDE = 90°$ 时，求杆 DE 的角速度和杆 AB 的角加速度。

9-23 题 9-23 图所示的行星齿轮传动机构中，曲柄 OA 以角速度 ω_O 绕轴 O 转动，使与齿轮 A 固连在一起的杆 BD 运动，并借铰链 B 带动杆 BE 运动。如定齿轮的半径为 $2r$，动齿轮的半径为 r，且 $AB = \sqrt{5}r$，图示瞬时，曲柄 OA 在铅直位置，BDA 在水平位置，杆 BE 与水平线间成角 $\varphi = 45°$。求此时杆 BE 上与点 C 重合的那一点的速度和加速度。

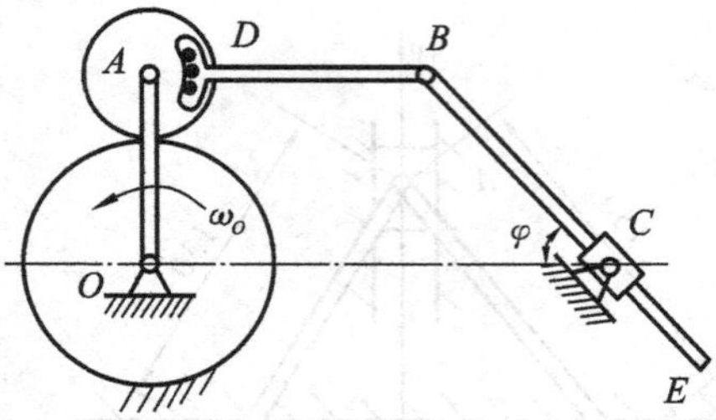

题 9-23 图

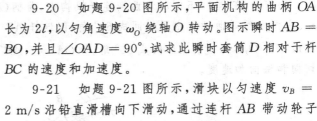

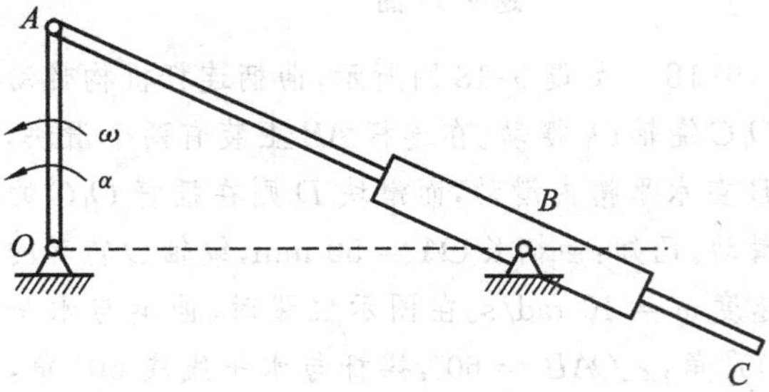

题 9-24 图

9-24 如题 9-24 图所示，曲柄导杆机构的曲柄长 $OA = 120$ mm，图示位置 $\angle AOB = 90°$，曲柄的角速度 $\omega = 4$ rad/s，角加速度 $\alpha = 2$ rad/s^2。试求此时导杆 AC 的角加速度及导杆相对于套筒 B 的加速度。设 $OB = 160$ mm。

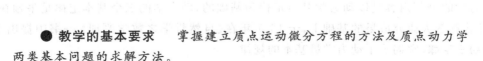

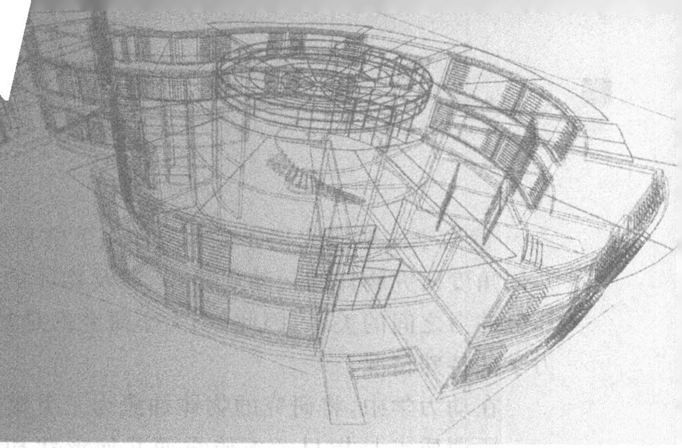

10 章

质点运动微分方程

本章导读

● **教学的基本要求**　掌握建立质点运动微分方程的方法及质点动力学两类基本问题的求解方法。

● **教学内容的重点**　利用牛顿定理建立质点运动微分方程的方法。

● **教学内容的难点**　建立质点运动微分方程。

静力学主要研究物体在力系作用下的平衡条件、平衡规律,不涉及物体的运动。运动学仅从几何角度研究物体的运动规律,不涉及物体的受力。动力学将研究物体的机械运动与作用于物体上的力之间的关系,因此,动力学研究的是物体机械运动的普遍规律,而静力学和运动学是动力学的特殊情况。

在动力学中,将研究的物体抽象为三类模型:质点、刚体和质点系。

所谓质点是指只考虑质量而几何形状和尺寸大小可以忽略不计的物体。在下列两种情况下,可以把物体视为质点:

(1) 刚体做平移的时候,各点的运动状况完全相同;

(2) 物体的运动范围远远大于它自身的尺寸,忽略其大小对问题的性质无本质影响。

刚体被定义为具有质量、大小和形状且不会变形的物体。

所谓质点系是指由若干个具有内在联系的质点组成的系统。刚体则可视为质点系的特殊情形,其上任意两个质点间的距离始终保持不变,故刚体称为不变的质点系。

在动力学中,一个具体的物体究竟应该视为哪种力学模型,应当根据所研究问题的具体性质而定。例如,在空间运行的飞行器,其运动范围远大于自身的尺寸,在研究其运行轨道时,可将其简化为质点;在研究其运行姿态时,则要简化为刚体。

动力学的内容分为质点动力学和质点系动力学,前者是后者的基础,先研究单个质点的运动规律与作用力的关系,然后将所得结果推演到质点系中去。

动力学在工程技术中的应用也极为广泛,例如各种机器、机构等的设计,航空航天技术等,都要用到动力学的知识。动力学的内容极为丰富,并且随着科学技术的发展在不断发展。

10.1 动力学基本定律

动力学的全部内容是以动力学基本定律为基础的,动力学的三个基本定律是牛顿在总结伽利略、开普勒等人研究成果的基础上,于 1687 年在《自然哲学之数学原理》一书中提出来的,即**牛顿运动三定律**,它揭示了动力学最基本的规律。

(1) 惯性定律(牛顿第一定律):任何质点,如不受外力作用,将保持其原来静止的或匀速直线运动的状态。

这个定律说明任何物体都具有保持静止或匀速直线运动状态的特性。不受力的作用(包括受平衡力系作用)的质点,保持其运动状态不变的固有属性称为惯性。牛顿第一定律阐述了物体做惯性运动的条件,所以又称为惯性定律。而匀速直线运动也称为惯性运动。惯性定律定性地说明了质点运动状态的改变与作用力之间的关系,表明任何物体都具有惯性,而力是改变物体运动状态的原因。

(2) 力与加速度之间的关系定律(牛顿第二定律):质点受到外力作用时,所获得的加速度的大小与力的大小成正比,与质点的质量成反比,加速度的方向与力的方向相同。即

$$m\boldsymbol{a} = \boldsymbol{F} \tag{10-1}$$

式中:a—— 质点的加速度,$\mathrm{m/s^2}$;

m—— 质点的质量,kg;

F—— 作用于质点的所有外力的合力,N。

上述方程建立了质点的加速度$\boldsymbol{a}$、质量m与作用力$\boldsymbol{F}$之间的关系，定量地描述了质点运动状态的改变与作用力之间的关系，是解决动力学问题最根本的依据，并由此可直接导出质点的运动微分方程，故称为动力学基本方程。若质点受到多个力的作用，则力$\boldsymbol{F}$应为此汇交力系的合力。

这个定律表明，假设以相等的力作用于不同质量的质点，质点的质量越大，其加速度越小，运动状态越不容易改变，保持惯性运动的能力越强，也即质点的惯性越大。因此，质量是质点惯性的度量。

特别地，当外力合力为零时，质点加速度等于零，质点处于静止或做匀速直线运动，所以，第一定律可视为第二定律的特殊情况。

若物体的重力为$\boldsymbol{G}$，在真空中自由下落的加速度(重力加速度)为$\boldsymbol{g}$，则由式(10-1)得

$$\boldsymbol{G} = m\boldsymbol{g} \tag{10-2}$$

根据国际计量委员会规定的标准，重力加速度的数值为9.80665 $\mathrm{m/s^2}$，一般取$g = 9.8\ \mathrm{m/s^2}$。实际上在不同的地区，g的数值有些差别。

在国际单位制(SI)中，长度、质量、时间为基本量，对应的基本单位是米(m)、千克(kg)、秒(s)，力是导出量，力的导出单位是牛(N)。质量为1 kg的质点，获得1 $\mathrm{m/s^2}$的加速度时，作用于该质点的力为1 N(牛)，即

$$1\ \mathrm{N} = 1\ \mathrm{kg} \times 1\ \mathrm{m/s^2} = 1\ \mathrm{kg \cdot m/s^2}$$

在工程单位制和国际单位制中，力的换算关系为

$$1\ \mathrm{kgf} = 9.80\ \mathrm{kg} \times \mathrm{m/s^2} \quad 即 \quad 1\ \mathrm{kgf} = 9.80\ \mathrm{N}$$

(3) 作用与反作用定律(牛顿第三定律)：任何两物体间的作用力与反作用力总是同时存在，大小相等，方向相反，沿同一直线，分别作用在这两个物体上。

这个定律在静力学中曾作为公理提出。它不仅适用于平衡的物体，也适用于任何运动的物体，对于相互接触或不直接接触的物体也都适用。在动力学中，它仍然是分析两个物体间相互作用关系的依据。

牛顿三定律中，第一和第二定律是对单个质点而言的，是研究和解决质点动力学问题的基本原理；第三定律则揭示了质点系任意两个质点间的相互作用关系，是将质点动力学的理论推广应用到质点系动力学问题中去的纽带，是研究解决质点系动力学问题的基本依据。

必须指出，动力学基本定律并非在任何参考系中都适用，它只适用于惯性参考系。不受力作用的质点在其中保持静止或匀速直线运动的参考系称为**惯性参考系**。

在应用牛顿定律时，根据研究对象、问题的特点、实际要求的精度等条件来确定选择日心参考系、地心参考系或地面参考系作为惯性参考系。

实践证明，在绝大多数工程问题中，取固连于地面的坐标系或相对于地面做匀速直线平移的坐标系作为惯性参考系——地面参考系，就可以得到足够精确的计算结果；当物体运动范围很大或精度要求很高时，例如研究绕地球旋转的飞行器的轨道时，要考虑地球自转的影响，这时应取以地心为原点、三根坐标轴指向三颗恒星的坐标系作为惯性参考系——地心参考系；在研究天体的运动时，必须考虑地球公转的影响，又需要取以日心为原点、三根坐标轴指向三颗恒星的坐标系作为惯性参考系——日心参考系。在后面的章节中，若无特别说明，均取固定于地面的

坐标系作为惯性参考系。

以牛顿运动三定律为基础的力学称为古典力学。它的正确性已经得到了实践的证明，对于解决自然界和工程技术中的大多数问题来说，古典力学都是适用的；另一方面，它的适用范围又受到实践条件下的限制，牛顿运动定律当时是在观察天体运动和工程实际中的机械运动的基础上归纳总结出来的，因此它的适用范围受到两个方面的限制：

(1) 不适用于微观物体。对于原子及比原子还小的基本粒子的运动，要用量子力学去研究。

(2) 运动速度不能太大。当物体运动速度接近光速时，时间、空间与运动的相对性就显现出来了，这种运动就要用相对论力学去研究。

因此古典力学的适用范围为：速度远低于光速的宏观物体的机械运动问题。

10.2 质点运动微分方程

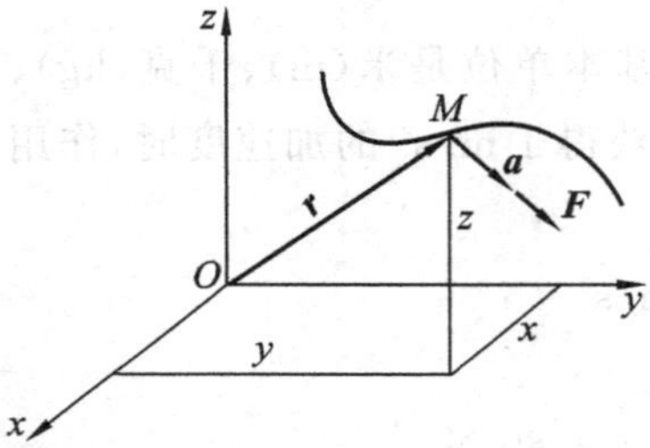

图 10-1

设一质量为 m 的质点 M，在力 $\boldsymbol{F}_1,\boldsymbol{F}_2,\cdots,\boldsymbol{F}_n$ 的作用下，沿某曲线轨迹运动，如图 10-1 所示。$\boldsymbol{F}_1,\boldsymbol{F}_2,\cdots,\boldsymbol{F}_n$ 构成一汇交力系，合力为 $\sum_{i=1}^{n}\boldsymbol{F}_i=\boldsymbol{F}_1+\boldsymbol{F}_2+\cdots+\boldsymbol{F}_n$，其质点动力学基本方程为

$$m\boldsymbol{a}=\sum_{i=1}^{n}\boldsymbol{F}_i \tag{10-3}$$

质点在惯性坐标系中的运动微分方程有以下几种形式：

(1) 将加速度写成矢径对时间的二阶导数，得矢量形式的质点运动微分方程

$$m\frac{\mathrm{d}^2\boldsymbol{r}}{\mathrm{d}t^2}=\sum_{i=1}^{n}\boldsymbol{F}_i \tag{10-4}$$

(2) 将式(10-4)在直角坐标轴上投影，得直角坐标形式的质点运动微分方程

$$m\frac{\mathrm{d}^2x}{\mathrm{d}t^2}=\sum_{i=1}^{n}F_{xi},\quad m\frac{\mathrm{d}^2y}{\mathrm{d}t^2}=\sum_{i=1}^{n}F_{yi},\quad m\frac{\mathrm{d}^2z}{\mathrm{d}t^2}=\sum_{i=1}^{n}F_{zi} \tag{10-5}$$

式中：x,y,z—— 矢径 $\boldsymbol{r}$ 在直角坐标轴上的投影；

F_{xi},F_{yi},F_{zi}—— 力 $\boldsymbol{F}_i$ 在直角坐标轴上的投影。

(3) 将式(10-4)在自然轴上投影，如图 10-2 所示，得自然坐标形式的质点运动微分方程

$$m\frac{\mathrm{d}v}{\mathrm{d}t}=\sum_{i=1}^{n}F_{\tau i},\quad m\frac{v^2}{\rho}=\sum_{i=1}^{n}F_{ni},\quad 0=\sum_{i=1}^{n}F_{bi} \tag{10-6}$$

式中：$F_{\tau i},F_{ni},F_{bi}$—— 力 $\boldsymbol{F}_i$ 在切线、主法线和副法线方向的投影；

ρ—— 轨迹的曲率半径。

根据问题的需要，还可以有其他坐标形式的质点运动微分方程，如极坐标形式、柱坐标形式、球坐标形式等。

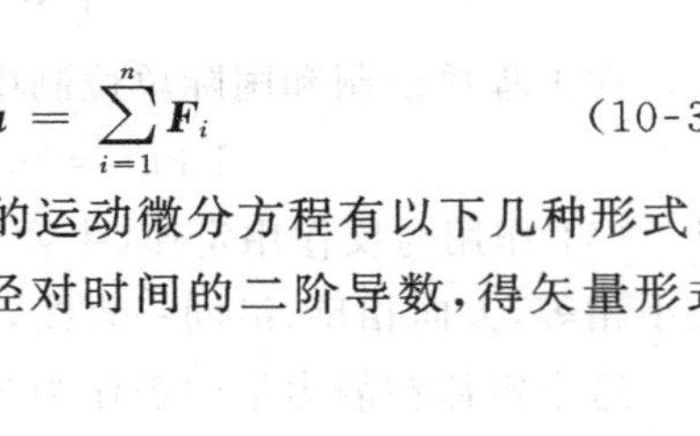

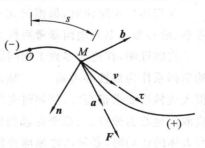

图 10-2

10.3 质点动力学的两类基本问题

应用质点运动微分方程,可解决质点动力学的两类基本问题。

第一类问题:已知质点的运动(运动方程、速度或加速度),求作用于质点上的力(微分问题)。

第二类问题:已知作用在质点上的力,求质点的运动(积分问题)。

各类问题求解的一般步骤如下。

(1) 选定研究对象(一般选择与已知量和待求量都有联系的质点)。

(2) 将研究对象置于一般位置或某一特定位置进行受力分析,并画出相应的受力图。

(3) 运动分析。判断质点的运动轨迹、质点运动方程、速度、加速度是否已知。

(4) 建立适当形式的质点运动微分方程求解。

对于第一类问题,由质点运动微分方程的左侧求右侧,数学上是一个微分问题,求解比较简单。

对于第二类问题,则由质点运动微分方程的右侧求左侧,数学上是根据初始条件积分或解微分方程的问题,求解难度较第一类问题大;已知的作用力可能是常力,也可能是变力。变力可能是时间、位置坐标、速度或者同时是上述几种变量的函数。对此,需按作用力的函数规律进行积分,并根据质点运动的初始条件(质点的初位置和初速度)确定积分常数。

一般地,如果力是常量或是时间及速度的函数时,可直接分离变量$\frac{\mathrm{d}v}{\mathrm{d}t}$,然后积分;如果力是位置的函数,需进行变量代换$\frac{\mathrm{d}v}{\mathrm{d}t}=v\frac{\mathrm{d}v}{\mathrm{d}s}$,再分离变量,最后积分。

此外,有的工程问题既求质点的运动规律,又求某些未知力,称为质点动力学的综合问题。对于综合问题,由受力图直接建立质点运动微分方程后,应尽量设法分开求解。

【例 10-1】 质量为 m 的质点 M 在图 10-3 所示坐标平面内运动,已知其运动方程为 $x=a\cos\omega t$,$y=b\sin\omega t$。其中 a、b、ω 均为常数,求质点 M 所受到的力。

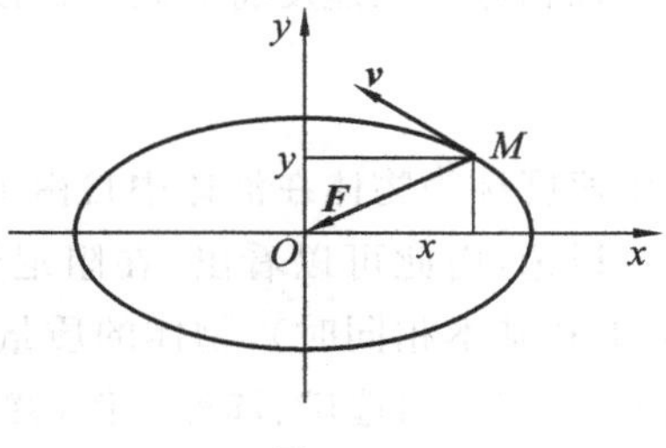

图 10-3

【解】 本题为第一类问题,即已知物体的运动,求作用于物体上的力。

由运动方程消去时间 t,得

$$\frac{x^2}{a^2}+\frac{y^2}{b^2}=1$$

可见质点 M 的运动轨迹曲线是以 a 和 b 为半轴的椭圆。

由运动方程求得质点的加速度在坐标轴上的投影为

$$a_x=\ddot{x}=-a\omega^2\cos\omega t=-\omega^2 x$$

$$a_y=\ddot{y}=-b\omega^2\sin\omega t=-\omega^2 y$$

由直角坐标形式的质点运动微分方程,得

$$F_x=m\ddot{x}=-m\omega^2 x$$

$$F_y=m\ddot{y}=-m\omega^2 y$$

于是 $$F = F_x i + F_y j = -m\omega^2(xi + yj) = -m\omega^2 r$$

可见，力 F 与矢径 r 共线反向，其大小正比于矢径 r 的模，方向恒指向椭圆中心，所以这种力称为有心力。

【例 10-2】 在均匀的静止液体中，质量为 m 的质点 M 从液面处无初速度下沉。设液体阻力 $F_r = -\mu v$，其中 μ 为阻尼系数。试分析该质点的运动规律及其特征。

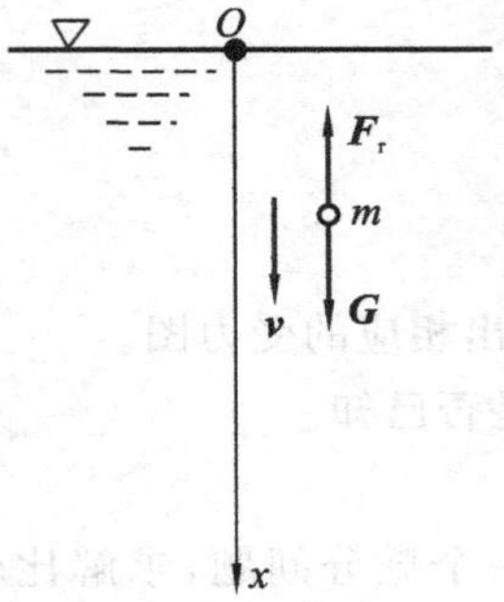

图 10-4

【解】 取质点 M 为研究对象，作用在其上的力有重力和介质阻力，均为已知，求质点的运动，属于动力学第二类问题。

为建立质点 M 的运动微分方程，将参考坐标系的原点固连在该点的起始位置上，轴 x 铅直向下。该质点的受力如图 10-4 所示，则质点 M 的位移、速度、加速度均设为沿轴 x 的正向。运动微分方程为

$$m\frac{\mathrm{d}^2x}{\mathrm{d}t^2} = mg - \mu v$$

令 $$b = \frac{\mu}{m}$$

则 $$\frac{\mathrm{d}v}{\mathrm{d}t} = g - bv$$

运动的起始条件为：$t = 0$ 时，$v_0 = 0$，$x_0 = 0$，于是

$$\int_0^v \mathrm{d}v = \int_0^t (g - bv)\mathrm{d}t, \quad v = \frac{\mathrm{d}x}{\mathrm{d}t} = \frac{g}{b}(1 - \mathrm{e}^{-bt})$$

$$\int_0^x \mathrm{d}x = \frac{g}{b}\int_0^t (1 - \mathrm{e}^{-bt})\mathrm{d}t, \quad x = \frac{g}{b}\left[t - \frac{1}{b}(1 - \mathrm{e}^{-bt})\right]$$

这就是该物体下沉的运动规律。

物体下沉速度 $$v = \frac{g}{b}(1 - \mathrm{e}^{-bt})$$

当 $t \to \infty$ 时，$\mathrm{e}^{-bt} \to 0$，于是

该物体下沉速度将趋近一极限值

$$v_{极限} = \frac{g}{b} = \frac{mg}{\mu}$$

这个速度称为物体在液体中自由下沉的极限速度。

讨论：由此可以看出，在阻尼系数基本相同的情况下（即物体的大小、形状基本相同时），物体的质量越大，它趋近于极限速度所需的时间越长。工程中的选矿、选种工作，就是应用了这个道理。

【例 10-3】 将质点 A 从地球表面沿铅直方向以 v_0 速度向上抛出，求质点在地球引力作用下的速度，如图 10-5 所示。

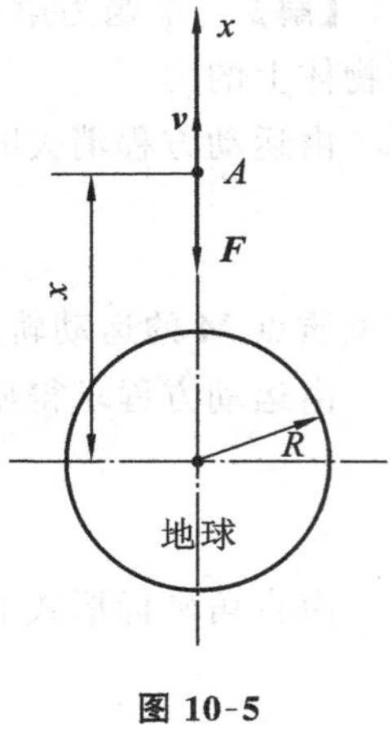

图 10-5

【解】 本题为第二类问题，求质点运动规律。以质点 A 为研究对象进行受力分析。

地球表面 $$x = R, \quad F = k\frac{Mm}{R^2} = mg$$

当 $x > R$ 时，$F = k\dfrac{Mm}{x^2} = k\dfrac{Mm}{R^2}\cdot\dfrac{R^2}{x^2} = \dfrac{R^2}{x^2}mg$

质点沿铅直方向直线运动，应用质点运动微分方程

$$m\ddot{x}=-F=-\frac{R^2}{x^2}mg\Rightarrow\ddot{x}=-\frac{R^2}{x^2}g$$

$$\ddot{x}=\frac{\mathrm{d}\dot{x}}{\mathrm{d}t}\cdot\frac{\mathrm{d}x}{\mathrm{d}x}=\frac{\mathrm{d}x}{\mathrm{d}t}\cdot\frac{\mathrm{d}\dot{x}}{\mathrm{d}x}=\dot{x}\frac{\mathrm{d}\dot{x}}{\mathrm{d}x}=-\frac{R^2}{x^2}g$$

$$\dot{x}\mathrm{d}\dot{x}=-\frac{R^2g}{x^2}\mathrm{d}x$$

初始条件：$t=0$ 时，$x=R$，$v=v_0$（沿轴 x 铅直向上）。代入积分

$$\int_{v_0}^{v}\dot{x}\mathrm{d}\dot{x}=\int_{R}^{x}-\frac{R^2g}{x^2}\mathrm{d}x\Rightarrow v^2-v_0^2=2R^2g\left(\frac{1}{x}-\frac{1}{R}\right)$$

$$v=\sqrt{(v_0^2-2Rg)+\frac{2R^2g}{x}}\quad(x\geqslant R)$$

讨论：如果 $v_0^2>2Rg\Rightarrow v>0,\forall x$

质点将脱离地球引力场，其所需的最小速度，称为第二宇宙速度

$$v_0=\sqrt{2Rg}=\sqrt{2\times6400\times10^3\times9.8}=11.2\times10^3\ \mathrm{m/s}=11.2\ \mathrm{km/s}$$

以上例子均为一个问题中只涉及一类问题，实际上在工程中通常还有同时包括这两类问题的综合问题。下面介绍同时包括两类问题的例子。

【例 10-4】 如图 10-6 所示，重力为 $\boldsymbol{G}$ 的重物随同跑车以 $\boldsymbol{v}_0$ 的速度沿吊车桥移动，重物的重心到悬挂点的距离为 L。当跑车突然刹车时，重物因惯性而继续运动。不计钢索的自重和伸长，求偏角为 φ 时钢索的拉力以及钢索的最大拉力。

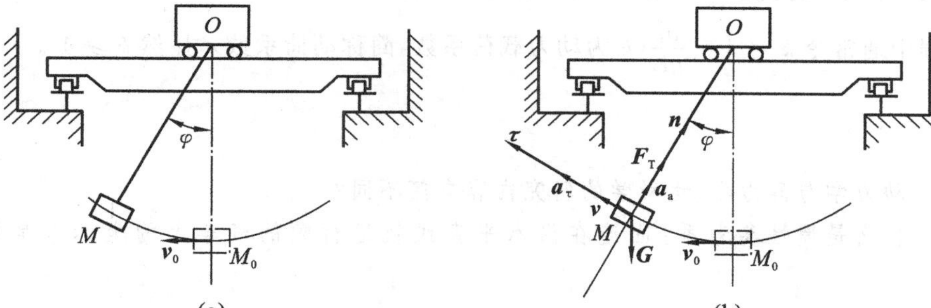

图 10-6

【解】 与钢索的长度相比，起吊重物的尺寸很小，因此可将起吊的重物简化为质点，并以它为研究对象，画出计算简图。跑车突然刹车时，重物因惯性而以初速度 $\boldsymbol{v}_0$ 绕悬挂点 O 做圆周运动。以跑车刹车时重物所在位置为弧坐标的原点，以重物向左运动的一侧为弧坐标的正向，以偏角为 φ 时重物所在位置 M 为原点建立自然轴系，$\boldsymbol{\tau}$ 为切线轴单位矢量，$\boldsymbol{n}$ 为主法线轴单位矢量。

设 M 处重物速度为 $\boldsymbol{v}$，法向加速度为 $\boldsymbol{a}_n$，切向加速度为 $\boldsymbol{a}_\tau$，作用在重物上的力有重力 $\boldsymbol{G}$ 和钢索的拉力 $\boldsymbol{F}_T$。列出自然轴形式的质点运动微分方程

$$\frac{G}{g}\frac{\mathrm{d}v}{\mathrm{d}t}=-G\sin\varphi\qquad(\mathrm{a})$$

$$\frac{G}{g}\frac{v^2}{L}=F_T-G\cos\varphi\qquad(\mathrm{b})$$

由式(a)得

$$\frac{dv}{dt}=\frac{ds}{dt}\frac{dv}{ds}=\frac{vdv}{Ld\varphi}=-g\sin\varphi \tag{c}$$

$$vdv=-gL\sin\varphi d\varphi$$

注意到初始条件：当 $\varphi=0$ 时，$v=v_0$，对式(c)积分，有

$$\int_{v_0}^{v}vdv=\int_0^{\varphi}-gL\sin\varphi d\varphi$$

积分并经整理，得

$$v^2=v_0^2+2gL(\cos\varphi-1)$$

将上式代入式(b)，整理得到偏角为 φ 时钢索的拉力为

$$F_T=\frac{G}{g}\frac{v_0^2}{L}+G(3\cos\varphi-2)$$

由上式可知，当 $\varphi=0$ 时，钢索的拉力为最大，最大拉力为

$$F_{T\max}=G\left(1+\frac{v_0^2}{gL}\right)$$

由上式可知，钢索中的最大拉力实际上由两部分组成：一部分是由重物自重产生的拉力 G，称为静反力；另一部分是由突然刹车时重物运动的加速度所引起的约束力 $G\frac{v_0^2}{gL}$，称为附加动反力。由于动反力与跑车突然刹车时的速度的二次方成正比，所以在设计钢索时必须考虑该反力的影响。因此，一般在操作规程中都规定了起重机运行的速度，以确保安全。此外，在不影响吊装工作安全的条件下，钢丝绳应尽量长一些，以减少动反力。

在工程中通常令 $k=1+\frac{v_0^2}{gL}$(k 为动力载荷系数，简称动荷系数)，显然 $k\geqslant1$ 。

思考题

10-1 动力学与静力学、运动学的研究内容有何不同？

10-2 什么是惯性参考系？固连在沿水平直线轨道行驶的汽车上的坐标系是惯性参考系吗？

10-3 请判断以下论述是否正确：

(1) 质点的速度越大，则其惯性越大，该质点受到的合力也越大；

(2) 质点的运动方向就是质点所受合力的方向；

(3) 若两个质点的质量相同，并在相同力的作用下，则任一瞬时，它们的速度、加速度都相同；

(4) 物体朝哪个方向运动，就在哪个方向受力。

10-4 质点在空间运动，已知作用力，为求质点的运动方程需要几个运动初始条件？在平面内运动呢？沿给定的轨道运动呢？

10-5 当作用在质点上的力为恒矢量时，质点能否做匀速曲线运动？

10-6 某人用枪瞄准了空中一悬挂的靶体，如在子弹射出的同时靶体开始自由下落，不计空气阻力，问子弹能否击中靶体？

10-7 一个质点在以加速度 $\boldsymbol{a}$ 做水平直线平移的小车内做匀速直线运动，那么该质点是否受力的作用？

习　题

10-1　列车以 72 km/h 的速度在水平轨道上行驶，若制动后列车所受阻力等于其质量的 0.2 倍，求列车在制动后多少时间，并经过多少距离而停止。

10-2　列车(不含机车)质量为 2×10^5 kg，由静止状态开始，以等加速度沿水平轨道行驶，经过 60 s 后达到 54 km/h 的速度。设车轮与钢轨之间的摩擦系数为 0.005，求机车给列车所施加的拉力。

10-3　如题 10-3 图所示，小车以等加速度 a 沿倾斜角为 θ 的斜面向上运动，在小车的平顶上放一重力为 $\boldsymbol{G}$ 的物体 A，随车一起运动，试问物体与小车之间的摩擦系数为何值时物体才不至于从车上脱落？

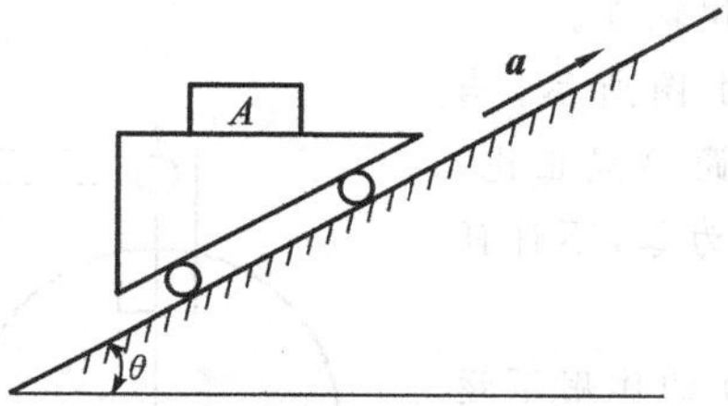

题 10-3 图

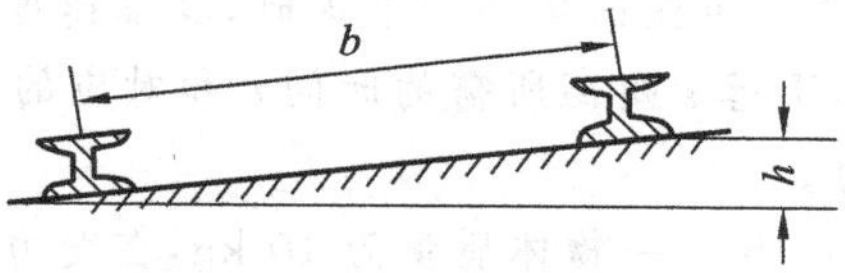

题 10-4 图

10-4　为了使列车对铁轨的压力垂直于路基，在铁道弯曲部分，外轨要比内轨稍为提高，如题 10-4 图所示。试就以下的数据求外轨高于内轨的高度 h。轨道的曲率半径为 $\rho=300$ m，列车的速度为 $v=12$ m/s，内、外轨道间的距离为 $b=1.6$ m。

10-5　挂在钢索上的吊笼质量为 15 t，由静止开始匀加速上升，在 3 s 内上升了 1.8 m，试求钢索的拉力(钢索自重不计)。

10-6　如题 10-6 图所示，在曲柄滑槽机构中，活塞和滑槽的质量共为 50 kg。曲柄 OA 长 $r=0.3$ m，绕轴 O 做匀速转动，转速 $n=120$ r/min。求滑块作用在滑槽上的水平力(各处摩擦不计)。

10-7　质量为 0.1 kg 的质点，按 $x=t^4-12t^3+60t^2$(x 以 m 计，t 以 s 计)的规律做直线运动，求作用在质点上的力何时具有极值？极值是多少？

10-8　在加速上升的升降机中用弹簧称一物体。物体原重力为 50 N，而弹簧秤的读数为 51 N，求升降机的加速度。

10-9　如题 10-9 图所示，质量为 2 kg 的滑块在力 $\boldsymbol{F}$ 作用下沿杆 AB 运动，杆在铅直平面内绕点 A 转动。已知 $l=0.4t$，$\varphi=0.5t$(s 的单位为 m，φ 的单位为 rad，t 的单位为 s)，滑块与杆 AB 的摩擦系数为 0.1。求 $t=2$ s 时力 $\boldsymbol{F}$ 的大小。

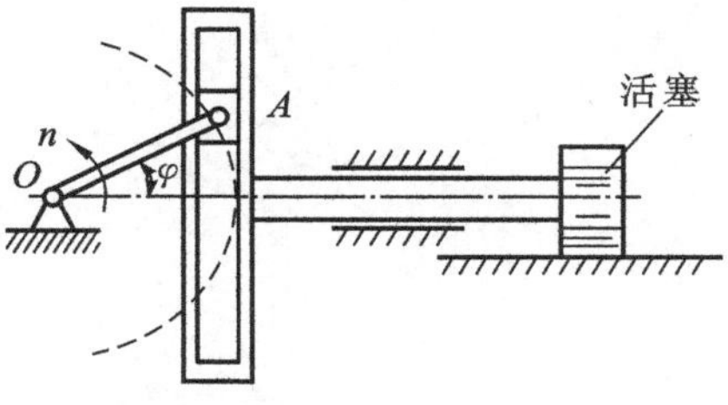

题 10-6 图

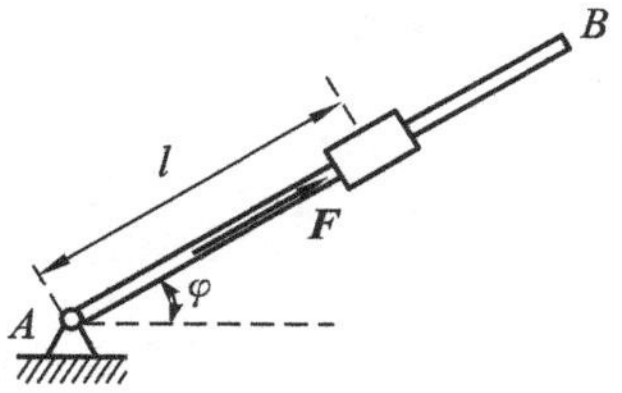

题 10-9 图

10-10　质量为 m 的质点受已知力作用沿直线运动，该力按规律 $F=F_0\cos\omega t$ 而变化，其中 F_0、ω 为常数。当开始运动时，质点已具有初速度 $\boldsymbol{v}_0$，求此质点的运动方程。

10-11　滑翔机受空气阻力 $F=-kmv$ 作用（其中 k 为常数，m 为滑翔机的质量，v 为滑翔机的速度）。若 $t=0$ 时，$v=v_0$，求滑翔机由瞬时 $t=0$ 到任意瞬时 t 所飞过的距离（假定飞机的飞行路线为直线）。

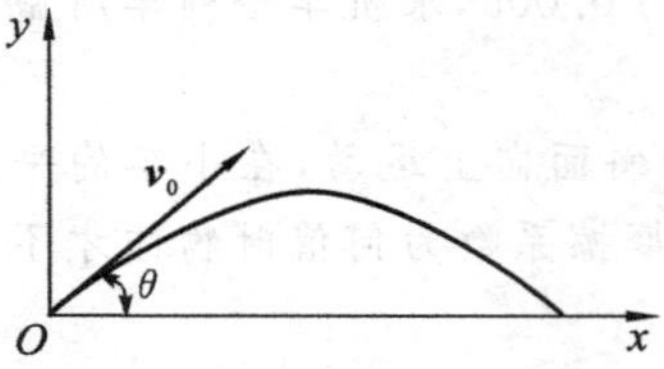

题 10-12 图

10-12　炮弹以初速度 $\boldsymbol{v}_0$ 发射，与水平线的夹角为 θ，如题 10-12 图所示。假设不计空气阻力和地球自转的影响，求炮弹在重力作用下的运动方程和轨迹。

10-13　将一物体自高 h 处以速度 $\boldsymbol{v}_0$ 水平抛出，设空气阻力为 $F=-kmv$（其中 m 为物体的质量，v 为物体的速度，k 为常数）。求物体的运动方程和轨迹。

10-14　如题 10-14 图所示，当物体 M 在极深的矿井中下落时，其加速度与其离地心的距离成正比。求物体下落 s 距离所需的时间 t 和对应的速度 v。设初速为零，不计任何阻力。

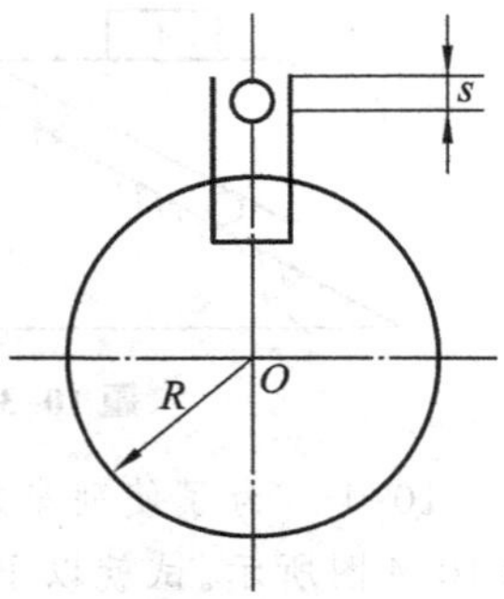

题 10-14 图

10-15　一物体质量为 10 kg，在变力 $F=98(1-t)$ 的作用下运动（t 以 s 计）。设物体的初速度为 $v_0=20\ \text{cm/s}$，且力的方向与速度的方向相同。问经过多少秒后物体停止？停止前走了多少路程？

10-16　一名重力为 800 N 的跳伞员，在跳出飞机 10 s 内不打开降落伞而铅直下落。设空气阻力 $R=c\rho\sigma v^2$，其中 $\rho=1.25\ \text{N}\cdot\text{s}^2/\text{m}^4$，不开降落伞时阻力系数 $c=0.5$，与运动方向垂直的最大面积 $\sigma=0.4\ \text{m}^2$；打开降落伞时阻力系数 $c=0.7$，$\sigma=36\ \text{m}^2$。求在第 10 s 末跳伞员的速度为多少？此速度与相应的极限速度相差多少？开伞后，稳定降落的速度是多少？

10-17　一物体质量为 9.8 kg，在不均匀的介质中做水平曲线运动，阻力 $F=\dfrac{2v^2g}{3+s}$（其中 v 为速度，s 为经过的路程，g 为重力加速度）。若 $t=0$ 时，$v_0=5\ \text{m/s}$，$s_0=0$，试求物体的运动规律。

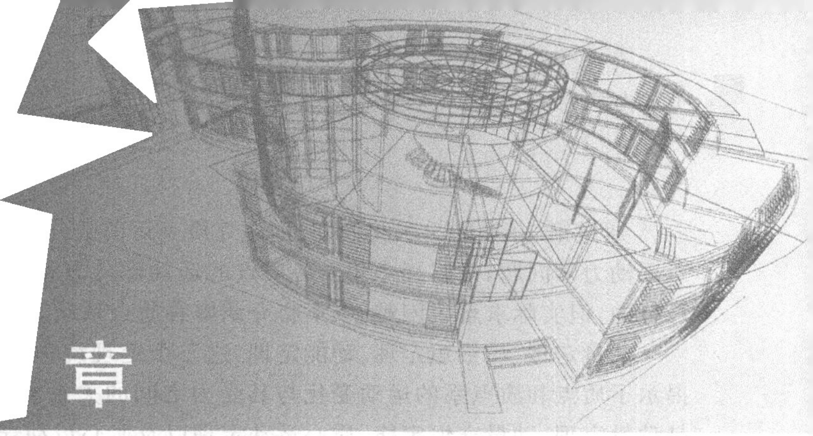

章

动量定理

本章导读

● **教学的基本要求**　理解动量和冲量的概念；熟练掌握质点系与刚体的动量计算；熟练掌握冲量的计算；掌握质点系动量定理、质心运动定理及相应的守恒定律并能熟练应用。

● **教学内容的重点**　质点系动量定理、质心运动定理及相应的守恒定律的应用。

通过第 10 章的学习我们知道，建立质点运动微分方程可以求解质点的动力学问题。对于质点系动力学问题，可以逐个建立各质点的运动微分方程，然后联立求解。然而，虽然这理论上是可行的，但实际求解很困难。本章将介绍解答质点系动力学问题的其他方法。

动量定理、动量矩定理、动能定理，这三个定理统称为动力学普遍定理，它们从不同的侧面揭示了质点和质点系的运动变化与其受力之间的关系。本章将阐明及应用动量定理，主要内容是动量定理、动量守恒定律、质心运动定理以及质心运动守恒定律。

11.1 动量与冲量

11.1.1 动量

1. 质点的动量

质点的质量与速度的乘积称为质点的**动量**，记为 $m\boldsymbol{v}$。动量是矢量，其方向与速度方向相同，具有瞬时性。在国际单位制中，动量的单位为 kg · m/s。

2. 质点系的动量

质点系内各质点动量的矢量和称为**质点系的动量**，用 $\boldsymbol{p}$ 表示，即

$$\boldsymbol{p} = \sum_{i=1}^{n} m_i \boldsymbol{v}_i \tag{11-1}$$

式中：n 为质点系内的质点数，m_i 为第 i 个质点的质量，$\boldsymbol{v}_i$ 为第 i 个质点的速度矢量。

式(11-1) 在直角坐标系中的投影式为

$$\begin{cases} p_x = \sum_{i=1}^{n} m_i v_{xi} \\ p_y = \sum_{i=1}^{n} m_i v_{yi} \\ p_z = \sum_{i=1}^{n} m_i v_{zi} \end{cases}$$

式中：p_x、p_y、p_z 分别表示质点系的动量在坐标轴 x、y、z 上的投影，v_{xi}、v_{yi}、v_{zi} 分别表示第 i 个质点的速度在坐标轴 x、y、z 上的投影。

若质点系中任一质点 i 的矢径为 $\boldsymbol{r}_i$，则其速度为 $\boldsymbol{v}_i = \dfrac{\mathrm{d}\boldsymbol{r}_i}{\mathrm{d}t}$，代入式(11-1)。质量 m_i 不随时间变化，则有

$$\boldsymbol{p} = \sum_{i=1}^{n} m_i \boldsymbol{v}_i = \sum_{i=1}^{n} m_i \frac{\mathrm{d}\boldsymbol{r}_i}{\mathrm{d}t} = \frac{\mathrm{d}}{\mathrm{d}t} \sum_{i=1}^{n} m_i \boldsymbol{r}_i$$

式中：$\sum_{i=1}^{n} m_i \boldsymbol{r}_i$ 与质点系的质量分布有关。令 $m = \sum_{i=1}^{n} m_i$ 为质点系的总质量，与重心坐标相似，定义质点系质量中心(简称质心)C 的矢径 $\boldsymbol{r}_C$ 为

$$\boldsymbol{r}_C = \frac{\sum_{i=1}^{n} m_i \boldsymbol{r}_i}{m} \tag{11-2}$$

代入前式，得

$$p = \frac{\mathrm{d}}{\mathrm{d}t}\sum_{i=1}^{n} m_i \boldsymbol{r}_i = \frac{\mathrm{d}}{\mathrm{d}t} m \boldsymbol{r}_C = m \boldsymbol{v}_C$$

式中：$\boldsymbol{v}_C = \frac{\mathrm{d}\boldsymbol{r}_C}{\mathrm{d}t}$ 为质点系质心 C 的速度。由上式可知，质点系的动量等于质心速度与其全部质量的乘积，即

$$\boldsymbol{p} = m\boldsymbol{v}_C \tag{11-3}$$

3. 刚体的动量

刚体是由无限多个质点组成的不变质点系。对于单个质量均匀分布的规则刚体，质心就在几何中心，用式(11-3)可以直接计算刚体的动量。例如，长为 l、质量为 m 的均质细杆，在平面内绕点 O 转动，角速度为 ω，如图 11-1(a) 所示。则细杆的动量大小为 $p = mv_C = m\frac{l}{2}\omega$，方向与质心速度 $\boldsymbol{v}_C$ 相同。又如图 11-1(b) 所示的均质滚轮，质量为 m，轮心速度为 $\boldsymbol{v}_C$，则其动量大小为 $p = mv_C$，方向与质心速度 $\boldsymbol{v}_C$ 相同。而如图 11-1(c) 所示的绕中心转动的均质轮，无论有多大的角速度和质量，由于其质心不动，其动量总是零。

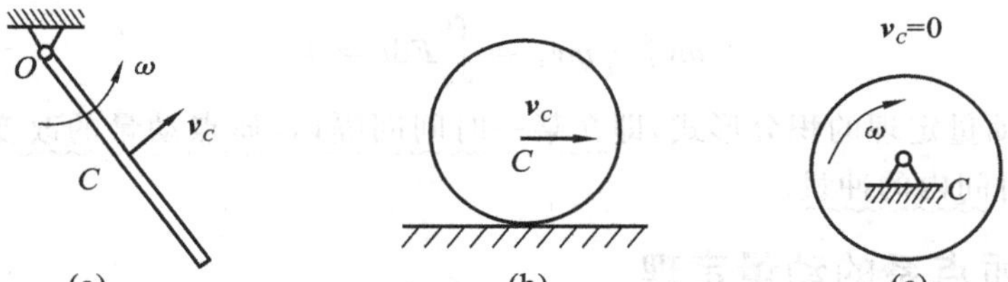

图 11-1

对于由多个刚体组成的物体系统，系统的动量等于各个刚体动量的矢量和，即

$$\boldsymbol{p} = \sum_{i=1}^{n} m_i \boldsymbol{v}_{Ci} \tag{11-4}$$

式中：$\boldsymbol{p}$ 为物体系统的动量，m_i 为第 i 个刚体的质量，$\boldsymbol{v}_{Ci}$ 为第 i 个刚体质心的速度。

11.1.2 冲量

物体运动状态的改变，不仅取决于作用在物体上的力的大小和方向，还与力的作用时间有关。用力与力作用时间的乘积来度量力在这段时间内的累积作用，把力与力作用时间的乘积作为该力的冲量，记为 $\boldsymbol{I}$。

当力 $\boldsymbol{F}$ 为常量时，作用的时间为 t，则此力的冲量为

$$\boldsymbol{I} = \boldsymbol{F}t \tag{11-5}$$

当力 $\boldsymbol{F}$ 是变量时，力 $\boldsymbol{F}$ 在作用时间 t 内的冲量为矢量积分，即

$$\boldsymbol{I} = \int_0^t \boldsymbol{F}\mathrm{d}t \tag{11-6}$$

在国际单位制中，冲量的单位是 N · s。

11.2 动量定理

11.2.1 质点的动量定理

设质点的质量为 m，速度为 $\boldsymbol{v}$，加速度为 $\boldsymbol{a}$，作用在质点上的合力为 $\boldsymbol{F}$，根据质点动力学基本方程

$$m\boldsymbol{a} = \boldsymbol{F} \quad 或 \quad m\frac{\mathrm{d}\boldsymbol{v}}{\mathrm{d}t} = \boldsymbol{F}$$

质量 m 为常量，上式可写成

$$\frac{\mathrm{d}(m\boldsymbol{v})}{\mathrm{d}t} = \boldsymbol{F} \tag{11-7}$$

式(11-7) 为质点动量定理的微分形式。即质点的动量对时间的一阶导数等于作用在该质点上的合力。

对式(11-7) 积分，时间由 0 到 t，速度由 $\boldsymbol{v}_1$ 到 $\boldsymbol{v}_2$，得

$$m\boldsymbol{v}_2 - m\boldsymbol{v}_1 = \int_0^t \boldsymbol{F}\mathrm{d}t = \boldsymbol{I} \tag{11-8}$$

式(11-8) 为质点动量定理的积分形式，即在某一时间间隔内，质点动量的改变量等于作用于质点的合力在此段时间内的冲量。

11.2.2 质点系的动量定理

设质点系由 n 个质点组成，第 i 个质点的质量为 m_i，速度为 $\boldsymbol{v}_i$。质点系外物体对该质点的作用力称为外力，表示为 $\boldsymbol{F}_i^{(e)}$。质点系内其他质点对该质点的作用力称为内力，表示为 $\boldsymbol{F}_i^{(i)}$。根据质点的动量定理，有

$$\frac{\mathrm{d}}{\mathrm{d}t}(m_i\boldsymbol{v}_i) = \boldsymbol{F}_i^{(e)} + \boldsymbol{F}_i^{(i)}$$

这样的方程共有 n 个，将 n 个方程的两端分别相加，得

$$\sum_{i=1}^{n}\frac{\mathrm{d}}{\mathrm{d}t}(m_i\boldsymbol{v}_i) = \sum_{i=1}^{n}\boldsymbol{F}_i^{(e)} + \sum_{i=1}^{n}\boldsymbol{F}_i^{(i)}$$

更换左端求和的求导次序，得

$$\frac{\mathrm{d}}{\mathrm{d}t}\sum_{i=1}^{n}(m_i\boldsymbol{v}_i) = \sum_{i=1}^{n}\boldsymbol{F}_i^{(e)} + \sum_{i=1}^{n}\boldsymbol{F}_i^{(i)}$$

式中：$\sum_{i=1}^{n}m_i\boldsymbol{v}_i$ 为质点系内各质点动量的矢量和，即为质点系的动量 $\boldsymbol{p}$。由于质点系内质点相互作用的内力总是大小相等、方向相反地成对出现，相互抵消，因此内力的矢量和等于零，即 $\sum_{i=1}^{n}\boldsymbol{F}_i^{(i)} = 0$，于是得

$$\frac{\mathrm{d}\boldsymbol{p}}{\mathrm{d}t} = \sum_{i=1}^{n}\boldsymbol{F}_i^{(e)} \tag{11-9}$$

式(11-9) 称为质点系动量定理的微分式，即质点系动量 $\boldsymbol{p}$ 对时间 t 的一阶导数等于作用在该质

点系上所有外力的矢量和(或外力主矢)。在具体计算时,常采用投影式,式(11-9)在直角坐标系的投影式为

$$\begin{cases}\dfrac{\mathrm{d}p_x}{\mathrm{d}t}=\sum\limits_{i=1}^{n}F_{xi}^{(e)}\\ \dfrac{\mathrm{d}p_y}{\mathrm{d}t}=\sum\limits_{i=1}^{n}F_{yi}^{(e)}\\ \dfrac{\mathrm{d}p_z}{\mathrm{d}t}=\sum\limits_{i=1}^{n}F_{zi}^{(e)}\end{cases} \tag{11-10}$$

式(11-10)表明,质点系的动量在任一轴上的投影对于时间的导数,等于作用于质点系的外力主矢在同一轴上的投影。

将式(11-9)积分,设 $t=0$ 时,质点系的动量为 $\boldsymbol{p}_0$;在时刻 t,质点系的动量为 $\boldsymbol{p}$,得

$$\int_{p_0}^{p}\mathrm{d}\boldsymbol{p}=\sum_{i=1}^{n}\int_0^t\boldsymbol{F}_i^{(e)}\mathrm{d}t$$

$$\boldsymbol{p}-\boldsymbol{p}_0=\sum_{i=1}^{n}\boldsymbol{I}_i^{(e)} \tag{11-11}$$

式(11-11)为质点系动量定理的积分式,即在某一时间间隔内,质点系动量的改变量等于在这段时间内作用于质点系外力冲量的矢量和。

11.2.3 质点系的动量守恒定律

根据质点系的动量定理可以得出质点系的动量守恒定律:

(1) 当 $\sum\limits_{i=1}^{n}\boldsymbol{F}_i^{(e)}=0$ 时,根据式(11-9)可得,$\dfrac{\mathrm{d}\boldsymbol{p}}{\mathrm{d}t}=0$,则

$$\boldsymbol{p}=\boldsymbol{p}_0=\text{常矢量}$$

即当作用于质点系的外力主矢恒等于零时,质点系的动量保持为常矢量。

(2) 当 $\sum\limits_{i=1}^{n}F_{xi}^{(e)}=0$ 时,根据式(11-10)中第一式可得,$\dfrac{\mathrm{d}p_x}{\mathrm{d}t}=0$,则

$$p_x=p_{0x}=\text{常量}$$

即当作用于质点系的外力主矢在某一坐标轴上的投影恒等于零时,质点系的动量在该坐标轴上的投影保持为常量。

质点系的内力不能改变质点系的动量,但可以改变质点系内各质点的动量。

【例11-1】 电动机的外壳固定在水平基础上,定子和机壳的质量为 m_1,转子质量为 m_2,如图11-2所示。定子的质心位于转轴的中心 O_1。由于制造误差,转子的质心 O_2 到 O_1 的距离为 e。已知转子匀速转动,角速度为 ω。设开始时 O_1、O_2 连线处于铅直位置。求基础的水平及铅直约束力。

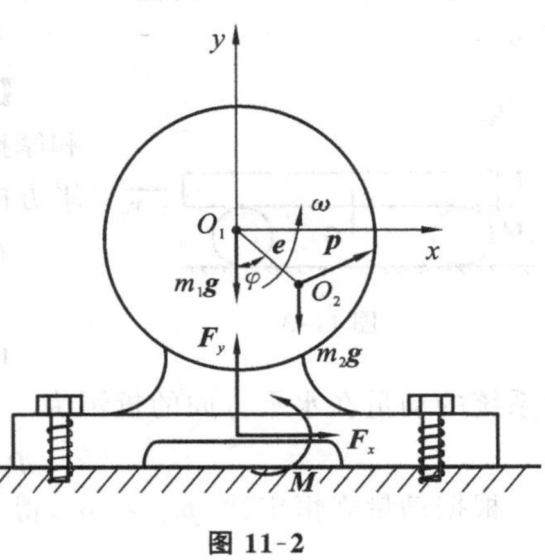

图 11-2

【解】 (1) 取研究对象。因为不涉及使转子转动的内力,因此取电动机外壳与转子组成的质点系为研究对象。

(2) 受力分析。质点系所受外力有重力 $m_1\boldsymbol{g}$、$m_2\boldsymbol{g}$，基础的约束力 $\boldsymbol{F}_x$、$\boldsymbol{F}_y$ 和约束力偶 $\boldsymbol{M}$。

(3) 运动分析，求动量。机壳不动，转子匀速转动。质点系的动量 $\boldsymbol{p}$ 就是转子的动量，方向如图所示，大小为

$$p = m_2\omega e$$

质点系的动量在直角坐标系中的投影为

$$\begin{cases} p_x = m_2\omega e\cos\omega t \\ p_y = m_2\omega e\sin\omega t \end{cases} \tag{a}$$

$t = 0$ 时，O_1O_2 处于铅直位置，有 $\varphi = \omega t$。

(4) 列方程。根据质点系动量定理的投影式

$$\begin{cases} \dfrac{\mathrm{d}p_x}{\mathrm{d}t} = \sum\limits_{i=1}^{n} F_{xi}^{(e)} \\ \dfrac{\mathrm{d}p_y}{\mathrm{d}t} = \sum\limits_{i=1}^{n} F_{yi}^{(e)} \end{cases}$$

得

$$\begin{cases} \dfrac{\mathrm{d}p_x}{\mathrm{d}t} = F_x \\ \dfrac{\mathrm{d}p_y}{\mathrm{d}t} = F_y - m_1 g - m_2 g \end{cases} \tag{b}$$

(5) 解方程。将式(a)代入式(b)可得，基础的约束力为

$$F_x = -m_2 e\omega^2\sin\omega t$$

$$F_y = (m_1 + m_2)g + m_2 e\omega^2\cos\omega t$$

电动机不转时，基础的约束力为 $F_x = 0$，$F_y = (m_1 + m_2)g$，可称为**静约束力**；电动机转动时基础的约束力可称为**动约束力**。动约束力与静约束力的差值是由于系统运动而产生的，可称为附加动约束力。此例中，由转子偏心引起的附加动约束力，在 x 方向的分量为 $-m_2 e\omega^2\sin\omega t$，在 y 方向的分量为 $m_2 e\omega^2\cos\omega t$，都是谐变力，将会引起电动机和基础的振动。

关于力偶 $\boldsymbol{M}$，可以利用后面将要学到的动量矩定理或达朗贝尔原理求得。

【例 11-2】 如图 11-3 所示的平台车沿水平轨道运动，车的重力为 $G = m_1 g = 4.9$ kN。平台车上站一个人，重力为 $Q = m_2 g = 686$ N。车与人以相同的速度 $\boldsymbol{v}_0$ 向右方运动，若人相对平台车以相对速度 $v_r = 2$ m/s 向左跳出，不计平台车水平方向的阻力及摩擦，试求平台车的速度增加了多少？

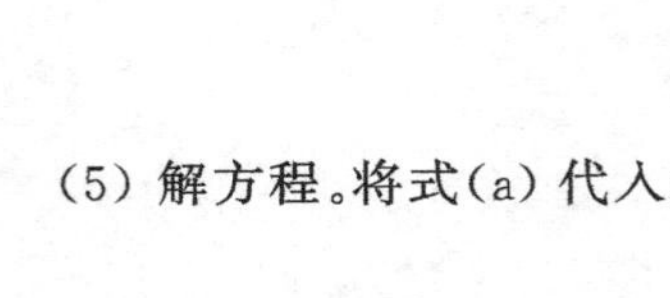

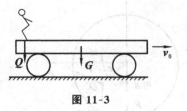

图 11-3

【解】 取平台车和人组成的系统为研究对象，在不计阻力和摩擦的情况下，系统在水平方向所受外力为零，因此系统沿水平方向的动量守恒。取水平向右为正方向。

在人跳出平台车前，系统的动量在水平方向的投影为

$$p_{0x} = (m_1 + m_2)v_0$$

设在人跳离平台车后的瞬间，平台车的速度大小为 v，则此时系统的动量在水平方向的投影为

$$p_x = m_1 v + m_2(v - v_r)$$

根据动量守恒定律，$p_{0x} = p_x$，得

$$(m_1 + m_2)v_0 = m_1 v + m_2(v - v_r)$$

解得
$$v = \frac{(m_1 + m_2)v_0 + m_2 v_r}{m_1 + m_2}$$

则平台车增加的速度大小为 $\Delta v = \dfrac{m_2 v_r}{m_1 + m_2} = 0.246 \text{ m/s}$

在应用动量守恒定律时，应注意方程中的速度为绝对速度。

11.3 质心运动定理

11.3.1 质心

设由 n 个质点组成的质点系，第 i 个质点的质量为 m_i，矢径为 $\boldsymbol{r}_i$。由式(11-2) 确定的几何点 C 称为质点系的质量中心(简称**质心**)。计算质心位置时，常采用直角坐标系的投影形式，即

$$\begin{cases} x_C = \dfrac{\sum\limits_{i=1}^{n} m_i x_i}{m} \\ y_C = \dfrac{\sum\limits_{i=1}^{n} m_i y_i}{m} \\ z_C = \dfrac{\sum\limits_{i=1}^{n} m_i z_i}{m} \end{cases} \tag{11-12}$$

式中：x_C、y_C、z_C 为质心的坐标，x_i、y_i、z_i 为第 i 个质点的坐标，$m = \sum\limits_{i=1}^{n} m_i$ 为质点系的总质量。

质心是质点系中特定的一个点，反映了质点系的质量分布，质心处于质点系质量较密集的部位。质心不仅表征质点系的质量分布情况，而且可以用来计算质点系的动量，如式(11-3)所示。

若将式(11-12) 中各式等号右边的分子及分母同乘以重力加速度 g，就变成重心的坐标公式。可见，在均匀重力场中，质点系的重心与质心重合。

11.3.2 质心运动定理

由于质点系的动量等于质点系的质量与质心速度的乘积，因此质点系动量定理的微分形式(11-9) 可以写成

$$\frac{\mathrm{d}(m\boldsymbol{v}_C)}{\mathrm{d}t} = \sum_{i=1}^{n} \boldsymbol{F}_i^{(e)}$$

对于质量不变的质点系，$m =$ 常数，上式可写成

$$m\frac{\mathrm{d}\boldsymbol{v}_C}{\mathrm{d}t} = \sum_{i=1}^{n} \boldsymbol{F}_i^{(e)} \tag{11-13}$$

或
$$m\boldsymbol{a}_C = \sum_{i=1}^{n} \boldsymbol{F}_i^{(e)} \tag{11-14}$$

式中：$\boldsymbol{a}_C$ 为质心加速度。式(11-13)、式(11-14)表明，质点系的质量与质心加速度的乘积等于作用于质点系的所有外力的矢量和(即外力主矢)，这种规律称为**质心运动定理**。

在形式上，质心运动定理式(11-14)与质点的动力学基本方程 $m\boldsymbol{a}=\sum_{i=1}^{n}\boldsymbol{F}_i$ 基本相同。可见，质点系质心的运动犹如一个质点的运动，这个质点的质量等于质点系的质量，这个质点所受的力等于作用在质点系上所有外力的矢量和。

根据运动学知识可知，刚体做一般运动时，其运动可以分解为随质心的平移和相对质心的转动。应用质心运动定理可求出质心的运动规律，也就确定了刚体随质心的平移规律。

式(11-13)、式(11-14)中只有外力，不含内力。也就是说，质心系的内力不影响质心的运动，只有外力才能改变质点系质心的运动。

根据质心运动定理，若已知外力，则可以求质心的运动规律。若已知质心的运动情况，可求出作用在质点系上的未知外力，这未知外力可以是主动力，也可以是未知的约束力。

质心运动定理是矢量式，应用时取其投影式。

在直角坐标轴上的投影式为

$$\begin{cases} ma_{Cx}=\sum_{i=1}^{n}F_{xi}^{(e)} \\ ma_{Cy}=\sum_{i=1}^{n}F_{yi}^{(e)} \\ ma_{Cz}=\sum_{i=1}^{n}F_{zi}^{(e)} \end{cases} \tag{11-15}$$

在自然坐标轴上的投影式为

$$\begin{cases} m\dfrac{v_C^2}{\rho}=\sum_{i=1}^{n}F_{\mathrm{n}i}^{(e)} \\ m\dfrac{\mathrm{d}v_C}{\mathrm{d}t}=\sum_{i=1}^{n}F_{\tau i}^{(e)} \\ 0=\sum_{i=1}^{n}F_{\mathrm{b}i}^{(e)} \end{cases} \tag{11-16}$$

对于单个刚体，利用式(11-14)可直接求解。对于由多个刚体组成的物体系统，式(11-14)又可写为

$$\sum m_j\boldsymbol{a}_{Cj}=\sum \boldsymbol{F}_i^{(e)} \tag{11-17}$$

式中：m_j 为第 j 个刚体的质量，$\boldsymbol{a}_{Cj}$ 为第 j 个刚体质心的加速度矢量。

11.3.3　质心运动守恒定律

由式(11-13)知，若 $\sum_{i=1}^{n}\boldsymbol{F}_i^{(e)}=0$，则 $\boldsymbol{v}_C=$ 恒矢量。并且开始时系统静止，则 $\boldsymbol{r}_C=$ 恒矢量。

由式(11-15)知，若 $\sum_{i=1}^{n}F_{xi}^{(e)}=0$，并且 $v_{Cx}\big|_{t=0}=0$，则 $x_C=$ 恒量。

以上结论称为**质心运动守恒定律**，即若作用在质点系的外力主矢恒等于零，则质点系质心做惯性运动。若开始静止，则质心位置始终不变。若作用在质点系的外力主矢在某轴上投影的代

数和恒等于零，则质心速度在该轴上的投影保持不变；若开始时速度投影等于零，则质点系质心沿该轴的坐标保持不变。

【例 11-3】 如图 11-4(a) 所示，均质杆 OA，长为 $2l$，质量为 m，重力为 $G=mg$。绕着通过 O 端的水平轴在铅直面内转动，转动到与水平线成 φ 角时，角速度与角加速度分别为 ω、α。试求此时 O 处的约束力。

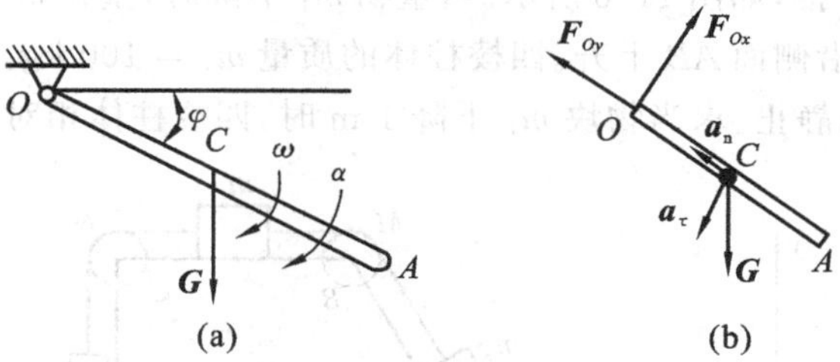

图 11-4

【解】 取杆 OA 为对象，作用在杆 OA 上的力有重力 $\boldsymbol{G}$，O 处的约束力 $\boldsymbol{F}_{Ox}$、$\boldsymbol{F}_{Oy}$，方向如图 11-4(b) 所示。杆 OA 定轴转动，质心 C 的加速度方向如图所示，大小为 $a_n=\omega^2 l$，$a_\tau=\alpha l$。

根据质心运动定理投影式(11-15) 列方程

$$ma_{Cx}=\sum_{i=1}^{n}F_{xi}^{(e)},\quad -ma_\tau=F_{Ox}-G\cos\varphi$$

$$ma_{Cy}=\sum_{i=1}^{n}F_{yi}^{(e)},\quad ma_n=F_{Oy}-G\sin\varphi$$

解方程可得，O 处的约束力 F_{Ox}、F_{Oy} 为

$$F_{Ox}=-m\alpha l+G\cos\varphi$$

$$F_{Oy}=m\omega^2 l+G\sin\varphi$$

【例 11-4】 如图 11-5 所示的曲柄滑块机构，曲柄以匀角速度 ω 转动，滑块 B 沿轴 x 滑动，杆 OA 及 AB 均为均质杆，质量均为 m_1，且 $OA=AB=l$，滑块质量为 m_2。设开始时杆 OA 水平，不计各处摩擦，求支座 O 处的水平约束力。

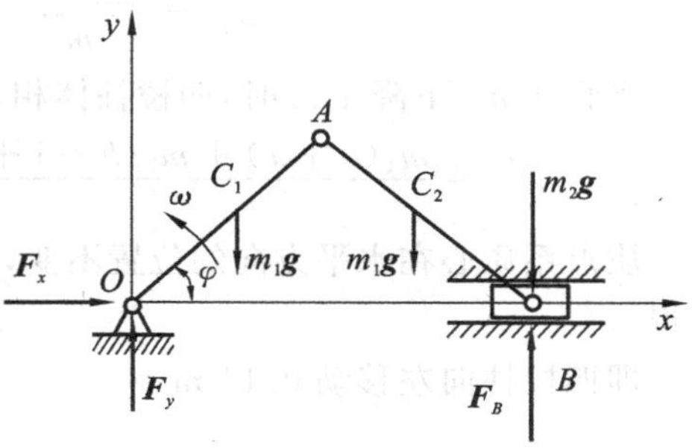

图 11-5

【解】 取曲柄、滑块组成的质点系为研究对象，受力如图所示，系统所受外力有杆 OA、AB 的重力 $m_1\boldsymbol{g}$，滑块 B 的重力 $m_2\boldsymbol{g}$，约束力 $\boldsymbol{F}_x$、$\boldsymbol{F}_y$ 及 $\boldsymbol{F}_B$。

C_1、C_2 分别为杆 OA、杆 AB 的质心，有

$$x_{C1}=\frac{l}{2}\cos\varphi,\quad \dot{x}_{C1}=-\frac{l}{2}\dot{\varphi}\sin\varphi,\quad \ddot{x}_{C1}=-\frac{l}{2}\dot{\varphi}^2\cos\varphi-\frac{l}{2}\ddot{\varphi}\sin\varphi$$

$$x_{C2}=\frac{3}{2}l\cos\varphi,\quad \dot{x}_{C2}=-\frac{3}{2}l\dot{\varphi}\sin\varphi,\quad \ddot{x}_{C2}=-\frac{3}{2}l\dot{\varphi}^2\cos\varphi-\frac{3}{2}l\ddot{\varphi}\sin\varphi$$

$$x_B=2l\cos\varphi,\quad \dot{x}_B=-2l\dot{\varphi}\sin\varphi,\quad \ddot{x}_B=-2l\dot{\varphi}^2\cos\varphi-2l\ddot{\varphi}\sin\varphi$$

应用式(11-17) 在 Oxy 坐标轴上的投影式

$$\sum m_j\ddot{x}_{Cj}=\sum F_{xi}^{(e)}$$

将质心坐标代入,并注意到 $\varphi=\omega t,\dot{\varphi}=\omega,\ddot{\varphi}=0$,得

$$-m_1\frac{l}{2}\omega^2\cos\varphi-m_1\frac{3}{2}l\omega^2\cos\varphi-2m_2l\omega^2\cos\varphi=F_x$$

得

$$F_x=-2(m_1+m_2)l\omega^2\cos\omega t$$

【例 11-5】 三个重物的质量分别为 $m_1=20\ \text{kg},m_2=15\ \text{kg},m_3=10\ \text{kg}$,由一绕过两个定滑轮 M 和 N 的绳子相连接,如图 11-6 所示。当重物 m_1 下降时,重物 m_2 在四棱柱 $ABCD$ 的上面向右移动,而重物 m_3 则沿侧面 AB 上升。四棱柱体的质量 $m_4=100\ \text{kg}$。如略去一切摩擦和滑轮、绳子的质量,初始时系统静止。求当物块 m_1 下降 1 m 时,四棱柱体相对于地面的位移。

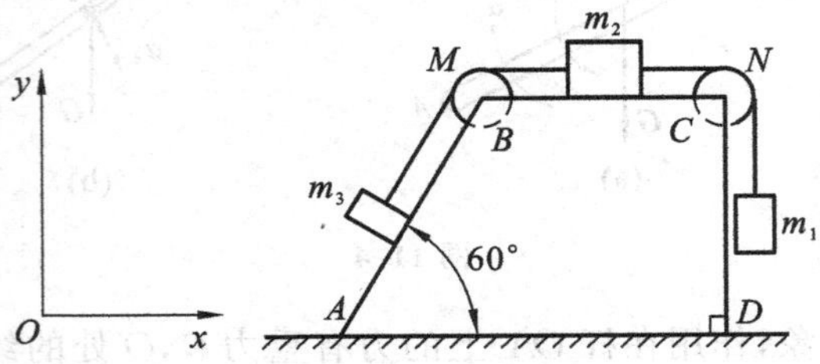

图 11-6

【解】 取四棱柱 $ABCD$ 及其上的重物、滑轮、绳子组成的质点系为研究对象,在略去摩擦的情况下,系统在水平方向所受外力为零,由于系统开始处于静止状态,根据质心运动守恒定律可知,质点系质心在水平方向的位置不变。

建立固定坐标系 Oxy,设初始时,三个重物 m_1、m_2、m_3 的 x 坐标分别为 a、b、c,四棱柱 $ABCD$ 质心的 x 坐标为 d。开始时质点系质心的坐标 x_C 为

$$x_C=\frac{\sum m_ix_i}{m}=\frac{m_1a+m_2b+m_3c+m_4d}{m_1+m_2+m_3+m_4}$$

当物块 m_1 下降 1 m 时,四棱柱体相对于地面的位移为 x,此时质点系质心坐标 x'_C 为

$$x'_C=\frac{m_1(a+x)+m_2(b+1+x)+m_3(c+1\times\cos60^\circ+x)+m_4(d+x)}{m_1+m_2+m_3+m_4}$$

质点系质心在水平方向的位置不变,即 $x'_C=x_C$

解得

$$x=-0.14\ \text{m}$$

即四棱柱向左移动 0.14 m。

本章小结

1. 动量与冲量

质点的动量:$m\boldsymbol{v}$

质点系的动量:$\boldsymbol{p}=\sum_{i=1}^{n}m_i\boldsymbol{v}_i=m\boldsymbol{v}_C$

力的冲量:$\boldsymbol{I}=\int_0^t\boldsymbol{F}\mathrm{d}t$

2. 动量定理

质点的动量定理:$\frac{\mathrm{d}}{\mathrm{d}t}(m\boldsymbol{v})=\boldsymbol{F}$

$$mv_2 - mv_1 = \int_0^t \boldsymbol{F}\mathrm{d}t = \boldsymbol{I}$$

质点系的动量定理：$\dfrac{\mathrm{d}\boldsymbol{p}}{\mathrm{d}t} = \sum \boldsymbol{F}_i^{(e)}$

$$\boldsymbol{p}_2 - \boldsymbol{p}_1 = \sum \boldsymbol{I}_i^{(e)}$$

质点系动量守恒定律：当 $\sum \boldsymbol{F}_i^{(e)} = 0$ 时，$\boldsymbol{p} =$ 常矢量。

当 $\sum F_{xi}^{(e)} = 0$ 时，$p_x =$ 常量。

3. 质心运动定理

质点系的质心：$\boldsymbol{r}_C = \dfrac{\sum m_i \boldsymbol{r}_i}{m}$

$$x_C = \frac{\sum m_i x_i}{m}, \quad y_C = \frac{\sum m_i y_i}{m}, \quad z_C = \frac{\sum m_i z_i}{m}$$

质心运动定理：$m\boldsymbol{a}_C = \sum \boldsymbol{F}_i^{(e)}$

质心运动守恒定律：若 $\sum \boldsymbol{F}_i^{(e)} = 0$ 时，则 $\boldsymbol{v}_C =$ 常矢量，质心做惯性运动；

若 $\sum F_{xi}^{(e)} = 0$ 时，且 $v_{Cx}\big|_{t=0} = 0$，则质心的 x 坐标不变。

思考题

11-1　是非题（对画√，错画×）。

(1) 质点系的动量等于外力的主矢量。(　　)

(2) 变力的冲量为零时，则变力必为零。(　　)

(3) 质点系动量守恒是指质点系各质点的动量不变。(　　)

(4) 质心运动守恒是指质心位置不变。(　　)

(5) 质点系动量的变化只与外力有关，与内力无关。(　　)

11-2　质点做匀速圆周运动时，质点的动量守恒吗？

11-3　刚体受有一群力的作用，不论各力的作用点如何，刚体质心的加速度都一样吗？

11-4　在光滑的水平面上放置一静止的均质圆盘，当它受一力偶作用时，盘心将如何运动？盘心的运动情况与力偶的作用位置有关吗？如果圆盘面内受一大小和方向都不变的力作用，盘心将如何运动？盘心的运动情况与此力的作用点有关吗？

11-5　两均质直杆 AC 和 CB，长度相同，质量分别为 m_1 和 m_2。两杆在点 C 由铰链连接，初始时维持在铅直面内不动，如图 11-7 所示。设地面绝对光滑，两杆被释放后将分开倒向地面。问 m_1 与 m_2 相等或不相等时，点 C 的运动轨迹是否相同？

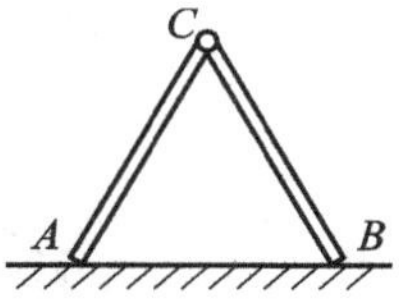

图 11-7

习　题

11-1　计算题 11-1 图所示情况下各物体的动量：

(1) 质量为 m 的匀质杆，长度为 l，绕铰 O 以角速度 ω 转动。

(2) 均质圆盘质量为 m，半径为 R，质心为 C，以角速度 ω 绕轴 O 转动。

(3) 质量为 m、半径为 R 的匀质圆盘沿水平面滚动，圆心 O 的速度为 v_0。

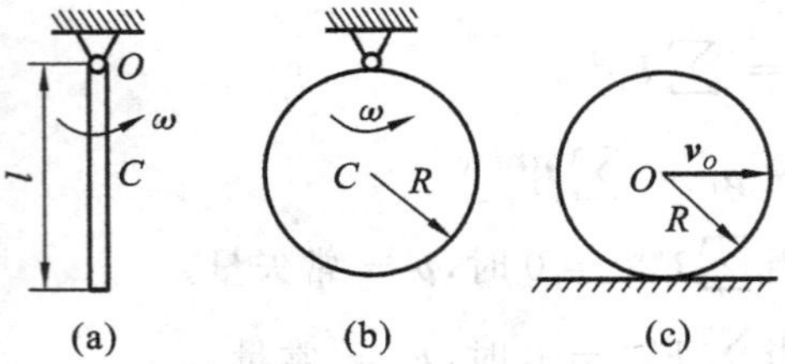

题 11-1 图

11-2　如题 11-2 图所示的椭圆规尺，已知杆 AB 的质量为 $2m_1$，曲柄 OC 的质量为 m_1，滑块 A、B 的质量均为 m_2，$OC=AC=CB=l$，曲柄 OC 和杆 AB 为均质，曲柄 OC 以匀角速度 ω 绕轴 O 转动，初始时，曲柄 OC 水平向右。试求质点系质心的运动方程、轨迹以及质点系的动量。

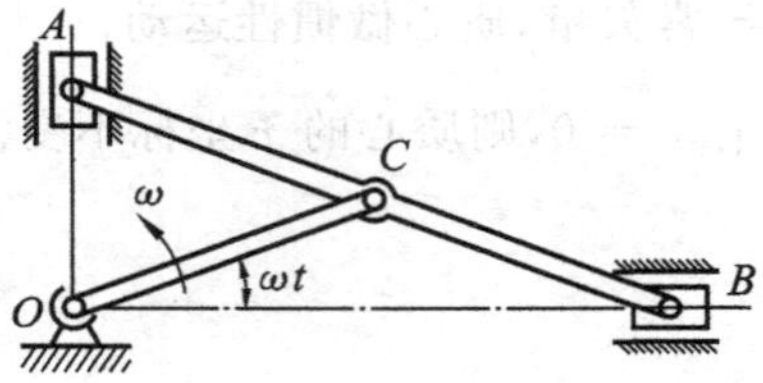

题 11-2 图

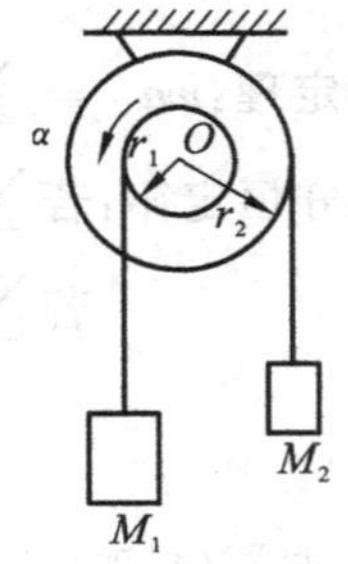

题 11-3 图

11-3　两个重物 M_1 和 M_2 的质量分别为 m_1 和 m_2，系在两个质量不计的绳子上，如题 11-3 图所示。两个绳子分别缠绕在半径为 r_1 和 r_2 上的鼓轮上，鼓轮的质量为 m_3，其质心为轮心 O 处。若鼓轮以角加速度 α 绕轮心 O 逆时针转动，试求轮心 O 处的约束力。

11-4　如题 11-4 图所示，质量为 m_1 的均质曲柄 OA，长为 l，以等角速度 ω 绕轴 O 转动，并带动滑块 A 在竖直的滑道 AB 内滑动，滑块 A 的质量为 m_2；而滑杆 BD 在水平滑道内运动，滑杆的质量为 m_3，其质心在点 C 处，如图所示。开始时曲柄 OA 为水平向右，试求：(1) 系统质心的运动规律；(2) 作用在轴 O 处的最大水平约束力。

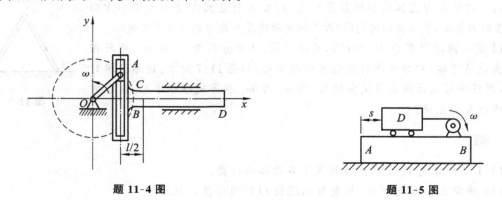

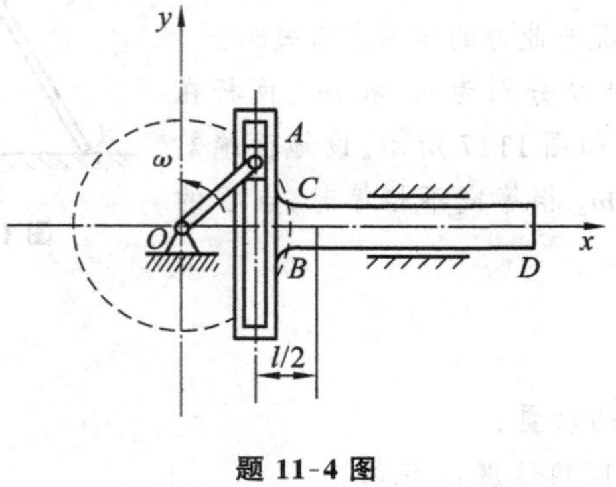

题 11-4 图

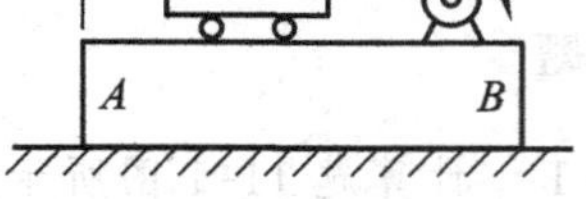

题 11-5 图

11-5　如题 11-5 图所示，质量为 m_1 的平台 AB，放于水平面上，平台与水平面间的滑动摩

擦系数为 f。质量为 m_2 的小车 D 由绞车拖动，相对于平台的运动规律为 $s=\frac{1}{2}bt^2$，其中 b 为已知常数。不计绞车的质量，求平台的加速度。

11-6　如题11-6图所示，质量为 m 的滑块 A，可以在水平光滑槽中运动，具有刚度系数为 k 的弹簧一端与滑块相连接，另一端固定。杆 AB 长度为 l，质量忽略不计，A 端与滑块 A 铰接，B 端装有质量为 m_1 的重物，在铅直平面内可绕点 A 旋转。设在力偶 $\boldsymbol{M}$ 作用下转动角速度 ω 为常数。求滑块 A 的运动微分方程。

11-7　如题11-7图所示机构中，鼓轮 A 的质量为 m_1，转轴 O 为其质心。重物 B 的质量为 m_2，重物 C 的质量为 m_3。斜面光滑，倾斜角为 θ。已知物体 B 的加速度为 $\boldsymbol{a}$，求轴承 O 处的约束力。

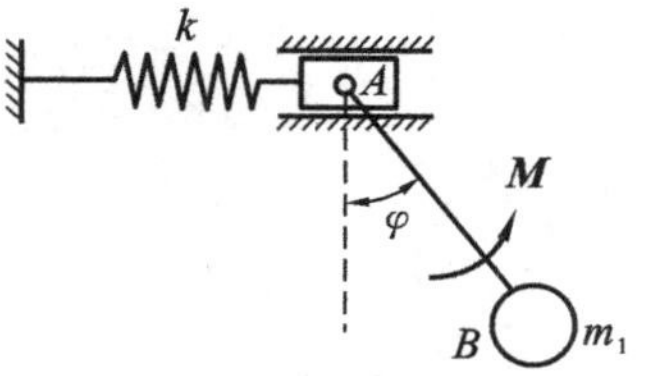

题 11-6 图

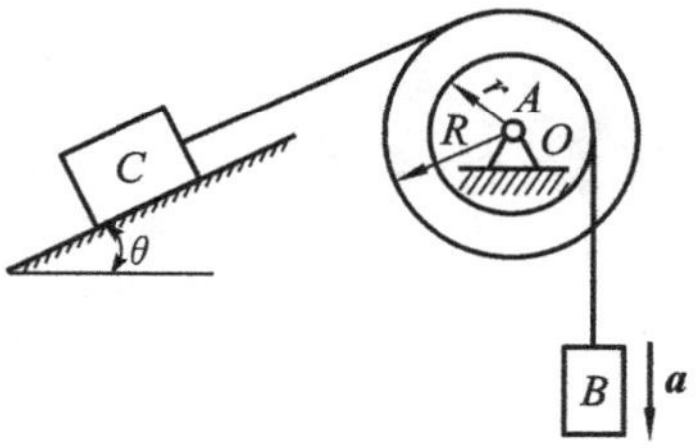

题 11-7 图

11-8　一块均质的三棱柱 A 放在光滑的水平面上，其斜面上又放一均质的三棱柱 B，两三棱柱的横截面均为直角三角形，且 $m_A=3m_B$，几何尺寸如题11-8图所示。初始系统静止，试求当三棱柱 B 沿三棱柱 A 滑下接触到水平面时，三棱柱 A 移动的距离。

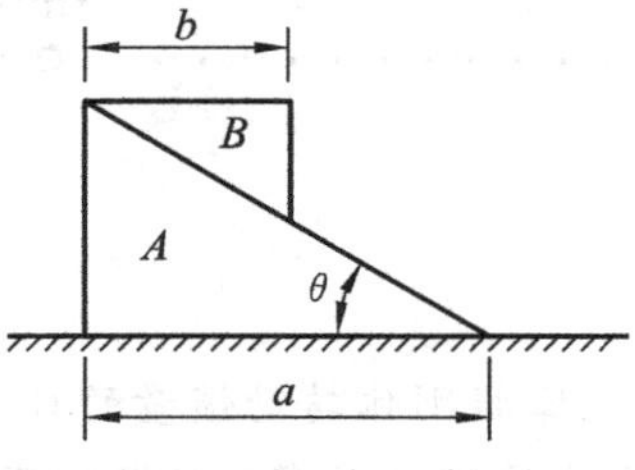

题 11-8 图

章

动量矩定理

本章导读

● **教学的基本要求**　掌握刚体转动惯量的计算；理解动量矩的概念，并熟练掌握质点系与刚体的动量矩的计算；掌握对固定点和质心的动量矩定理、动量矩守恒定律，并能熟练应用；掌握建立刚体平面运动动力学方程的方法，会应用刚体平面运动微分方程求解有关简单问题。

● **教学内容的重点**　固定点和质心的动量矩定理、动量矩守恒定律及其应用；刚体平面运动微分方程的应用。

● **教学内容的难点**　动量矩的概念；相对质心的动量矩定理；刚体平面运动微分方程的建立。

动量定理建立了作用于质点系的外力与动量变化之间的关系，只揭示了质点系机械运动的一个侧面。当物体绕通过质心的定轴转动时，无论转速多高，物体的动量总为零，动量定理无法揭示这种转动规律。动量矩定理从另一侧面，揭示质点系相对某一定点或质心的运动规律。本章主要介绍质点和质点系的动量矩、动量矩定理，刚体定轴转动微分方程、刚体平面运动微分方程以及刚体的转动惯量的计算。

12.1 动量矩及转动惯量

12.1.1 质点的动量矩

设质量为 m 的质点 Q 在某瞬时的速度为 $\boldsymbol{v}$，质点相对点 O 的位置用矢径 $\boldsymbol{r}$ 表示，如图 12-1 所示。质点 Q 的动量 $m\boldsymbol{v}$ 对于点 O 的矩，定义为质点对于点 O 的**动量矩**，即

$$\boldsymbol{L}_O(m\boldsymbol{v}) = \boldsymbol{r} \times m\boldsymbol{v} \tag{12-1}$$

质点对于点 O 的动量矩是矢量，如图 12-1 所示，它垂直于 $\boldsymbol{r}$ 与 $m\boldsymbol{v}$ 组成的平面，其指向按右手螺旋法则确定，作用在点 O，大小为 $rmv\sin\varphi$，φ 为 $\boldsymbol{r}$ 与 $m\boldsymbol{v}$ 之间的夹角。

质点动量 $m\boldsymbol{v}$ 在 Oxy 平面内的投影 $(m\boldsymbol{v})_{xy}$ 对于点 O 的矩，定义为质点动量对轴 z 的矩，简称为对轴 z 的动量矩。质点对轴的动量矩是代数量。

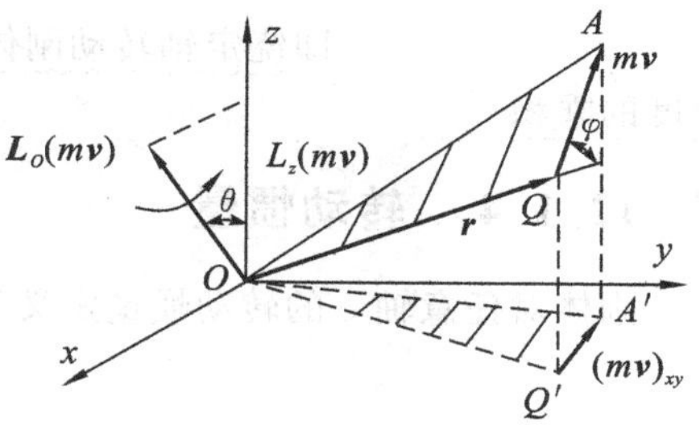

图 12-1

由图 12-1 可见，质点对点的动量矩和对轴的动量矩与力对点和对轴的矩相似：质点对点 O 的动量矩矢在轴 z 上的投影等于质点对轴 z 的动量矩，即

$$[\boldsymbol{L}_O(m\boldsymbol{v})]_z = L_z(m\boldsymbol{v}) \tag{12-2}$$

国际单位制中动量矩的单位为 kg · m²/s。

12.1.2 质点系的动量矩

质点系对某点 O 的动量矩等于各质点对同一点 O 的动量矩的矢量和，或称为质点系动量对点 O 的主矩，即

$$\boldsymbol{L}_O = \sum_{i=1}^{n} \boldsymbol{L}_O(m_i\boldsymbol{v}_i) \tag{12-3}$$

质点系对某轴 z 的动量矩等于各质点对同一轴 z 动量矩的代数和，即

$$L_z = \sum_{i=1}^{n} L_z(m_i\boldsymbol{v}_i) \tag{12-4}$$

利用式(12-2)，得

$$[\boldsymbol{L}_O]_z = L_z \tag{12-5}$$

即质点系对点 O 的动量矩矢在通过该点的轴 z 上的投影等于质点系对于该轴 z 的动量矩，于是

$$\boldsymbol{L}_O = L_x\boldsymbol{i} + L_y\boldsymbol{j} + L_z\boldsymbol{k}$$

12.1.3 刚体的动量矩

1. 平移刚体的动量矩

刚体平移时，可将全部质量集中于质心，作为一个质点计算其动量矩，由式(12-1)可得

$$L_O(m\boldsymbol{v}) = \boldsymbol{r}_C \times m\boldsymbol{v}$$

式中：m 是刚体的总质量，$\boldsymbol{r}_C$ 是刚体质心到点 O 的矢径，$\boldsymbol{v}$ 是刚体平移的速度矢量。

2. 定轴转动刚体的动量矩

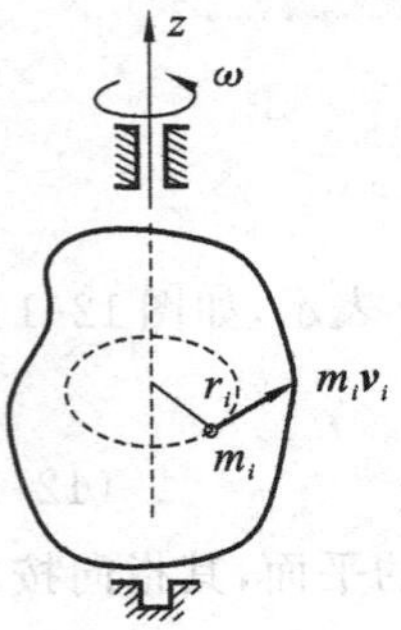

图 12-2

设刚体以角速度 ω 绕固定轴 z 转动，如图 12-2 所示。在刚体内任取一质量为 m_i 的质点，它到转动轴 z 的距离为 r_i，则它的速度 $v_i = r_i\omega$，对轴 z 的动量矩为

$$L_z(m_i\boldsymbol{v}_i) = m_i v_i r_i = m_i r_i^2 \omega$$

则整个刚体对于轴 z 的动量矩为

$$L_z = \sum_{i=1}^{n} L_z(m_i\boldsymbol{v}_i) = \sum_{i=1}^{n} m_i r_i^2 \omega = \omega \sum_{i=1}^{n} m_i r_i^2$$

令 $\sum_{i=1}^{n} m_i r_i^2 = J_z$，$J_z$ 称为刚体对于轴 z 的**转动惯量**，于是

$$L_z = J_z\omega \tag{12-6}$$

即绕定轴转动刚体对其转轴的动量矩等于刚体对转轴的转动惯量与转动角速度的乘积。

12.1.4 转动惯量

刚体对任意轴 z 的转动惯量定义为

$$J_z = \sum_{i=1}^{n} m_i r_i^2 \tag{12-7}$$

由式(12-7)可见，转动惯量的大小不仅与质量大小有关，而且与质量的分布情况有关。在国际单位制中，转动惯量的单位为 kg · m²。

如果刚体的质量是连续分布的，则式(12-7)可写为积分形式

$$J_z = \int_m r^2 \mathrm{d}m$$

简单形状的均质物体的转动惯量一般可以从有关手册中查到，也可用上述方法计算。表 12-1 列出了常见均质物体的转动惯量。

表 12-1 均质物体的转动惯量和惯性半径

物体的形状	简 图	转动惯量	惯性半径	体 积
细直杆	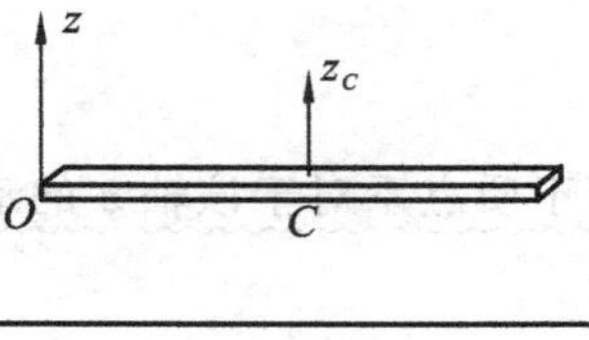	$J_{z_C} = \frac{m}{12}l^2$ $J_z = \frac{m}{3}l^2$	$\rho_{z_C} = \frac{l}{2\sqrt{3}} = 0.289l$ $\rho_z = \frac{l}{\sqrt{3}} = 0.578l$	

续表

物体的形状	简　图	转动惯量	惯性半径	体　积
薄壁圆筒	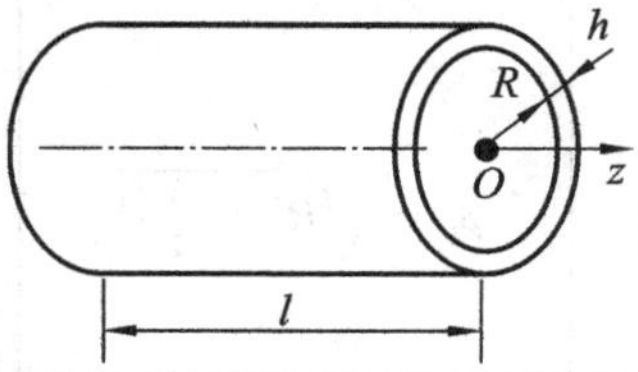	$J_z = mR^2$	$\rho_z = R$	$2\pi Rlh$
圆柱	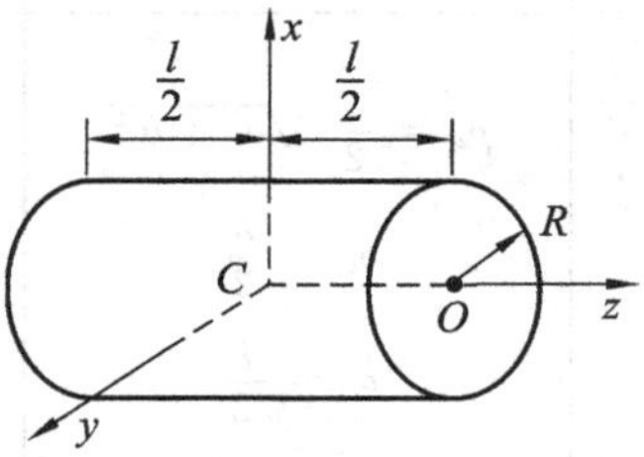	$J_z = \frac{1}{2}mR^2$ $J_x = J_y = \frac{m}{12}(3R^2 + l^2)$	$\rho_z = \frac{R}{\sqrt{2}} = 0.707R$ $\rho_x = \rho_y$ $= \sqrt{\frac{1}{12}(3R^2 + l^2)}$	$\pi R^2 l$
空心圆柱	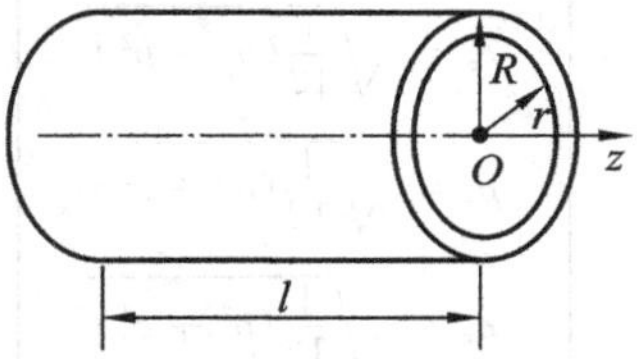	$J_z = \frac{m}{2}(R^2 + r^2)$	$\rho_z = \sqrt{\frac{1}{2}(R^2 + r^2)}$	$\pi l(R^2 - r^2)$
薄壁空心球	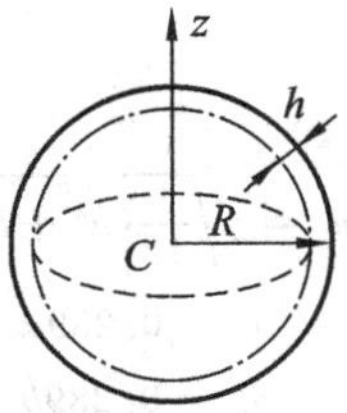	$J_z = \frac{2}{3}mR^2$	$\rho_z = \sqrt{\frac{2}{3}}R = 0.816R$	$\frac{3}{2}\pi Rh$
实心球	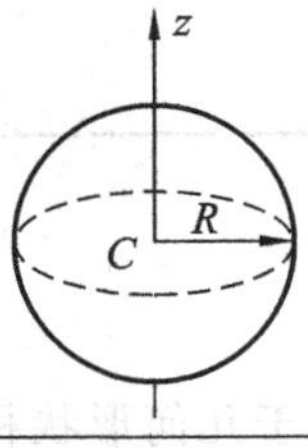	$J_z = \frac{2}{5}mR^2$	$\rho_z = \sqrt{\frac{2}{5}}R = 0.632R$	$\frac{4}{3}\pi R^3$
圆锥体	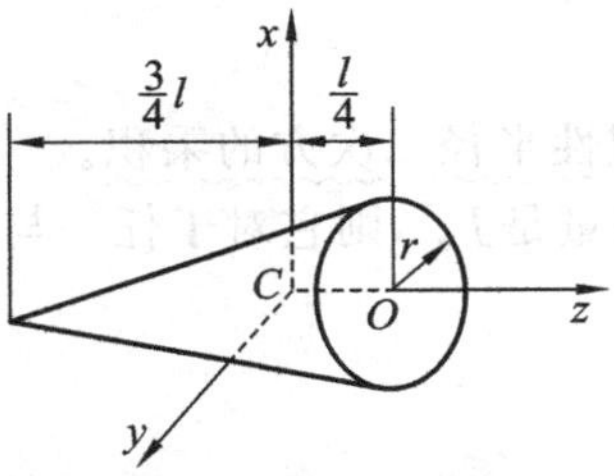	$J_z = \frac{3}{10}mr^2$ $J_x = J_y = \frac{3}{80}m(4r^2 + l^2)$	$\rho_z = \sqrt{\frac{3}{10}}r = 0.548r$ $\rho_x = \rho_y = \sqrt{\frac{3}{80}(4r^2 + l^2)}$	$\frac{\pi}{3}r^2 l$

续表

物体的形状	简图	转动惯量	惯性半径	体积
圆环	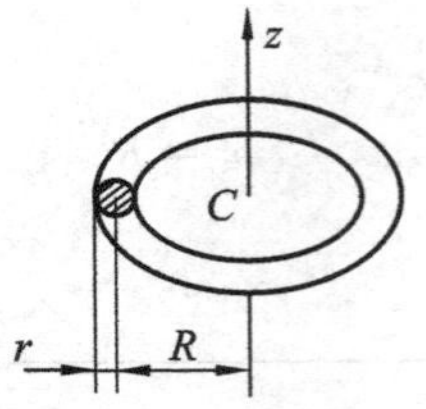	$J_z = m\left(R^2 + \frac{3}{4}r^2\right)$	$\rho_z = \sqrt{R^2 + \frac{3}{4}r^2}$	$2\pi^2 r^2 R$
椭圆形薄板	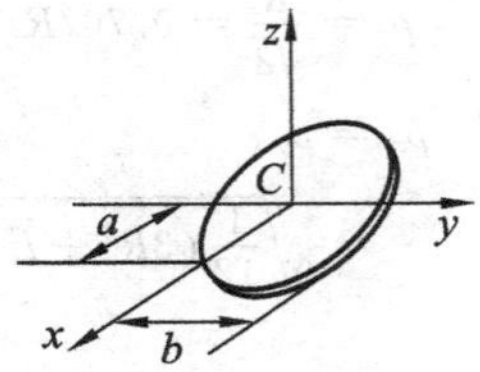	$J_z = \frac{m}{4}(a^2 + b^2)$ $J_y = \frac{m}{4}a^2$ $J_x = \frac{m}{4}b^2$	$\rho_z = \frac{1}{2}\sqrt{a^2 + b^2}$ $\rho_y = \frac{a}{2}$ $\rho_x = \frac{b}{2}$	πabh
长方体	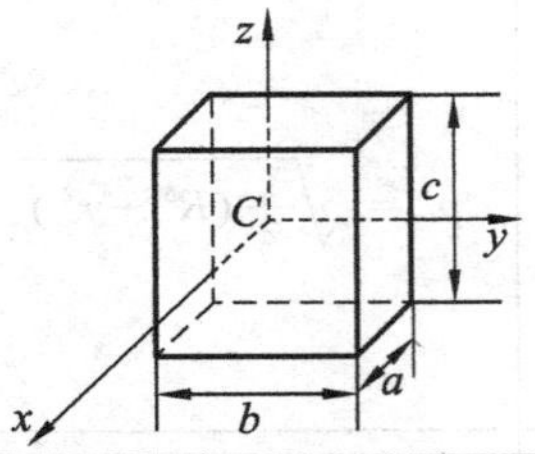	$J_z = \frac{m}{12}(a^2 + b^2)$ $J_y = \frac{m}{12}(a^2 + c^2)$ $J_x = \frac{m}{12}(b^2 + c^2)$	$\rho_z = \sqrt{\frac{1}{12}(a^2 + b^2)}$ $\rho_y = \sqrt{\frac{1}{12}(a^2 + c^2)}$ $\rho_x = \sqrt{\frac{1}{12}(b^2 + c^2)}$	abc
矩形薄板	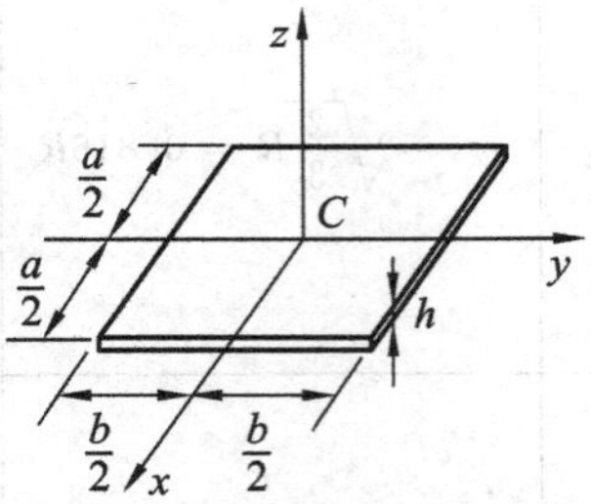	$J_z = \frac{m}{12}(a^2 + b^2)$ $J_y = \frac{m}{12}a^2$ $J_x = \frac{m}{12}b^2$	$\rho_z = \sqrt{\frac{1}{12}(a^2 + b^2)}$ $\rho_y = 0.289a$ $\rho_x = 0.289b$	abh

在工程中，常将转动惯量表示为

$$J_z = m\rho_z^2 \tag{12-8}$$

式中：m 为物体的质量；ρ_z 为惯性半径（或回转半径），$\rho_z = \sqrt{\frac{J_z}{m}}$。对于几何形状相同的均质物体，其惯性半径的计算公式是相同的。

式(12-8)表明，物体的转动惯量等于该物体的质量与惯性半径二次方的乘积。

若已知刚体质量为 m，它对于通过质心的轴 z_C 的转动惯量是 J_{zC}，则它对于任一与轴 z_C 平行的轴 z 的转动惯量 J_z 为

$$J_z = J_{zC} + md^2 \tag{12-9}$$

式中：d 为轴 z 和过质心的轴 z_C 之间的距离。

式(12-9)表明，刚体对任一轴的转动惯量，等于刚体对通过质心并与该轴平行的轴的转动惯量，加上刚体的质量与两轴间距离二次方的乘积，这个结论称为**平行轴定理**。证明过程从略。

在工程实际中遇到的物体常可看成由几个简单形状的物体组合而成。根据转动惯量的定义可知，物体整体对某轴的转动惯量等于各个组成部分对该轴的转动惯量的和，即

$$J_z = \sum_{i=1}^{n} J_{zi} \tag{12-10}$$

式中：J_z 为整体对轴 z 的转动惯量，J_{zi} 为第 i 部分对轴 z 的转动惯量。

对于几何形状复杂或非均质的物体，可用实验的方法求得其转动惯量。常用的方法有扭转振动法、复摆法、落体观测法等。

【例 12-1】 钟摆简化如图12-3所示。已知均质细杆和均质圆盘的质量分别为 m_1 和 m_2，杆长为 l，圆盘直径为 d。求摆对于通过悬挂点 O 并与钟摆所在平面垂直的轴 O 的转动惯量及动量矩。

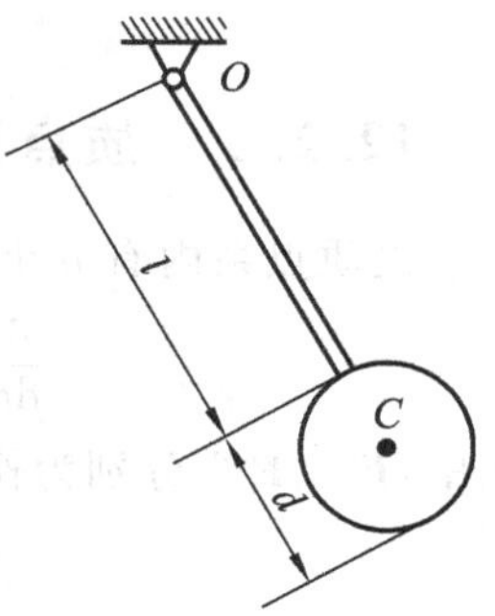

图 12-3

【解】 根据式(12-10)，摆对轴 O 的转动惯量为

$$J_O = J_{O杆} + J_{O盘}$$

设 $J_{C盘}$ 为圆盘对于质心 C 的转动惯量，查表12-1得

$$J_{O杆} = \frac{1}{3}m_1 l^2, \quad J_{C盘} = \frac{1}{2}m_2\left(\frac{d}{2}\right)^2$$

根据平行轴定理式(12-9)得

$$J_{O盘} = \frac{1}{2}m_2\left(\frac{d}{2}\right)^2 + m_2\left(l+\frac{d}{2}\right)^2 = m_2\left(\frac{3}{8}d^2 + l^2 + ld\right)$$

于是得，摆对轴 O 的转动惯量为

$$J_O = \frac{1}{3}m_1 l^2 + m_2\left(\frac{3}{8}d^2 + l^2 + ld\right)$$

摆对轴 O 的动量矩为

$$L_O = J_O\omega = \left[\frac{1}{3}m_1 l^2 + m_2\left(\frac{3}{8}d^2 + l^2 + ld\right)\right]\omega$$

12.2 动量矩定理

12.2.1 质点的动量矩定理

设质点对定点 O 的动量矩为 $\boldsymbol{L}_O(m\boldsymbol{v})$，作用力 $\boldsymbol{F}$ 对同一点的矩为 $\boldsymbol{M}_O(\boldsymbol{F})$，如图12-4所示。

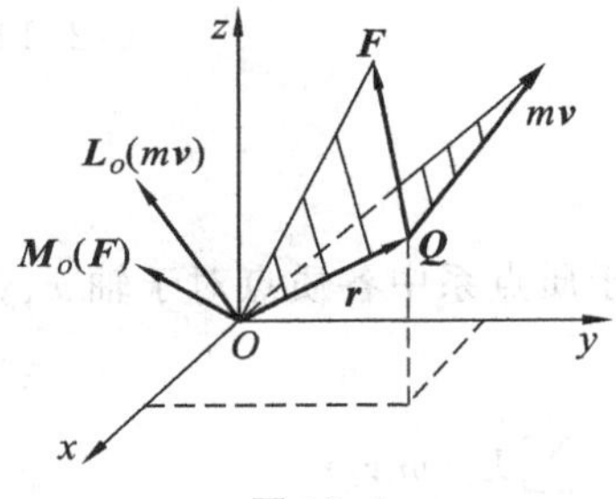

图 12-4

将动量矩式(12-1)对时间求一阶导数，有

$$\frac{\mathrm{d}}{\mathrm{d}t}\boldsymbol{L}_O(m\boldsymbol{v}) = \frac{\mathrm{d}}{\mathrm{d}t}(\boldsymbol{r}\times m\boldsymbol{v}) = \frac{\mathrm{d}\boldsymbol{r}}{\mathrm{d}t}\times m\boldsymbol{v} + \boldsymbol{r}\times\frac{\mathrm{d}}{\mathrm{d}t}(m\boldsymbol{v})$$

因点 O 为定点，则有 $\frac{\mathrm{d}\boldsymbol{r}}{\mathrm{d}t} = \boldsymbol{v}$。根据质点的动量定理 $\frac{\mathrm{d}(m\boldsymbol{v})}{\mathrm{d}t} = \boldsymbol{F}$ 以及力矩的定义 $\boldsymbol{r}\times\boldsymbol{F} = \boldsymbol{M}_O(\boldsymbol{F})$，上式可以写成

$$\frac{\mathrm{d}}{\mathrm{d}t}\boldsymbol{L}_O(m\boldsymbol{v}) = \boldsymbol{v}\times m\boldsymbol{v} + \boldsymbol{r}\times\boldsymbol{F} = \boldsymbol{M}_O(\boldsymbol{F})$$

即
$$\frac{\mathrm{d}}{\mathrm{d}t}\boldsymbol{L}_O(m\boldsymbol{v}) = \boldsymbol{M}_O(\boldsymbol{F}) \tag{12-11}$$

式(12-11)为质点的**动量矩定理**，即：质点对某定点的动量矩对时间的一阶导数，等于作用于质点上的力对同一点的矩。

取式(12-11)的投影式，并利用对点的动量矩与对轴的动量矩的关系，得

$$\begin{cases}\dfrac{\mathrm{d}}{\mathrm{d}t}[L_x(m\boldsymbol{v})] = M_x(\boldsymbol{F})\\ \dfrac{\mathrm{d}}{\mathrm{d}t}[L_y(m\boldsymbol{v})] = M_y(\boldsymbol{F})\\ \dfrac{\mathrm{d}}{\mathrm{d}t}[L_z(m\boldsymbol{v})] = M_z(\boldsymbol{F})\end{cases} \tag{12-12}$$

12.2.2 质点系的动量矩定理

设质点系内有 n 个质点，根据质点的动量矩定理，对于任意质点 i，有

$$\frac{\mathrm{d}}{\mathrm{d}t}\boldsymbol{L}_O(m_i\boldsymbol{v}_i) = \boldsymbol{M}_O(\boldsymbol{F}_i^{(i)}) + \boldsymbol{M}_O(\boldsymbol{F}_i^{(e)}),\quad i = 1,2,\cdots,n$$

式中：$\boldsymbol{F}_i^{(i)}$、$\boldsymbol{F}_i^{(e)}$ 分别为作用于质点上的内力和外力。将 n 个方程的两端分别相加，得

$$\sum_{i=1}^{n}\frac{\mathrm{d}}{\mathrm{d}t}[\boldsymbol{L}_O(m_i\boldsymbol{v}_i)] = \sum_{i=1}^{n}\boldsymbol{M}_O(\boldsymbol{F}_i^{(i)}) + \sum_{i=1}^{n}\boldsymbol{M}_O(\boldsymbol{F}_i^{(e)})$$

由于内力总是大小相等、方向相反地成对出现，因此

$$\sum_{i=1}^{n}\boldsymbol{M}_O(\boldsymbol{F}_i^{(i)}) = 0$$

上式左端为

$$\sum_{i=1}^{n}\frac{\mathrm{d}}{\mathrm{d}t}[\boldsymbol{L}_O(m_i\boldsymbol{v}_i)] = \frac{\mathrm{d}}{\mathrm{d}t}\sum_{i=1}^{n}\boldsymbol{L}_O(m_i\boldsymbol{v}_i) = \frac{\mathrm{d}}{\mathrm{d}t}\boldsymbol{L}_O$$

由此得

$$\frac{\mathrm{d}\boldsymbol{L}_O}{\mathrm{d}t} = \sum_{i=1}^{n}\boldsymbol{M}_O(\boldsymbol{F}_i^{(e)}) \tag{12-13}$$

式(12-13)为**质点系的动量矩定理**，即：质点系对某定点 O 的动量矩对时间的一阶导数等于作用于质点系的外力对同一点的矩的矢量和(或称为外力对点 O 的主矩)。

具体应用时，常取其在直角坐标系上的投影式

$$\begin{cases}\dfrac{\mathrm{d}L_x}{\mathrm{d}t} = \sum\limits_{i=1}^{n}M_x(\boldsymbol{F}_i^{(e)})\\ \dfrac{\mathrm{d}L_y}{\mathrm{d}t} = \sum\limits_{i=1}^{n}M_y(\boldsymbol{F}_i^{(e)})\\ \dfrac{\mathrm{d}L_z}{\mathrm{d}t} = \sum\limits_{i=1}^{n}M_z(\boldsymbol{F}_i^{(e)})\end{cases} \tag{12-14}$$

式中：L_x、L_y、L_z 分别表示质点系对于轴 x、y、z 的动量矩，分别等于质点系中各质点对于轴 x、y、z 动量矩的代数和，即

$$L_x = \sum_{i=1}^{n}L_x(m_i\boldsymbol{v}_i),\quad L_y = \sum_{i=1}^{n}L_y(m_i\boldsymbol{v}_i),\quad L_z = \sum_{i=1}^{n}L_z(m_i\boldsymbol{v}_i)$$

12.2.3 动量矩守恒定律

根据质点的动量矩定理，由式(12-11)知，当 $\boldsymbol{M}_O(\boldsymbol{F})=0$ 时，质点动量矩 $\boldsymbol{L}_O(m\boldsymbol{v})=$ 恒矢量。

由式(12-12)知，当作用在质点上的外力对某一定轴的矩等于零时，则质点对该轴的动量矩守恒。例如：当 $M_z(\boldsymbol{F})=0$，质点对轴 z 的动量矩 $L_z(m\boldsymbol{v})=$ 恒量。

上述结论称为**质点的动量矩守恒定律**，即：当外力对某定点(或定轴)的矩等于零时，质点对该点(或该轴)的动量矩守恒。

根据质点系的动量矩定理，由式(12-13)知，当 $\sum_{i=1}^{n}\boldsymbol{M}_O(\boldsymbol{F}_i^{(e)})=0$ 时，质点系动量矩 $\boldsymbol{L}_O=$ 恒矢量。

由式(12-14)知，当作用在质点系上的所有外力对某一定轴的矩的和等于零时，则质点系对该轴的动量矩守恒。例如：当 $\sum_{i=1}^{n}M_z(\boldsymbol{F}_i^{(e)})=0$，质点系对轴 z 的动量矩 $L_z=$ 恒量。

这个结论称为**质点系的动量矩守恒定律**，即：当外力对某定点(或定轴)的主矩等于零时，质点系对该点(或该轴)的动量矩守恒。

12.2.4 质点系相对于质心的动量矩定理

前面阐述的动量矩定理只适用于惯性参考系中的固定点或固定轴，对于一般的动点或动轴，动量矩定理具有较复杂的形式。然而，相对于质点系的质心或通过质心的动轴，动量矩定理仍保持其简单的形式。

质点系相对于质心的动量矩定理：质点系相对于质心的动量矩对时间的导数，等于作用在质点系上的外力对质心的矩的矢量和(或称主矩)。即

$$\frac{\mathrm{d}\boldsymbol{L}_C}{\mathrm{d}t}=\sum_{i=1}^{n}\boldsymbol{M}_C(\boldsymbol{F}_i^{(e)}) \tag{12-15}$$

式中：$\boldsymbol{L}_C$ 是质点系相对于质心 C 的动量矩，$\boldsymbol{M}_C(\boldsymbol{F}_i^{(e)})$ 是作用在质点系上的第 i 个外力 $\boldsymbol{F}_i^{(e)}$ 对质心 C 的力矩。证明过程从略。

质点系相对于质心的动量矩定理在形式上与质点系对于固定点的动量矩定理完全一样。但需要注意的是：① 质点系动量矩定理只有对固定点或质心取矩时其方程的形式才是一致的，若是对其他动点，动量矩定理将出现附加项；② 不论是质点系的动量矩定理还是质点系相对于质心的动量矩定理，质点系动量矩的变化均与内力无关，而与外力有关，外力是改变质点系的动量矩的根本原因。

【例 12-2】 高炉运送矿石用的卷扬机如图 12-5 所示。已知鼓轮的半径为 R，对轴 O 的转动惯量为 J，作用在鼓轮上的力偶矩为 M。小车和矿石总质量为 m，轨道的倾角为 θ。设绳的质量和各处摩擦均忽略不计，求小车的加速度 $\boldsymbol{a}$。

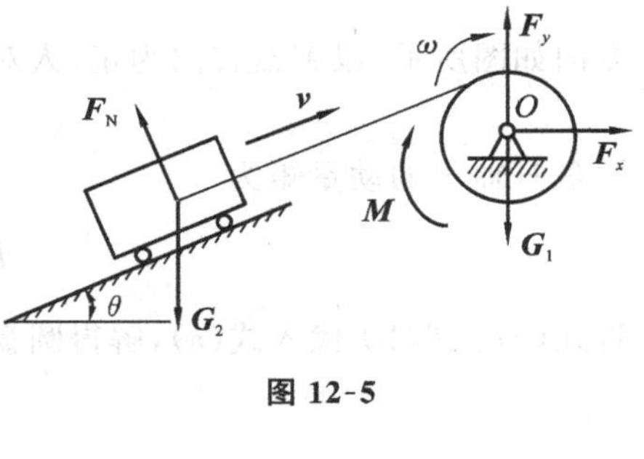

图 12-5

【解】 (1) 取小车与鼓轮组成的质点系为研究对象。

(2) 分析受力，求力矩。

作用于质点系的外力有力偶 $\boldsymbol{M}$、重力 $\boldsymbol{G}_1$ 和 $\boldsymbol{G}_2$，轴承 O 的约束力 $\boldsymbol{F}_x$、$\boldsymbol{F}_y$ 和轨道对小车的约束力 $\boldsymbol{F}_\mathrm{N}$。$\boldsymbol{G}_1$、$\boldsymbol{F}_x$、$\boldsymbol{F}_y$

对轴 O 的力矩为零。以顺时针为正，系统外力对轴 O 的矩为

$$\sum_{i=1}^{n} M_O(\boldsymbol{F}_i^{(e)}) = M - mg\sin\theta \cdot R$$

(3) 分析运动，求动量矩。

鼓轮做定轴转动，小车做平移，系统对轴 O 的动量矩为

$$L_O = J\omega + mvR$$

(4) 根据质点系的动量矩定理的投影式，有

$$\frac{\mathrm{d}L_z}{\mathrm{d}t} = \sum_{i=1}^{n} M_z(\boldsymbol{F}_i^{(e)})$$

得

$$\frac{\mathrm{d}}{\mathrm{d}t}[J\omega + mvR] = M - mg\sin\theta \cdot R$$

(5) 解方程。将 $\omega = \dfrac{v}{R}$，$\dfrac{\mathrm{d}v}{\mathrm{d}t} = a$，代入上式方程，则得小车的加速度为

$$a = \frac{MR - mgR^2\sin\theta}{J + mR^2}$$

【例 12-3】 一半径为 R、质量为 m_1 的均质圆盘，可绕通过其中心 O 的铅直轴 z 无摩擦地旋转，如图 12-6 所示。一质量为 m_2 的人在盘上按规律 $s = \dfrac{1}{2}at^2$ 沿着半径为 r 的圆周行走。开始时，人和圆盘静止，求圆盘的角速度和角加速度。

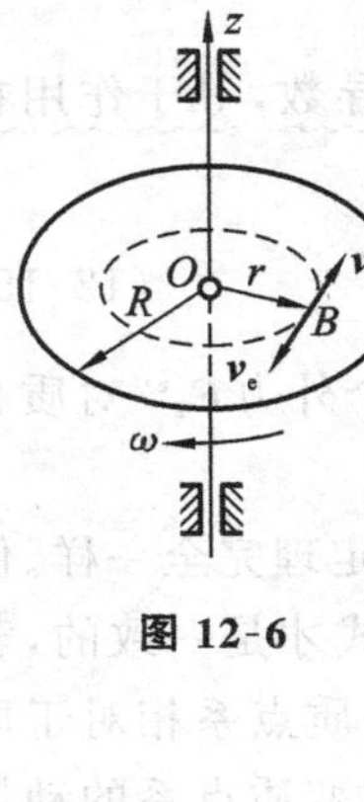

图 12-6

【解】 取人和圆盘组成的质点系为研究对象。系统所受的外力有圆盘和人的重力，轴承的约束力。各力对铅直轴的矩都等于零，则系统对于轴的动量矩守恒。

系统开始时静止，系统对轴的动量矩为零，即

$$L_z = 0$$

人行走过程中，在任一点 B，系统对轴的动量矩为

$$L'_z = L_{z人} + L_{z盘}$$

利用动量矩守恒 $L_z = L'_z$ 得

$$L_{z人} + L_{z盘} = 0 \tag{a}$$

选人为动点，圆盘为动系，则人的绝对速度为

$$\boldsymbol{v}_a = \boldsymbol{v}_e + \boldsymbol{v}_r$$

设圆盘的角速度为 ω。牵连速度为 $v_e = \omega r$，相对速度为 $v_r = \dfrac{\mathrm{d}s}{\mathrm{d}t} = at$，牵连速度、相对速度的方向如图所示。以圆盘转向为正，人对轴 z 的动量矩为

$$L_{z人} = m_2\omega r^2 - m_2 atr \tag{b}$$

圆盘对轴 z 的动量矩为

$$L_{z盘} = J_z\omega = \frac{1}{2}m_1R^2\omega \tag{c}$$

将式(c)、式(b) 代入式(a)，解得圆盘的角速度为

$$\omega = \frac{2m_2 art}{m_1R^2 + 2m_2r^2} \tag{d}$$

将式(d) 对时间求一阶导数,解得圆盘的角加速度为

$$\alpha = \dot{\omega} = \frac{2m_2ar}{m_1R^2 + 2m_2r^2}$$

在应用动量矩守恒定律时,应注意方程中的速度为绝对速度。

12.3 刚体绕定轴转动微分方程

如图 12-7 所示的定轴转动刚体,作用在刚体上的外力有主动力 $\boldsymbol{F}_1,\boldsymbol{F}_2,\cdots,\boldsymbol{F}_n$ 和轴承约束力 $\boldsymbol{F}_{Ni}(i=1,2,\cdots,n)$。设刚体对于轴 z 的转动惯量为 J_z,角速度为 ω,则刚体对转轴 z 的动量矩为 $J_z\omega$。若不计轴承中的摩擦,轴承约束力对轴 z 的力矩为零,根据动量矩定理,有

$$\frac{\mathrm{d}}{\mathrm{d}t}(J_z\omega) = \sum_{i=1}^{n} M_z(\boldsymbol{F}_i) \tag{12-16}$$

或

$$J_z\alpha = \sum_{i=1}^{n} M_z(\boldsymbol{F}_i) \tag{12-17}$$

式中:$M_z(\boldsymbol{F}_i)$ 为主动力对转轴 z 的矩,即刚体对转轴 z 的转动惯量与角加速度的乘积等于作用在定轴转动刚体上的主动力对转轴 z 矩的代数和(或主矩)。

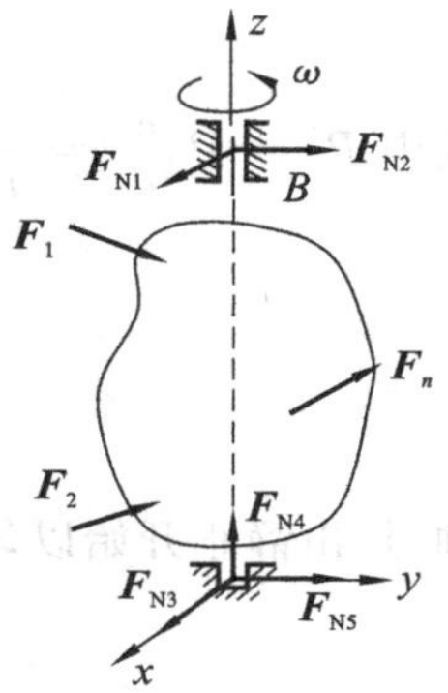

图 12-7

式(12-16) 和式(12-17) 均称为**刚体绕定轴转动微分方程**。

刚体绕定轴转动微分方程 $J_z\alpha = \sum_{i=1}^{n} M_z(\boldsymbol{F}_i)$ 与质点运动微分方程 $m\boldsymbol{a} = \sum_{i=1}^{n} \boldsymbol{F}_i$ 有相似的形式,其求解方法是相似的,参数也相似。转动惯量 J_z 是刚体转动时惯性的度量,质量 m 是刚体移动时惯性的度量。

【例 12-4】 如图 12-8 所示,已知滑轮的半径为 R,转动惯量为 J,带动滑轮的带拉力为 $\boldsymbol{F}_1$ 和 $\boldsymbol{F}_2$。求滑轮的角加速度 α。

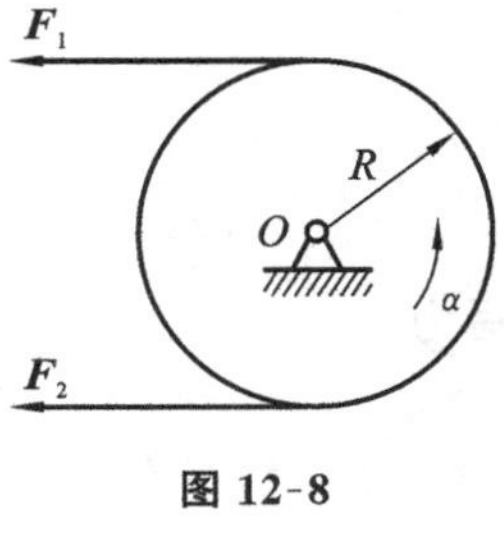

图 12-8

【解】 取滑轮为研究对象,根据刚体绕定轴转动微分方程,有

$$J\alpha = F_1R - F_2R$$

解得

$$\alpha = \frac{(F_1 - F_2)R}{J}$$

由式 $J\alpha = F_1R - F_2R$ 可见,只有当定滑轮匀速转动(包括静止),或非匀速转动但可忽略滑轮的转动惯量时,跨过定滑轮的带拉力才是相等的。

【例 12-5】 转动惯量分别为 $J_1 = 100\ \mathrm{kg \cdot m^2}$ 和 $J_2 = 80\ \mathrm{kg \cdot m^2}$ 的两个飞轮分别装在轴 Ⅰ 和轴 Ⅱ 上,齿数比为 $\frac{z_1}{z_2} = \frac{3}{2}$ 的两齿轮将转动从轴 Ⅰ 传到轴 Ⅱ,如图 12-9(a) 所示。轴 Ⅰ 由静止开始以匀加速度转动,10 s 后其角速度达到 1500 r/min。求需加在轴 Ⅰ 上的转动力矩及两轮间的切向压力 $\boldsymbol{P}$。已知 $r_1 = 10$ cm,不计各齿轮和轴的转动惯量。

【解】 分别取轴 Ⅰ 和轴 Ⅱ 为研究对象,其受力如图 12-9(b)、(c) 所示。

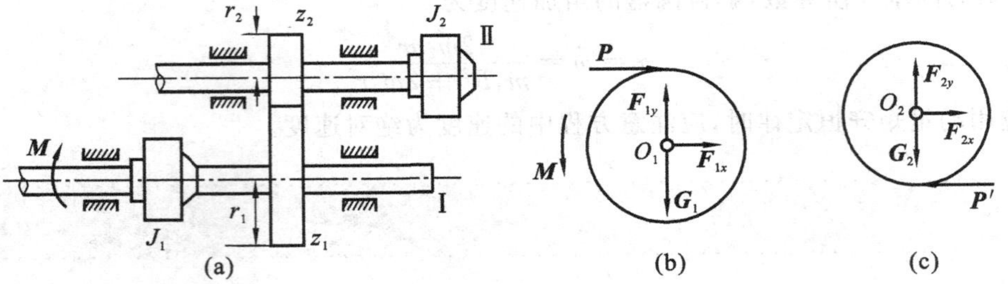

图 12-9

根据式(12-17),分别建立两轴的转动微分方程

$$J_1\alpha_1 = M - P\cdot r_1$$

$$J_2\alpha_2 = P'\cdot r_2$$

式中 $P'=P,\dfrac{\alpha_1}{\alpha_2}=\dfrac{r_2}{r_1}=\dfrac{z_2}{z_1}$,于是得

$$M=\left[J_1+J_2\left(\frac{z_1}{z_2}\right)^2\right]\alpha_1$$

$$P=\frac{J_2}{r_1}\left(\frac{z_1}{z_2}\right)^2\alpha_1$$

轴 Ⅰ 由静止开始以匀加速度转动,则

$$\alpha_1=\frac{\omega_1}{t}=15.7\ \text{rad/s}^2$$

将已知数据代入后,得

$$M=4.4\ \text{kN}\cdot\text{m},\quad P=28.3\ \text{kN}$$

【例 12-6】 如图 12-10 所示,刚体在重力作用下绕水平轴 O 转动,称为复摆或物理摆,水平轴称为摆的悬挂轴(或悬挂点)。设摆的质量为 m,质心为 C,s 为质心到悬挂轴的距离。若已测得复摆在其平衡位置附近摆动的周期 T,求刚体对通过质心并平行于悬挂轴的轴的转动惯量 J_C。

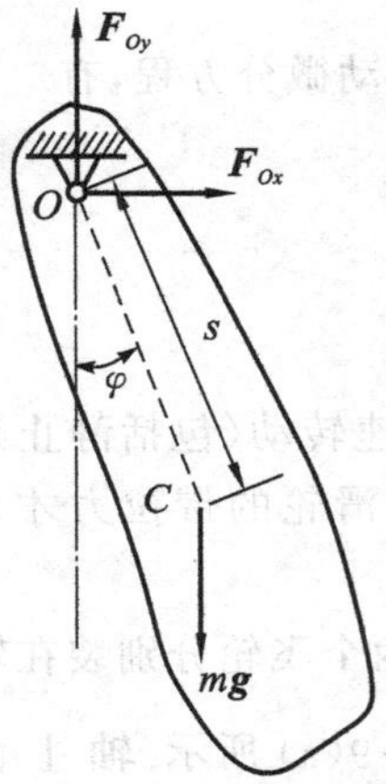

图 12-10

【解】 刚体受力如图 12-10 所示。设 φ 角以逆时针为正,根据刚体定轴转动微分方程有

$$J_O\ddot{\varphi}=-mgs\cdot\sin\varphi$$

$$\ddot{\varphi}+\frac{mgs}{J_O}\sin\varphi=0$$

刚体做微小摆动,摆角 φ 很小,有 $\sin\varphi\approx\varphi$,上式可写为

$$\ddot{\varphi}+\frac{mgs}{J_O}\varphi=0$$

解微分方程,通解为

$$\varphi=\varphi_0\sin\left(\sqrt{\frac{mgs}{J_O}}t+\theta\right)$$

摆动周期为

$$T=\frac{2\pi}{\omega}=\frac{2\pi}{\sqrt{\dfrac{mgs}{J_O}}}=2\pi\sqrt{\frac{J_O}{mgs}}$$

则刚体对轴 O 的转动惯量为

$$J_O = mgs\,\frac{T^2}{4\pi^2}$$

由平行轴定理知

$$J_O = J_C + ms^2$$

可得
$$J_C = J_O - ms^2 = mgs\left(\frac{T^2}{4\pi^2} - \frac{s}{g}\right)$$

12.4 刚体平面运动微分方程

由运动学知，刚体的平面运动可以分解为随基点的平移和相对于基点的转动两部分。在动力学中，一般取质心为基点，因此，刚体的平面运动可以分解为随质心的平移和相对于质心的转动两部分。这两部分的运动规律分别由质心运动定理和相对于质心的动量矩定理来确定。

如图 12-11 所示，刚体在 Oxy 面做平面运动，取质心 C 为基点。$Cx'y'$ 为固连于质心的平移坐标系，刚体相对于此动坐标系的运动就是绕质心的转动，则刚体相对于质心的动量矩为

$$L_C = J_C\omega$$

式中：J_C 为刚体对通过质心 C 且与运动平面垂直的轴的转动惯量；ω 为其角速度。

设作用在刚体上的外力可以向质心所在的运动平面简化为一平面力系 $\boldsymbol{F}_1, \boldsymbol{F}_2, \cdots, \boldsymbol{F}_n$，则应用相对于质心的动量矩定理，得

$$\frac{\mathrm{d}}{\mathrm{d}t}(J_C\omega) = J_C\alpha = \sum_{i=1}^{n} M_C(\boldsymbol{F}_i^{(e)})$$

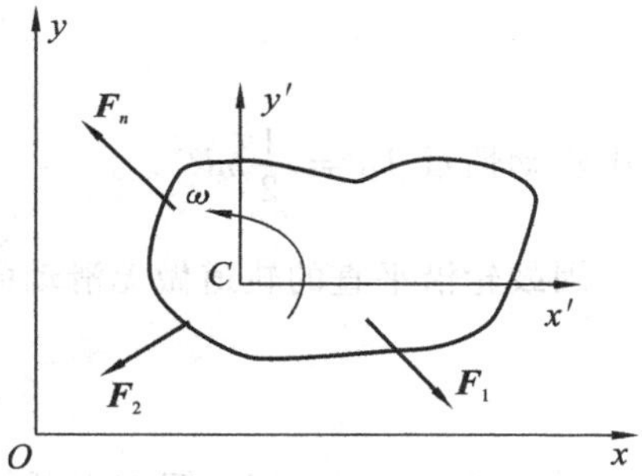

图 12-11

结合应用质心运动定理，得

$$\begin{cases} m\boldsymbol{a}_C = \sum_{i=1}^{n} \boldsymbol{F}_i^{(e)} \\ J_C\alpha = \sum_{i=1}^{n} M_C(\boldsymbol{F}_i^{(e)}) \end{cases} \tag{12-18}$$

式中：m 为刚体质量；$\boldsymbol{a}_C$ 为质心加速度；$\alpha = \dfrac{\mathrm{d}\omega}{\mathrm{d}t}$ 为刚体角加速度。

式(12-18) 称为**刚体平面运动微分方程**。应用时前一式取其投影式，有

$$\begin{cases} ma_{Cx} = \sum_{i=1}^{n} F_{xi}^{(e)} \\ ma_{Cy} = \sum_{i=1}^{n} F_{yi}^{(e)} \\ J_C\alpha = \sum_{i=1}^{n} M_C(\boldsymbol{F}_i^{(e)}) \end{cases} \tag{12-19}$$

$$\begin{cases} ma_{Cn} = \sum_{i=1}^{n} F_{ni}^{(e)} \\ ma_{C\tau} = \sum_{i=1}^{n} F_{\tau i}^{(e)} \\ J_C\alpha = \sum_{i=1}^{n} M_C(\boldsymbol{F}_i^{(e)}) \end{cases} \tag{12-20}$$

需要指出的是，对于式(12-18)至式(12-20)，点 C 必须是质心，若是对其他动点，这些公式一般不成立。

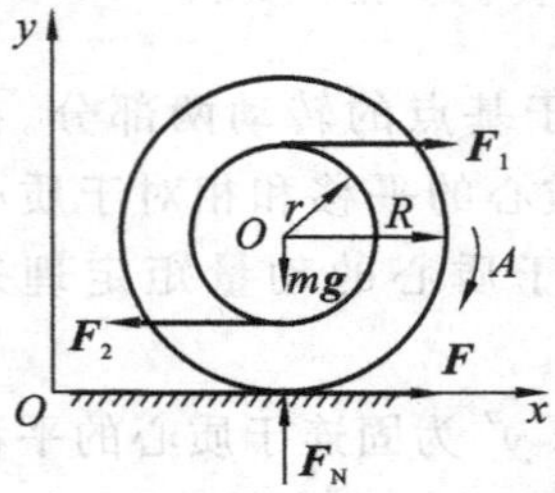

图 12-12

【例 12-7】 均质的鼓轮 A，半径为 R，质量为 m，在半径为 r 处沿水平方向作用有力 $\boldsymbol{F}_1$ 和 $\boldsymbol{F}_2$，使鼓轮沿平直的轨道向右做无滑动滚动，如图 12-12 所示，试求轮心点 O 的加速度，以及地面对轮的摩擦力 $\boldsymbol{F}$。

【解】 取鼓轮为研究对象，受力如图 12-12 所示。由于鼓轮做平面运动，根据式(12-19)，建立鼓轮平面运动微分方程

$$ma_{Ox} = F_1 - F_2 + F \tag{a}$$

$$ma_{Oy} = F_N - mg \tag{b}$$

$$J_O\alpha = F_1 r + F_2 r - FR \tag{c}$$

其中转动惯量 $J_O = \frac{1}{2}mR^2$。

因鼓轮沿平直的轨道做无滑动的滚动，则 $a_{Oy} = 0, \omega = \frac{v_O}{R}$，得

$$\alpha = \dot{\omega} = \frac{\dot{v}_O}{R} = \frac{a_{Ox}}{R} \tag{d}$$

联立式(a)、(c)、(d)，解方程可得轮心点 O 的加速度为

$$a = a_{Ox} = \frac{2[(F_1 + F_2)r + (F_1 - F_2)R]}{3mR}$$

地面对轮的摩擦力为

$$F = \frac{2(F_1 + F_2)r - (F_1 - F_2)R}{3R}$$

【例 12-8】 如图 12-13 所示，均质杆 AB 质量为 m，长为 l，放在铅直平面内。杆的一端 A 靠在光滑的铅直墙壁上，另一端 B 放在光滑水平面上。初始时，杆 AB 与铅直墙壁的夹角为 θ_O，设杆无初速地沿铅直墙面倒下。当杆 AB 与铅直墙壁的夹角为 θ 时，试求：(1) 杆 AB 的角速度和角加速度；(2) 杆 AB 两端 A、B 处的约束力。

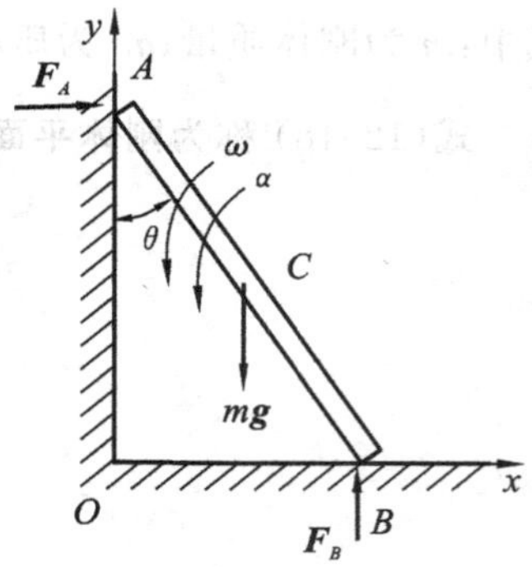

图 12-13

【解】 杆 AB 在铅直平面内做平面运动，其受力如图 12-13 所示。根据式(12-19)，建立杆的平面运动微分方程

$$m\ddot{x}_C = F_A \tag{a}$$

$$m\ddot{y}_C = F_B - mg \tag{b}$$

$$J_C\alpha = F_B\frac{l}{2}\sin\theta - F_A\frac{l}{2}\cos\theta \tag{c}$$

式中转动惯量 $J_C = \frac{1}{12}ml^2$

由几何条件得质心的坐标为

$$\begin{cases} x_C = \frac{l}{2}\sin\theta \\ y_C = \frac{l}{2}\cos\theta \end{cases} \tag{d}$$

式(d) 对时间求导，得

$$\begin{cases} \ddot{x}_C = \frac{l}{2}(\alpha\cos\theta - \omega^2\sin\theta) \\ \ddot{y}_C = -\frac{l}{2}(\alpha\sin\theta + \omega^2\cos\theta) \end{cases} \tag{e}$$

将式(e) 代入式(a)、式(b) 并与式(c) 联立，求解得杆 AB 的角加速度为

$$\alpha = \frac{3g\sin\theta}{2l} \tag{f}$$

对角速度作如下的变换为

$$\alpha = \frac{\mathrm{d}\omega}{\mathrm{d}t} = \frac{\mathrm{d}\omega}{\mathrm{d}\theta}\frac{\mathrm{d}\theta}{\mathrm{d}t} = \omega\frac{\mathrm{d}\omega}{\mathrm{d}\theta}$$

代入式(f)，并积分得杆 AB 的角速度为

$$\omega = \sqrt{\frac{3g}{l}(\cos\theta_O - \cos\theta)} \tag{g}$$

将式(f)、式(g) 代入式(e) 得质心加速度，再代入式(a)、式(b) 得杆 AB 两端 A、B 处的约束力为

$$\begin{cases} F_A = \frac{3mg}{4}(3\cos\theta - 2\cos\theta_O)\sin\theta \\ F_B = \frac{1}{4}mg - \frac{3mg}{4}(\cos^2\theta - 2\cos\theta\cos\theta_O) \end{cases}$$

本章小结

1. 动量矩

质点对点 O 的动量矩为 $\boldsymbol{L}_O(m\boldsymbol{v}) = \boldsymbol{r}\times m\boldsymbol{v}$，是矢量。

质点系对点 O 的动量矩为 $\boldsymbol{L}_O = \sum_{i=1}^{n}\boldsymbol{L}_O(m_i\boldsymbol{v}_i)$，也是矢量。

质点系对轴 z 的动量矩为 $L_z = \sum_{i=1}^{n}L_z(m_i\boldsymbol{v}_i)$，是代数量。

定轴转动刚体对于其转轴 z 的动量矩为 $L_z = J_z\omega$。

2. 转动惯量

刚体对轴 z 的转动惯量为 $J_z = m\rho_z^2 = \sum_{i=1}^{n} J_{zi}$

若轴 z_C 与轴 z 平行，则有 $J_z = J_{zC} + md^2$

3. 动量矩定理

对定点 O 和定轴 z 有

$$\frac{\mathrm{d}\boldsymbol{L}_O}{\mathrm{d}t} = \sum_{i=1}^{n} \boldsymbol{M}_O(\boldsymbol{F}_i^{(e)}),\quad \frac{\mathrm{d}L_z}{\mathrm{d}t} = \sum_{i=1}^{n} M_z(\boldsymbol{F}_i^{(e)})$$

4. 动量矩守恒定律

当 $\sum_{i=1}^{n} M_z(\boldsymbol{F}_i^{(e)}) = 0$ 时，质点系对轴 z 的动量矩 $L_z =$ 恒量。

5. 刚体定轴转动微分方程为

$$J_z\alpha = \sum_{i=1}^{n} M_z(\boldsymbol{F}_i^{(e)})$$

6. 刚体平面运动微分方程为

$$m\boldsymbol{a}_C = \sum_{i=1}^{n} \boldsymbol{F}_i^{(e)},\ J_C\alpha = \sum_{i=1}^{n} M_C(\boldsymbol{F}_i^{(e)})$$

思考题

12-1　如图 12-14 所示，均质杆 AB 长为 l，质量为 m，C 为质心。若已知杆对轴 z_A 的转动惯量为 $J_A = \frac{1}{3}ml^2$，则由平行轴定理得，杆对轴 z_B 的转动惯量为 $J_B = J_A + ml^2 = \frac{4}{3}ml^2$，这个结论对吗？

12-2　内力不能改变质点系的动量矩，那么能否改变质点系中各质点的动量矩？举例说明。

12-3　若质点系的动量按下式计算

$$\boldsymbol{p} = \sum_{i=1}^{n} m_i\boldsymbol{v}_i = m\boldsymbol{v}_C$$

则质点系对轴 z 的动量矩按下式计算。

$$L_z = \sum_{i=1}^{n} L_z(m_i\boldsymbol{v}_i) = L_z(m\boldsymbol{v}_C)$$

这样可否？

12-4　如图 12-15 所示的传动系统中，J_1、J_2 为轮 Ⅰ、轮 Ⅱ 的转动惯量，在轮 Ⅰ 上作用有主力矩 M，则轮 Ⅰ 的角加速度为 $\alpha_1 = \frac{M}{J_1 + J_2}$，这一结论对吗？

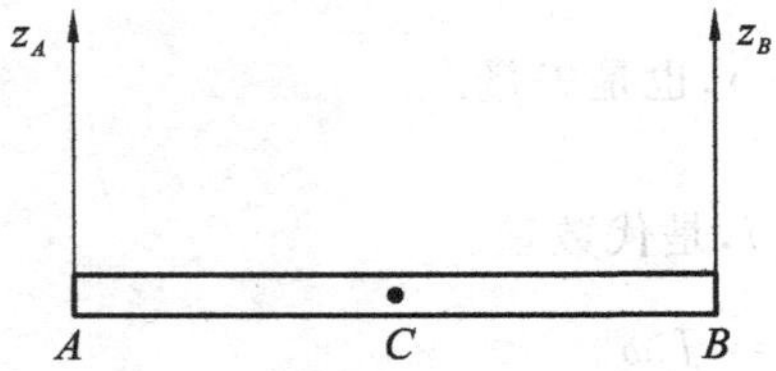

图 12-14

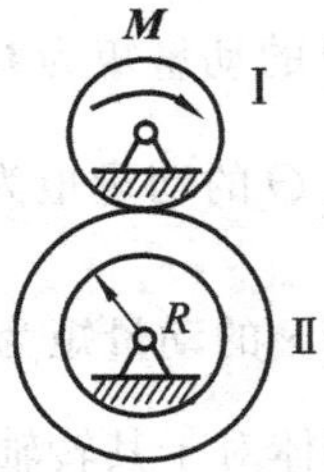

图 12-15

12-5　如图 12-16 所示，两轮的转动惯量相同，均为 J_O，图 12-16(a) 中绳的一端挂重物，图 12-16(b) 中绳的一端受一力，且 $\boldsymbol{F} = \boldsymbol{G}$。试问：图 12-16(a) 中轮的角加速度与图 12-16(b) 中轮的角加速度相等吗？

12-6　如图 12-17(a)、(b) 所示，两个绕线轮系统处在重力场中，试问系统动量矩是否守恒？

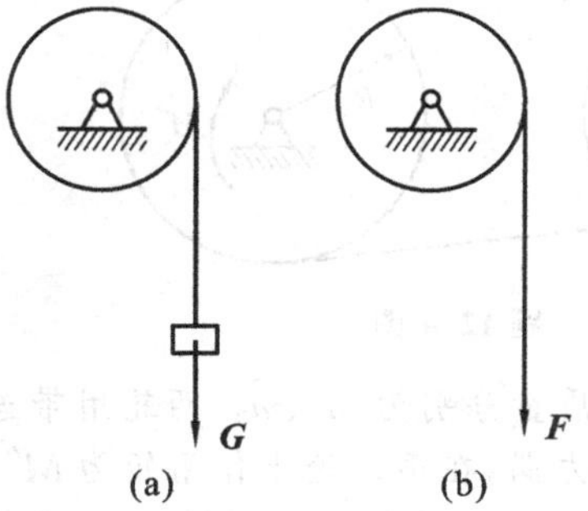

图 12-16

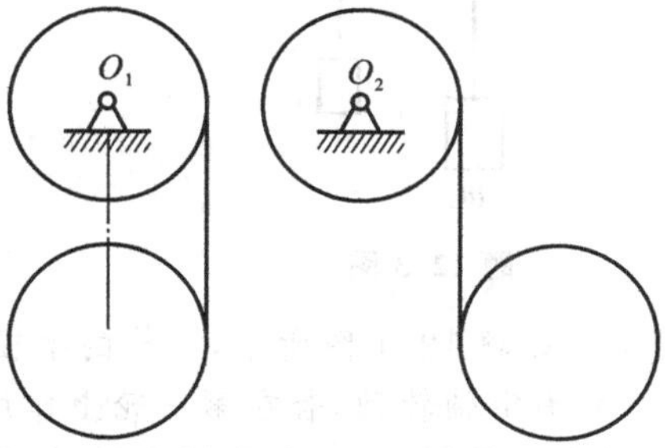

图 12-17

12-7　质量为 m 的均质圆盘，平放在光滑的水平面上，受力如图 12-18 所示，初始静止，$r = \frac{R}{2}$，试说明各圆盘将如何运动。

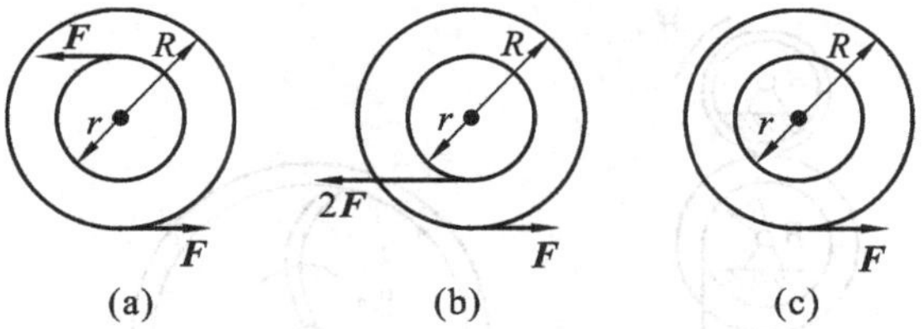

图 12-18

习　题

12-1　下面各图中，各均质物体的质量均为 m，几何尺寸如题 12-1 图所示，试求各物体对轴 O 的动量矩。

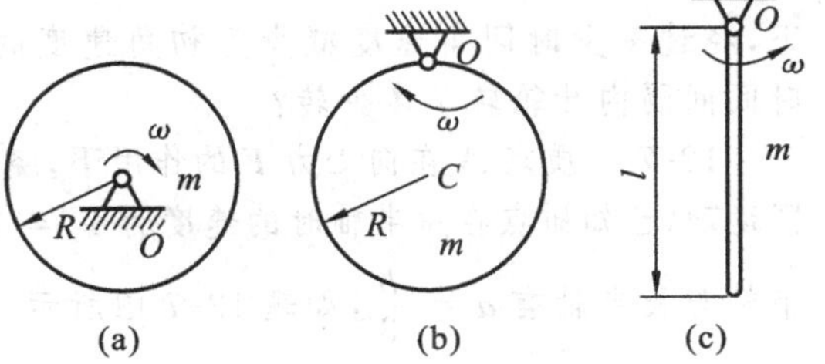

题 12-1 图

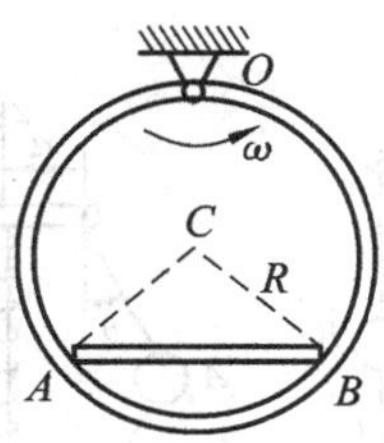

题 12-2 图

12-2　如题 12-2 图所示，均质细圆环质量为 m_1，半径为 R，其上固连一质量为 m_2 的均质细杆 AB，系统在铅直面内以角速度 ω 绕轴 O 转动，已知 $\angle CAB = 60°$，求系统对轴 O 的动量矩。

12-3　如题 12-3 图所示，两个鼓轮固连在一起，总质量为 m，对过点 O 水平轴的转动惯量为

J_O。鼓轮的半径分别为 r_1、r_2，绳端悬挂重物的质量分别为 m_1、m_2。若轴承摩擦和绳重都忽略不计，试求鼓轮的角加速度 α。

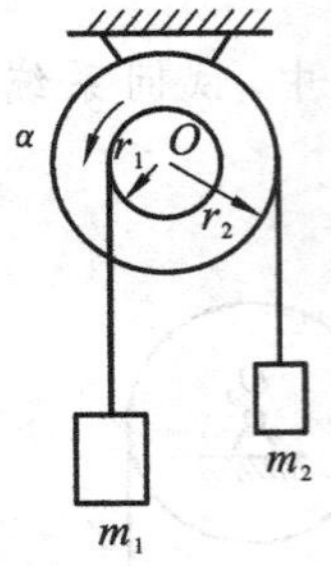

题 12-3 图

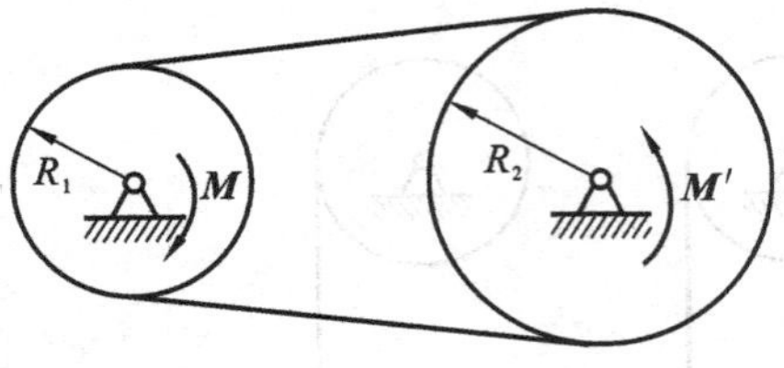

题 12-4 图

12-4　如题 12-4 图所示，两轮的半径分别为 R_1、R_2，质量分别为 m_1、m_2。两轮用带连接，各绕两平行的固定轴转动，若在第一轮上作用矩为 M 的主动力偶，在第二轮上作用矩为 M' 的阻力偶。圆轮视为均质圆盘，带与轮间无滑动，不计带的质量，试求第一轮的角加速度。

12-5　如题 12-5 图所示，电动绞车提升一重力为 $\boldsymbol{G}$ 的重物 C，其主动轴上作用一不变的力矩 M。已知主动轴和从动轴部件对各自转轴的转动惯量分别为 J_1、J_2，传动比 $i=\dfrac{z_2}{z_1}$，z_1、z_2 分别为齿轮的齿数。鼓轮半径为 R，不计轴承的摩擦和吊索的质量。试求重物的加速度。

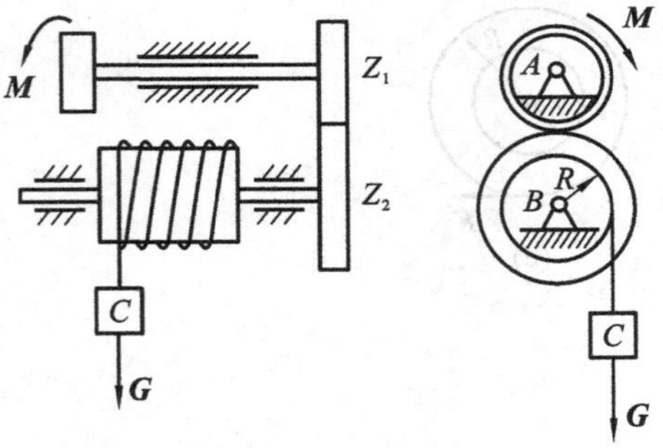

题 12-5 图

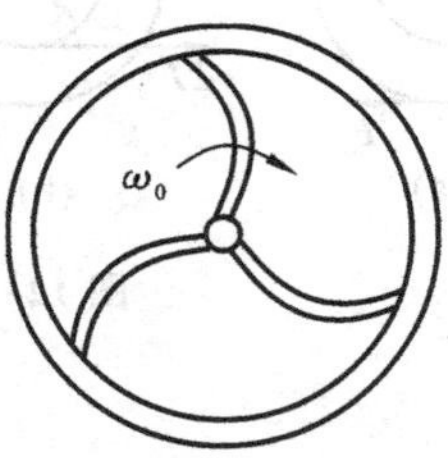

题 12-6 图

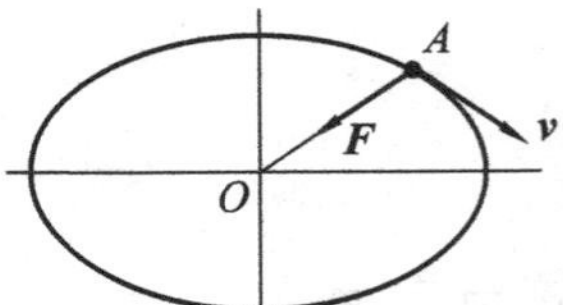

题 12-7 图

12-6　如题 12-6 图所示，通风机风扇叶轮的转动惯量为 J，以初速度 ω_0 绕其中心轴转动。设空气阻力矩大小与角速度成正比，与转动方向相反，即 $M=-k\omega$，k 为比例系数，求在阻力作用下，经过多少时间角速度减少为初角速度的一半？在此时间间隔内叶轮转了多少转？

12-7　质点 A 在向心力 $\boldsymbol{F}$ 的作用下，绕中心 O 沿椭圆运动，已知质点在短半轴时的速度为 $v_1=30\ \text{cm/s}$，短半轴与长半轴有 $a=\dfrac{b}{3}$，如题 12-7 图所示。试求质点运动到长半轴时的速度大小。

12-8　如题 12-8 图(a) 所示，小球 A、B 以细绳相连，质量皆为 m，其余构件质量不计。忽略摩擦，系统绕铅直轴 z 自由转动，初始时系统的角速度为 ω_0。当细绳拉断后，求当各杆与铅直线成 θ 角时，系统的角速度

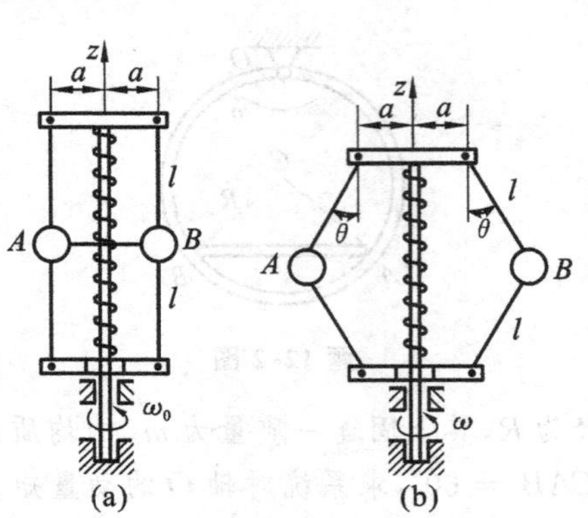

题 12-8 图

ω(见题 12-8 图(b))。

12-9 飞轮对转轴O的转动惯量为J_O，以角速度ω_0绕轴O转动，如题12-9图所示。制动时，闸块给轮以正压力$\boldsymbol{F}_N$，闸块与轮之间的摩擦系数为f，轮的半径为R，轴承的摩擦不计。试求制动所需要的时间t。

12-10 题12-10图所示均质滚子质量为m，半径为R，对其质心轴C的惯性半径为ρ。滚子放在水平面上，受一水平力$\boldsymbol{F}$作用。设拉力$\boldsymbol{F}$作用线的高度为h，滚子只滚动不滑动，滚动摩擦忽略不计。求静滑动摩擦力$\boldsymbol{F}_s$，并分析$\boldsymbol{F}_s$的大小和方向与高度h的关系。

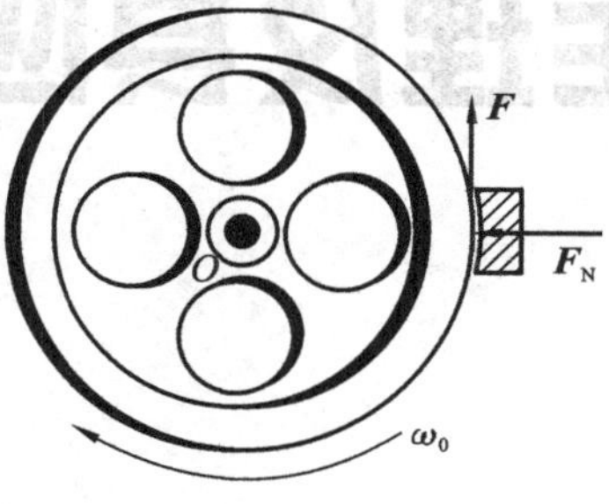

题 12-9 图

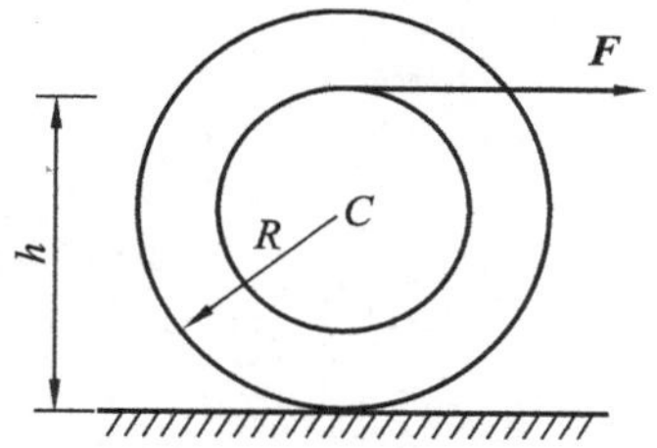

题 12-10 图

12-11 重物A的质量为m_1，系在绳子上，绳子跨过不计质量的固定滑轮D，并缠绕在鼓轮B上，如题12-11图所示。随着重物A下降，轮C沿水平轨道滚动，并只滚动不滑动。设鼓轮的半径为r，轮C的半径为R，两者固连在一起，总质量为m_2，对于水平轴O的惯性半径为ρ。试求重物A的加速度。

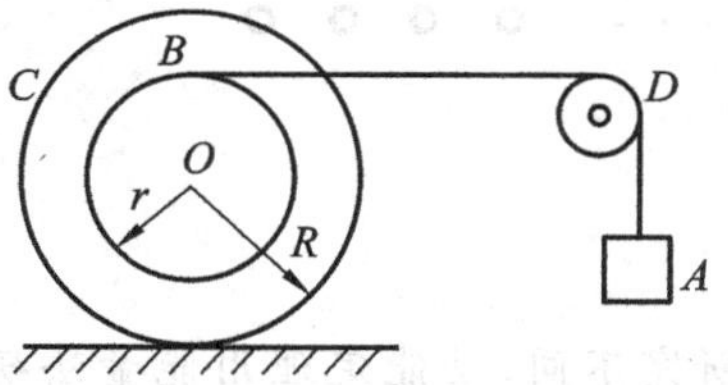

题 12-11 图

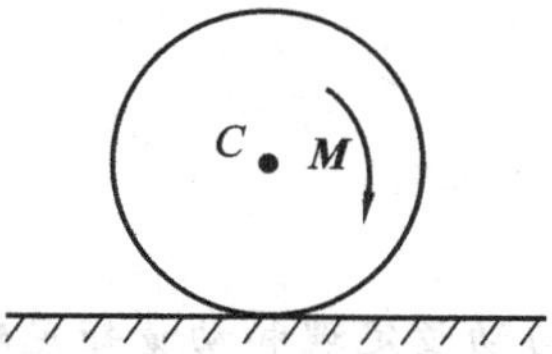

题 12-12 图

12-12 半径为r、质量为m的均质圆轮沿水平直线做纯滚动，如题12-12图所示。设轮的惯性半径为ρ，作用在圆轮上有一不变力偶矩M，试求轮心的加速度。若轮对地面的静滑动摩擦系数为f，问力偶矩M满足什么条件不至于使圆轮滑动？

12-13 如题12-13图所示，板的质量为m_1，受水平力$\boldsymbol{F}$作用，沿水平面运动，板与平面间的动摩擦系数为f。在板上放一质量为m_2的均质实心圆柱体，此圆柱体在板上只滚动不滑动，试求板的加速度。

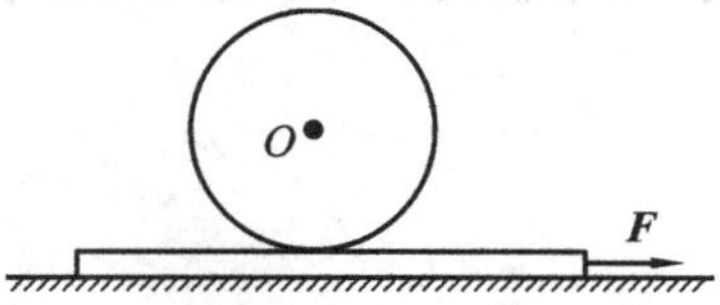

题 12-13 图

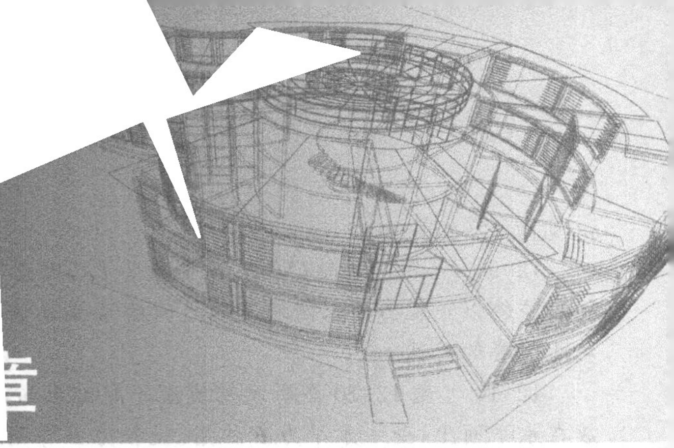

动能定理及其应用

本章导读

与动量定理和动量矩定理用矢量法研究不同，动能定理用能量法研究动力学问题。能量法在研究机械运动和其他形式的能量转化时起着重要的作用。动能定理建立了与运动有关的物理量（动能）和与作用力有关的物理量（功）之间的联系，揭示了能量传递的规律。

● **教学的基本要求** 正确理解功、动能、势能的概念并可熟练计算这些物理量。能深刻理解并熟练应用动能定理求解质点、质点系的动力学问题。能综合应用动力学求解质点、质点系及刚体的动力学问题。

● **教学内容的重点** 应用动能定理求解质点系的动力学问题。

● **教学内容的难点** 对动能定理的理解及动力学普遍定理的综合应用。

13.1 功和功率

13.1.1 功的表达式

设质点 M 受恒力 $\boldsymbol{F}$ 的作用沿水平直线运动，如图 13-1 所示，沿轴 x 方向由点 M_1 移至点 M_2 的路程为 s，则 $Fs\cos\theta$ 称为力 $\boldsymbol{F}$ 在路程 s 中所做的功(work)，以 W 表示，即

$$W = Fs\cos\theta \tag{13-1}$$

力的功是力在一段路程上对物体作用的累积效应，其结果将导致该质点能量的变化。一般地，设质点 M 的质量为 m，受力 $\boldsymbol{F}$ 的作用沿曲线运动，如图 13-2 所示。力 $\boldsymbol{F}$ 在无限小元位移 $\mathrm{d}\boldsymbol{r}$ 中可视为常力，经过的小段弧长 $\mathrm{d}s$ 可视为直线 $|\mathrm{d}\boldsymbol{r}|$，力 $\boldsymbol{F}$ 在元位移 $\mathrm{d}\boldsymbol{r}$ 上所做的功称为元功。以 δW 表示，于是

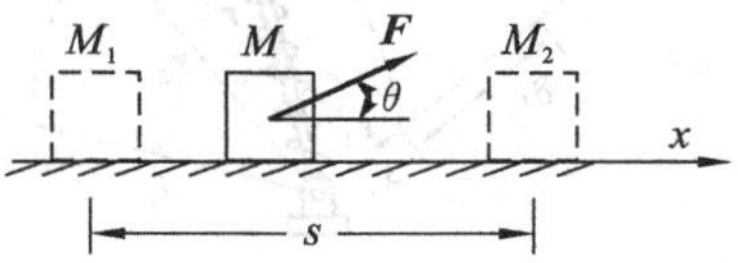

图 13-1

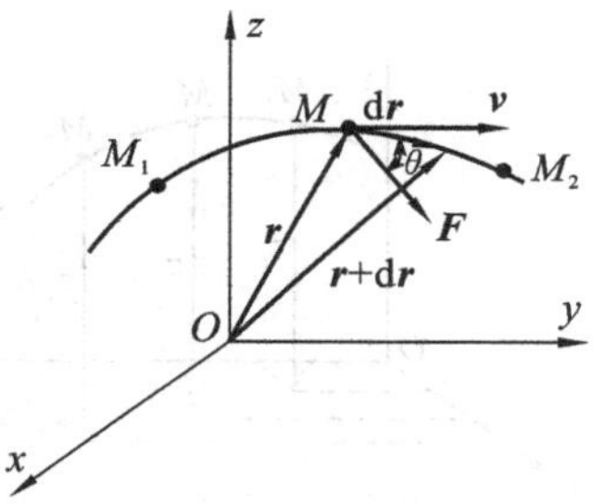

图 13-2

$$\delta W = F\cos\theta \mathrm{d}s = F_\tau \mathrm{d}s = \boldsymbol{F} \cdot \mathrm{d}\boldsymbol{r} \tag{13-2}$$

其中，F_τ 为力 $\boldsymbol{F}$ 在点 M 轨迹切线方向上的投影。一般情况下，力的元功 δW 不能表示为某函数 W 的全微分 $\mathrm{d}W$。

当质点从位置 M_1 运动到 M_2，力 $\boldsymbol{F}$ 在路程 $\widehat{M_1M_2}$ 上所做的功等于力在这段路程上的元功之和，可用直角坐标、矢径坐标、自然坐标分别表示为如下形式的线积分

$$W_{12} = \int_{M_1}^{M_2} (F_x \mathrm{d}x + F_y \mathrm{d}y + F_z \mathrm{d}z) \tag{13-3(a)}$$

$$W_{12} = \int_{M_1}^{M_2} \boldsymbol{F} \cdot \mathrm{d}\boldsymbol{r} \tag{13-3(b)}$$

$$W_{12} = \int_{M_1}^{M_2} F_\tau \mathrm{d}s \tag{13-3(c)}$$

其中，$\boldsymbol{F} = F_x\boldsymbol{i} + F_y\boldsymbol{j} + F_z\boldsymbol{k}$，$\mathrm{d}\boldsymbol{r} = \mathrm{d}x\boldsymbol{i} + \mathrm{d}y\boldsymbol{j} + \mathrm{d}z\boldsymbol{k}$。若 $\boldsymbol{F}_\mathrm{R}$ 为作用于该点的汇交力系 $\boldsymbol{F}_1, \boldsymbol{F}_2, \cdots, \boldsymbol{F}_n$ 的合力，合力的功 W_{12} 由式(13-3(b))得

$$W_{12} = \int_{M_1}^{M_2} \boldsymbol{F}_\mathrm{R} \cdot \mathrm{d}\boldsymbol{r} = \int_{M_1}^{M_2} \sum \boldsymbol{F}_i \cdot \mathrm{d}\boldsymbol{r} = \sum \int_{M_1}^{M_2} \boldsymbol{F}_i \cdot \mathrm{d}\boldsymbol{r} = \sum W_i \tag{13-4}$$

可见，合力在某一段路程上的功，等于各分力在该段路程上所做功之和，称为**合力功定理**。

力的功是一代数量，其值可正、可负，也可为零。在法定计量单位中，功的基本单位用焦耳(J) 表示，即 1 J = 1 N · m。

13.1.2 几种常见力的功

1. 重力的功

质量为 m 的质点 M，由 M_1 沿曲线 $\widehat{M_1M_2}$ 运动到 M_2，如图 13-3 所示。对图示坐标系，重力 $\boldsymbol{G}=m\boldsymbol{g}$ 在各轴上的投影分别为

$$F_x=0,\quad F_y=0,\quad F_z=-mg$$

代入式(13-3(a))，得重力在曲线 $\widehat{M_1M_2}$ 上的功为

$$W_{12}=\int_{z_1}^{z_2}-mg\,\mathrm{d}z=mg(z_1-z_2) \tag{13-5}$$

或 $W_{12}=mgh$，式中 $h=z_1-z_2$ 为运动始末位置质心的高度差。由此可见，重力的功只与质点的质量及起始和终了位置的高度差 h 有关，而与质点所经历的路径无关。

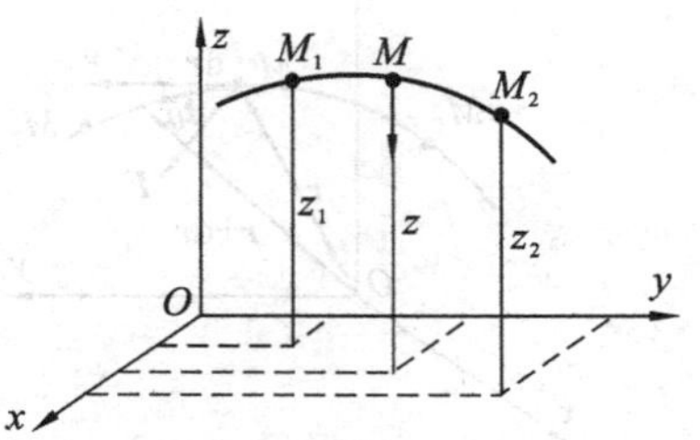

图 13-3

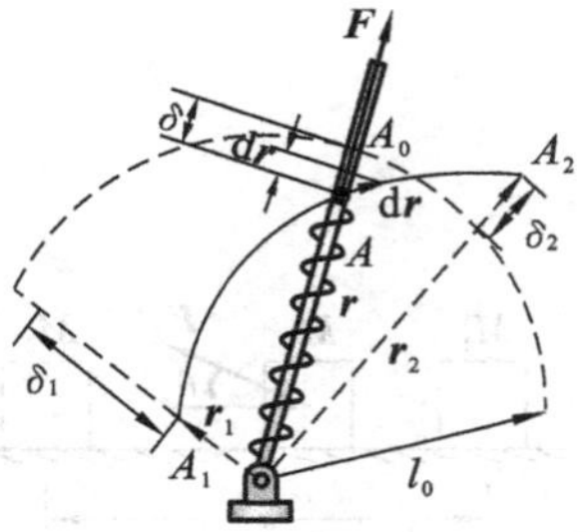

图 13-4

2. 弹性力的功

设一端固定于 O，另一端与质点 A 相连的弹簧如图 13-4 所示，质点 A 做曲线运动的轨迹为 $\widehat{A_1A_2}$，下面考虑弹性力 $\boldsymbol{F}$ 对质点 A 做的功。设弹簧未变形的长度为 l_0，刚度系数为 k，点 A 的矢径为 $\boldsymbol{r}$，长度为 r。在弹性限度内 $\boldsymbol{F}$ 可表示为 $\boldsymbol{F}=-k(r-l_0)\dfrac{\boldsymbol{r}}{r}$。由式(13-3(b))得

$$W_{12}=\int_{A_1}^{A_2}\boldsymbol{F}\cdot\mathrm{d}\boldsymbol{r}=\int_{A_1}^{A_2}-k(r-l_0)\frac{\boldsymbol{r}\cdot\mathrm{d}\boldsymbol{r}}{r} \tag{13-6(a)}$$

而

$$\frac{\boldsymbol{r}}{r}\cdot\mathrm{d}\boldsymbol{r}=\frac{1}{2r}\mathrm{d}(\boldsymbol{r}\cdot\boldsymbol{r})=\frac{1}{2r}\mathrm{d}(r^2)=\mathrm{d}r$$

$$W_{12}=\int_{M_1}^{M_2}\delta W=\int_{r_1}^{r_2}-k(r-l_0)\mathrm{d}r=\frac{k}{2}[(r_1-l_0)^2-(r_2-l_0)^2] \tag{13-6(b)}$$

记 $\delta_1=r_1-l_0$，$\delta_2=r_2-l_0$ 分别表示弹簧在初始和终了位置时的变形量，弹性力的功可简写为

$$W_{12}=\frac{k}{2}(\delta_1^2-\delta_2^2) \tag{13-6(c)}$$

弹性力的功仅与弹簧的起始变形和终了变形有关，而与质点运动的路径无关。

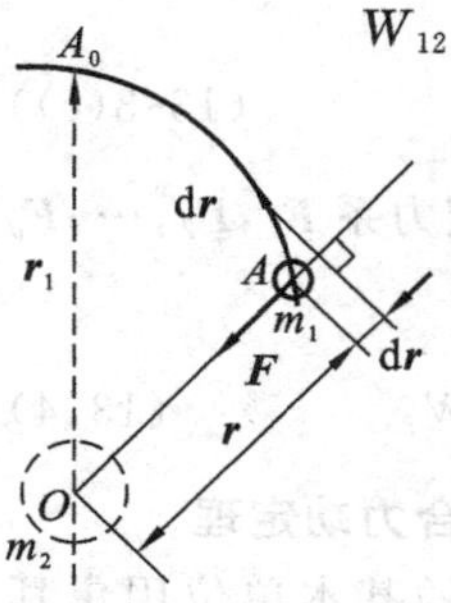

图 13-5

3. 万有引力的功

假设质量为 m_1 的质点从点 A 移到点 A_0，如图 13-5 所示。则 m_1 在质量为 m_2 的质点的万有引力 $\boldsymbol{F}$ 的作用下所做的功为

$$W=\int_A^{A_0}\boldsymbol{F}\cdot\mathrm{d}\boldsymbol{r}=\int_A^{A_0}-\frac{G_0m_1m_2}{r^2}\frac{\boldsymbol{r}}{r}\cdot\mathrm{d}\boldsymbol{r}=G_0m_1m_2\left(\frac{1}{r_1}-\frac{1}{r}\right)\tag{13-7}$$

式中：G_0 为引力常数，$G_0=6.67\times10^{-11}\ \mathrm{N\cdot m^2/kg^2}$。式(13-7)表明，万有引力所做的功只与质点的起始和终了位置有关，而与质点所经过的轨迹无关。

4. 定轴转动刚体上力的功

定轴转动刚体上的点 M 受力 $\boldsymbol{F}$ 作用，如图 13-6 所示。当刚体转过微小转角 $\mathrm{d}\varphi$ 时，点 M 的微小路程为 $\mathrm{d}s=r\mathrm{d}\varphi$，此时由式(13-3(c))得力 $\boldsymbol{F}$ 的元功 $\delta W=F_\tau\mathrm{d}s=F_\tau r\mathrm{d}\varphi$。注意到，$F_\tau r$ 表示力 $\boldsymbol{F}$ 对转轴 z 的矩，即 $M_z=M_z(\boldsymbol{F})=F_\tau r$。因而作用在定轴转动刚体上的力的元功写成

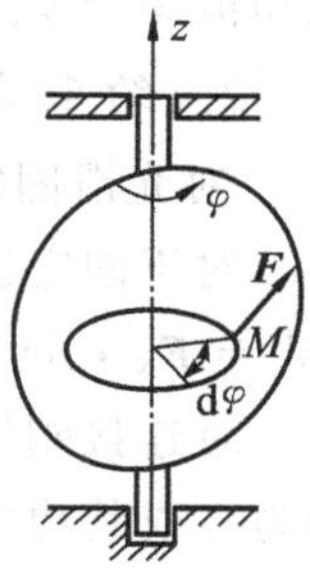

图 13-6

$$\delta W=M_z\mathrm{d}\varphi\tag{13-8}$$

刚体由位置角 φ_1 转到 φ_2 的过程中，力 $\boldsymbol{F}$ 所做的功为

$$W_{12}=\int_{\varphi_1}^{\varphi_2}M_z\mathrm{d}\varphi\tag{13-9(a)}$$

若 $M_z=$ 常量，则有

$$W_{12}=M_z(\varphi_2-\varphi_1)=M_z\varphi\tag{13-9(b)}$$

如果在转动刚体上作用有力偶 $\boldsymbol{M}$，则 $\boldsymbol{M}$ 所做的功仍然可用上式表示。其中 M_z 应是该力偶矩矢 $\boldsymbol{M}$ 在转轴 z 上的投影。

5. 摩擦力的功

摩擦系数为 f、正压力为 $\boldsymbol{F}_\mathrm{N}$，经过曲线 $\overset{\frown}{M_1M_2}$ 所做的功为

$$W=\int_{M_1}^{M_2}-F_\tau\mathrm{d}s=-\int_{M_1}^{M_2}fF_\mathrm{N}\mathrm{d}s\tag{13-10(a)}$$

特别地，当 f、F_N 为常数时，$W=fF_\mathrm{N}s$，与路径有关。

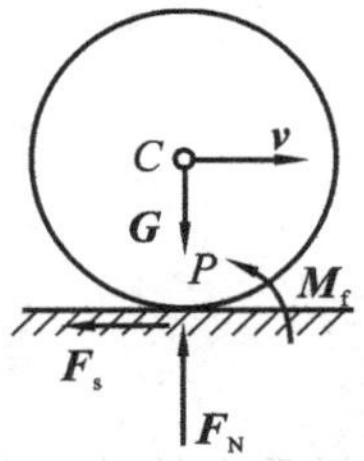

图 13-7

如图 13-7 所示，设圆轮沿着地面做纯滚动。以轮为研究对象，支承面的静滑动摩擦力为 $\boldsymbol{F}_\mathrm{s}$。由运动学知，接触点 P 为车轮的速度瞬心，即 $v_P=0$，由功的定义有

$$\delta W=F_\mathrm{s}\mathrm{d}r_P=F_\mathrm{s}v_P\mathrm{d}t=0\tag{13-10(b)}$$

故圆轮做纯滚动时的静滑动摩擦力不做功。

若滚动摩擦力偶矩 M_f 为常量，则圆轮转过 φ 角时做功 $W=M_\mathrm{f}\varphi$。在带传动中，若带与轮的接触处无相对滑动发生，则它们之间相互作用的摩擦力都是静摩擦力，这一对摩擦力做功之和为零。同理，在摩擦轮的传动中，若无相对滑动，其相互作用的滑动摩擦力的功也等于零，所以静摩擦力的功恒等于零。

6. 内力的功

任意二质点 M_1 和 M_2，如图 13-8 所示，它们相互作用的内力为 $\boldsymbol{F}$ 和 $\boldsymbol{F}'$，则 $\boldsymbol{F}=-\boldsymbol{F}'$，当两质点分别发生元位移 $\mathrm{d}\boldsymbol{r}_1$ 和 $\mathrm{d}\boldsymbol{r}_2$ 时，这对内力元功之和为

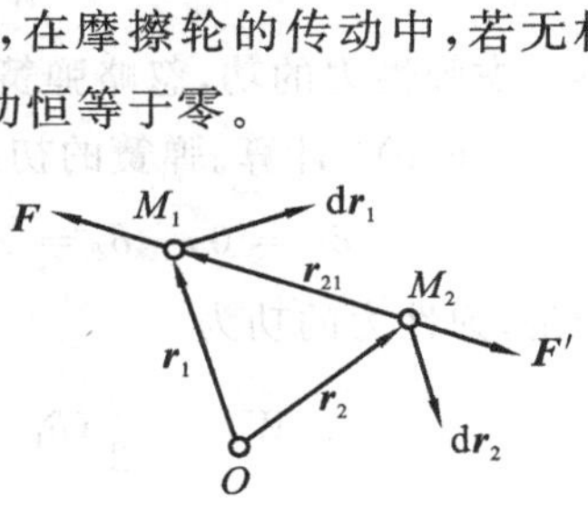

图 13-8

$$\delta W=\boldsymbol{F}\cdot\mathrm{d}\boldsymbol{r}_1+\boldsymbol{F}'\cdot\mathrm{d}\boldsymbol{r}_2=\boldsymbol{F}\cdot\mathrm{d}(\boldsymbol{r}_1-\boldsymbol{r}_2)=\boldsymbol{F}\cdot\mathrm{d}\boldsymbol{r}_{21}$$

式中：$\mathrm{d}\boldsymbol{r}_{21}$ 为质点 M_1 相对 M_2 的元位移。可见，当质点系内两点相

互作用的内力连线始终与两点间的相对元位移垂直时，两力做功之和为零。当力 $\boldsymbol{F}$ 与 $\mathrm{d}\boldsymbol{r}_{21}$ 共线时，则

$$\boldsymbol{F}\cdot\mathrm{d}\boldsymbol{r}_{21}=F\frac{\boldsymbol{r}_{21}}{r_{21}}\cdot\mathrm{d}\boldsymbol{r}_{21}=F\frac{\mathrm{d}r_{21}^{2}}{2r_{21}}=F\mathrm{d}r_{21}\text{，于是，}\delta W=F\mathrm{d}r_{21}\text{。}$$

一般地，可变质点系内力做功之和不一定等于零，例如变形体内力做功之和不一定等于零。对于刚体而言，在任意运动过程中因其中任意两点的距离始终保持不变，故刚体所有内力做功之和恒等于零。

7. 约束力的功

对光滑固定面约束，如图 13-9 所示，因 $\boldsymbol{F}_{\mathrm{N}}\perp\mathrm{d}\boldsymbol{r}$，故 $\delta W=\boldsymbol{F}_{\mathrm{N}}\cdot\mathrm{d}\boldsymbol{r}=0$。

对于固定铰支座、活动铰支座和向心轴承约束，如图 13-10(a)、(b)、(c) 所示，因 $\boldsymbol{F}_{\mathrm{N}}\perp\mathrm{d}\boldsymbol{r}$，故 $\delta W=\boldsymbol{F}_{\mathrm{N}}\cdot\mathrm{d}\boldsymbol{r}=0$。

对连接刚体间的光滑铰链约束，如图 13-10(d) 所示，$\delta W=\boldsymbol{F}_{\mathrm{N}}\cdot\mathrm{d}\boldsymbol{r}+\boldsymbol{F}'_{\mathrm{N}}\cdot\mathrm{d}\boldsymbol{r}=0$。约束力的功为零或其功之和为零的约束称为**理想约束**。因此上述约束均为理想约束。此外，对于柔性不可伸长的绳索约束，拉紧时内力做功之和等于零，故也为理想约束。

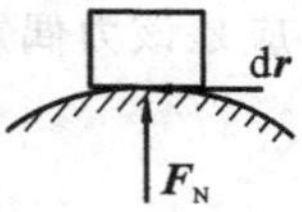

图 13-9

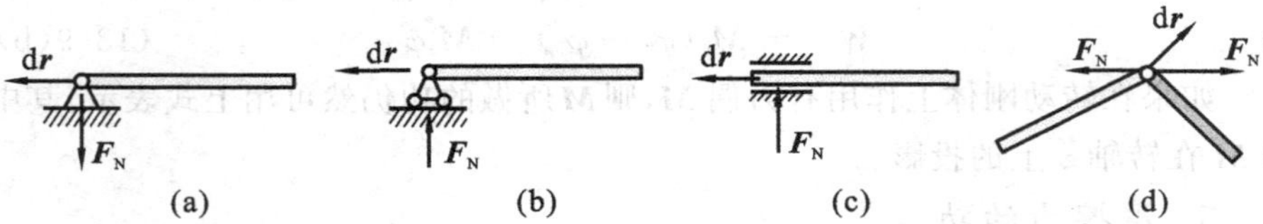

图 13-10

【例 13-1】 自然长度 $l_0=40$ cm、刚度系数 $k=40$ N/cm 的弹簧两端分别固定在水平线上的点 A 和点 B，如图 13-11 所示，现给弹簧中点放一重力为 9.8 N 的小球 C 并且下降 5 cm，试求作用在小球 C 上所有的力所做的功。

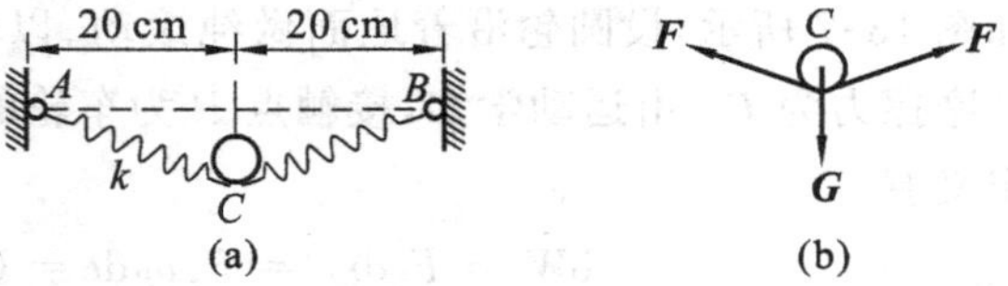

图 13-11

【解】 以小球为研究对象，作用于其上的力有重力和弹性力。由式(13-5)得重力的功

$$W_1=Gh=9.8\times5\ \mathrm{N\cdot cm}=49\ \mathrm{N\cdot cm}$$

再考虑弹性力的功，忽略弹簧的质量时弹性力处处相等。它的功与整个弹簧的初终变形有关，由式(13-6(c))计算。弹簧的初始与终了位置时的变形量分别为

$$\delta_1=0,\quad \delta_2=AC+BC-AB=\left(2\sqrt{20^2+5^2}-40\right)\ \mathrm{cm}=1.23\ \mathrm{cm}$$

于是，弹性力的功为

$$W_2=\frac{k}{2}(\delta_1^2-\delta_2^2)=\frac{40}{2}\times(0-1.23^2)\ \mathrm{N\cdot cm}=-30.3\ \mathrm{N\cdot cm}$$

所以，作用于小球 C 上所有的力做的功

$$W=W_1+W_2=(49-30.3)\ \mathrm{N\cdot cm}=18.7\ \mathrm{N\cdot cm}=0.187\ \mathrm{J}$$

13.1.3 功率与机械效率

1. 功率

在实际工程中,常用功率表示力做功的快慢程度,力在单位时间内所做的功,称为**功率**,以 P 表示

$$P = \frac{\delta W}{\mathrm{d}t} \tag{13-11}$$

由元功的定义式(13-2),可得作用力表示的功率为

$$P = \frac{\delta W}{\mathrm{d}t} = \boldsymbol{F} \cdot \frac{\mathrm{d}\boldsymbol{r}}{\mathrm{d}t} = \boldsymbol{F} \cdot \boldsymbol{v} \tag{13-12}$$

即力的功率,等于力与其作用点速度的标量积。

由于力矩 M_z 在 $\mathrm{d}t$ 时间内所做的元功为 $M_z\mathrm{d}\varphi$,所以用力矩(或力偶矩)表示的功率为

$$P = M_z \frac{\mathrm{d}\varphi}{\mathrm{d}t} = M_z\omega = M_z \frac{n\pi}{30} \tag{13-13}$$

即力矩的功率,等于力矩与刚体转动角速度的乘积。

功率的法定计量单位为焦耳 / 秒(J/s),称为瓦(W),因而 1 W = 1 J/s = 1 N·m/s。

2. 机械效率

任何机器在工作时,都必须输入一定的功,除了用以克服无用阻力(如摩擦、碰撞等阻力)的功外,还提供为完成预期目标而克服有用阻力(如机床的切削力)的功,若以 $P_{入}$、$P_{有}$、$P_{无}$ 分别表示输入功率、有用阻力的输出功率和无用阻力的损耗功率,当机器稳定运转时,则机器的输入功率等于有用功率与损耗功率之和,机器的输出功率与输入功率的比值,称为**机械效率**,用 η 表示

$$\eta = \frac{P_{有}}{P_{入}} \times 100\% \tag{13-14}$$

机械效率表明机器对输入功率的有效利用程度,是评定机器质量好坏的重要指标之一。

13.2 质点、质点系和刚体的动能

13.2.1 质点的动能

动能是物体机械运动的又一种度量,是物体做功能力的标志。质点的动能定义为质量 m 和速度 v 二次方的乘积之半,即为 $\frac{1}{2}mv^2$。动能是与速度方向无关的恒正标量。在法定计算单位中,动能的单位为 $\mathrm{kg \cdot m^2/s^2}$,与功的单位 J 相同。

应注意到,动能和动量都是表示机械运动的量,是机械运动的两种不同度量。它们虽然与质点的质量和速度有关,但定义不同,各有其适用范围。动量是矢量,而动能是标量;动量是以机械运动形式传递运动时的度量,而动能是机械运动形式转化为其他运动形式(如热、电等)的度量。

13.2.2 质点系的动能

质点系内各质点动能的总和，称为质点系的动能。以 T 表示，则有

$$T = \sum \frac{1}{2} m_i v_i^2 \tag{13-15}$$

式中：v_i 为相应质点系内质量为 m_i 的质点所具有的速度。

13.2.3 刚体的动能

对于刚体，按照刚体的不同运动形式，式(13-15) 可以写成具体表达式。

1. 平移刚体的动能

当刚体平移时，其上各点的速度都相等。即 $\boldsymbol{v}_i = \boldsymbol{v}_C$，由式(13-15) 有

$$T = \sum \frac{1}{2} m_i v_C^2 = \frac{1}{2}\left(\sum m_i\right) v_C^2 = \frac{1}{2} m v_C^2 \tag{13-16}$$

式中：$m = \sum m_i$ 为平移刚体的总质量。

2. 定轴转动刚体的动能

设刚体以角速度 ω 绕轴 z 转动，如图 13-6 所示。刚体内任一点 M_i 的质量为 m_i，速度为 v_i，转动半径为 r_i，则 $v_i = r_i\omega$，于是

$$T = \sum \frac{1}{2} m_i v_i^2 = \frac{1}{2}\left(\sum m_i r_i^2\right)\omega^2 = \frac{1}{2} J_z \omega^2 \tag{13-17}$$

式中：$J_z = \sum m_i r_i^2$ 是刚体绕轴 z 的转动惯量。

3. 平面运动刚体的动能

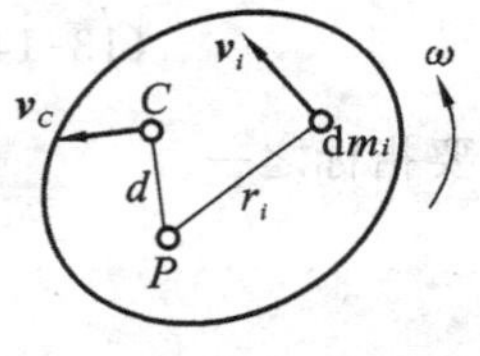

图 13-12

取刚体质心 C 所在的平面图形如图 13-12 所示，设点 P 是某瞬时的速度瞬心，ω 是平面图形转动的角速度，于是做平面运动的刚体动能为

$$T = \sum \frac{1}{2} \mathrm{d}m_i v_i^2 = \sum \frac{1}{2} \mathrm{d}m_i (r_i\omega)^2 = \frac{1}{2}\omega^2 \sum \mathrm{d}m_i r_i^2 \tag{13-18(a)}$$

而 $J_P = \sum \mathrm{d}m_i r_i^2$ 是刚体绕瞬心轴的转动惯量，于是

$$T = \frac{1}{2} J_P \omega^2 \tag{13-18(b)}$$

根据计算转动惯量的平行轴定理有 $J_P = J_C + md^2$，式中 m 为刚体的质量，$d = PC$，J_C 为绕质心的转动惯量。代入式(13-18(b))，得

$$T = \frac{1}{2} J_C \omega^2 + \frac{1}{2} m (d^2\omega^2) = \frac{1}{2} J_C \omega^2 + \frac{1}{2} m v_C^2 \tag{13-18(c)}$$

【例 13-2】 图 13-13 所示的坦克履带单位长度的质量为 q，两轮均为质量为 m、半径为 r 的均质圆盘，轮轴距离为 l，试求当坦克以速度 $\boldsymbol{v}$ 沿直线行驶时系统的动能。

【解】 系统动能等于各部分动能之和。两轮及附着其上的履带部分做平面运动，瞬心分别为 D、E，可知轮的角速度为 $\omega = \dfrac{v}{r}$，履带 AB 部分做平移，平移速度为 $2v$，履带 DE 部分瞬时速度为零。

(1) 轮的动能为

$$T_2 = T_1 = \frac{1}{2}J_D\omega^2$$

$$= \frac{1}{2}(mr^2/2 + mr^2)\left(\frac{v}{r}\right)^2 = \frac{3}{4}mv^2$$

(2) 附在两轮上的履带(合并为一均质圆环)的动能为

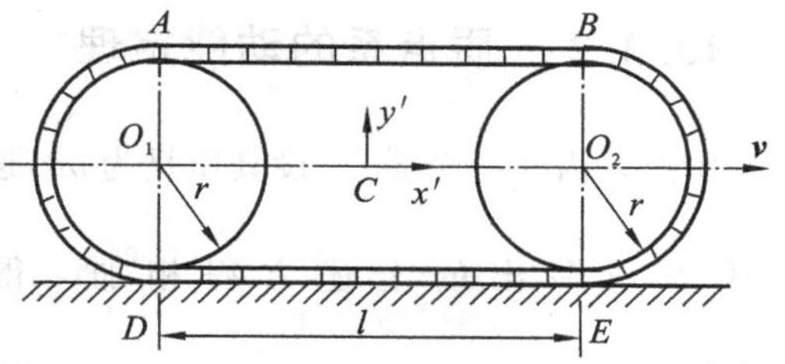

图 13-13

$$T_3 = \frac{1}{2}J_D\omega^2 = \frac{1}{2}(J_{O_1} + 2\pi rq \cdot r^2)\omega^2$$

$$= \frac{1}{2}(2\pi rq \cdot r^2 + 2\pi rq \cdot r^2)\left(\frac{v}{r}\right)^2 = 2\pi rqv^2$$

(3) 履带 AB 部分动能为

$$T_{AB} = \frac{1}{2}m_{AB}(2v)^2 = \frac{1}{2}ql4v^2 = 2qlv^2$$

所以,此系统的动能为

$$T = T_1 + T_2 + T_3 + T_{AB} + T_{ED} = 2\times\frac{3}{4}m_1v^2 + 2\pi rqv^2 + 2qlv^2 + 0 = \left[\frac{3}{2}m + 2(l+\pi r)q\right]v^2$$

13.3 质点、质点系和刚体的动能定理

动能定理建立了质点或质点系的动能变化与在其上作用力所做功之间的关系。我们依据牛顿第二定律导出动能定理。

13.3.1 质点的动能定理

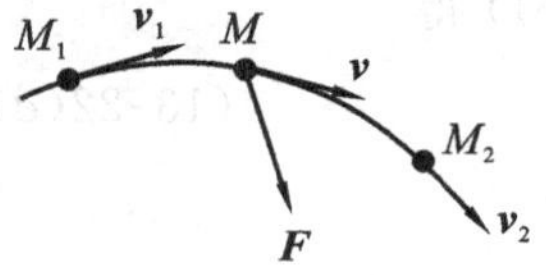

图 13-14

假设质量为 m 的质点在力 $\boldsymbol{F}$ 作用下做曲线运动,如图 13-14 所示,在任意位置 M 处速度为 $\boldsymbol{v}$,将 $\boldsymbol{v}\cdot \mathrm{d}t = \mathrm{d}\boldsymbol{r}$ 的两端与牛顿第二定律 $m\cdot\frac{\mathrm{d}\boldsymbol{v}}{\mathrm{d}t} = \boldsymbol{F}$ 的两端分别相乘,得 $m\boldsymbol{v}\cdot\mathrm{d}\boldsymbol{v} = \mathrm{F}\cdot\mathrm{d}\boldsymbol{r}$。注意到,$m\boldsymbol{v}\cdot\mathrm{d}\boldsymbol{v} = \frac{1}{2}m\cdot\mathrm{d}(\boldsymbol{v}\cdot\boldsymbol{v}) = \mathrm{d}\left(\frac{1}{2}mv^2\right)$,可得

$$\mathrm{d}\left(\frac{1}{2}mv^2\right) = \delta W \tag{13-19}$$

式(13-19)称为质点动能定理的微分形式。它表明质点动能的增量等于作用在质点上力的元功。

当质点从点 M_1 运动到点 M_2 时,其速度由 $\boldsymbol{v}_1$ 变为 $\boldsymbol{v}_2$。将式(13-19)沿$\widehat{M_1M_2}$积分,可得质点动能定理的积分形式

$$\frac{1}{2}mv_2^2 - \frac{1}{2}mv_1^2 = W_{12} \tag{13-20}$$

式中:W_{12} 为力 $\boldsymbol{F}$ 在路程$\widehat{M_1M_2}$上所做的功。可见,质点的动能在任意路程中的变化量,等于作用于质点上的力在该路程上所做的功。因此,动能表明由于质点运动而具有的做功能力。

13.3.2 质点系的动能定理

质点系内任一个质点，设其质量为 m_i，速度为 $\boldsymbol{v}_i$，据式(13-19)，得 $\mathrm{d}\left(\frac{1}{2}m_iv_i^2\right)=\delta W_i$。将每一个质点所写出的上述方程相加，得 $\sum\mathrm{d}\left(\frac{1}{2}m_iv_i^2\right)=\sum\delta W_i$。而 $\sum\mathrm{d}\left(\frac{1}{2}m_iv_i^2\right)=\mathrm{d}\left(\sum\frac{1}{2}m_iv_i^2\right)=\mathrm{d}T$，得到质点系动能定理的微分形式

$$\mathrm{d}T=\sum\delta W_i \tag{13-21(a)}$$

(13-21(a)) 右端可以写成质点系内力所做的功和外力所做的功、主动力所做的功和约束力所做的功之和，两种微分形式如下：

$$\mathrm{d}T=\sum\delta W_i^{(\mathrm{e})}+\sum\delta W_i^{(\mathrm{i})} \tag{13-21(b)}$$

$$\mathrm{d}T=\sum\delta W_{F_\mathrm{A}}+\sum\delta W_{F_\mathrm{N}} \tag{13-21(c)}$$

若质点系在某运动过程中，起点和终点的动能分别以 T_1、T_2 表示，沿 $\widehat{M_1M_2}$ 积分式，可得质点系动能定理的积分形式

$$T_2-T_1=\sum W_{12} \tag{13-22(a)}$$

$$T_2-T_1=\sum W_i^{(\mathrm{e})}+\sum W_i^{(\mathrm{i})} \tag{13-22(b)}$$

$$T_2-T_1=\sum W_{F_\mathrm{A}}+\sum W_{F_\mathrm{N}} \tag{13-22(c)}$$

应该注意，虽然质点系的内力系的主矢和主矩恒为零，但内力做功之和不一定等于零。因此，在质点系的动能定理中，应包含质点系内力的功。例如，在机器运转中，轴和轴承间的摩擦力对整个机器而言虽属内力，但此内力却做负功而消耗机器的能量。

在理想约束条件下动能定理将不包含约束力所做的功，由(13-22(c)) 得

$$T_2-T_1=\sum W_{F_\mathrm{A}} \tag{13-22(d)}$$

13.3.3 功率方程

将质点系动能定理的微分形式，式(12-21(a)) 两端除以 $\mathrm{d}t$，得

$$\frac{\mathrm{d}T}{\mathrm{d}t}=\frac{\sum\delta W_i}{\mathrm{d}t}=\sum P_i \tag{13-23}$$

称为**功率方程**，常用来研究机器在工作时能量的变化和转化问题。例如车床工作时电场对电动机转子作用的力做正功，从而使转子转动，电场力的功率为**输入功率**。由于带传动、齿轮传动以及轴与轴承之间都有摩擦，摩擦力做负功，使一部分机械能转化为热能；传动系统中的零件会相互碰撞，也要损失一部分功率。这些功率称为**无用功率**或**损耗功率**。车床切削工件时，切削阻力对夹持在车床主轴上的工件做负功，这是车床加工零件时必须付出的功率，称为**有用功率**或**输出功率**。通常情况下式(13-23) 可写成

$$\frac{\mathrm{d}T}{\mathrm{d}t}=\sum P_i=P_{\text{输入}}-P_{\text{有用}}-P_{\text{无用}} \tag{13-24(a)}$$

或

$$P_{输入} = P_{有用} + P_{无用} + \frac{dT}{dt} \tag{13-24(b)}$$

启动加速阶段时$\frac{dT}{dt} > 0$,则 $P_{输入} > P_{有用} + P_{无用}$;制动减速阶段时$\frac{dT}{dt} < 0$,则 $P_{输入} < P_{有用} + P_{无用}$;运行平稳阶段时$\frac{dT}{dt} = 0$,则 $P_{输入} = P_{有用} + P_{无用}$,此时机器的有用功率与输入功率的比值η即为式(13-14) 定义的**机械效率**。

【例 13-3】 图 13-15 中,物块质量为 m,用不计质量的细绳跨过滑轮与弹簧相连。弹簧原长为 l_0,刚度系数为 k,质量不计。滑轮半径为 R,转动惯量为 J。若不计轴承摩擦,试建立此系统的运动微分方程。

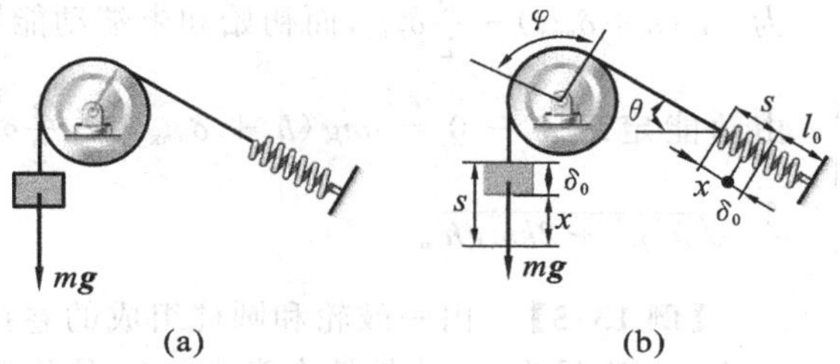

图 13-15

【解】 设弹簧由自然位置拉长任意长度 s 时,滑轮转过 φ 角,显然有 $s = R\varphi$。此时系统动能为

$$T = \frac{1}{2}m\left(\frac{ds}{dt}\right)^2 + \frac{1}{2}J\left(\frac{d\varphi}{dt}\right)^2 = \frac{1}{2}\left(m + \frac{J}{R^2}\right)\left(\frac{ds}{dt}\right)^2$$

重力和弹性力的功率分别为

$$P_{重力} = mg\frac{ds}{dt}, \quad P_{弹力} = -ks\frac{ds}{dt}$$

代入功率式(13-23),两端消去$\frac{ds}{dt}$后得

$$\left(m + \frac{J}{R^2}\right)\frac{d^2 s}{dt^2} = mg - ks$$

设 δ_0 为弹簧静伸长量,即 $mg = k\delta_0$,以平衡位置为参考点,物体下降 x 时弹簧伸长量 $s = \delta_0 + x$,代入上式,移项后得到坐标 x 的运动方程为

$$\left(m + \frac{J}{R^2}\right)\frac{d^2 x}{dt^2} + kx = 0$$

13.3.4 动能定理的应用

动能定理直接建立了速度与力和路程之间的关系,应用动能定理可以求解与这些量有关的动力学问题。对于常见的理想约束系统,动能定理直接给出了主动力与运动量的关系,因而求解有关的运动量特别简便。不过由于动能定理是一个标量方程,一般每次只能求解一个未知量。应用动能定理时的解题步骤如下。

(1) 取所研究的对象。一般情况下可取整个质点系作为研究对象。

(2) 分析受力,计算力的功。对于常见的理想约束系统,只需计算主动力所做的功;应特别注意是否有内力做功。

(3) 分析运动,计算动能。应首先明确系统内各刚体的运动形式,再根据相应的动能公式计算。当采用动能定理的积分形式时,应明确系统运动过程的初始和终了的两个瞬时,分别计算两瞬时动能。

(4) 应用动能定理求解有关的未知量。应根据各刚体(或质点)的运动学关系,列补充方程,将动能用同一个已知量或待求量表示。

【例 13-4】 质量为 m 的质点从高 h 处自由下落到由刚度系数为 k 的弹簧支承的板上,如图 13-16 所示。设板和弹簧的质量忽略不计,求弹簧的最大压缩量。

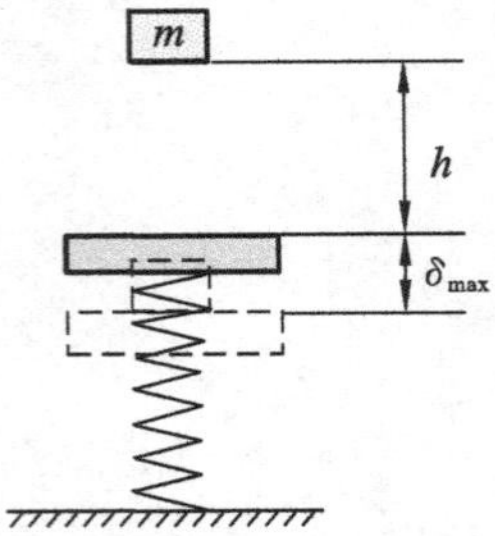

图 13-16

【解】 设弹簧被压缩的最大值为 $\delta_{\max}$,则重力和弹力做功之和为 $mg(h+\delta_{\max})-\dfrac{k}{2}\delta_{\max}^2$,而初始和末端动能均为零:$T_1=0,T_3=0$。由动能定理 $0-0=mg(h+\delta_{\max})-\dfrac{k}{2}\delta_{\max}^2$。求得 $\delta_{\max}=\dfrac{mg}{k}+\dfrac{1}{k}\sqrt{m^2g^2+2kmgh}$。

【例 13-5】 由一鼓轮和圆柱组成的卷扬机如图 13-17 所示。半径为 R_1、质量为 m_1 的鼓轮在常力偶 $\boldsymbol{M}$ 的作用下将半径为 R_2、质量为 m_2 的圆柱由静止沿斜坡往上拉。设圆柱质量均匀分布,鼓轮质量分布在轮缘上,设斜坡倾角为 θ,圆柱在斜面上纯滚动。系统从静止开始运动,求当圆柱中心 C 在斜坡上走过的路程为 s 时的速度和加速度。

【解】 选圆柱和鼓轮一起组成的质点系为研究对象。

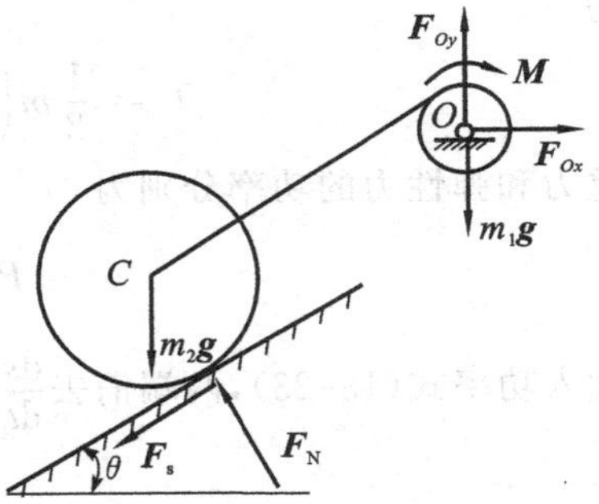

图 13-17

(1) 受力分析计算功。作用于该质点系的外力有:重力 $m_1\boldsymbol{g}$ 和 $m_2\boldsymbol{g}$,外力偶 $\boldsymbol{M}$,水平轴约束力 $\boldsymbol{F}_{Ox}$ 和 $\boldsymbol{F}_{Oy}$,斜面对圆柱的法向约束力 $\boldsymbol{F}_N$ 和静摩擦力 $\boldsymbol{F}_s$。$\boldsymbol{F}_{Ox}$、$\boldsymbol{F}_{Oy}$ 和 $\boldsymbol{F}_N$ 为理想约束不做功,圆柱纯滚动,$\boldsymbol{F}_s$ 不做功,$m_1\boldsymbol{g}$ 固定不动也不做功。因此只有 $m_2\boldsymbol{g}$ 和外力偶 $\boldsymbol{M}$ 做功,设 m_2 经过路程 s 时 m_1 转过角度为 φ,其功为 $\sum W_{12}=M\varphi-m_2g\sin\theta\cdot s$。

(2) 运动分析计算动能。鼓轮做定轴转动,圆柱做平面运动。

$$T_1=0,\quad T_2=\frac{1}{2}J_1\omega_1^2+\frac{1}{2}m_2v_C^2+\frac{1}{2}J_C\omega_2^2$$

式中:J_1、J_C 分别为鼓轮对于中心轴 O、圆柱对于过质心 C 的轴的转动惯量,ω_1、ω_2 分别为鼓轮和圆柱的角速度。于是 $J_1=m_1R_1^2,J_C=\dfrac{1}{2}m_2R_2^2,\omega_1=\dfrac{v_C}{R_1},\omega_2=\dfrac{v_C}{R_2}$,得 $T_2=\dfrac{v_C^2}{4}(2m_1+3m_2)$。

(3) 由动能定理 $T_2-T_1=\sum W_{12}$,得

$$\frac{v_C^2}{4}(2m_1+3m_2)-0=M\varphi-m_2g\sin\theta\cdot s \tag{a}$$

将补充方程 $\varphi=\dfrac{s}{R_1}$ 代入,得速度 $v_C=2\sqrt{\dfrac{(M-m_2gR_1\sin\theta)s}{R_1(2m_1+3m_2)}}$。将式(a)两端对时间 t 求导数,有

$$a_C = \frac{2(M - m_2 g R_1 \sin\theta)}{R_1(2m_1 + 3m_2)} \tag{b}$$

【例 13-6】 自动卸料车连同料的重力为 $\boldsymbol{G}$，无初速地沿倾角为 $\theta = 30°$ 的斜面滑下，料车滑至低端时与某弹簧相撞，如图 13-18 所示。通过控制机构使料车在弹簧压缩至最大时卸料，然后依靠被压缩弹簧的弹性力作用又沿斜面回到原来位置。设空车重力为 $\boldsymbol{G}_0$，摩擦阻力为车重力的 0.2 倍，求 $\boldsymbol{G}$ 与 $\boldsymbol{G}_0$ 的比值至少应是多大时才能确保料车回到原来位置？

【解】 设坡长为 l，弹簧最大形变为 δ_m。在料车下滑并使弹簧压缩到最大过程中，斜坡法向约束力不做功，重力、摩擦力和弹簧力做功之和为

$$W = G(l + \delta_m)\sin\theta - 0.2G(l + \delta_m) - \frac{k}{2}\delta_m^2$$

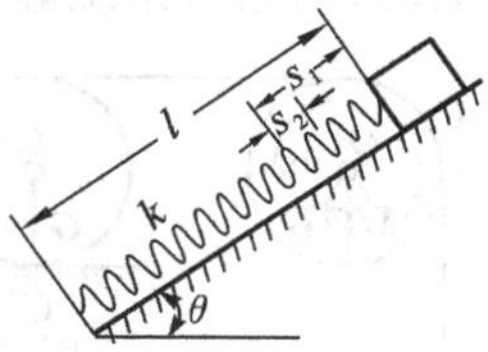

图 13-18

料车在两个位置速度均为零，因此动能 $T_1 = T_2 = 0$。由动能定理得

$$0 - 0 = G(l + \delta_m)\sin\theta - 0.2G(l + \delta_m) - \frac{k}{2}\delta_m^2 \tag{a}$$

在料车卸料后空车又弹回原来位置的过程中应用动能定理可得

$$0 - 0 = -G_0(l + \delta_m)\sin\theta - 0.2G_0(l + \delta_m) + \frac{k}{2}\delta_m^2 \tag{b}$$

上述式(a)、式(b) 联立解得

$$\frac{G}{G_0} = \frac{\sin\theta + 0.2}{\sin\theta - 0.2} = \frac{7}{3}$$

【例 13-7】 由两均质圆盘滑轮组成的重物提升机构如图 13-19 (a) 所示。定滑轮质量为 $m_1 = 10$ kg，半径为 $R = 20$ cm；动滑轮质量为 $m_2 = 6$ kg，半径为 $r = \frac{R}{2}$。现用 $F = 600$ N的常力提升 $G = 980$ N的重物 A，试求重物 A 上升的加速度。

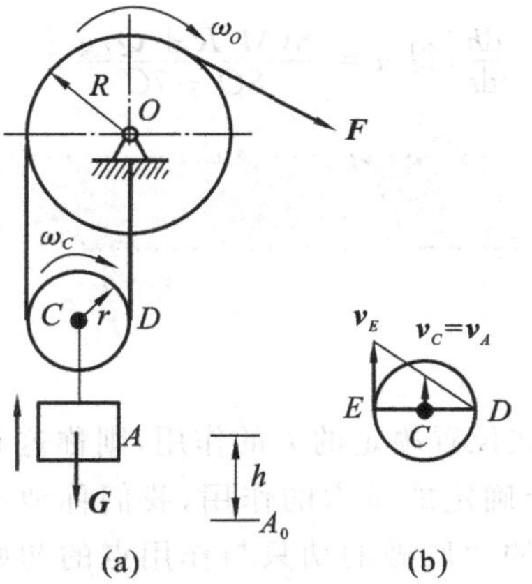

图 13-19

【解】 将整个系统作为研究对象，应用动能定理的积分形式求解。

(1) 分析受力，计算功。该系统为理想约束系统，只有拉力和重力做功，当重物 A 上升 h 时，力 $\boldsymbol{F}$ 沿其作用线方向的位移为 $2h$。

所以 $\sum W_{F_A} = 2Fh - Gh - m_2 gh = 161.2h$

(2) 分析运动，计算动能。设重物 A 在 A_0 处系统由静止开始运动，上升 h 距离时其速度为 v_A，系统初始动能 $T_1 = 0$。动滑轮的速度瞬心在点 D，如图 13-19(b) 所示，角速度 $\omega_C = v_C/r = v_A/(R/2)$。定滑轮的角速度 $\omega_O = v_E/R = 2v_A/R$。于是，系统上升 h 时的动能可用 v_A 表示为

$$\begin{aligned} T_2 &= \frac{1}{2}m_A v_A^2 + \frac{1}{2}J_D\omega_C^2 + \frac{1}{2}J_O\omega_O^2 \\ &= \frac{1}{2}\frac{G}{g}v_A^2 + \frac{1}{2}\left(\frac{1}{2}m_2 r^2 + m_2 r^2\right)\left(\frac{2v_A}{R}\right)^2 + \frac{1}{2}\left(\frac{1}{2}m_1 R^2\right)\left(\frac{2v_A}{R}\right)^2 \\ &= \frac{1}{2}\left(\frac{G}{g} + \frac{3}{2}m_2 + 2m_1\right)v_A^2 = 64.5v_A^2 \end{aligned}$$

(3) 由动能定理。$T_2 - T_1 = \sum W_{F_A}$ 得 $64.5v_A^2 = 161.2h$。而 $v_A = \frac{dh}{dt}$，$a_A = \frac{dv_A}{dt}$。将上式两端对时间 t 求导，得 $64.5 \times 2v_A \cdot a_A = 161.2v_A$，故 $a_A = \frac{161.2}{129}\ m/s^2 = 1.25\ m/s^2$。

【例 13-8】 图 13-20 所示系统中，均质圆盘 A、B 重力均为 $\boldsymbol{G}$，半径均为 R，两盘中心在同一水平线上，盘 A 上作用有力偶矩 M；物块 D 重力为 $\boldsymbol{Q}$。假定绳子不可伸长、质量忽略不计；盘 B 做纯滚动，初始时系统静止。求下落距离 h 时 D 的速度 v 与加速度 a。

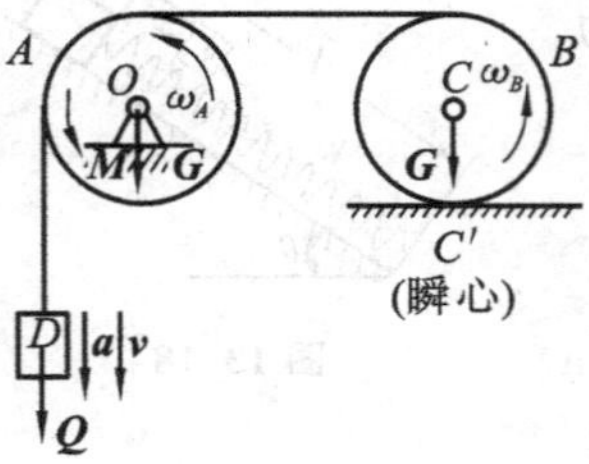

图 13-20

【解】 选取整个系统为研究对象，应用动能定理求解。

(1) 分析受力，计算功。盘 B 所受的约束力和点 O 约束力不做功，因此为理想约束系统，只有力偶矩 M 和重力 Q 做功。设重物 A 下降 h 时转角为 φ，则主动力做功 $\sum W_{F_A} = M\varphi + Qh$，其中 $\varphi = h/R$。

(2) 分析运动，计算动能。初始动能 $T_1 = 0$，下落距离 h 时圆盘 A、B 角速度分别为 $\omega_A = \frac{v}{R}$，$\omega_B = \frac{v}{2R}$。此时系统动能为

$$T_2 = \frac{1}{2} \times \frac{G}{2g}R^2\omega_A^2 + \frac{1}{2} \times \frac{3}{2}\frac{G}{g}R^2\omega_B^2 + \frac{1}{2}\frac{Q}{g}v^2 = \frac{v^2}{16g}(8Q + 7G)$$

由动能定理(13-22(d))，

$$\frac{v^2}{16g}(8Q + 7G) - 0 = \left(\frac{M}{R} + Q\right)h \tag{a}$$

得 $v = 4\sqrt{\frac{(M/R + Q)hg}{8Q + 7G}}$。对式(a)两端求导，并注意到 $v = \frac{dh}{dt}$，得 $a = \frac{8(M/R + Q)g}{8Q + 7G}$。

13.4 机械能守恒定律

13.4.1 势力场

若质点在某空间任意位置都受到大小和方向完全由所在位置决定的力的作用，则称这部分空间为**力场**。例如物体在地球表面的任何位置都会受到一个确定的重力的作用，我们称地球表面的空间为**重力场**。若物体在力场中运动时，作用于该物体的力所做的功只与作用点的初始和终了位置有关，而与该点的运动轨迹无关，则称该力场为**势力场**或**保守力场**。在势力场中，物体受到的力称为**有势力**或**保守力**。例如重力、弹性力、万有引力都是有势力，而重力场、弹性力场、万有引力场都是势力场。

13.4.2 势能函数

在势力场中，当质点的位置改变时，有势力就要做功。当质点从点 M 运动到点 M_0 的过程中，作用于该质点的有势力所做的功，定义为质点在点 M 相对于点 M_0 的**势能**。以 V 表示为

$$V = \int_M^{M_0} \delta W = \int_M^{M_0} \boldsymbol{F} \cdot d\boldsymbol{r} = \int_M^{M_0} (F_x dx + F_y dy + F_z dz) \tag{13-25}$$

在势力场中势能是相对概念，取点 M_0 的势能为零，称为**势能零点**。在确定势能前，必须先选定势能零点。因为有势力的功只和质点运动的始末位置有关，质点的势能可表示成质点位置坐标 x，

y,z 的单值连续函数，称为**势能函数**，即

$$V = V(x,y,z) \tag{13-26}$$

在势力场中，势能相等的各点所组成的曲面，称为**等势面**。例如重力场的等势面是一个水平面。由全部零点所构成的等势面，称为**零势面**。对势能零点 M_0，质点在 M_1、M_2 点处的势能为 V_1 和 V_2，根据有势力做功与路径无关的特点，质点从 M_1 至 M_0 时有势力所做的功，与质点由 M_1 经过点 M_2 再到点 M_0 的有势力所做的功应相等，即

$$V_1 = \int_{M_1}^{M_2} \delta W + V_2 \tag{13-27(a)}$$

或

$$\int_{M_1}^{M_2} \delta W = V_1 - V_2 \tag{13-27(b)}$$

式(13-27) 表明，有势力所做的功等于质点在运动始末位置时的势能之差，势能零点可以任意选取而不影响有势力的做功。

13.4.3 常见势力场中的质点势能

(1) 重力场　取势能零点为 $M_0(x_0,y_0,z_0)$，根据公式(13-25)，可得重力为 $\boldsymbol{G}$ 的质点在点 $M(x,y,z)$ 处的势能为

$$V = \int_z^{z_0} -G\mathrm{d}z = G(z - z_0) \tag{13-28}$$

(2) 弹性力场　取弹簧无变形的原长处为势能零点，根据弹性力的功的表达式(13-6)，可得质点在弹性力场中弹簧变形量为 δ 的 M 处的势能为

$$V = \int_M^{M_0} \boldsymbol{F} \cdot \mathrm{d}\boldsymbol{r} = \frac{1}{2}k(\delta^2 - \delta_0^2) = \frac{1}{2}k\delta^2 \tag{13-29}$$

13.4.4 机械能守恒定律

设势力场中运动质点的始末位置的动能分别为 T_1 和 T_2，势能分别为 V_1 和 V_2。根据动能定理的积分形式(13-20) 有 $T_2 - T_1 = \sum W_{12}$；而根据式(13-27)，有势力所做的功等于质点系在始末位置时的势能之差，即 $\sum W_{12} = V_1 - V_2$。于是由此二式可得 $T_2 - T_1 = V_1 - V_2$，即

$$T_1 + V_1 = T_2 + V_2 \tag{13-30(a)}$$

或

$$T + V = \text{常量} \tag{13-30(b)}$$

质点动能和势能之和称为机械能。式(13-30) 表明，质点系在势力场中运动时，其机械能保持不变。这就是**机械能守恒定律**。这样的质点系通常称为**保守系统**。

在势力场中，质点系的动能和势能可以相互转化，但机械能保持不变。若质点系在非保守力作用下运动，则机械能不再守恒。例如摩擦力做功将使机械能减少，而转化为另一种形式的热能。但机械能与其他形式能量的总和仍是守恒的，这就是物理学中众所周知的**能量守恒定律**。

【例 13-9】　重力为 $\boldsymbol{G}$ 的摆如图 13-21 所示，点 C 为其质心，摆杆的一端 O 为固定光滑铰支，在点 D 处用弹簧悬挂，可在铅直平面内摆动。设摆对水平轴 O 的转动惯量为 J_O，弹簧的刚度系数为 k；摆杆在水平位置时，弹簧的长度恰好等于自然长度 l_0，$OD = CD = b$。求：摆由水平位置无初速度地释放后做微幅摆动时摆的角速度 ω 与摆角 φ 的关系。

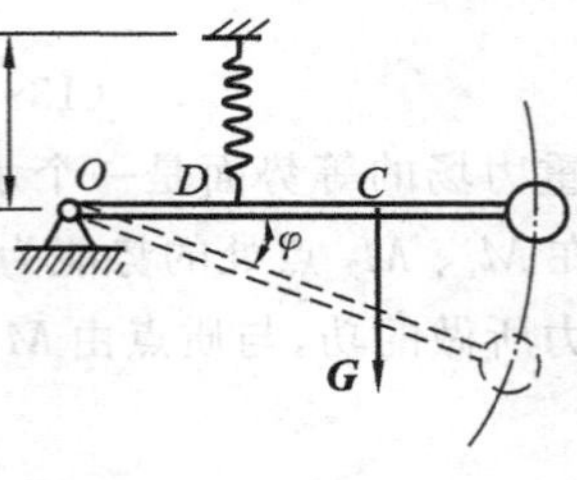

图 13-21

【解】 作用于摆的力有弹性力$\boldsymbol{F}$、重力$\boldsymbol{G}$和支座约束力$\boldsymbol{F}_{Ox}$和$\boldsymbol{F}_{Oy}$，前两力为保守力，后两力不做功，因此摆的机械能守恒。

取水平位置为摆的零势能位置，因此摆在运动过程中机械能恒等于零。此时，机械能为动能、弹性势能和重力势能之和，又因摆在做微幅摆动，即φ极小，因此$\tan\varphi \approx \varphi$，于是

$$\frac{1}{2}J_O\omega^2 + \frac{k}{2}(b\varphi)^2 - G \times 2b\varphi = 0$$

解得

$$\omega = \sqrt{\frac{4G - kb\varphi}{J_O}b\varphi}$$

【例 13-10】 图 13-22 所示的系统中，物块 A 质量为 m_1，定滑轮质量为 m_2，视为均质圆盘，滑块 B 质量为 m_3，置于光滑水平面上，弹簧刚度系数为 k，绳与滑轮间无相对滑动。当系统处于静平衡时，若物块 A 向下的初速度为$\boldsymbol{v}_0$，试求 A 下降距离为 h 时的速度。

【解】 以整体系统为研究对象。在系统运动过程中，只有重力和弹性力做功，均为有势力，故可应用机械能守恒定律求解。

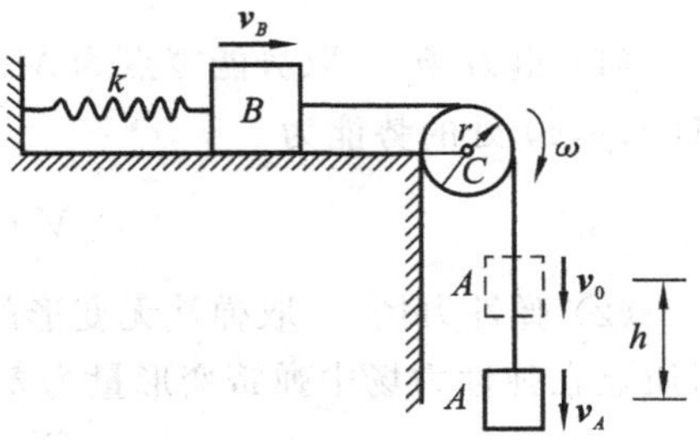

图 13-22

首先计算动能。取物块 A 的静平衡位置为初始位置。当给物块A初速度$\boldsymbol{v}_0$时，因绳不可伸长，可知滑块B的初速度 $v_{B0} = v_0$，滑轮的初角速度 $\omega_C = \dfrac{v_0}{r}$，于是，系统的初动能为

$$T_1 = \frac{1}{2}m_A v_0^2 + \frac{1}{2}m_B v_{B0}^2 + \frac{1}{2}J_C\omega_C^2$$

$$= \frac{1}{2}m_1 v_0^2 + \frac{1}{2}m_3 v_0^2 + \frac{1}{2}\left(\frac{1}{2}m_2 r^2\right)\left(\frac{v_0}{r}\right)^2 = \frac{1}{4}(2m_1 + m_2 + 2m_3) \cdot v_0^2$$

设物块 A 下降距离为 h 时的速度为$\boldsymbol{v}_A$，同理可得系统的末动能为

$$T_2 = \frac{1}{2}m_1 v_A^2 + \frac{1}{2}\left(\frac{1}{2}m_2 r^2\right)\left(\frac{v_A}{r}\right)^2 + \frac{1}{2}m_3 v_A^2 = \frac{1}{4}(2m_1 + m_2 + 2m_3) \cdot v_A^2$$

其次计算势能。取物块 A 下降 h 的位置为重力势能零点。弹簧的初变形，即静变形 $\delta_{1st} = \dfrac{m_1 g}{k}$，弹簧的末变形 $\delta_2 = \delta_{1st} + h = \dfrac{m_1 g}{k} + h$，于是，可得系统在初、末位置时的总势能分别为

$$V_1 = m_1 gh + \frac{1}{2}k\delta_{1st}^2 = m_1 g\left(h + \frac{\delta_{1st}}{2}\right), \quad V_2 = 0 + \frac{1}{2}k(\delta_{1st} + h)^2 = m_1 g\left(h + \frac{\delta_{1st}}{2}\right) + \frac{1}{2}kh^2$$

根据机械能守恒定理 $T_1 + V_1 = T_2 + V_2$，得

$$\frac{1}{4}(2m_1 + m_2 + 2m_3) \cdot v_0^2 + m_1 g\left(h + \frac{\delta_{1st}}{2}\right) = \frac{1}{4}(2m_1 + m_2 + 2m_3) \cdot v_A^2 + m_1 g\left(h + \frac{\delta_{1st}}{2}\right) + \frac{1}{2}kh^2$$

所以，物块 A 下降 h 时的速度为

$$v_A = \sqrt{v_0^2 - \frac{2kh^2}{2m_1 + m_2 + 2m_3}}$$

13.5 动力学普遍定理的综合应用

动量定理、动量矩定理和动能定理统称为动力学普遍定理，前面均已做了论述。每个定理分别反映了质点系的动量、动量矩、动能三个运动特征量与力、力矩、功三个力的作用量之间的相应关系，即它们从不同的侧面反映了物体机械运动的一般规律。因此，各个定理既有共性，又有各自的特点和适用范围。例如，动量和动量矩定理为矢量形式，不仅能求出运动量的大小，还能求出它们的方向；对于质点系，动量和动量矩的变化只取决于外力的主矢和主矩，与内力无关。但动能定理却是标量形式，不反映运动量的方向性，做功的力包含外力和内力。对每个定理应该全面深刻地理解，在对比分析中掌握其特点和适用条件，并能熟练地计算有关动量、动量矩、动能、力、冲量和功等基本物理量。

动力学普遍定理的综合应用，是根据给定问题的已知量和待求量，合理地选择其中的某一个或两个以上定理联立求解。若对同一问题，几个定理都可求解时，将出现多种解法，这时应经过分析比较，可选取最简便的方法求解。

一般情况下，应从给定问题的待求量是力还是运动量着手，分析系统的外力特征和约束，以及有无内力做功的情况；分析各刚体的运动形式及其运动量间的关系。然后选用能将未知量和已知量联系起来的定理求解。若已知主动力求质点系的运动，对于理想约束系统，尤其是多刚体系统，应首选动能定理求解。其次考虑有无动量守恒、质心运动守恒或动量矩守恒的情况，或选用其他定理求解。若已知质点系的运动求未知力，可选取质心运动定理、动量矩定理或刚体平面运动微分方程。对于既求运动又求力的动力学问题，一般先根据已知力，求出系统的运动量；再根据已求得的运动量求解未知力。

由于动力学问题的复杂性以及题目的多样性，它可以包含静力学及运动学中的内容和方法。而动力学普遍定理概念性题在应用时又特别灵活，因此，只有通过解题实践，举一反三，提高分析问题和综合应用的能力，才能灵活运用动力学普遍定理解题。下面举例说明动力学普遍定理的综合应用。

【例 13-11】 两根均质杆 AC 和 BC 的重力均为 $\boldsymbol{G}$，长为 l，在 C 处光滑铰接，置于光滑水平面上，如图 13-23(a) 所示。设两杆轴线始终在铅直面内，初始静止，点 C 高度为 h，求铰 C 到达地面时的速度 $\boldsymbol{v}_C$。

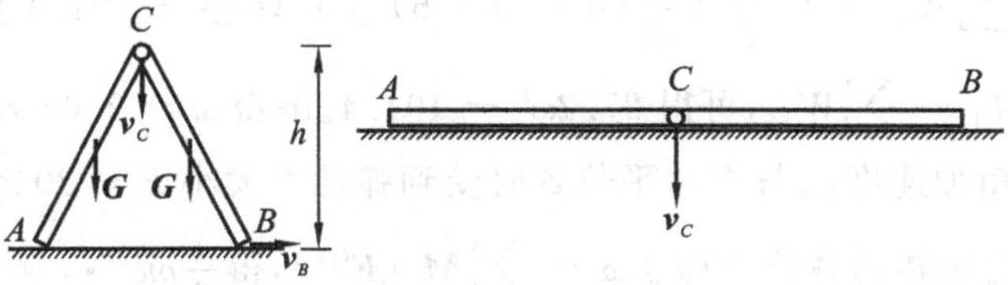

图 13-23

【解】 因不求系统内力，故可不拆两杆而以整体为研究对象并采用动量守恒定理（导出的质心运动定理）和动能定理联合求解。

因 $\sum F_{xi}^{(e)} = 0$，且初始静止，所以水平方向质心位置不变，即点 C 将铅直下落。

初始动能 $T_1=0$。如图 13-23(b) 所示，由瞬心定理知杆件下降到水平时刻瞬心点分别为 A 和 B，且此时动能为 $T_2=\frac{1}{2}\times\frac{1}{3}\frac{G}{g}l^2\omega^2\times 2=\frac{1}{3}\frac{G}{g}l^2\omega^2$。其中 ω 为铰 C 到达地面时两杆的角速度，故 $v_C=l\omega$，$T_2=\frac{1}{3}\frac{G}{g}v_C^2$。下降过程中外力所做的功 $\sum W_{F_A}=G\cdot\frac{h}{2}\times 2=Gh$。由动能定理 $\frac{1}{3}\frac{G}{g}v_C^2-0=Gh$，得 $v_C=\sqrt{3gh}$。

【例 13-12】 均质细直杆 OA 重力 $G=100$ N，长 $l=4$ m，O 处为光滑铰链，A 端用刚度系数 $k=20$ N/m 的弹簧连于点 B，如图 13-24(a) 所示。此时弹簧无伸长。当杆在铅直位置时，施加矩为 $M=20$ N·m 的力偶作用，使杆从静止开始做转动，求：杆 OA 转到水平位置时 O 处的约束力。

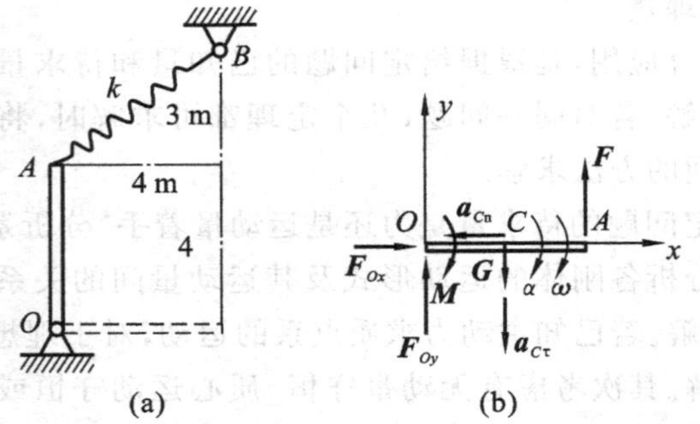

图 13-24

【解】 要求杆在水平位置时的约束力，可应用质心运动定理求解，但要先求杆在该位置时质心 C 的加速度。由于杆 OA 做定轴转动，质心的加速度可通过杆的角速度与角加速度计算，而角速度可应用动能定理求解，角加速度可由定轴转动微分方程求解。具体求解过程如下：

(1) 求杆 OA 的角速度 ω。分别取杆的铅直线和水平位置为杆运动的初瞬态和末瞬态。由题设知，$T_1=0$，杆在末瞬时的动能为

$$T_2=\frac{1}{2}J_O\omega^2=\frac{1}{2}\left(\frac{1}{3}ml^2\right)\omega^2=\frac{1}{6}ml^2\omega^2=27.2\omega^2$$

杆 OA 在此运动过程中，做功的力有重力 $\boldsymbol{G}$、弹性力 $\boldsymbol{F}$ 和力偶 $\boldsymbol{M}$。所有作用力所做的功为

$$\sum W_{12}=G\frac{l}{2}+\frac{k}{2}[0-(7-5)^2]+M\frac{\pi}{2}=191.4\ \text{J}$$

根据动能定理 $T_2-T_1=\sum W_{12}$，可得 $27.2\omega^2=191.4$。解得 $\omega=2.65$ rad/s。

(2) 求杆 OA 的角加速度 α。杆在水平位置时受到弹性力大小 $F=20\times 2$ N $=40$ N。对于图 13-24(b)，应用刚体定轴转动微分方程 $J_O\alpha=\sum M_O(\boldsymbol{F}_i^{(e)})$，得 $\frac{1}{3}ml^2\cdot\alpha=G\cdot\frac{l}{2}+M-Fl$，得

$$\alpha=\frac{3\times\left(G\cdot\frac{l}{2}+M-Fl\right)}{ml^2}=1.1\ \text{rad/s}^2$$

(3) 求约束力 $\boldsymbol{F}_{Ox}$，$\boldsymbol{F}_{Oy}$。杆在水平位置时，其质心加速度

$$a_{C\tau}=\frac{l}{2}\alpha=2.2\ \text{m/s}^2,\quad a_{Cn}=\frac{l}{2}\omega^2=14.0\ \text{m/s}^2$$

对受力图 13-24(b)，应用质心运动定理

$$ma_{Cx}=-ma_{Cn}=F_{Ox},\quad ma_{Cy}=-ma_{C\tau}=F_{Oy}-G+F$$

分别解出

$$F_{Ox}=-ma_{Cn}=-142.9\ \mathrm{N}$$

$$F_{Oy}=G-F-ma_{C\tau}=\left(100-40-\frac{100}{9.8}\times 2.2\right)\mathrm{N}=37.6\ \mathrm{N}$$

【例 13-13】 均质圆轮半径为 r，质量为 m，受到轻微扰动后，在半径为 R 的圆弧上往复滚动，如图 13-25 所示。设表面足够粗糙，使圆轮在滚动时无滑动。求轮心 C 的运动微分方程。

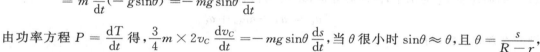

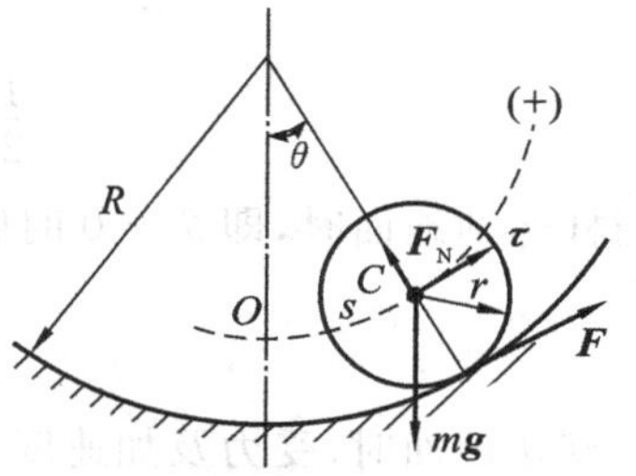

图 13-25

【解】 (1) 用功率方程求解。

圆轮动能：

$$T=\frac{1}{2}mv_C^2+\frac{1}{2}J_C\omega^2=\frac{3}{4}mv_C^2$$

重力功率：

$$P=m\boldsymbol{g}\cdot\boldsymbol{v}=m\boldsymbol{g}\cdot\left(\frac{\mathrm{d}s}{\mathrm{d}t}\boldsymbol{\tau}\right)=m\frac{\mathrm{d}s}{\mathrm{d}t}\boldsymbol{g}\cdot\boldsymbol{\tau}$$

$$=m\frac{\mathrm{d}s}{\mathrm{d}t}(-g\sin\theta)=-mg\sin\theta\frac{\mathrm{d}s}{\mathrm{d}t}$$

由功率方程 $P=\frac{\mathrm{d}T}{\mathrm{d}t}$ 得，$\frac{3}{4}m\times 2v_C\frac{\mathrm{d}v_C}{\mathrm{d}t}=-mg\sin\theta\frac{\mathrm{d}s}{\mathrm{d}t}$，当 θ 很小时 $\sin\theta\approx\theta$，且 $\theta=\frac{s}{R-r}$，得

$$\frac{\mathrm{d}^2s}{\mathrm{d}t^2}+\frac{2gs}{3(R-r)}=0$$

(2) 由机械能守恒定律求解。

圆轮动能 $T=\frac{3}{4}mv_C^2$。设最低点 O 为零势能点，则 $V=mg(R-r)(1-\cos\theta)$。由机械能守恒定律 $\frac{\mathrm{d}}{\mathrm{d}t}(V+T)=0$，得 $mg(R-r)\sin\theta\frac{\mathrm{d}\theta}{\mathrm{d}t}+\frac{3}{2}mv_C\frac{\mathrm{d}v_C}{\mathrm{d}t}=0$，因 $\frac{\mathrm{d}\theta}{\mathrm{d}t}=\frac{v_C}{R-r}$，$\frac{\mathrm{d}v_C}{\mathrm{d}t}=\frac{\mathrm{d}^2s}{\mathrm{d}t^2}$，于是 $\frac{\mathrm{d}^2s}{\mathrm{d}t^2}+\frac{2}{3}g\sin\theta=0$。当 θ 很小时，可得 $\frac{\mathrm{d}^2s}{\mathrm{d}t^2}+\frac{2gs}{3(R-r)}=0$。

【例 13-14】 均质细杆长为 l，质量为 m，静止直立于光滑水平面上。当杆受微小干扰而倒下时，求该杆刚达到地面时的角速度和地面约束力。

【解】 由于地面光滑，直杆在水平方向不受力，因此直杆在倒下过程中质心将铅直下落。设杆端 A 左滑过程中，杆与水平面夹角为 θ，如图 13-26(a) 所示，P 为杆的瞬心。由运动学知，杆的角速度为

$$\omega=\frac{v_C}{CP}=\frac{2v_C}{l\cos\theta}$$

此时杆的动能为

$$T_2=\frac{1}{2}mv_C^2+\frac{1}{2}J_C\omega^2=\frac{1}{2}m\left(1+\frac{1}{3\cos^2\theta}\right)v_C^2$$

初始时动能 $T_1=0$，此过程中只有重力做功，由动能定理 $T_2-T_1=\sum W_{12}$，得

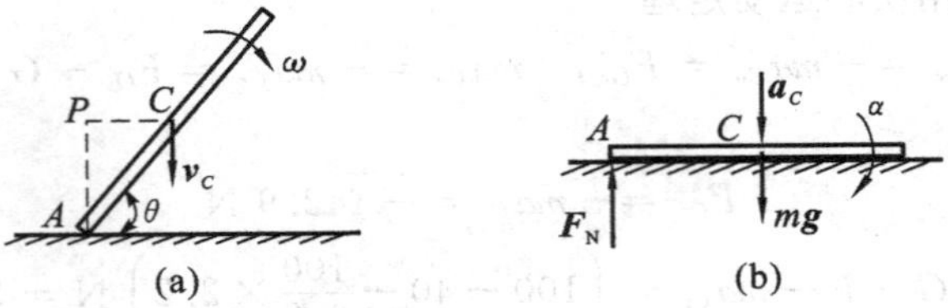

图 13-26

$$\frac{1}{2}m\left(1+\frac{1}{3\cos^2\theta}\right)v_C^2 = mg\ \frac{l}{2}(1-\sin\theta)$$

当杆达到地面时，即 $\theta=0$ 时解出

$$v_C = \frac{1}{2}\sqrt{3gl},\quad \omega = \sqrt{\frac{3g}{l}}$$

杆到达地面时，受力及加速度如图 13-26(b) 所示，由刚体平面运动微分方程，得

$$mg - F_N = ma_C \tag{a}$$

$$F_N\ \frac{l}{2} = J_C\alpha = \frac{ml^2}{12}\alpha \tag{b}$$

点 A 的加速度 a_A 为水平，由质心守恒，a_C 应为铅直方向，由运动学知

$$\boldsymbol{a}_C = \boldsymbol{a}_A + \boldsymbol{a}_{CAn} + \boldsymbol{a}_{CA\tau}$$

沿铅直方向投影，得

$$a_C = a_{CA\tau} = \alpha\ \frac{l}{2} \tag{c}$$

联立求解式(a)、(b)、(c)，解出

$$F_N = \frac{mg}{4}$$

由此可见，求解动力学问题，常要按运动学知识分析速度、加速度之间的关系；有时还要判明是否属于动量或动量矩守恒情况。如果守恒，则要利用守恒条件给出的结果，才能进一步求解。

本章小结

1. 动能定理的形式

可用微分、积分形式表示，做功包括内力功、外力功、主动力功、约束力功四种表达式。

动能定理	外力功、内力功	主动力功、约束力功
微分形式	$dT=\sum\delta W_i^{(e)}+\sum\delta W_i^{(i)}$	$dT=\sum\delta W_{F_A}+\sum\delta W_{F_N}$
积分形式	$T_2-T_1=\sum W_i^{(e)}+\sum W_i^{(i)}$	$T_2-T_1=\sum W_{F_A}+\sum W_{F_N}$

2. 动能定理的应用

根据实际问题选用动能定理的合理形式。选取研究对象（一般选取整个系统），通过受力分析写出功的表达式，通过运动分析写出动能表达式，根据系统运动关系列出补充方程，最后根据动能定理求出未知量。注意理想约束，此时可简化求解方法。

3. 动力学普遍定理的综合应用

动量定理、动量矩定理和动能定理统称为动力学普遍定理。每个定理分别反映了质点系的动量、动量矩、动能三个运动特征量与力、力矩、功三个力的作用量之间的相应关系，根据给定问题的已知量和待求量，合理地选择其中的某一或两个以上定理联立求解。若对同一问题，几个定理都可求解时，将出现多种解法，这时应经过分析比较，选取最简便的方法求解。

4. 机械能守恒定律及其应用

质点系在势力场中运动时，其机械能保持不变。这就是**机械能守恒定律**。此时，$E=T+V=$ 常量。在有重力、弹性力等常见的保守质点系统中，质点系的动能和势能可以相互转化，但机械能保持不变，这类动力学问题可由机械能守恒定律求解。

思考题

13-1　如图13-27所示，质量均为 m 的猴子 A、B 抓在绕过无重滑轮的细绳两端，猴 B 以相对绳的速度 $\boldsymbol{v}$ 向上爬，猴 A 紧抓绳不动。问：(1) 谁先到达上端？(2) 谁的动能大？(3) 谁做的功多？(4) 如何对猴子 A 和猴子 B 分别应用动能定理？

13-2　如图13-28所示，$ABCD$ 是一个盆式容器，盆内侧壁与盆底 BC 的连接处都是一段与 BC 相切的圆弧，BC 为水平的，$d=0.50$ m，盆边缘的高度 $h=0.30$ m。在 A 处放一个质量为 m 的小物块并使其由静止开始下滑，已知盆内侧壁是光滑的，而 BC 面与小物块间的动摩擦系数为 $\mu=0.10$，小物块在盆内来回滑动直到停止，则最后停下来的位置到 B 的距离为：(1)0.5 m，(2)0.25 m，(3)0.10 m，(4)0。

13-3　光滑水平面与半径为 R 的竖直光滑半圆环轨道相接，如图13-29所示。两滑块 A、B 的质量均为 m，弹性系数为 k 的弹簧一端固定在点 O，另一端与滑块 A 接触，现用力推滑块 A 使弹簧压缩一段距离 x 后再释放，滑块 A 脱离弹簧后与静止在半圆环底端的滑块 B 做完全弹性碰撞，碰后滑块 B 将沿半圆环轨道上升，升到点 C 后与轨道脱离，$O'C$ 与竖直方向夹角为 θ，求 θ 与压缩距离 x 之间的关系？

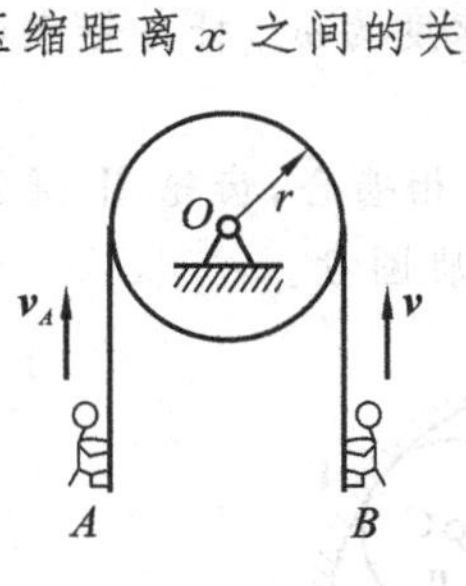

图 13-27

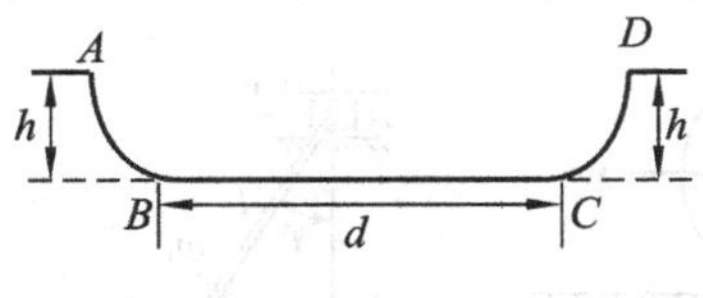

图 13-28

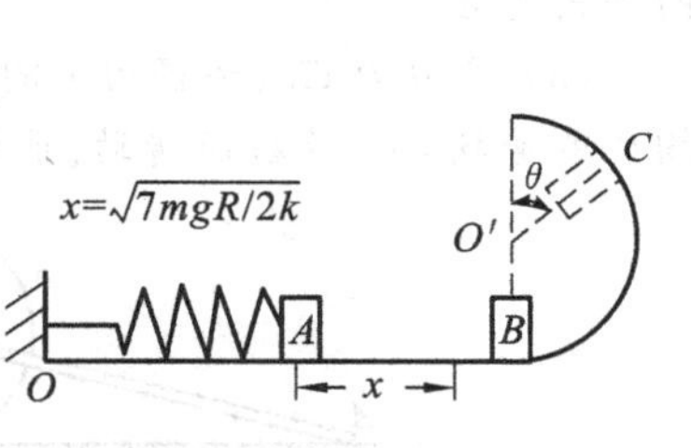

图 13-29

13-4　质量、半径均相同的均质球、圆柱体、厚圆筒和薄圆筒，同时由静止开始从同一高度沿着完全相同的斜面在重力作用下向下做纯滚动。

(1) 由初始至时间 t，重力的冲量是否相同？

(2) 由初始至时间 t，重力的功是否相同？

(3) 到达底部瞬时，动量是否相同？

(4) 到达底部瞬时，动能是否相同？

(5) 到达底部瞬时，对各自质心的动量矩是否相同？

若认为不同的话，按照大小顺序排列。

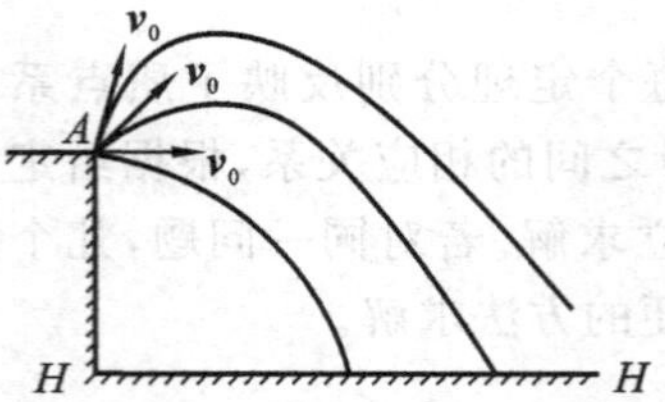

图 13-30

13-5　运动员起跑时，什么力使运动员的质心加速运动？什么力使运动员的动能增加？产生加速度的力一定做功吗？

13-6　三个质量相同的质点，同时由点 A 以大小相同的初速度 $\boldsymbol{v}_0$ 抛出，但其方向各不相同，如图 13-30 所示。如不计空气阻力，当三个质点落到水平面 H—H 时，问：(1) 三者的速度大小是否相等？(2) 三者重力的功是否相等？(3) 三者重力的冲量是否相等？

习　题

13-1　如题 13-1 图所示，计算下列情况下质量均为 m 的各物体的动能。

13-2　半径为 $2r$ 的圆轮在水平面上做纯滚动，如题 13-2 图所示，轮轴半径为 r，在其上绕有软绳，绳上作用水平拉力 $\boldsymbol{F}$，求轮心 C 运动距离 x 时力 $\boldsymbol{F}$ 所做的功。

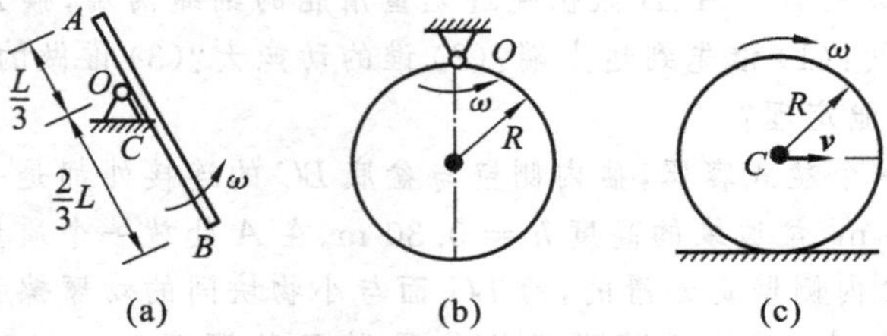

题 13-1 图

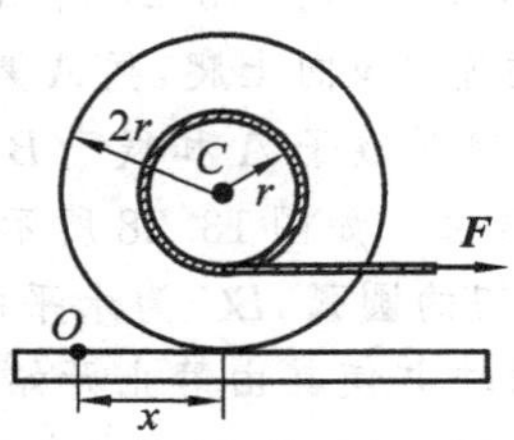

题 13-2 图

13-3　计算下列情况下各系统的动能。

(1) 如题 13-3(a) 图所示，质量为 m_1 的均质杆 OA，一端铰接在质量为 m_2 的均质圆盘中心，另一端放在水平面上，圆盘在地面上做纯滚动，圆心速度为 $\boldsymbol{v}$。

(2) 如题 13-3(b) 图所示，重力为 $\boldsymbol{G}_1$ 的滑块 A 可在滑道内滑动，与滑块 A 用铰链连接的是重力为 $\boldsymbol{G}_2$、长为 l 的均质杆 AB。已知滑块沿滑道的速度为 $\boldsymbol{v}_1$，杆 AB 的角速度为 ω_1，杆与铅直线的夹角为 φ。

(3) 重力为 $\boldsymbol{G}_{\mathrm{P}}$、半径为 r 的齿轮 Ⅱ 与半径为 $R=3r$ 的固定内齿轮 Ⅰ 相啮合，齿轮 Ⅱ 通过均质的曲柄 OC 带动而转动。曲柄的重力为 $\boldsymbol{G}_{\mathrm{Q}}$，角速度为 ω，齿轮可视为均质圆盘。

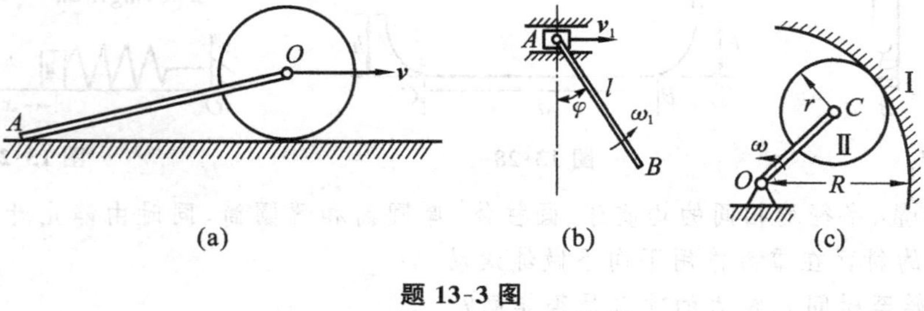

题 13-3 图

13-4　题 13-4(a)、(b) 图分别为圆盘与圆环，二者质量均为 m，半径均为 r，均置于距地面高 h 的斜面上，斜面倾角为 θ，盘与环都从时间 $t=0$ 开始在斜面上做纯滚动。分析圆盘与圆环哪个先到达地面。

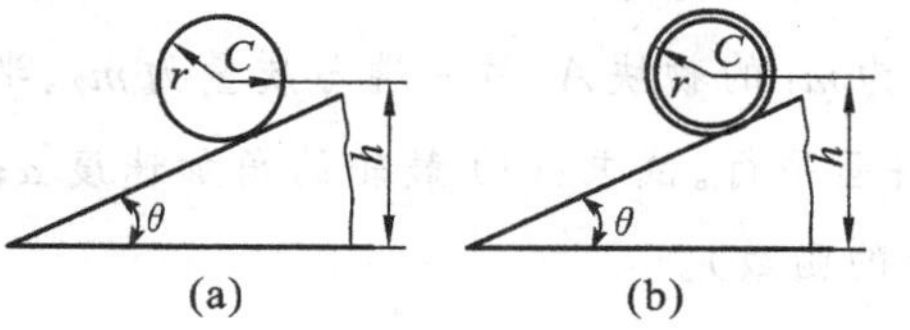

题 13-4 图

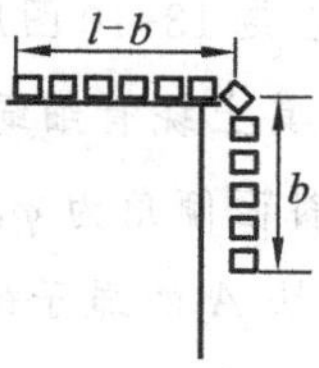

题 13-5 图

13-5　一长为 l 的链条放置在光滑桌面上，其中有长为 b 的一段悬挂下垂，如题 13-5 图所示。设链条单位长度的质量为 m，求在自重作用下由静止开始到末端滑离桌面时链条的速度。

13-6　某卷扬机传动机构如题 13-6 图所示，启动时电动机输出常力矩 M 作用在联轴器上，大齿轮和卷筒半径分别为 r_1、R，对轴 AB 的转动惯量为 J_1。小齿轮半径为 r_2，对联轴器及电动机的转动惯量为 J_2。被提升物体的质量为 m，求重物从静止开始上升距离 s 时的速度 $\boldsymbol{v}$ 和加速度 a。

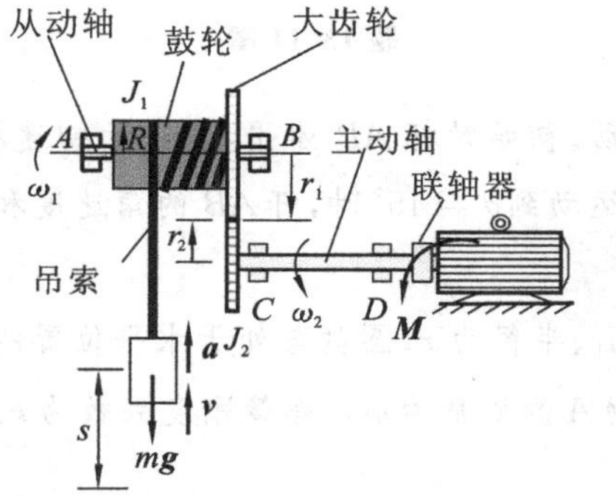

题 13-6 图

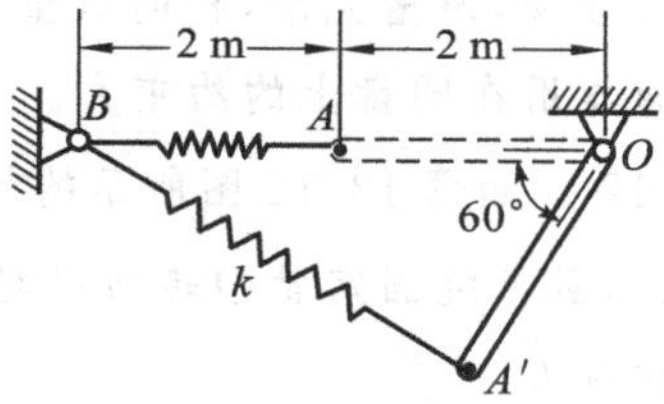

题 13-7 图

13-7　如题 13-7 图所示，质量为 15 kg 的细杆可绕轴 O 转动，杆端 A 连接刚度系数为 $k=50$ N/m 的弹簧。弹簧原长 1.5 m，另一端固连于点 B。求细杆从水平位置以初角速度 $\omega_0=0.1$ rad/s 旋转到 60° 位置时的角速度。

13-8　在题 13-8 图所示的机构中，已知均质圆盘的质量为 m、半径为 r，可沿水平面做纯滚动。刚度系数为 k 的弹簧一端固定于 B，另一端与圆盘中心 O 相连，且平行于水平面。运动开始时，弹簧处于原长，此时圆盘角速度为 ω，试求：(1) 圆盘向右运动到达最右位置时，弹簧的伸长量；(2) 圆盘到达最右位置时的角加速度及圆盘与水平面间的摩擦力。

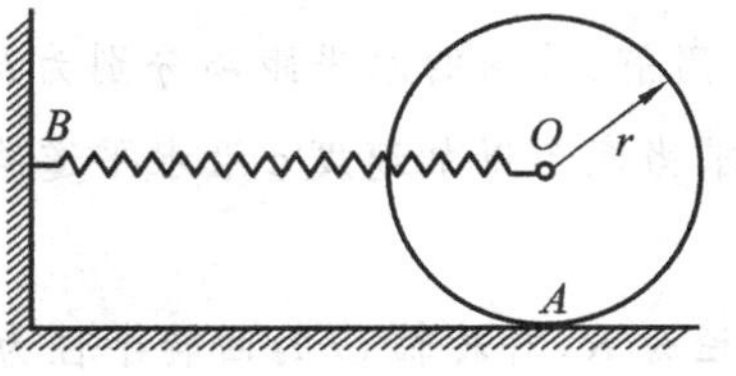

题 13-8 图

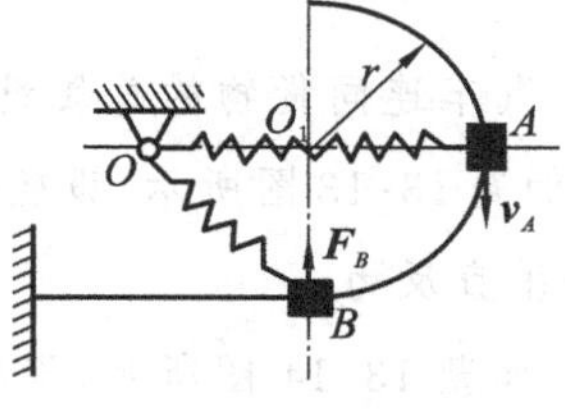

题 13-9 图

13-9　质量为 $m=1$ kg 的套筒可沿固定光滑导杆运动，套筒上系一根弹簧，如题 13-9 图所示。设弹簧原长为 $r=0.2$ m，弹簧刚度系数为 $k=200$ N/m，设套筒在点 A 时的速度为 $v_A=1.5$ m/s。求：(1) 套筒滑到点 B 时的速度 $\boldsymbol{v}_B$；(2) 套筒在点 B 处所受到的动约束力。

13-10　在题13-10图所示的机构中，鼓轮B质量为m，大、小半径分别为R和r，对转轴O的回转半径为ρ，其上绕有细绳，一端吊有质量为m_1的物块A，另一端与质量为m_2、半径为r的均质圆轮C相连，斜面倾角为φ，绳的倾斜段与斜面平行。试求：(1) 鼓轮的角加速度α；(2) 斜面的摩擦力及连接物块A的绳子的张力（表示为α的函数）。

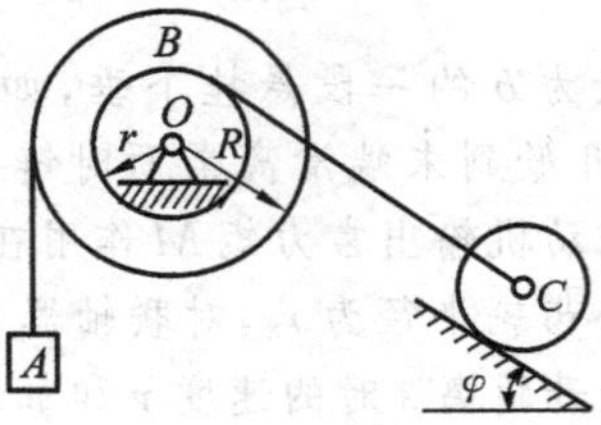

题 13-10 图

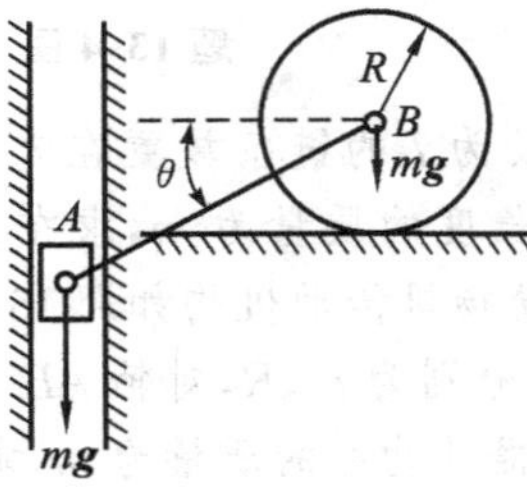

题 13-11 图

13-11　如题13-11图所示，系统在铅直面内运动。初始时杆AB水平，系统无初速释放，设圆盘做纯滚动，滑槽光滑，杆的质量不计。求当杆AB运动到$\theta=45^\circ$时，杆AB的角速度和角加速度及地面作用在圆盘上的约束力。

13-12　如题13-12图所示的均质圆盘质量为m_1、半径为r，圆盘与处于水平位置的弹簧一端为铰接，且可绕固定轴O转动以起吊重物A。若重物A的质量为m_2，弹簧刚度系数为k。试求系统的固有频率。

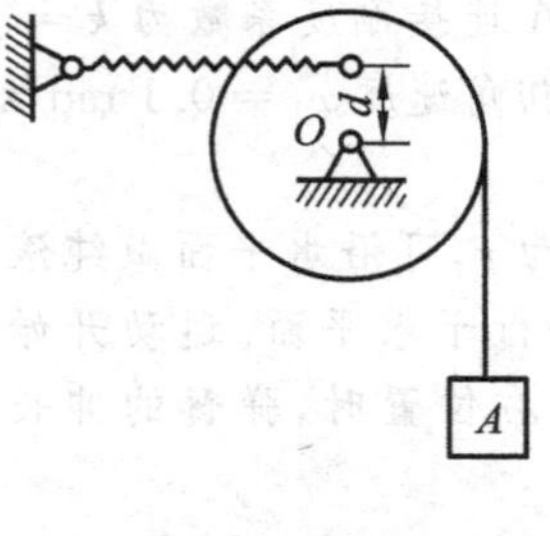

题 13-12 图

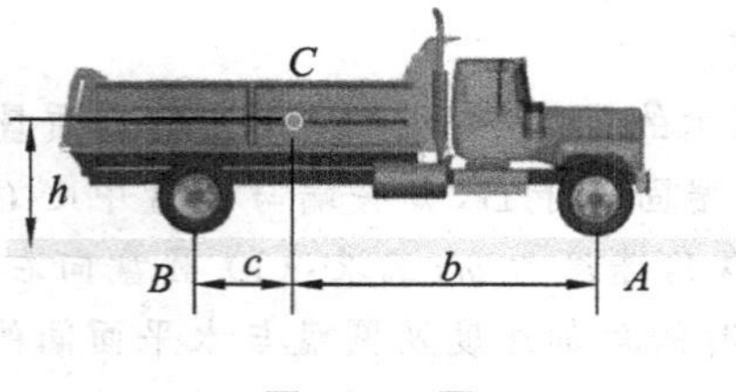

题 13-13 图

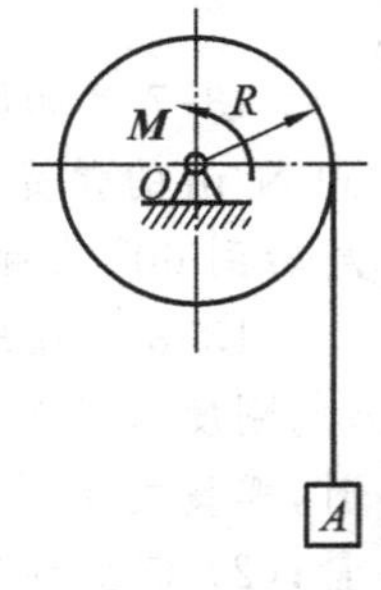

题 13-14 图

13-13　汽车连同货物的总质量为m，其质心C离前、后轮的水平距离分别为b和c，离地面的高度为h，如题13-13图所示。设轮子的质量不计，求当汽车以加速度$\boldsymbol{a}$沿水平道路行驶时地面给前、后轮的垂直反力。

13-14　如题13-14图所示，滑轮重力为$\boldsymbol{G}_1$、半径为R，对转轴O的回转半径为ρ，绳子一端绕在滑轮上，另一端吊一重力为$\boldsymbol{G}_2$的物体A，滑轮上作用不变的力矩M使系统由静止开始运动。不计绳子的质量，求重物上升距离s时的速度和加速度。

13-15　如题13-15图所示的圆盘，质量为m、半径为r，在中心处与两根水平放置的弹簧铰接，且在平面上做纯滚动，设弹簧刚度系数均为k_0。试求系统做微振动的固有频率。

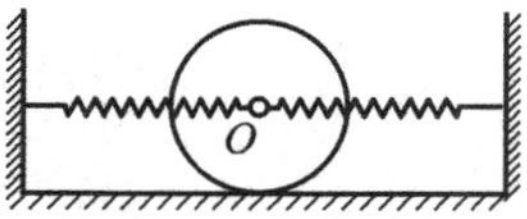

题 13-15 图

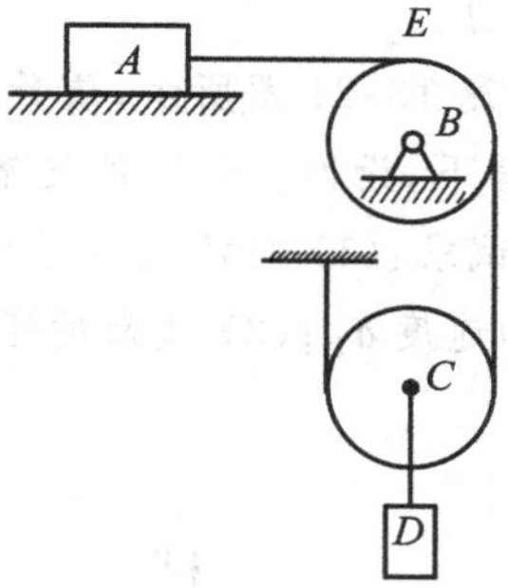

题 13-16 图

13-16　在题13-16图所示的机构中，质量为 m_1 的物体 A 放在光滑水平面上。半径均为 R 的均质圆盘 C、B 质量均为 m，物块 D 的质量为 m_2。设绳与滑轮之间无相对滑动，绳的质量不计，绳的 AE 段与水平面平行，系统由静止开始释放。试求物体 D 的加速度以及 BC 绳段的张力。

13-17　齿轮传动机构放在水平面内，如题13-17图所示。已知动齿轮半径为 r_1，质量为 m_1，可看成均质圆盘；曲柄 O_1O_2 为均质杆，质量为 m_2；定齿轮半径为 r_2，在曲柄上作用不变的力偶 $\boldsymbol{M}$，使机构由静止开始转动，求曲柄转过 φ 角后的角速度和角加速度。

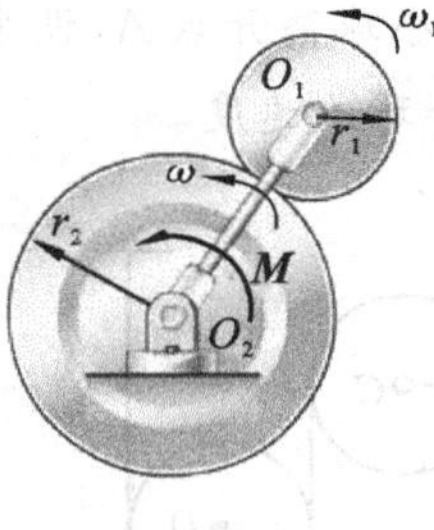

题 13-17 图

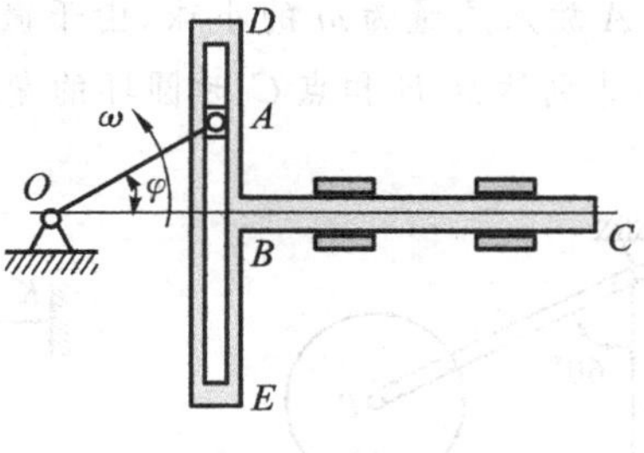

题 13-18 图

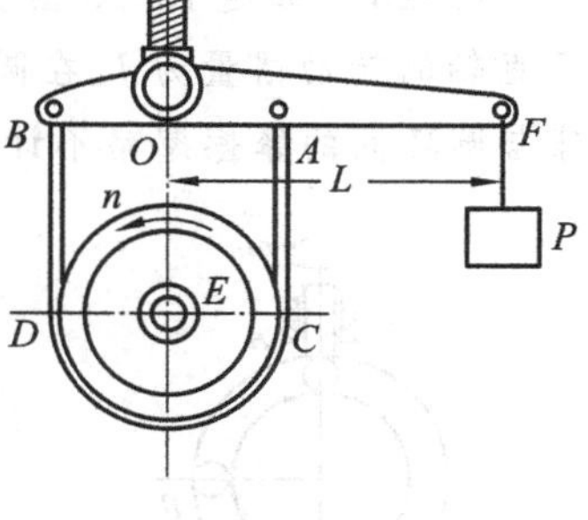

题 13-19 图

13-18　如题13-18图所示的滑道连杆机构位于水平面内。曲柄 OA 长 r，对转轴 O 的转动惯量为 J；滑道连杆重力为 $\boldsymbol{G}$，T形杆 BC 沿水平方向往复平移，与导轨间的摩擦力可认为是恒力 $\boldsymbol{F}$，滑块 A 的质量忽略不计。今在曲柄上作用不变力矩 M，初瞬时系统处于静止，且 $\angle AOB=\varphi$，求曲柄转一周后的角速度。

13-19　测量机器功率的功率计如题13-19图所示，由带 $ACDB$ 和杠杆 BOF 组成。带的两段 AC 和 DB 铅直并套住受测试机器的带轮 E 的下半部，杠杆则以刀口搁在支点 O 上，借升高或降低支点 O，可以变更带的拉力，同时变更带与滑轮间的摩擦力。在 F 处挂重锤 P，杠杆 BF 即可处于水平平衡位置。若用来平衡带拉力的重锤的质量 $m=3$ kg，力臂 $L=500$ mm，试求当带轮转速 $n=240$ r/min 时机器的功率。

13-20　两个相同的滑轮，视为匀质圆盘，质量均为 m，半径均为 R，用绳缠绕连接，如题13-20图所示。如系统由静止开始运动，试求动滑轮质心 C 的速度 $\boldsymbol{v}$ 与下降距离 h 的关系，并确定

AB 段绳子的张力。

13-21　如题 13-21 图所示，质量为 m_A 的小棱柱体 A 在重力作用下沿着质量为 m_B 的大棱柱体 B 的斜面滑下，设两柱体间的接触是光滑的，其斜角均为 θ。若开始时系统处于静止，不计水平地面的摩擦。试求：(1) 当棱柱 A 沿斜边相对棱柱 B 滑下距离 l 时，棱柱 B 向左移动的距离 d；(2) 棱柱 B 的加速度 $\boldsymbol{a}_B$；(3) 地面的铅直约束力 $\boldsymbol{F}$。

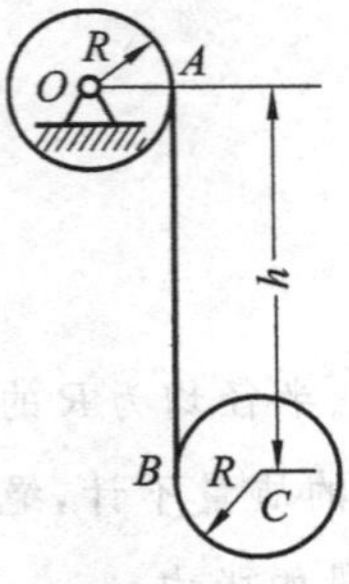

题 13-20 图

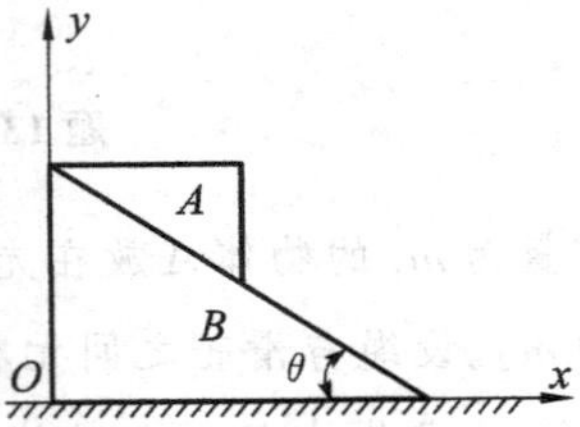

题 13-21 图

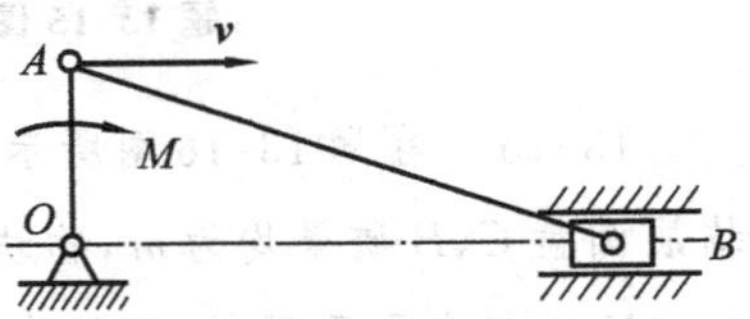

题 13-22 图

13-22　如题 13-22 图所示的曲柄连杆机构位于水平面内，曲柄重力为 $\boldsymbol{G}_1$，长为 r，连杆重力为 $\boldsymbol{G}_2$，长为 l，滑块重力为 $\boldsymbol{G}_3$，曲柄和连杆可视为均质细长杆。今在曲柄上作用不变转矩 M，当角 $\angle AOB = 90^\circ$ 时，点 A 的速度为 $\boldsymbol{v}$，求当曲柄转至水平位置时点 A 的速度。

13-23　如题 13-23 图所示的半径为 R 的圆环以角速度 ω 绕铅直轴 AC 自由转动，设圆环对铅直轴的转动惯量为 J。在圆环中点 A 放入质量为 m 的小球，由于微小干扰，小球离开点 A，设小球与圆环间的摩擦忽略不计，求当小球到达点 B 和点 C 时圆环的角速度和小球的速度。

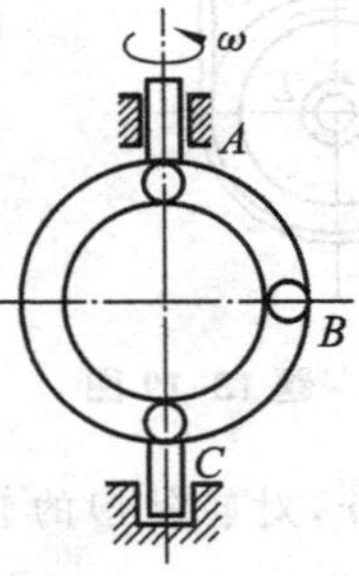

题 13-23 图

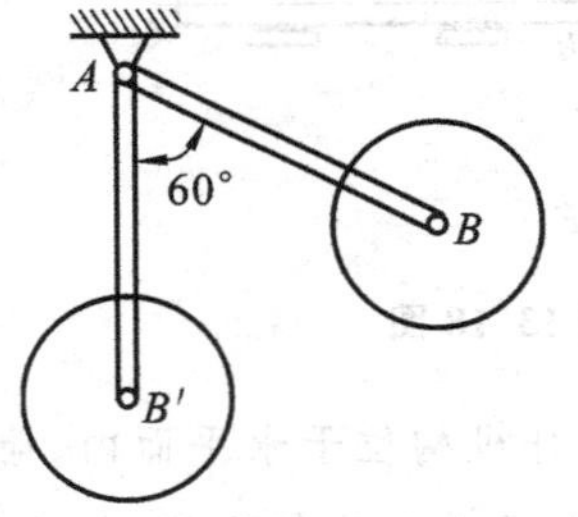

题 13-24 图

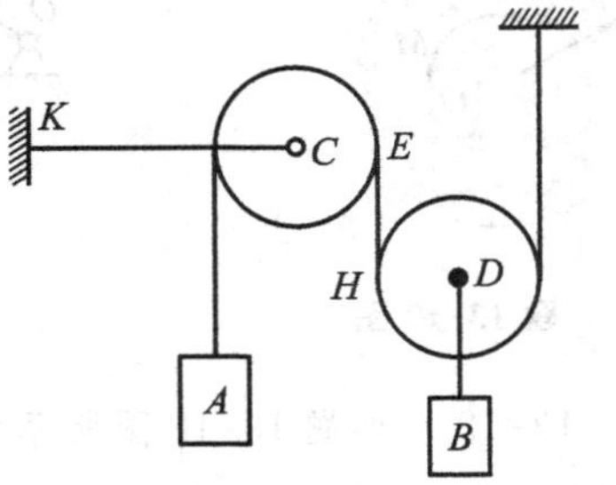

题 13-25 图

13-24　如题 13-24 图所示，重力为 150 N 的均质圆盘与重力为 60 N、长为 24 cm 的均质杆 AB 在 B 处用铰链连接，系统由图示位置无初速度地释放。求系统经过最低位置点 B' 时的速度、角速度及支座 A 的约束力。

13-25　题 13-25 图所示的机构中，物块 A、B 的质量均为 m，两均质圆轮 C、D 的质量均为 $2m$，半径均为 R。轮 C 铰接于长为 $3R$ 的无重悬臂梁 CK 上，D 为动滑轮，绳与轮之间无相对滑动，系统由静止开始运动。试求：(1) 物块 A 上升的加速度；(2) HE 段绳的张力；(3) 固定约束端 K 处的约束力。

13-26　如题 13-26 图所示，质量为 m_1 的物块 A 悬挂于不可伸长的绳子上，绳子跨过滑轮与刚度系数为 k 的铅直弹簧相连。设滑轮的质量为 m_2，并可看成半径是 r 的均质圆盘。现在从平

衡位置给物块 A 以向下的初速度 v_0，设弹簧和绳子的质量不计，试求物块 A 下降的最大距离 s。

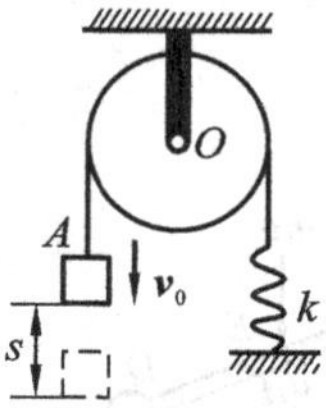

题 13-26 图

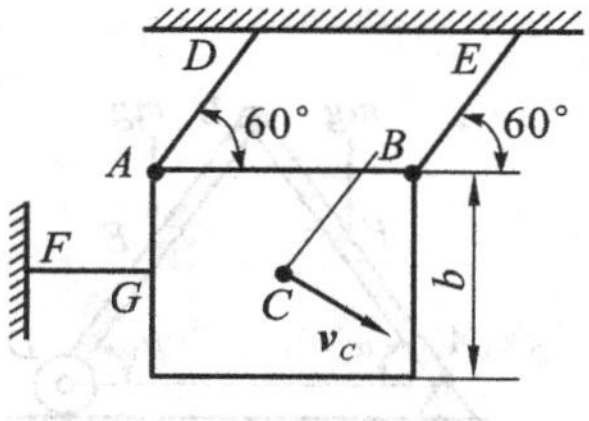

题 13-27 图

13-27　如题 13-27 图所示，边长为 $b=100$ mm、质量为 $m=40$ kg 的正方形均质板，在铅直平面内用三根软绳 AD、BE、FG 拉住。求当绳子 FG 被剪断瞬时以及 AD 和 BE 两绳位于铅直位置时，木板中心 C 的加速度以及 AD 和 BE 两绳的张力。

13-28　如题 13-28 图所示，质量为 m_0 的物块静止于光滑的水平面上，质量为 m 的小球自 A 处无初速度地沿半径为 r 的光滑半圆槽下滑。设 $m_0=3m$，求小球滑到最低点 B 处时相对于物块的速度及槽对小球的正压力。

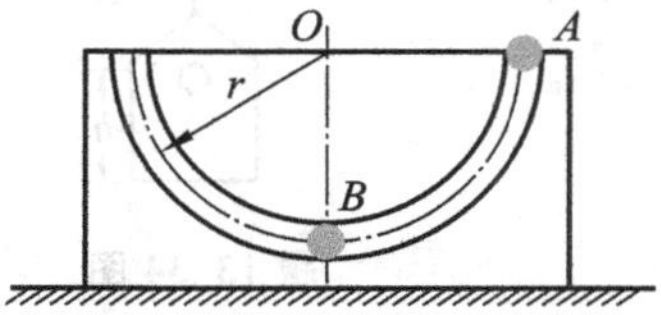

题 13-28 图

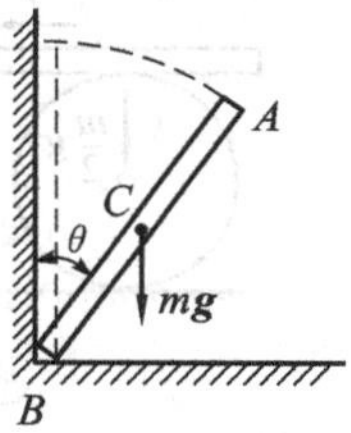

题 13-29 图

13-29　长为 l、质量为 m 的均质杆 AB 起初紧靠在铅直墙壁上，因受到微小干扰使其绕点 B 倾倒，如题 13-29 图所示，不计摩擦。求：(1) B 端未脱离墙时杆 AB 的角速度、角加速度及 B 处的约束力；(2) B 端脱离墙时的 θ 角；(3) 杆着地时杆的角速度及质心的速度。

13-30　长为 l、质量为 m 的均质杆 AB 用两根柔性绳索悬挂，如题 13-30 图所示。现将 OB 绳突然切断，求此时杆 AB 的角加速度和绳 AD 的张力。

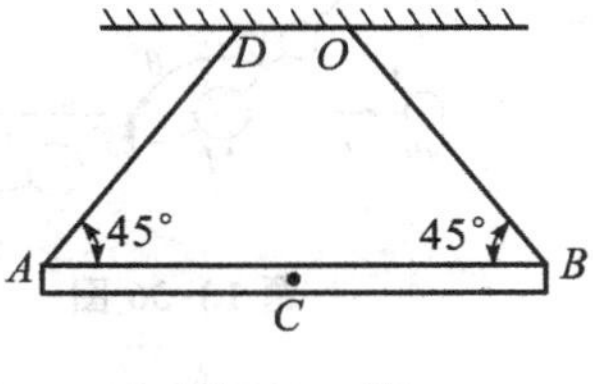

题 13-30 图

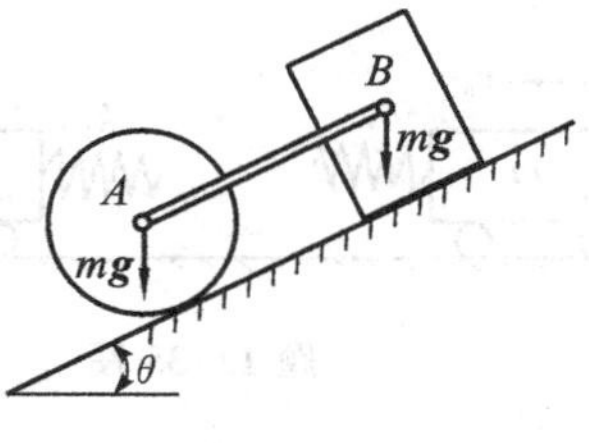

题 13-31 图

13-31　质量为 m、半径为 r 的均质圆盘 A 与质量为 m 的滑块 B 用平行于斜面且质量忽略不计的连杆 AB 相连，如题 13-31 图所示。斜面倾角为 θ，摩擦系数为 f，圆盘做纯滚动，系统初始静止。求：(1) 滑块 B 的加速度；(2) 圆盘 A 的摩擦力；(3) 杆 AB 的内力。

13-32　系统在铅直平面内由两根相同的均质细直杆构成，A、B 处为铰链，D 为小滚轮，且 AD 水平，如题 13-32 图所示。两根杆的质量均为 $m=6$ kg，长度均为 $l=0.75$ m。当仰角 $\alpha_1=60°$

时，系统由静止释放。假定摩擦力和小滚轮的质量忽略不计，求当仰角减到 $\alpha_2 = 20°$ 时杆 AB 的角速度。

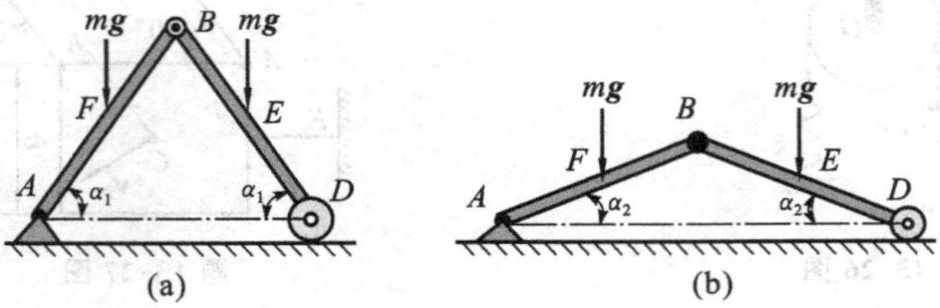

题 13-32 图

13-33　质量为 m 的平板置于两个半径为 r、质量为 $\frac{m}{2}$ 的实心圆柱上，圆柱放在水平面上，如题13-33图所示。假设接触处都有摩擦而无相对滑动，求当板上加水平力 $\boldsymbol{F}$ 时平板的加速度 $\boldsymbol{a}$。

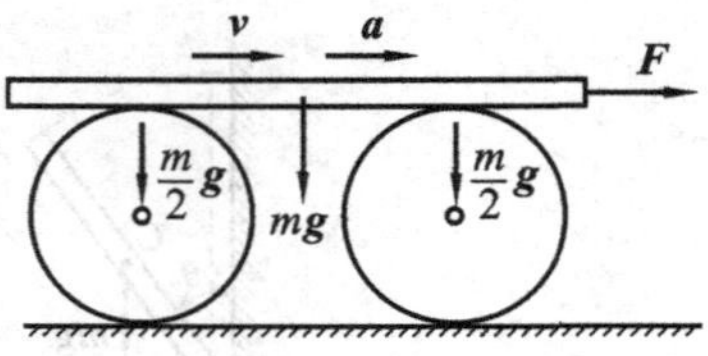

题 13-33 图

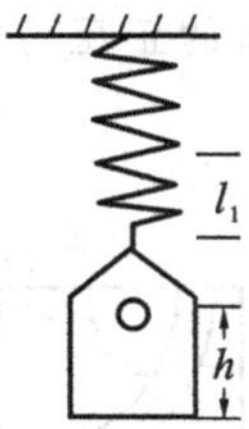

题 13-34 图

13-34　用一个轻弹簧把一质量为 M 的金属盘悬挂起来，这时弹簧伸长 $l_1 = 100$ mm，如题13-34图所示。质量为 m 的泥球从高于盘底 $h = 300$ mm 处由静止下落到盘上，求：泥球和金属盘一起向下运动的最大位移 δ_m 及碰撞时的动能损失 ΔT。

13-35　两个质量分别为 m_1、m_2，带弹性系数分别为 k_1、k_2 的理想弹簧缓冲器的小车 A、B，如题13-35图所示。设 B 不动，A 以速度 $\boldsymbol{v}_0$ 与 B 相碰，在不计摩擦力和弹簧质量的情况下，求两小车相碰达到共同速度时相互之间的作用力。

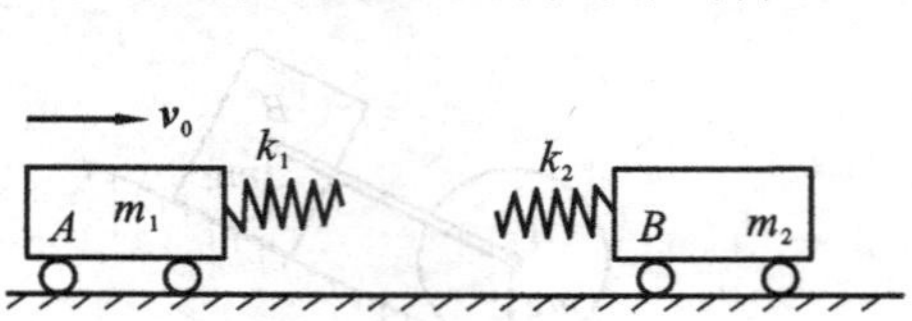

题 13-35 图

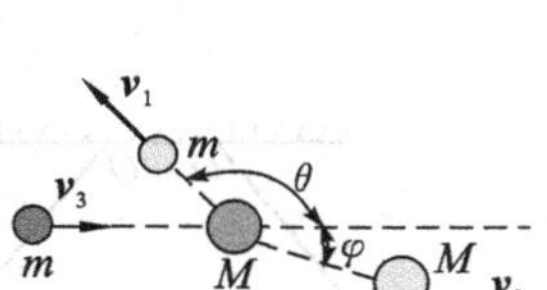

题 13-36 图

13-36　热中子被静止的氦核散射。设散射为弹性碰撞，氦核与热中子质量分别为 M 和 m，且 $M = 4m$，中子的散射角为 $\theta = 111°$，如题13-36图所示。求中子在散射过程中损失的能量。

13-37　假设质量相等的两小球发生非对心完全弹性碰撞，如果其中一个最初是静止的，求碰撞后两小球前行方向的夹角。

13-38　如题13-38图所示，质量为 m 的小球 A 以速度 $\boldsymbol{v}_0$ 沿着质量为 M、半径为 R 的地球表面切向水平向右飞出，地轴 OO' 与 $\boldsymbol{v}_0$ 平行，小球 A 的运动轨道与轴 OO' 相交于点 C，$OC = 3R$，

若不考虑地球自转和空气阻力，试求小球 A 在点 C 的速度与轴 OO' 之间的夹角 θ。

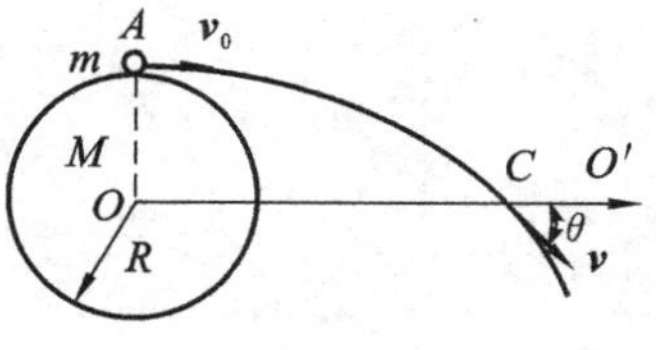

题 13-38 图

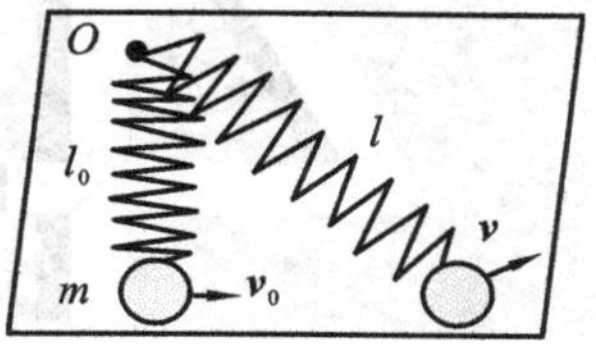

题 13-39 图

13-39　弹性系数为 k，长度为 l_0 的弹簧一端固定于点 O，另一端连接质量为 m、初速度为 $\boldsymbol{v}_0$ 且速度方向与 l_0 垂直的小球，如题 13-39 图所示。求任意时刻 t 小球运动的速度 $\boldsymbol{v}$ 及方向？

13-40　均质圆盘 C 和 B 用绳索连接，如题 13-40 图所示。问：在细绳 AC 被剪断后的瞬时，杆 AB 的 A 端的约束力水平分量与铅直分量，以及约束力偶的大小，与绳 AC 剪断前相比，如何变化？(1) 增加；(2) 减少；(3) 不变；(4) 不确定。

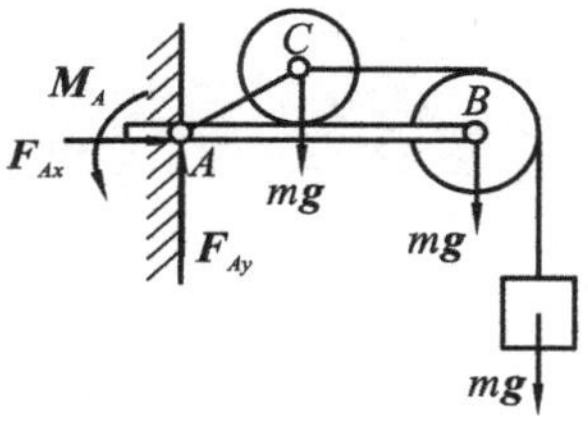

题 13-40 图

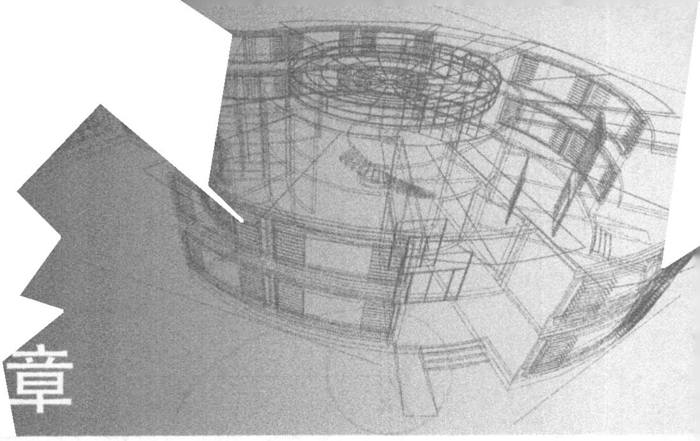

第4章 达朗贝尔原理

本章导读

● **教学的基本要求**　理解惯性力的概念；掌握惯性力系的简化方法及简化结果；掌握质点系的达朗贝尔原理（动静法），并会综合应用。

● **教学内容的重点**　惯性力系的简化方法及简化结果；质点系的达朗贝尔原理（动静法）的综合应用。

● **教学内容的难点**　惯性力的概念；利用惯性力系的简化结果虚加惯性力。

达朗贝尔原理是非自由质点系动力学的基本原理，通过引入惯性力，建立虚平衡状态，可把动力学问题在形式上转化为静力学平衡问题而求解。这种求解动力学问题的普遍方法，称为**动静法**。动静法在工程技术中的应用十分广泛。

14.1 质点的达朗贝尔原理

14.1.1 质点的达朗贝尔原理

设质量为 m 的非自由质点 M，在主动力 $\boldsymbol{F}$ 和约束力 $\boldsymbol{F}_N$ 的作用下，做曲线运动，如图 14-1 所示。在图示瞬时，质点 M 的加速度为 $\boldsymbol{a}$，则质点 M 的动力学基本方程为

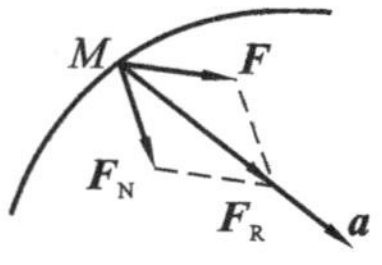

图 14-1

$$m\boldsymbol{a} = \boldsymbol{F} + \boldsymbol{F}_N$$

上式移项，得

$$\boldsymbol{F} + \boldsymbol{F}_N + (-m\boldsymbol{a}) = 0$$

令

$$\boldsymbol{F}_I = -m\boldsymbol{a} \tag{14-1}$$

显然，$\boldsymbol{F}_I$ 具有力的量纲，称为质点 M 的**惯性力**。于是有

$$\boldsymbol{F} + \boldsymbol{F}_N + \boldsymbol{F}_I = 0 \tag{14-2}$$

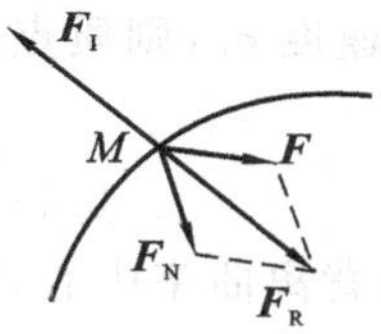

图 14-2

现在，我们从静力学的角度来考察式(14-2) 所表达的力学意义。若将 $\boldsymbol{F}$、$\boldsymbol{F}_N$ 和 $\boldsymbol{F}_I$ 视为汇交于一点的力系，则式(14-2) 恰恰就是这个汇交力系的平衡条件。事实上，质点 M 只作用有主动力 $\boldsymbol{F}$ 和约束力 $\boldsymbol{F}_N$，并没有受到惯性力 $\boldsymbol{F}_I$ 的作用。因而我们构造一个与式(14-2) 相对应的质点 M 的平衡状态，很简单，只要将惯性力 $\boldsymbol{F}_I$ 人为地施加于质点 M 上就可以了(见图 14-2)，习惯上称为在质点 M 上虚加惯性力。这样一来，一个虚拟的质点平衡状态(见图 14-2) 便与力的平衡条件式(14-2) 一一对应起来，我们便可对虚拟的平衡状态，采用静力学列平衡方程的方法来建立动力学方程。式(14-2) 只是质点动力学基本方程的移项而已，并未改变它的动力学本质。

综上所述，可得**质点的达朗贝尔原理**：质点在运动的每一瞬时，作用于质点上的主动力、约束力和虚加的惯性力组成一个平衡力系。

实质上，达朗贝尔原理对质点的动力学基本方程重新赋予了静力学虚拟平衡的结论。这就提供了在质点虚加惯性力，采用静力学平衡方程的形式来求解动力学问题的方法，称为**质点的动静法**。

必须指出，惯性力是人为地虚加在运动的质点上，是为了应用静力学的方法而达到求解动力学的目的所采取的一种手段，质点的平衡状态是虚拟的。千万不可认为惯性力就作用在运动的物体上，甚至错误地把惯性力视为主动力去解释一些工程实际问题。

14.1.2 惯性力的概念

在达朗贝尔原理中，虚加惯性力无疑是一个关键。下面我们对惯性力的概念做进一步地阐述。

质量均为 m 的物块 A 和 B，置于光滑的水平面上，受水平力 $\boldsymbol{F}_1$ 作用（见图 14-3(a)），所获加速度为 $\boldsymbol{a}$，根据质点的动力学基本方程，可得物块 B 所受到的作用力 $\boldsymbol{F}=m\boldsymbol{a}$（见图 14-3(c)）。根据作用与反作用定律，物块 A 必受到物块 B 的反作用力 $\boldsymbol{F}'$，并且 $\boldsymbol{F}'=-\boldsymbol{F}=-m\boldsymbol{a}$。注意到式(14-1)，则 $\boldsymbol{F}_1=\boldsymbol{F}'$。

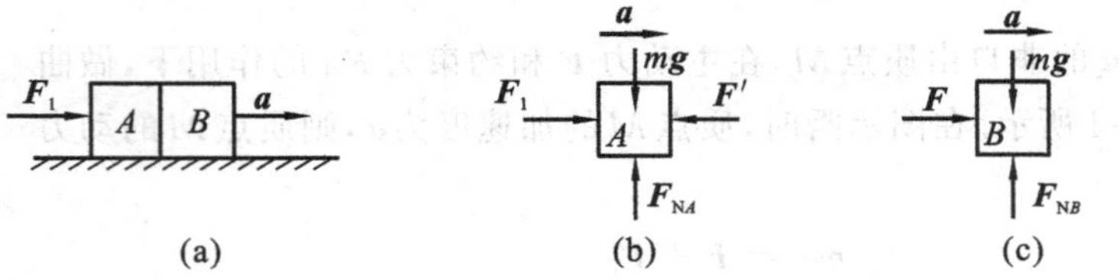

图 14-3

可见，物块 B 的惯性力，就是获得加速度的物块 B 给予施力体（物块 A）的反作用力。物块 B 的质量愈大，其惯性愈大，则给施力体的反作用力也愈大，因此称此反作用力为物块 B 的惯性力。显然，物块 B 的惯性力并不作用在物块 B 上，但它却是一个真实的力。

总之，质点的惯性力是：当质点受力作用而产生加速度时，由于其惯性而对施力体的反作用力。质点惯性力的大小等于质点的质量与加速度的乘积，方向与加速度方向相反。

当质点做曲线运动时，若将质点的加速度分解为切向加速度 $\boldsymbol{a}_\tau$ 和法向加速度 $\boldsymbol{a}_n$，则质点的惯性力 $\boldsymbol{F}_I$ 也分解为**切向惯性力** $\boldsymbol{F}_{I\tau}$ 和**法向惯性力** $\boldsymbol{F}_{In}$，即

$$\boldsymbol{F}_{I\tau}=-m\boldsymbol{a}_\tau,\quad \boldsymbol{F}_{In}=-m\boldsymbol{a}_n \tag{14-3}$$

由于法向加速度总是沿主法线指向曲率中心，所以法向惯性力 $\boldsymbol{F}_{In}$ 的方向总是背离曲率中心，称为**离心惯性力**，简称为离心力。

【例 14-1】 图 14-4 所示圆锥摆中，质量为 m 的小球 A，系于长为 l 的无重细绳上，在水平面内做匀速圆周运动（绳与铅直线夹角 α 保持不变）。试求小球 A 的速度和绳的拉力。

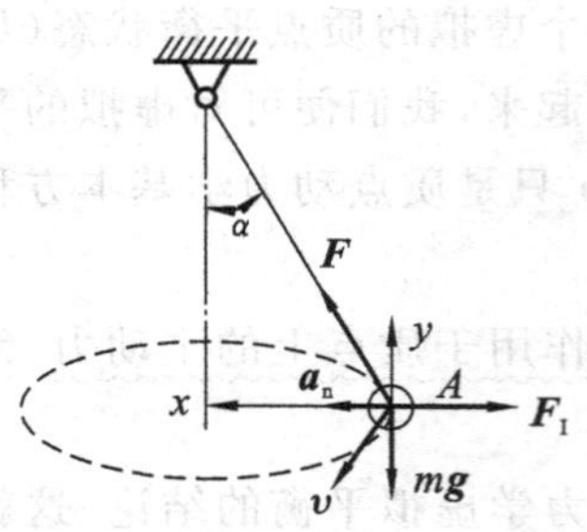

图 14-4

【解】 以小球 A 为研究对象。在任一位置时，小球受重力 $m\boldsymbol{g}$ 和绳的拉力 $\boldsymbol{F}$ 作用。由题意知，小球做匀速圆周运动，切向加速度 $a_\tau=0$，法向加速度 $a_n=v^2/(l\sin\alpha)$。于是，小球 A 的惯性力的大小为

$$F_I=F_{In}=ma_n=mv^2/(l\sin\alpha)$$

将 $\boldsymbol{F}_I$ 虚加在小球 A 上，根据质点达朗贝尔原理，则小球处于虚平衡状态，由平衡方程

$$\sum F_{yi}=0,\quad F\cos\alpha-mg=0$$

得

$$F=mg/\cos\alpha$$

$$\sum F_{xi}=0,\quad F\sin\alpha-F_I=0$$

即

$$\frac{mg}{\cos\alpha}\sin\alpha-\frac{mv^2}{l\sin\alpha}=0$$

故

$$v=\sqrt{gl\sin\alpha\tan\alpha}$$

14.2 质点系的达朗贝尔原理

现将质点的达朗贝尔原理推广并应用于质点系。设由n个质点组成的非自由质点系，其中任一质点M_i的质量为m_i，作用有主动力$\boldsymbol{F}_i$、约束力$\boldsymbol{F}_{\mathrm{N}i}$。某瞬时质点$M_i$的加速度为$\boldsymbol{a}_i$，则该质点的惯性力为$\boldsymbol{F}_{\mathrm{I}i}=-m_i\boldsymbol{a}_i$。根据质点的达朗贝尔原理，对于质点$M_i$，虚加上惯性力$\boldsymbol{F}_{\mathrm{I}i}$，该质点必处于虚平衡状态。则

$$\boldsymbol{F}_i+\boldsymbol{F}_{\mathrm{N}i}+\boldsymbol{F}_{\mathrm{I}i}=0\quad(i=1,2,\cdots,n)\tag{14-4}$$

此式表明，在质点系运动的任一瞬时，作用于每一质点上的主动力、约束力和该质点的惯性力都组成一个平衡力系，这就是**质点系的达朗贝尔原理**。

由于每个质点在主动力、约束力和惯性力作用下都处于虚平衡状态，因而整个质点系也必处于虚平衡状态。根据空间一般力系的平衡条件，作用于质点系的力系的主矢和对任一点的主矩都等于零，即

$$\begin{cases}\sum\boldsymbol{F}_i+\sum\boldsymbol{F}_{\mathrm{N}i}+\sum\boldsymbol{F}_{\mathrm{I}i}=0\\ \sum\boldsymbol{M}_O(\boldsymbol{F}_i)+\sum\boldsymbol{M}_O(\boldsymbol{F}_{\mathrm{N}i})+\sum\boldsymbol{M}_O(\boldsymbol{F}_{\mathrm{I}i})=0\end{cases}\tag{14-5}$$

作用于质点系上的力可分为内力和外力，式(14-5) 可写为

$$\begin{cases}\sum\boldsymbol{F}_i^{(e)}+\sum\boldsymbol{F}_i^{(i)}+\sum\boldsymbol{F}_{\mathrm{I}i}=0\\ \sum\boldsymbol{M}_O(\boldsymbol{F}_i^{(e)})+\sum\boldsymbol{M}_O(\boldsymbol{F}_i^{(i)})+\sum\boldsymbol{M}_O(\boldsymbol{F}_{\mathrm{I}i})=0\end{cases}\tag{14-6}$$

其中，$\sum\boldsymbol{F}_i^{(e)}$、$\sum\boldsymbol{F}_i^{(i)}$ 分别表示作用于质点系的外力和内力的主矢；$\sum\boldsymbol{M}_O(\boldsymbol{F}_i^{(e)})$、$\sum\boldsymbol{M}_O(\boldsymbol{F}_i^{(i)})$分别表示作用于质点系的外力和内力对任一点的主矩。由于质点系的内力是成对出现的，且等值、反向、共线，所以内力的主矢和对任一点的主矩恒等于零，即

$$\sum\boldsymbol{F}_i=0,\quad\sum\boldsymbol{M}_O(\boldsymbol{F}_i)=0$$

于是，式(14-6) 写成

$$\begin{cases}\sum\boldsymbol{F}_i^{(e)}+\sum\boldsymbol{F}_{\mathrm{I}i}=0\\ \sum\boldsymbol{M}_O(\boldsymbol{F}_i^{(e)})+\sum\boldsymbol{M}_O(\boldsymbol{F}_{\mathrm{I}i})=0\end{cases}\tag{14-7}$$

因此，**质点系的达朗贝尔原理**又可陈述为：在质点系运动的任一瞬时，作用于质点系上的外力系和各质点的惯性力系组成一个平衡力系，即它们的主矢和对任一点的主矩的矢量和都等于零。

在质点系的每一个质点上虚加惯性力，该质点系则处于虚平衡状态，就可应用平衡方程的形式来求解质点系动力学问题，称为**质点系的动静法**。

【例 14-2】 如图 14-5 所示，滑轮的半径为r，质量m均匀分布在轮缘上，可绕水平轴O转

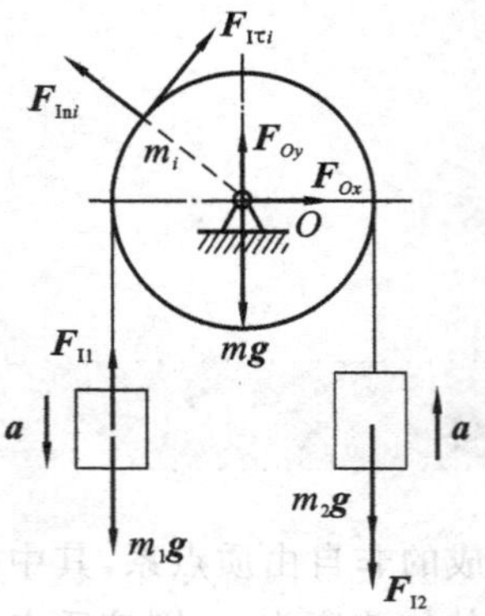

图 14-5

动。轮缘上跨过滑轮的软绳的两端各挂有质量为 m_1 和 m_2 的重物，且 $m_1 > m_2$。绳的质量不计，绳与滑轮之间无相对滑动，轴承摩擦忽略不计，求重物的加速度。

【解】 (1) 取系统为对象。

(2) 受力分析：外力有 $m\boldsymbol{g}$，$m_1\boldsymbol{g}$，$m_2\boldsymbol{g}$，$\boldsymbol{F}_{Ox}$ 和 $\boldsymbol{F}_{Oy}$。

(3) 运动分析：因 $m_1 > m_2$，重物 m_1 有加速度 $\boldsymbol{a}$，当绳与轮之间无相对滑动时，$\boldsymbol{a}_\tau = \boldsymbol{a}$；轮缘上点 m_i 惯性力的大小分别为

$$F_{\text{I}ni} = m_i a_{ni} = m_i \frac{v^2}{r},\quad F_{\text{I}\tau i} = m_i a_{\tau i},\quad F_{\text{I1}} = m_1 a,\quad F_{\text{I2}} = m_2 a$$

(4) 列虚平衡方程

$$\sum M_O(\boldsymbol{F}_i) = 0,\quad (m_1 g - F_{\text{I1}} - F_{\text{I2}} - m_2 g)r - \sum F_{\text{I}\tau i} r = 0$$

即

$$(m_1 g - m_1 a - m_2 a - m_2 g)r - \sum m_i a r = 0$$

注意到

$$\sum m_i a r = ar\sum m_i = arm$$

解得

$$a = \frac{m_1 - m_2}{m_1 + m_2 + m} g$$

【例 14-3】 均质细直杆 AB 重力为 $\boldsymbol{G}$，长为 l，其 A 端铰接在铅直轴上，并以匀角速度 w 绕轴转动，如图 14-6 所示。当杆 AB 与轴的夹角 θ 为常量时，求 ω 和 θ 的关系。

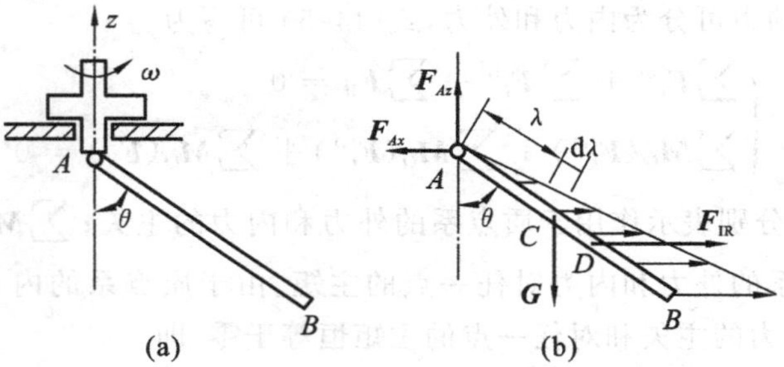

图 14-6

【解】 (1) 取杆 AB 为对象。

(2) 受力分析：外力有 $\boldsymbol{G}$，$\boldsymbol{F}_{Ax}$，$\boldsymbol{F}_{Az}$。

(3) 运动分析：虚加惯性力。

在 λ 处取 $\mathrm{d}\lambda$，其质量 $\mathrm{d}m = \dfrac{G}{g}\dfrac{\mathrm{d}\lambda}{l}$，$a_{ni} = \omega^2\lambda\sin\theta$，$\mathrm{d}F_{\text{I}} = \dfrac{G}{g}\dfrac{\mathrm{d}\lambda}{l}\omega^2\lambda\sin\theta$

$$F_{\text{IR}} = \int_0^l \mathrm{d}F_{\text{I}} = \int_0^l \frac{G\omega^2\sin\theta}{lg}\lambda\,\mathrm{d}\lambda = \frac{G}{2g}l\omega^2\sin\theta \tag{a}$$

设合力 $\boldsymbol{F}_{\text{IR}}$ 作用线与杆 AB 的交点为 D，并且 $AD = b$，根据合力矩定理，有

$$F_{\text{IR}} b\cos\theta = \int_0^l \mathrm{d}F_{\text{I}}\lambda\cos\theta \tag{b}$$

而 $$\int_0^l \mathrm{d}F_{\mathrm{I}}\lambda\cos\theta = \int_0^l \frac{G\omega^2\sin\theta}{lg}\lambda^2\mathrm{d}\lambda\cos\theta = \frac{G}{3lg}\omega^2 r^3\sin\theta\cdot\cos\theta \tag{c}$$

将式(a)、(c) 代入式(b),则得 $b = \dfrac{2}{3}l$

(4) 由质点系的达朗贝尔原理,杆 AB 的虚平衡方程有

$$\sum M_A(\boldsymbol{F}_i) = 0,\quad F_{\mathrm{IR}}\frac{2}{3}l\cos\theta - \frac{G}{2}l\sin\theta = 0$$

即

$$\frac{G}{2g}l\omega^2\sin\theta\cdot\frac{2}{3}l\cos\theta - \frac{G}{2}l\sin\theta = 0$$

或

$$\sin\theta\left(\frac{2l}{3g}\omega^2\cos\theta - 1\right) = 0$$

于是可得

$$\sin\theta = 0 \quad 或 \quad \cos\theta = \frac{3g}{2l\omega^2}$$

显然,$\theta = 0$ 与题设不符,舍去,所以

$$\cos\theta = \frac{3g}{2l\omega^2}$$

14.3 刚体惯性力系的简化

应用质点系动静法时,需要在每个质点上虚加惯性力,组成惯性力系。如果质点的数目有限,逐点加惯性力是可行的。而对于刚体,它可看作无穷多个质点的集合,不可能逐个质点去加惯性力。于是,我们利用静力学中力系简化的方法先将刚体惯性力系加以简化,用简化的结果来等效地替代原来的惯性力系,解题时就方便多了。

下面分别对刚体做平移、绕定轴转动和平面运动时的惯性力系进行简化。

1. 刚体做平移

刚体平移时,各质点具有相同的加速度 $\boldsymbol{a}_i$,且都等于质心 C 的加速度 $\boldsymbol{a}_C$,即 $\boldsymbol{a}_i = \boldsymbol{a}_C$,因而其惯性力系是一同向平行力系,与重力系类似。这个力系简化为过质心的合力 $\boldsymbol{F}_{\mathrm{IR}}$,有

$$\boldsymbol{F}_{\mathrm{IR}} = -\sum m_i\boldsymbol{a}_C = -\boldsymbol{a}_C\sum m_i$$

即

$$\boldsymbol{F}_{\mathrm{IR}} = -M\boldsymbol{a}_C \tag{14-8}$$

$\sum m_i = M$ 为刚体的总质量。于是得出结论:平移刚体的惯性力系可以简化为通过质心的合力,其大小等于刚体的质量与质心加速度的乘积,合力的方向与加速度方向相反。

2. 刚体定轴转动

在此仅研究刚体具有质量对称面且转轴垂直于此对称面的情况。当刚体定轴转动时,平行于转轴的任一直线做平移,此直线上的惯性力系可合成为过对称点的一个合力。因而,刚体的惯性力系可先简化为该质量对称面内的一个平面惯性力系。我们再将此平面惯性力系向转轴(轴

z）与对称面的交点 O 简化。惯性力系的主矢 $\boldsymbol{F}_{\mathrm{IR}}$ 为

$$\boldsymbol{F}_{\mathrm{IR}}=-\sum m_i\boldsymbol{a}_i=-\sum m_i\frac{\mathrm{d}^2\boldsymbol{r}_i}{\mathrm{d}t^2}=-\frac{\mathrm{d}^2(\sum m_i\boldsymbol{r}_i)}{\mathrm{d}t^2}=-\frac{\mathrm{d}^2(M\boldsymbol{r}_C)}{\mathrm{d}t^2}=-M\frac{\mathrm{d}^2\boldsymbol{r}_C}{\mathrm{d}t^2}=-M\boldsymbol{a}_C$$

具体解题时，也可将 $\boldsymbol{F}_{\mathrm{IR}}$ 分解为 $\boldsymbol{F}_{\mathrm{IR}\tau}$ 和 $\boldsymbol{F}_{\mathrm{IRn}}$，则

$$F_{\mathrm{IRn}}=-Ma_{C\mathrm{n}},\quad F_{\mathrm{IR}\tau}=-Ma_{C\tau} \tag{14-9}$$

惯性力 $\boldsymbol{F}_{\mathrm{I}i}$ 也可以分解为相应的两个分量 $\boldsymbol{F}_{\mathrm{I}\tau i}$ 和 $\boldsymbol{F}_{\mathrm{In}i}$，如图 14-7(a) 所示，其大小分别为 $F_{\mathrm{I}\tau i}=m_i r_i\alpha$，$F_{\mathrm{In}i}=m_i r_i\omega^2$，方向如图 14-7 所示。

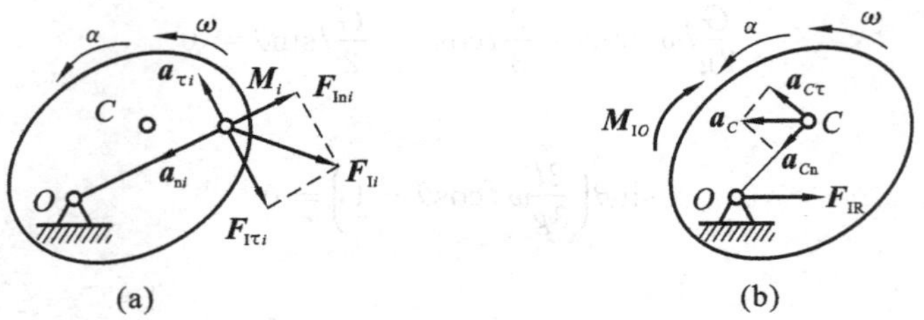

图 14-7

于是，惯性力系对转轴 O 的主矩

$$M_{\mathrm{IO}}=\sum M_O(\boldsymbol{F}_{\mathrm{I}i})=\sum M_O(\boldsymbol{F}_{\mathrm{I}\tau i})+\sum M_O(\boldsymbol{F}_{\mathrm{In}i})$$
$$=-\sum(m_ir_i\alpha)r_i=-(\sum m_ir_i^2)\alpha$$

即

$$M_{\mathrm{IO}}=-J_z\alpha \tag{14-10}$$

式中：J_z 是刚体对转轴的转动惯量，负号表示与角加速度的转向相反。可见，具有质量对称面且绕垂直于此对称面的轴做定轴转动的刚体，惯性力系向转轴简化为此对称面内一个力和一个力偶，该力的大小等于刚体的质量与质心加速度的乘积，方向与质心加速度方向相反，作用线通过转轴；该力偶矩等于刚体对转轴的转动惯量与角加速度的乘积，转向与角加速度转向相反，如图 14-7(b) 所示。

在工程实际中，经常遇到几种特殊情况：

(1) 转轴通过刚体质心，此时 $a_C=0$，可知 $F_{\mathrm{IR}}=0$，则刚体的惯性力系简化为一惯性力偶，其矩 $|M_{\mathrm{IC}}|=J_z|\alpha|$，转向与 α 转向相反；

(2) 刚体匀速转动，此时 $\alpha=0$，可知 $M_{\mathrm{IO}}=0$，则刚体的惯性力系简化为作用在点 O 的一个惯性力 $\boldsymbol{F}_{\mathrm{In}}$，且 $F_{\mathrm{In}}=Mr_C\omega^2$，指向与 $\boldsymbol{a}_{C\mathrm{n}}$ 相反；

(3) 转轴过质心且刚体做匀角速度转动，此时 $F_{\mathrm{IR}}=0$，$M_{\mathrm{IO}}=0$，刚体的惯性力系为平衡力系。

3. 刚体做平面运动

工程中，做平面运动的刚体常有质量对称平面，且平行于此平面而运动。这种刚体的惯性力系可先简化为在对称面的平面力系。

质量对称面内的平面图形，如图 14-8 所示，由运动学知，平面图形的运动可分解为随基点的平移与绕基点的转动。取质心 C 为基点，设其加速度为 $\boldsymbol{a}_C$，刚体转动的角加速度为 α。简化到对称面的惯性力系分为两部分：刚体随质心平移的惯性力系简化为一个通过质心的力；刚体绕质心

转动的惯性力系简化为一个力偶。该力为

$$\boldsymbol{F}_{\mathrm{I}}=-M\boldsymbol{a}_C \tag{14-11}$$

力偶矩为

$$M_{\mathrm{IC}}=-J_C\alpha \tag{14-12}$$

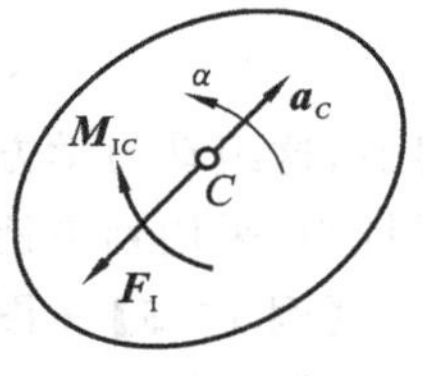

图 14-8

于是得结论：有质量对称平面的刚体，平行于此平面运动时，刚体的惯性力系可简化为在此平面内的一个力和一个力偶。该力通过质心，其大小等于刚体质量与质心加速度的乘积，其方向与质心加速度的方向相反；该力偶矩等于刚体对通过质心且垂直于对称面的轴的转动惯量与角加速度的乘积，其转向与角加速度的转向相反。

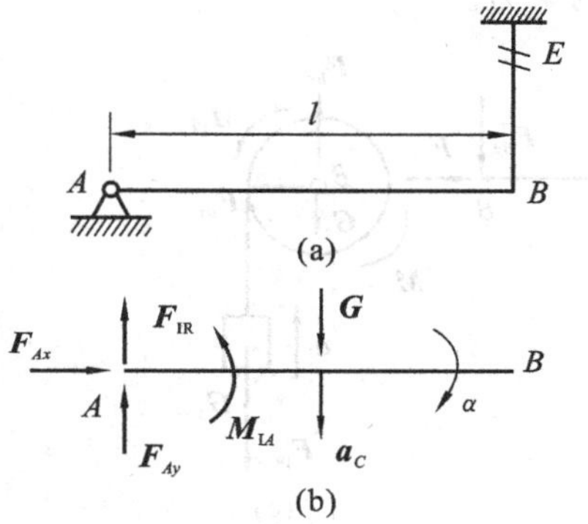

图 14-9

【例 14-4】 均质细直杆 AB 长为 l、重力为 $\boldsymbol{G}$，用固定铰支座 A 及绳 BE 维持在水平位置(见图 14-9(a))。当绳 BE 被剪断瞬时，求杆 AB 的角加速度和 A 处的约束力。

【解】 当绳 EB 被剪断后，杆 AB 将绕转轴 A 做定轴转动，将杆 AB 的惯性力系向转轴 A 简化后，可应用动静法求解。

(1) 研究对象，分析受力。取杆 AB 为研究对象，所受力有重力 $\boldsymbol{G}$、铰支座 A 处的约束力 $\boldsymbol{F}_{Ax}$、$\boldsymbol{F}_{Ay}$，绳 BE 已被剪断，不再受力，不用在受力图上画出。

(2) 分析运动，虚加惯性力。绳 BE 剪断瞬时，杆 AB 的角速度 $\omega=0$，角加速度设为 α。此时质心 C 的法向加速度 $a_{Cn}=0$，切向加速度 $a_{C\tau}=l\alpha/2$。杆 AB 的惯性力系向转轴 A 简化，可得一力和一力偶(见图 14-9(b))。力的大小及力偶矩的大小分别为

$$F_{\mathrm{I}}=\frac{G}{g}a_{C\tau}=\frac{G}{2g}l\alpha,\quad M_{\mathrm{IA}}=J_A\alpha=\frac{1}{3}\frac{G}{g}l^2\alpha$$

(3) 列平衡方程求解。对图 14-9(b) 所示杆 AB 的虚平衡状态，由平衡方程

$$\sum M_A(\boldsymbol{F}_i)=0,\quad M_{\mathrm{IA}}-G\cdot\frac{l}{2}=0$$

即

$$\frac{1}{3}\frac{G}{g}l^2\alpha-G\cdot\frac{l}{2}=0$$

得

$$\alpha=\frac{3g}{2l}$$

$$\sum F_{yi}=0,\quad F_{Ay}+F_{\mathrm{IR}}-G=0$$

得

$$F_{Ay}=G-\frac{Gl}{2g}\cdot\frac{3g}{2l}=\frac{1}{4}G$$

$$\sum F_{xi}=0,\quad F_{Ax}=0$$

讨论：本题若用动量矩定理和质心运动定理求解，则得

$$\frac{G}{g}a_C = G - F_{Ay},\quad 0 = F_{Ax},\quad J_A\alpha = G\cdot\frac{l}{2}$$

显然，这组动力学方程进行移项后就得到了动静法的平衡方程。可见，动静法的实质是通过虚加惯性力，采用列平衡方程的方法而达到求解动力学问题的目的。

【例 14-5】 图 14-10(a) 所示提升机构中，悬臂梁 AB 重力为 $G_1 = 1\ \text{kN}$，长为 $l = 3\ \text{m}$；鼓轮 B 重力为 $G_2 = 200\ \text{N}$，半径为 $r = 20\ \text{cm}$，视其为均质圆盘，其上作用有力偶 $M = 3\ \text{kN}\cdot\text{m}$ 以提升重力为 $G_3 = 10\ \text{kN}$ 的物体 C。不计绳的质量和摩擦，试求固定端 A 处的约束力。

【解】 本题虽然是求固定端 A 的约束力 $\boldsymbol{F}_{Ax}$、$\boldsymbol{F}_{Ay}$ 和 $\boldsymbol{M}_A$，但应先求出物体 C 的加速度和鼓轮的角加速度。因而先取鼓轮和重物部分为研究对象，应用动静法求物体 C 的加速度或 B 处的约束力，然后再以整个系统或梁 AB 为研究对象，求出 A 处的约束力。

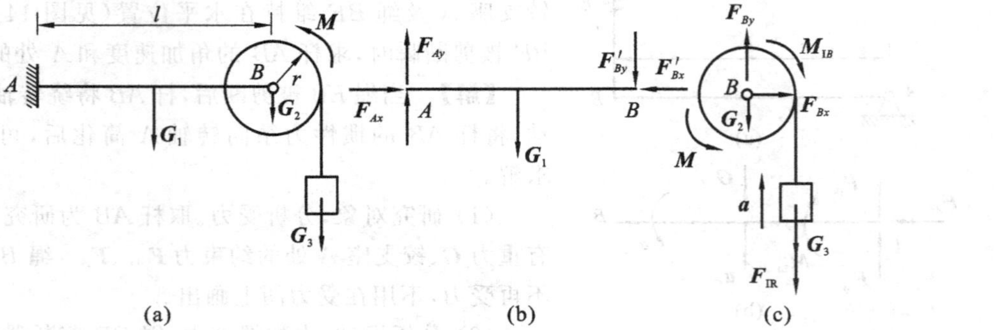

图 14-10

(1) 取鼓轮 B 及物体 C 部分为研究对象，其受主动力 $\boldsymbol{G}_3$、$\boldsymbol{G}_2$ 和力偶 $\boldsymbol{M}$ 作用；B 处的约束力为 $\boldsymbol{F}_{Bx}$、$\boldsymbol{F}_{By}$（见图 14-10(c)）。

(2) 分析运动，虚加惯性力。物体 C 做直线平移，设其上升加速度为 $\boldsymbol{a}$，其惯性力

$$F_{IR} = \frac{G_3}{g}a$$

$\boldsymbol{F}_{IR}$ 方向与 $\boldsymbol{a}$ 相反。鼓轮质心在转轴 B 上，其角加速度 $\alpha = \frac{a}{r}$，其惯性力偶矩

$$M_{IB} = J_B\alpha = \frac{1}{2}\frac{G_2}{g}r^2\cdot\frac{a}{r} = \frac{G_2 r}{2g}a$$

$\boldsymbol{M}_{IB}$ 与 α 的转向相反。

(3) 列平衡方程求 $\boldsymbol{a}$ 和 $\boldsymbol{F}_{By}$。对图 14-10(c) 所示的虚平衡受力，由

$$\sum M_B(\boldsymbol{F}_i) = 0,\quad M - M_{IB} - (G_3 + F_{IR})r = 0$$

即

$$M - \frac{G_2 r}{2g}a - G_3 r - \frac{G_3}{g}ar = 0$$

解出

$$a = \frac{M/r - G_3}{G_3 + G_2/2}g = \frac{3/0.2 - 10}{10 + 0.2/2}g = 4.85\ \text{m/s}^2$$

$$\sum F_{xi} = 0,\quad F_{Bx} = 0$$

$$\sum F_{yi} = 0,\quad F_{By} - G_2 - G_3 - F_{IR} = 0$$

得

$$F_{By}=G_2+G_3+\frac{G_3}{g}a=\left(0.2+10+\frac{10}{9.8}\times 4.85\right)\text{ kN}=15.15\text{ kN}$$

(4) 取梁 AB 为研究对象,由

$$\sum F_{xi}=0,\quad F_{Ax}=0$$

$$\sum F_{yi}=0,\quad F_{Ay}-G_1-F'_{By}=0$$

得

$$F_{Ay}=G_1+F_{By}=(1+15.15)\text{ kN}=16.15\text{ kN}$$

$$\sum M_A(\boldsymbol{F}_i)=0,\quad M_A-G_1\cdot\frac{l}{2}-F'_{By}l=0$$

得

$$M_A=\frac{1}{2}G_1l+F'_{By}l=\left(\frac{1}{2}\times 1\times 3+15.15\times 3\right)\text{ kN}=46.95\text{ kN}$$

【例 14-6】 均质杆 AB 长为 l,重力为 $\boldsymbol{G}$,用两根绳子悬挂在点 O,如图 14-11(a) 所示。杆静止时,突然将绳 OA 切断,试求切断瞬时绳 OB 的受力。

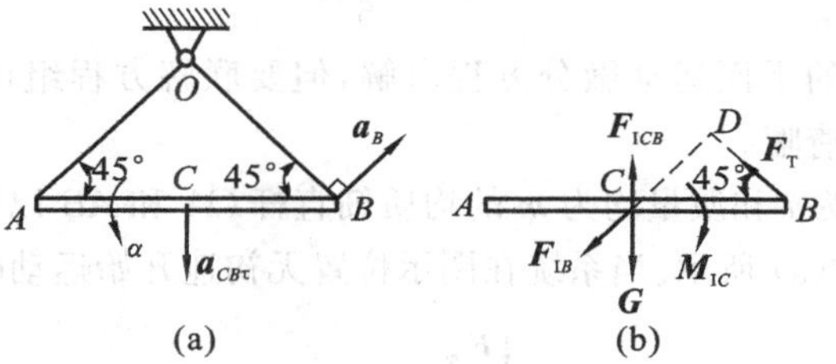

图 14-11

【解】 绳 OA 切断后,杆 AB 将做平面运动。在绳子切断的瞬时,杆 AB 的角速度及各点速度均为零,但杆的角加速度不等于零,据此特点可确定质心 C 的加速度,然后虚加惯性力系的简化结果,应用动静法求解。

(1) 研究对象的受力分析。取杆 AB 为研究对象。绳 OA 切断时杆受重力 $\boldsymbol{G}$ 和绳 OB 的拉力 $\boldsymbol{F}_T$ 作用。

(2) 分析运动,虚加惯性力。绳断瞬时,点 B 做圆周运动,由于 $v_B=0$,而 $\boldsymbol{a}_B=\boldsymbol{a}_{B\tau}$。取 B 为基点,则杆 AB 质心 C 的加速度可由基点法表示为

$$\boldsymbol{a}_C=\boldsymbol{a}_B+\boldsymbol{a}_{CBn}+\boldsymbol{a}_{CB\tau}$$

由于 $\omega_{AB}=0$,可知 $a_{CBn}=0$,设杆 AB 此时的角加速度为 α,则有 $a_{CB\tau}=BC\cdot\alpha=\frac{l}{2}\alpha$。$\boldsymbol{a}_C$ 的分矢量如图 14-11(a) 所示。

杆 AB 做平面运动,向质心 C 简化的惯性力及惯性力偶矩分别为

$$\boldsymbol{F}_{IC}=\boldsymbol{F}_{IB}+\boldsymbol{F}_{ICB},\quad M_{IC}=J_C\alpha=\frac{G}{12g}l^2\alpha$$

其中

$$F_{IB}=\frac{G}{g}a_B,\quad F_{IBC}=\frac{G}{g}\frac{l}{2}\alpha$$

$\boldsymbol{F}_{IB}$、$\boldsymbol{F}_{IBC}$ 和 M_{IC} 如图 14-11(b) 所示。

(3) 列平衡方程求解。对杆 AB 的虚平衡状态，如图 14-11(b) 所示，列平衡方程

$$\sum M_D(\boldsymbol{F}_i)=0,\quad F_{ICB}\frac{l}{4}-G\frac{l}{4}+M_{IC}=0$$

即

$$\frac{G}{g}\frac{l}{2}\alpha\frac{l}{4}-G\frac{l}{4}+\frac{G}{12g}l^2\alpha=0$$

得

$$\alpha=\frac{6g}{5l}\text{(逆时针转向)}$$

$$\sum M_C(\boldsymbol{F}_i)=0,\quad F_T\cdot\frac{l}{2}\cdot\frac{\sqrt{2}}{2}-M_{IC}=0$$

$$F_T\cdot\frac{l}{2}\cdot\frac{\sqrt{2}}{2}-\frac{G}{12g}l^2\cdot\frac{6g}{5l}=0$$

解得

$$F_T=\frac{\sqrt{2}}{5}G$$

讨论：本题可用刚体的平面运动微分方程求解，但要联解方程组比较麻烦，而动静法由于合理选择矩心，使求解简单清晰。

【例 14-7】 长度均为 l 和质量均为 m 的均质细直杆 OA 和 AB 以铰链相连，并以铰链 O 悬挂在铅直平面内，如图 14-12(a) 所示。当系统在图示位置无初速开始运动时，试求两杆的角加速度。

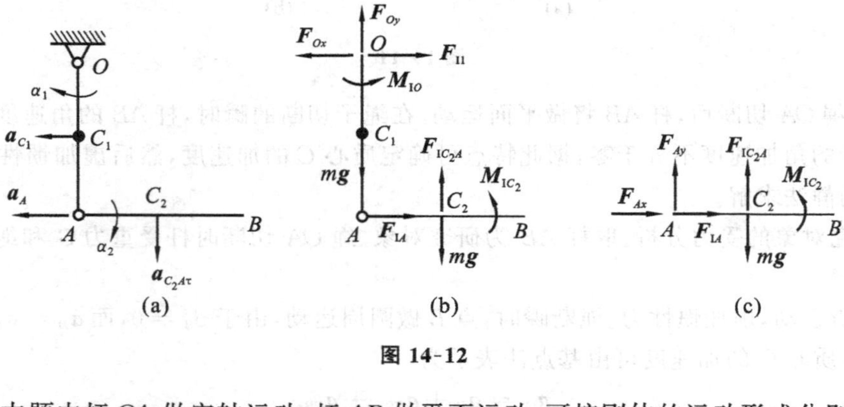

图 14-12

【解】 本题中杆 OA 做定轴运动，杆 AB 做平面运动。可按刚体的运动形式分别向转轴 O 和质心 C_2 虚加惯性力和惯性力偶。杆 AB 质心 C_2 的加速度应由刚体平面运动时的基点法求得。

(1) 研究对象的受力分析。研究整体，杆 OA 与杆 AB 的重力均为 mg，在铰 O 处的约束力以 $\boldsymbol{F}_{Ox}$，$\boldsymbol{F}_{Oy}$ 表示。

(2) 分析运动，虚加惯性力。系统由静止开始运动，可知此瞬时两杆的角速度及各点的速度均为零。设杆 OA 及杆 AB 的角加速度分别为 α_1 和 α_2，如图 14-12(a) 所示，在杆 OA 的转轴O 处虚加惯性力 $\boldsymbol{F}_{I1}$ 和惯性力偶 $\boldsymbol{M}_{IO}$，则有

$$F_{I1}=ma_{C_1}=m\cdot\frac{l}{2}\alpha_1,\quad M_{IO}=J_O\alpha_1=\frac{1}{3}ml^2\alpha_1$$

杆 AB 做平面运动，以 A 为基点，质心 C_2 的加速度，可由基点法得

$$\boldsymbol{a}_{C_2} = \boldsymbol{a}_A + \boldsymbol{a}_{AC_2\tau} + \boldsymbol{a}_{AC_2n}$$

其中，$a_A = l\alpha_1$，$a_{AC_2n} = 0$，$a_{AC_2\tau} = l\alpha_2/2$。虚加在质心 C_2 的惯性力 $\boldsymbol{F}_{IC_2}$，以分量 $\boldsymbol{F}_{IA}$ 及 $\boldsymbol{F}_{IC_2A}$ 表示，即

$$F_{IA} = ma_A = ml\alpha_1, \quad F_{IC_2A} = m \cdot \frac{l}{2}\alpha_2$$

杆 AB 对质心 C_2 的惯性力偶矩为

$$M_{IC_2} = J_{C_2}\alpha_2 = \frac{1}{12}ml^2 \cdot \alpha_2$$

虚加惯性力及惯性力偶如图 14-12(b) 所示。

(3) 列平衡方程求解。

$$\sum M_O(\boldsymbol{F}_i) = 0, \quad M_{IO} + M_{IC_2} + (F_{IC_2A} - mg)\frac{l}{2} + F_{IA}l = 0$$

即

$$\frac{1}{3}ml^2\alpha_1 + \frac{1}{12}ml^2\alpha_2 + \left(\frac{1}{2}ml\alpha_2 - mg\right)\frac{l}{2} + ml\alpha_1 l = 0$$

简化后得

$$4\alpha_1 + \alpha_2 = \frac{3}{2}\frac{g}{l} \tag{a}$$

(4) 取杆 AB 为研究对象，虚平衡的受力如图 14-12(c) 所示，由

$$\sum M_A(\boldsymbol{F}_i) = 0, \quad M_{IC_2} + F_{IC_2A} \cdot \frac{l}{2} - mg\frac{l}{2} = 0$$

即

$$\frac{1}{12}ml^2\alpha_2 + \frac{1}{2}ml\alpha_2\frac{l}{2} - mg\frac{l}{2} = 0$$

解得

$$\alpha_2 = \frac{3}{2}\frac{g}{l} \tag{b}$$

将式(b) 代入式(a)，可得

$$\alpha_1 = 0$$

【例 14-8】 均质圆盘质量为 m_A，半径为 r。均质细长杆长 $l = 2r$，质量为 m。杆端点 A 与轮心为光滑铰接，如图 14-13(a) 所示。如在 A 处加一水平拉力 $\boldsymbol{F}$，使轮沿水平面做纯滚动。问：力 $\boldsymbol{F}$ 多大能使杆的 B 端刚刚离开地面？又为保证纯滚动，轮与地面间的静摩擦系数应为多大？

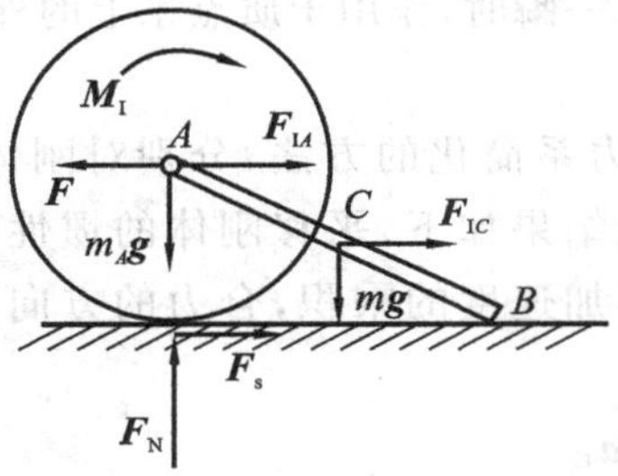

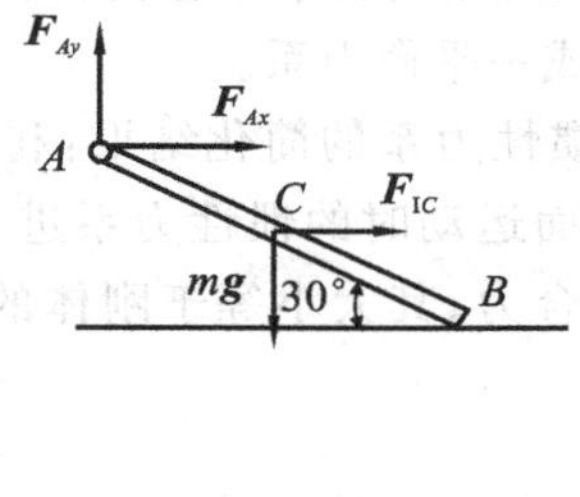

图 14-13

【解】 细杆刚离地面时仍为平移，而地面约束力为零，设其加速度为 $\boldsymbol{a}$。以杆为研究对象，杆承受的力及虚加惯性力如图 14-13(b) 所示，其中 $F_{IC}=ma$，按动静法列方程。

$$\sum M_A(\boldsymbol{F}_i)=0,\quad mar\sin30^\circ-mgr\cos30^\circ=0$$

解得

$$a=\sqrt{3}g$$

整个系统承受的力并加上惯性力如图 14-13(a) 所示，其中 $F_{IA}=m_Aa$，$M_I=m_Ara/2$。由方程 $\sum F_{yi}=0$，得

$$F_N=(m_A+m)g$$

地面摩擦力

$$F_s\leqslant f_sF_N=f_sg(m_A+m)$$

为求摩擦力，应以圆轮为研究对象，由方程 $\sum M_A(\boldsymbol{F}_i)=0$，得

$$F_sr=M_I=\frac{1}{2}m_Ara$$

解出

$$F_s=\frac{1}{2}m_Aa=\frac{\sqrt{3}}{2}m_Ag$$

由此，地面摩擦系数

$$f_s\geqslant\frac{F_s}{F_N}=\frac{\sqrt{3}m_A}{2(m_A+m)}$$

再以整个系统为研究对象，由方程 $\sum F_{xi}=0$，得

$$F=F_{IA}+F_{IC}+F_s=\left(\frac{3m_A}{2}+m\right)\cdot\sqrt{3}g$$

本章小结

(1) 质点惯性力的大小等于质点的质量与加速度的乘积，方向与加速度方向相反，即

$$\boldsymbol{F}_I=-m\boldsymbol{a}$$

(2) 质点的达朗贝尔原理：质点在运动的每一瞬时，作用于质点上的主动力、约束力与惯性力在形式上构成一平衡力系。

(3) 质点系的达朗贝尔原理：质点系在运动的每一瞬时，作用于质点系上的外力系和惯性力系在形式上构成一平衡力系。

(4) 刚体惯性力系的简化结果：利用静力学中力系简化的方法，分别对刚体做平移、绕定轴转动和做平面运动时的惯性力系进行简化，简化结果如下。平移刚体的惯性力系可以简化为通过质心的合力，其大小等于刚体的质量与质心加速度的乘积，合力的方向与加速度方向相反，即

$$\boldsymbol{F}_{IR}=-M\boldsymbol{a}_C$$

具有质量对称面且绕垂直于此对称面的轴定轴转动的刚体，惯性力系向转轴简化为一个力和一个力偶，该力的大小等于刚体的质量与质心加速度的乘积，方向与质心加速度方向相反，作

用线通过转轴；该力偶矩等于刚体对转轴的转动惯量与角加速度之积，转向与角加速度转向相反，即

$$\boldsymbol{F}_{\text{IR}}=-M\boldsymbol{a}_C,\quad M_{\text{IO}}=-J_z\alpha$$

当转轴通过刚体质心，此时 $a_C=0$，可知 $F_{\text{IR}}=0$，则刚体的惯性力系简化为一惯性力偶，其矩 $|M_{\text{IC}}|=J_z|\alpha|$，转向与 α 转向相反。

当刚体匀速转动时，此时 $\alpha=0$，可知 $M_{\text{IO}}=0$，则刚体的惯性力系简化为作用在点 O 的一个惯性力 $\boldsymbol{F}_{\text{In}}$，且 $F_{\text{In}}=Mr_C\omega^2$，指向与 $\boldsymbol{a}_{C\text{n}}$ 相反。

当转轴过质心且刚体做匀角速度转动时，此时 $F_{\text{IR}}=0$，$M_{\text{IO}}=0$，刚体的惯性力系为平衡力系。

有质量对称平面的刚体，平行于这平面运动时，刚体的惯性力系可简化为在对称平面内的一个力和一个力偶。该力通过质心，其大小等于刚体质量与质心加速度的乘积，其方向与质心加速度方向相反；该力偶矩等于对通过质心且垂直于对称面的轴的转动惯量与角加速度的乘积，其转向与角加速度的转向相反，即

$$\boldsymbol{F}_{\text{IR}}=-M\boldsymbol{a}_C,\quad M_{\text{IC}}=-J_C\alpha$$

思考题

14-1　运动物体是否都有惯性力？质点做匀速圆周运动时有无惯性力？

14-2　一列火车在启动过程中，哪两节车厢之间的挂钩受的力最大？

14-3　质点做竖直上抛、平抛、自由落体运动时，质点惯性力的大小和方向是否相同？

14-4　旋转构件的惯性力有什么特点？如何计算？

习　题

14-1　物块 A 和 B 沿倾角 $\alpha=30°$ 的斜面下滑，如题 14-1 图所示。设其重力分别为 $G_A=100$ N，$G_B=200$ N，与斜面的动摩擦系数 $f_A=0.15$，$f_B=0.30$。试求物块运动时相互间的压力。

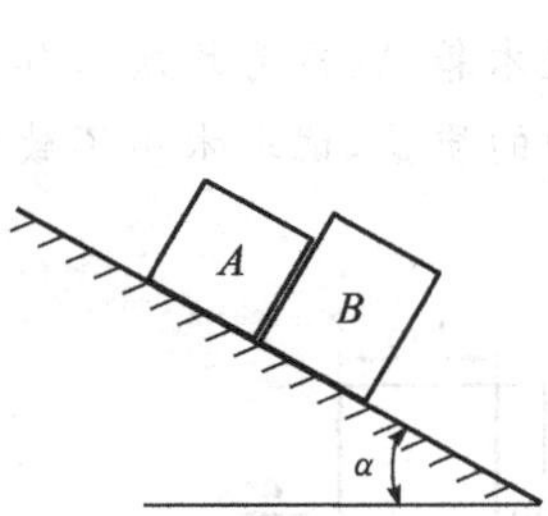

题 14-1 图

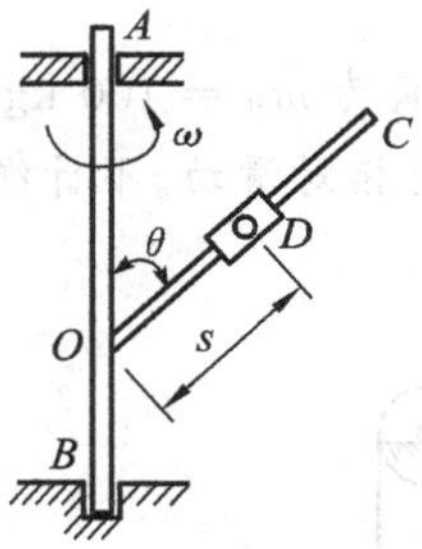

题 14-2 图

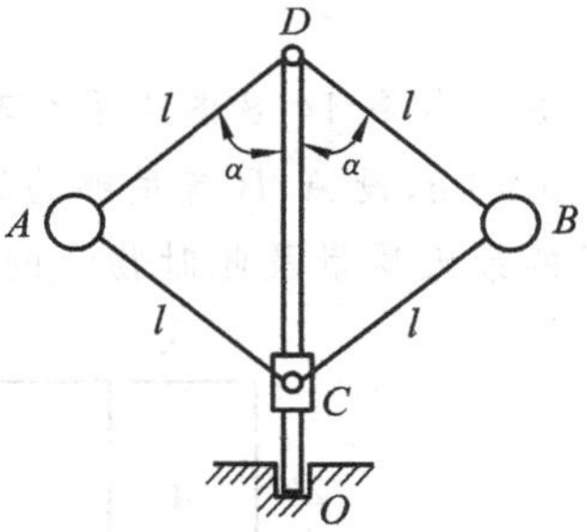

题 14-3 图

14-2　铅直轴 AB 以匀角速度 ω 转动，杆 OC 在铅直平面内与转轴相固连成 θ 角，如题 14-2 图所示。质量为 m 的套筒 D 可沿杆 OC 滑动，不计摩擦，试求套筒相对 OC 静止时的距离 s。

14-3　题 14-3 图所示的离心调速器中，小球 A 和 B 的重力均为 $\boldsymbol{G}_1$，活套 C 的重力为 $\boldsymbol{G}_2$，A、B、C、D 在同一平面内，当转轴 OD 以匀角速度 ω 转动时，不计各杆质量，试求张角 θ 与角速度 ω 的关系。

14-4　题 14-4 图所示均质杆 CD，长为 $2l$，重力为 $\boldsymbol{G}$，以匀角速度绕铅直轴转动，杆 AB 与轴相交成 θ 角。求轴承 A、B 处的约束力。

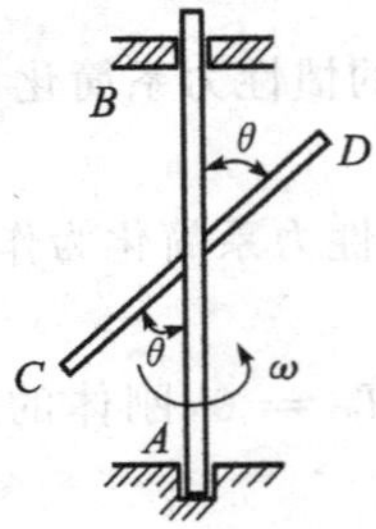

题 14-4 图

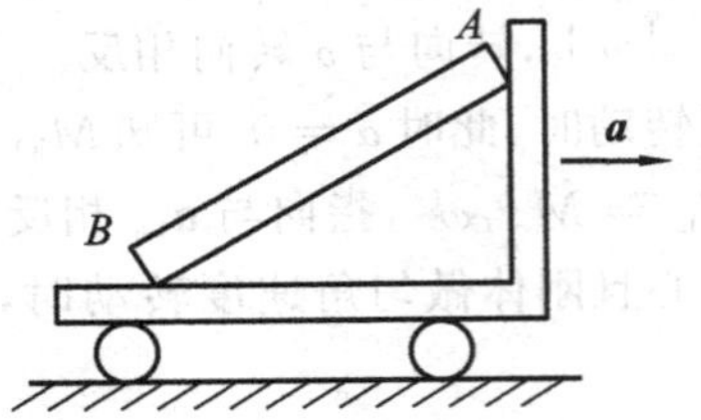

题 14-5 图

14-5　题 14-5 图所示均质杆 AB 靠在小车上，其 A、B 端的摩擦系数均为 $f_s = 0.40$，求不使杆产生滑动时所允许的小车的最大加速度。

14-6　如题 14-6 图所示，汽车重力为 $\boldsymbol{G}$，以加速度 $\boldsymbol{a}$ 做水平直线运动。汽车质心 C 离地面的高度为 h，汽车前后轴到质心垂线的距离分别为 l_1 和 l_2。求：(1) 汽车前后轮的正压力；(2) 欲使前后轮的压力相等，汽车应如何行驶。

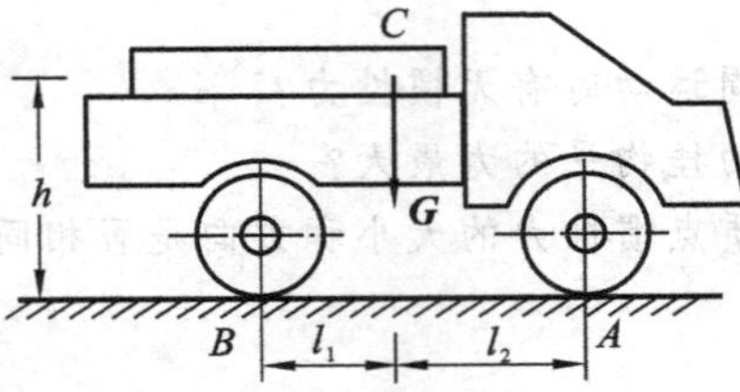

题 14-6 图

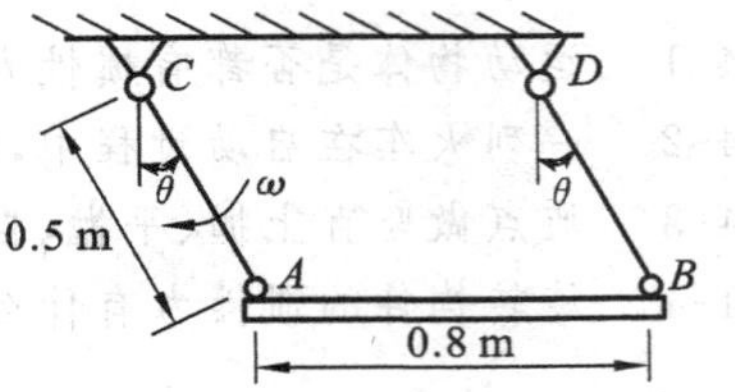

题 14-7 图

14-7　质量为 $m = 100$ kg 的梁 AB 由两平行等长杆支承在铅直位置，如题 14-7 图所示。在 $\theta = 30°$ 瞬时，两杆的角速度 $\omega = 6$ rad/s。不计两杆的质量，试求：(1) 杆的角加速度；(2) 两杆所受的力。

14-8　如题 14-8 图所示小车 B，质量为 $m_B = 100$ kg，车上置木箱 A（视为均质），其质量为 $m_A = 200$ kg，设 A、B 有足够的摩擦阻止相对滑动。不计绳及轮 O 的质量，试求木箱不致倾倒时物块 C 的最大质量及此时物块的加速度。

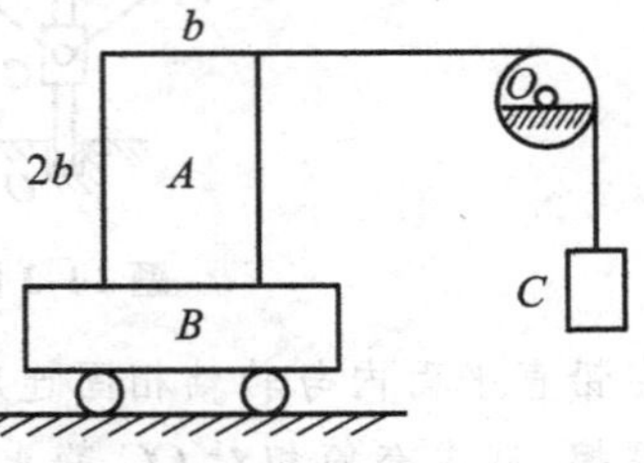

题 14-8 图

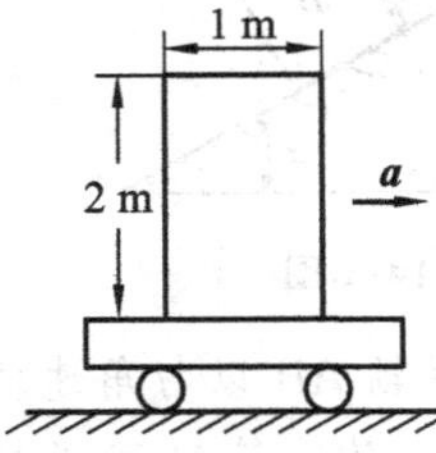

题 14-9 图

14-9　如题 14-9 图所示，货箱可视为均质长方体，装在运货小车上。货箱与小车间的静摩擦系数 $f_s = 0.40$。试求安全运送货箱（不滑、不倒）时所许可的小车的最大加速度。

14-10　长为l、重力为G的均质杆AD用铰B及绳AE维持在水平位置，如题14-10图所示。若将绳突然切断，求此瞬时杆的角加速度和铰B处的反力。

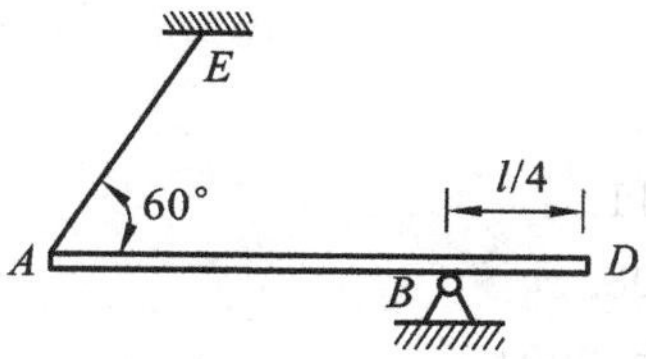

题 14-10 图

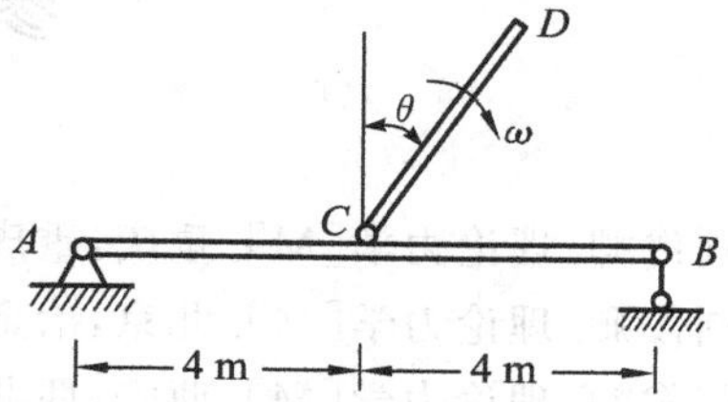

题 14-11 图

14-11　均质杆CD的质量为$m=6$ kg，长为$l=4$ m，可绕梁AB的中点轴C转动，如题14-11图所示。当CD处于$\theta=30°$时，已知角速度$\omega=1$ rad/s，不计梁重，试求梁支座的约束力。

14-12　均质杆AB长为l，质量为m，置于光滑水平面上，B端用细绳吊起，如题14-12图所示。当杆与水平面的倾角为$\theta=45°$时将绳切断，求此时杆A端的约束力。

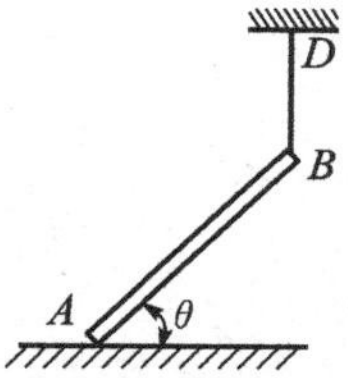

题 14-12 图

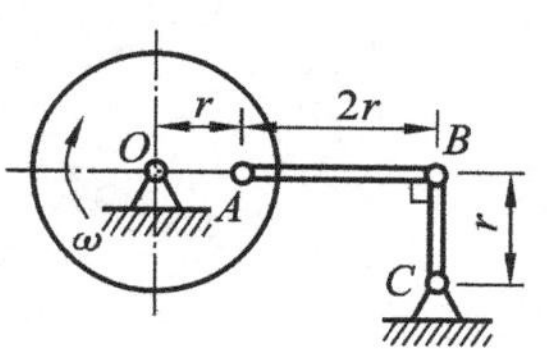

题 14-13 图

14-13　题14-13图所示机构中，均质杆AB和BC单位长度的质量为m，而圆盘在铅直平面内绕轴O以匀角速度ω转动。求在图示瞬时作用在杆AB上点A和点B的约束力。

参 考 文 献

[1] 刘俊卿.理论力学[M].重庆:重庆大学出版社,2011.

[2] 刘俊卿.理论力学[M].北京:冶金工业出版社,2008.

[3] 刘俊卿.理论力学[M].西安:西北工业大学出版社,2001.

[4] 哈尔滨工业大学理论力学教研室.理论力学[M].2版.北京:高等教育出版社,2002.

[5] 王铎,程靳.理论力学解题指导及习题集[M].3版.北京:高等教育出版社,2010.

[6] 清华大学理论力学教研组.理论力学[M].4版.北京:高等教育出版社,1994.